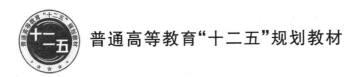

普通高等教育"十二五"规划教材

高等数学(经管类)

(下册)

史　悦　李晓莉　编

北京邮电大学出版社
www.buptpress.com

内 容 提 要

　　本书内容根据高等院校经管类专业高等数学课程的教学大纲及"工科类本科数学基础课程教学基本要求"编写而成.全书注重从学生的数学基础出发,通过实际问题引入数学概念,利用已知数学工具解决新问题,并将数学方法应用于实际问题,特别是结合学生的专业特点,精选了许多高等数学方法在经济理论上的应用实例.在这个过程中培养学生的数学素养、建模能力、严谨的思维能力,创新意识及应用能力.本书力求数学体系完整,深入浅出.

　　全书分为上、下两册,下册包括:无穷级数、多元函数微分学及其应用、重积分、曲线曲面积分共四章内容.书末附有向量代数与空间解析几何一章,可以根据不同院校不同专业课程体系的安排选择讲授,并附有便于学生查阅的常用面积体积公式、常见曲面方程及图形、习题参考答案与提示.

　　本书适合作为各类普通高等院校经济管理类各专业高等数学课程的教材及参考书目.

图书在版编目（CIP）数据

高等数学：经管类.下册 / 史悦，李晓莉编. -- 北京：北京邮电大学出版社，2017.3

ISBN 978-7-5635-5043-2

Ⅰ.①高…　Ⅱ.①史…②李…　Ⅲ.①高等数学—高等学校—教材　Ⅳ.①O13

中国版本图书馆 CIP 数据核字（2017）第 014090 号

书　　　　名：	高等数学(经管类)(下册)
著作责任者：	史　悦　李晓莉　编
责 任 编 辑：	徐振华　马晓仟
出 版 发 行：	北京邮电大学出版社
社　　　　址：	北京市海淀区西土城路 10 号(邮编:100876)
发 行 部：	电话:010-62282185　传真:010-62283578
E-mail:	publish@bupt.edu.cn
经　　　　销：	各地新华书店
印　　　　刷：	保定市中画美凯印刷有限公司
开　　　　本：	787 mm×1 092 mm　1/16
印　　　　张：	17.25
字　　　　数：	447 千字
版　　　　次：	2017 年 3 月第 1 版　2017 年 3 月第 1 次印刷

ISBN 978-7-5635-5043-2　　　　　　　　　　　　　　　　定　价：38.00 元

前　　言

数学不仅是一门科学,一种计算工具,更是一种严谨的思维模式.高等数学作为各级高等院校的重要基础课,随着课程改革的深入,更加注重培养学生的创新能力和数学建模的应用能力,因此全书注重从学生的数学基础出发,首先突出数学建模的思想,通过实际问题引入数学概念(即建立数学模型),体现数学概念的来源,避免生硬地直接引入数学概念;其次在建立模型之后,注意引导解决模型所提出问题的思想方法,在此过程中特别强调发散性思维对解决问题的思路和创新方法的影响,开阔学生思路,引导学生对解决问题的各种想法进行实践,体现研究问题的一般过程;最后利用已知数学概念和方法应用于实际问题,结合学生的专业特点,精选了许多高等数学方法在经济理论上的应用实例,并为提高学生的学习兴趣引入了实际生活中许多应用的实例,使得教师在教学过程中能够培养学生的数学素养、建模能力、严谨的思维能力、创新意识及应用能力.

书中对例题的选择注重典型多样,富有启发性,着重基本概念和基本方法的理解,不片面追求技巧性与难度.在每节的习题选择上也体现了这一基本原则,但在每章的总习题中注重知识的综合应用与常用技巧的训练.本书在编写过程中,融入了编者多年的教学经验,在整体内容上力求数学体系完整、深入浅出,适于经管类学生的学习难度与后续经济、管理类课程的应用衔接,对于﹡号部分可根据专业及学生基础进行教学并可指导学生进行课下阅读.

全书分为上、下两册,下册包括:无穷级数、多元函数微分学及其应用、重积分、曲线曲面积分.书末附有向量代数与空间解析几何一章,可以根据不同院校不同专业课程体系的安排选择讲授,并附有便于学生查阅的常用面积体积公式、常见曲面方程及图形、习题参考答案与提示.

本书的完成要感谢北京邮电大学理学院及数学系的支持和各位数学系同仁的帮助,同时要感谢北京邮电大学教务处、北京邮电大学出版社的大力支持.数学系同仁对本书的内容提出了许多宝贵的意见,出版社从编审到出版付出了很大的精力,实则本书是大家共同努力的结晶,在此表示感谢.

由于编者水平有限,加之时间仓促,书中错误及不当之处在所难免,敬请各位专家、同行、读者指出,以便今后改进、完善、提高.

编　者

目　　录

第八章 无穷级数

无穷级数是高等数学的一个重要组成部分.一方面,它是数列极限的一种新的表现形式,因此可以借助数列极限的理论来研究它,从而把极限中的收敛与发散的概念发展得更加深入;同时,随着判别级数敛散性的一系列方法的建立又促进了极限理论的发展.另一方面,级数是表示函数、研究函数的性质以及进行数值计算及求解微分方程等问题的有力工具.

本章首先讨论常数项级数,介绍无穷级数的一些基本概念、性质和判敛方法,然后讨论函数项级数特别是幂级数的收敛特点及性质,并讨论如何将函数展开成幂级数与傅里叶(Fourier)级数的问题,其中傅里叶级数是电子信息理论研究中重要的数学工具.

第一节 常数项级数的概念与性质

本节内容是学习级数特别是数项级数审敛法的基础,而数项级数审敛法又是数项级数的重点;从数学思想角度来看,进一步体现了从初等数学到高等数学的本质变化,即由有限到无限,由静止到运动的转变;也更进一步体现了极限在高等数学中的基础作用.

一、数项级数的概念

1. 实例

人们认识事物在数量方面的特性,往往有一个由近似到精确的过程.在这种认识过程中,会遇到由有限个数相加到无穷多个数相加的问题.

例 1 求半径为 R 的圆面积 A 的精确值.

分析 在上册中我们利用数列极限按照正多边形面积的极限是圆面积的思想求过圆的面积.现在可具体按如下方法计算:首先作圆的内接正六边形,算出其面积 a_1,它与圆面积 A 的误差较大.为了更准确地计算出 A 的值,我们再以这个正六边形的每一边为底分别作一个顶点在圆周上的等腰三角形(图 8-1),算出这六个等腰三角形的面积之和 a_2,则 a_1+a_2(即内接正十二边形的面积)就是 A 的一个比 a_1 近似程度更好的近似值.同样地,在这正十二边形的每一边上分别作一个顶点在圆周上的等腰三角形,算出这十二个等腰三角形的面积之和 a_3,则 $a_1+a_2+a_3$(即内接正二十四边形的面积)是 A 的比 a_1+a_2 近似程度更好的近似值.如此继续下去,内接正 3×2^n 边形的面积

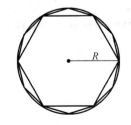

图 8-1

$$a_1 + a_2 + \cdots + a_n = \sum_{k=1}^{n} a_k$$

就逐步逼近圆面积 A.

如果内接正多边形的边数无限增多,即 n 无限增大,则和 $\sum_{k=1}^{n} a_k$ 的极限就是所求圆面积 A 的精确值,即

$$\lim_{n \to \infty}(a_1 + a_2 + \cdots + a_n) = \lim_{n \to \infty}\sum_{k=1}^{n} a_k = A.$$

注意到这时的极限问题等价于上述无穷多个数依次相加(无穷和)$a_1 + a_2 + \cdots + a_n + \cdots$ 的运算问题.

例 2 无限循环小数的精确表达实际上也可以归结为一个无穷和的问题,例如

$$0.\dot{3} = 0.333\cdots = \frac{3}{10} + \frac{3}{100} + \cdots + \frac{3}{10^n} + \cdots.$$

将上面两例抽象化、模型化,就要研究一般的无穷多个数依次相加的运算问题.

2. 数项级数的概念

定义 1 设 $\{u_n\}$ 是一个无穷数列,将 $\{u_n\}$ 中各项依次相加构成的表达式:

$$u_1 + u_2 + \cdots + u_n + \cdots$$

或记为 $\sum_{n=1}^{\infty} u_n$,称为(常数项)**无穷级数**,简称**级数**.其中第 n 项 u_n 称为级数的**一般项**(或**通项**).

级数 $\sum_{n=1}^{\infty} u_n$ 前 n 项 $u_1, u_2, \cdots, u_n$ 的和 $s_n = u_1 + u_2 + \cdots + u_n$,称为该级数的**部分和**.当 $n = 1, 2, 3, \cdots$ 时,$s_1, s_2, s_3, \cdots$ 构成一数列 $\{s_n\}$,称为该级数的**部分和数列**.

例 3 写出下列级数

$$2\sqrt{x} - \frac{3}{2}x + \frac{4}{3}x\sqrt{x} - \frac{5}{4}x^2 + \cdots$$

的一般项 u_n,并将级数以 $\sum_{n=1}^{\infty} u_n$ 的形式表示.

解 先将上述级数写成更有规律的形式

$$\frac{2}{1}x^{\frac{1}{2}} - \frac{3}{2}x^{\frac{2}{2}} + \frac{4}{3}x^{\frac{3}{2}} - \frac{5}{4}x^{\frac{4}{2}} + \cdots,$$

于是有

$$u_1 = \frac{1+1}{1}x^{\frac{1}{2}}, \quad u_2 = (-1)^{2-1}\frac{2+1}{2}x^{\frac{2}{2}}, \quad \cdots, \quad u_n = (-1)^{n-1}\frac{n+1}{n}x^{\frac{n}{2}}, \quad \cdots.$$

故所给级数一般项为 $u_n = (-1)^{n-1}\frac{n+1}{n}x^{\frac{n}{2}}$,级数可写为 $\sum_{n=1}^{\infty}(-1)^{n-1}\frac{n+1}{n}x^{\frac{n}{2}}$.

上述级数只是一个形式上的定义,怎样理解无穷级数中无穷多个数相加,这些数是如何相加的? 最后的结果又会怎样? 可见,无穷多个数的"求和"是一个新的问题.

在例 2 中,由初等数学知识我们已经知道这个循环小数等于 $\frac{1}{3}$.注意到,此时级数

$$\frac{3}{10} + \frac{3}{100} + \cdots + \frac{3}{10^n} + \cdots$$

的部分和为 $s_n' = \sum_{k=1}^{n} 3 \times 10^{-k}$,容易得到下面的极限

$$\lim_{n\to\infty}s_n=\frac{3}{10}\lim_{n\to\infty}\frac{1-\frac{1}{10^n}}{1-\frac{1}{10}}=\frac{1}{3}.$$

由此启发我们,级数的和可以作为其部分和数列 s_n 的极限而确定.即通过观察部分和数列 $s_n=u_1+u_2+\cdots+u_n$ 的极限,来把握无穷多个数相加的含义,并理解得到的结果.利用极限通过有限项相加来认识、研究无限项相加(级数)是数学中一个重要的思想方法.由此,我们引进无穷级数收敛与发散的概念.

定义 2 若级数 $\sum\limits_{n=1}^{\infty}u_n$ 的部分和数列 s_n 收敛于 s,即 $\lim\limits_{n\to\infty}s_n=s$,则称级数 $\sum\limits_{n=1}^{\infty}u_n$ **收敛**,并称 s 为级数 $\sum\limits_{n=1}^{\infty}u_n$ 的和,记作

$$\sum_{n=1}^{\infty}u_n=s,\text{或}u_1+u_2+\cdots+u_n+\cdots=s;$$

否则,称此级数**发散**.

当级数收敛时,$r_n=s-s_n=u_{n+1}+u_{n+2}+\cdots$ 称为该级数的**余项**.部分和 s_n 是级数和 s 的近似值,所产生的误差为 $|r_n|$.

由定义 2,级数 $\sum\limits_{n=1}^{\infty}u_n$ 的敛散性(收敛或发散)及求和问题,就转化为部分和数列 s_n 当 $n\to\infty$ 的敛散性及其极限值的问题.因此我们说级数是数列极限的另一种表现形式.

例 4 写出级数 $\sum\limits_{n=0}^{\infty}aq^n(a\neq 0$,称为**几何级数**或**等比级数**,$q$ 称为该级数的公比)的部分和 s_n,并说明该级数的敛散性,若收敛指出其和.

解 因为 $\sum\limits_{n=0}^{\infty}aq^n=a+aq+aq^2+\cdots+aq^n+\cdots$,所以部分和

$$s_n=a+aq+aq^2+\cdots+aq^{n-1}=\begin{cases}\dfrac{a(1-q^n)}{1-q}, & q\neq 1,\\ na, & q=1\end{cases}$$

当 $|q|<1$ 时,由于 $\lim\limits_{n\to\infty}q^n=0$,所以

$$\lim_{n\to\infty}s_n=\lim_{n\to\infty}\frac{a(1-q^n)}{1-q}=\frac{a}{1-q},$$

于是该级数收敛且和为 $\dfrac{a}{1-q}$;

当 $|q|>1$ 时,由于 $\lim\limits_{n\to\infty}q^n=\infty$,所以

$$\lim_{n\to\infty}s_n=\lim_{n\to\infty}\frac{a(1-q^n)}{1-q}=\infty,$$

此时级数发散;

当 $q=-1$ 时,部分和数列为 $s_n=\dfrac{a}{2}[1-(-1)^n]$,因为其两子列 $s_{2m}=0$,$s_{2m-1}=a(a\neq 0)$,$m=1,2,\cdots$,所以 $\lim\limits_{n\to\infty}s_n$ 不存在,因此级数发散;当 $q=1$ 时,由于 $\lim\limits_{n\to\infty}s_n=\lim\limits_{n\to\infty}na$ 亦不存在,所以级数亦发散.

总之,有

$$\sum_{n=0}^{\infty} aq^n = \begin{cases} \dfrac{a}{1-q}, & |q| < 1 \\ \text{发散}, & |q| \geqslant 1 \end{cases}.$$

例 5 判断级数 $\displaystyle\sum_{n=1}^{\infty} \dfrac{1}{(n+1)(n+2)}$ 的敛散性.

解 因为 $\dfrac{1}{(n+1)(n+2)} = \dfrac{1}{n+1} - \dfrac{1}{n+2}$，从而该级数的部分和

$$s_n = \left(\frac{1}{2} - \frac{1}{3}\right) + \left(\frac{1}{3} - \frac{1}{4}\right) + \cdots + \left(\frac{1}{n} - \frac{1}{n+1}\right) + \left(\frac{1}{n+1} - \frac{1}{n+2}\right) = \frac{1}{2} - \frac{1}{n+2}.$$

由于 $\displaystyle\lim_{n\to\infty} s_n = \lim_{n\to\infty}\left(\frac{1}{2} - \frac{1}{n+2}\right) = \frac{1}{2}$，所以该级数收敛，且其和为 $\dfrac{1}{2}$.

例 6 证明级数 $\displaystyle\sum_{n=1}^{\infty} n$ 发散.

证 此级数的部分和为 $s_n = 1 + 2 + \cdots + n = \dfrac{n(n+1)}{2}$. 因为当 $n\to\infty$ 时，$s_n \to +\infty$，于是所给级数发散.

二、收敛级数的基本性质

下面利用数列极限的性质，来研究级数的一些基本性质.

性质 1（收敛级数的线性性质）

（1）设 k 为任意常数，若 $\displaystyle\sum_{n=1}^{\infty} u_n = s$，则级数 $\displaystyle\sum_{n=1}^{\infty} ku_n = ks$.

一般地，级数的每一项同乘一个不为零的常数后，它的敛散性不变.

（2）若 $\displaystyle\sum_{n=1}^{\infty} u_n = s$，$\displaystyle\sum_{n=1}^{\infty} v_n = \sigma$，则

$$\sum_{n=1}^{\infty}(\alpha u_n \pm \beta v_n) = \alpha\sum_{n=1}^{\infty} u_n \pm \beta\sum_{n=1}^{\infty} v_n = \alpha s \pm \beta\sigma,$$

其中 $\alpha, \beta \in \mathbf{R}$ 为常数.

证 只证（2）.

设级数 $\displaystyle\sum_{n=1}^{\infty} u_n$，$\displaystyle\sum_{n=1}^{\infty} v_n$，$\displaystyle\sum_{n=1}^{\infty}(\alpha u_n \pm \beta v_n)$ 的部分和分别为 s_n, σ_n 及 τ_n，则有

$$\tau_n = \sum_{k=1}^{n}(\alpha u_k \pm \beta v_k) = \alpha\sum_{k=1}^{n} u_k \pm \beta\sum_{k=1}^{n} v_k = \alpha s_n \pm \beta\sigma_n,$$

于是

$$\lim_{n\to\infty}\tau_n = \alpha\lim_{n\to\infty} s_n \pm \beta\lim_{n\to\infty}\sigma_n = \alpha s \pm \beta\sigma.$$

这表明 $\displaystyle\sum_{n=1}^{\infty}(\alpha u_n \pm \beta v_n)$ 收敛，且和为 $\alpha s \pm \beta\sigma$.

对于性质 1，还需注意，两个发散级数 $\displaystyle\sum_{n=1}^{\infty} u_n$，$\displaystyle\sum_{n=1}^{\infty} v_n$ 逐项相加或相减所得的级数 $\displaystyle\sum_{n=1}^{\infty}(u_n \pm v_n)$ 并不一定发散，例如，$\displaystyle\sum_{n=1}^{\infty}(-1)^{n-1}$ 与 $\displaystyle\sum_{n=1}^{\infty}(-1)^n$ 都发散，但 $\displaystyle\sum_{n=1}^{\infty}((-1)^{n-1} + (-1)^n) = 0 + 0 + \cdots + 0 + \cdots$ 是收敛的.

推论 若 $\sum\limits_{n=1}^{\infty} u_n$ 收敛,$\sum\limits_{n=1}^{\infty} v_n$ 发散,则 $\sum\limits_{n=1}^{\infty} (u_n + v_n)$ 一定发散. 即一个收敛级数与一个发散级数逐项相加所得的级数必定发散.

证 用反证法. 设 $w_n = u_n + v_n$,且级数 $\sum\limits_{n=1}^{\infty} w_n$ 收敛,则因为 $v_n = w_n - u_n$,又 $\sum\limits_{n=1}^{\infty} u_n$ 收敛,由性质 1,有 $\sum\limits_{n=1}^{\infty} v_n = \sum\limits_{n=1}^{\infty} (w_n - u_n)$ 收敛. 这与已知 $\sum\limits_{n=1}^{\infty} v_n$ 发散矛盾!故 $\sum\limits_{n=1}^{\infty} w_n$ 即 $\sum\limits_{n=1}^{\infty} (u_n + v_n)$ 发散.

例 7 讨论级数 $\sum\limits_{n=1}^{\infty} \left(\dfrac{1}{4^n} + \cos n\pi \right)$ 的敛散性.

解 由例 4 知等比级数 $\sum\limits_{n=1}^{\infty} \dfrac{1}{4^n}$ 收敛,而级数 $\sum\limits_{n=1}^{\infty} \cos n\pi = \sum\limits_{n=1}^{\infty} (-1)^n$ 发散,因此由上面的推论知,所给级数发散.

例 8 求级数 $\sum\limits_{n=1}^{\infty} \left[\dfrac{1}{2^n} + \dfrac{3}{(n+1)(n+2)} \right]$ 的和.

解 由于等比级数 $\sum\limits_{n=1}^{\infty} \dfrac{1}{2^n}$ 收敛,且和 $\sum\limits_{n=1}^{\infty} \dfrac{1}{2^n} = \dfrac{\frac{1}{2}}{1 - \frac{1}{2}} = 1$.

又由本节例 5 知 $\sum\limits_{n=1}^{\infty} \dfrac{1}{(n+1)(n+2)}$ 收敛,且 $\sum\limits_{n=1}^{\infty} \dfrac{1}{(n+1)(n+2)} = \dfrac{1}{2}$,根据性质 1(2),$\sum\limits_{n=1}^{\infty} \left[\dfrac{1}{2^n} + \dfrac{3}{(n+1)(n+2)} \right]$ 收敛,且

$$\sum_{n=1}^{\infty} \left[\frac{1}{2^n} + \frac{3}{(n+1)(n+2)} \right] = \sum_{n=1}^{\infty} \frac{1}{2^n} + 3 \sum_{n=1}^{\infty} \frac{1}{(n+1)(n+2)} = 1 + \frac{3}{2} = \frac{5}{2}.$$

性质 2 在级数中去掉、增加或改变有限项,不改变级数的敛散性(当然,在收敛时,其和一般是不同的).

证 只证明"在级数中去掉有限项,不改变级数的敛散性".

设 $u_1 + u_2 + \cdots + u_k + u_{k+1} + \cdots + u_{k+n} + \cdots$ 的部分和为 s_n,将级数的前 k 项去掉,得级数

$$u_{k+1} + \cdots + u_{k+n} + \cdots,$$

于是新级数的部分和为

$$\sigma_n = u_{k+1} + \cdots + u_{k+n} = s_{k+n} - s_k,$$

其中 s_{k+n} 是原来级数的前 $k+n$ 项的和. 因为 s_k 是常数,所以当 $n \to \infty$ 时,σ_n 与 s_{k+n} 同时收敛或发散,即去掉有限项后,新级数与原级数敛散性相同.

由此可见,级数是否收敛,取决于 n 充分大以后一般项 u_n 的状况,而与级数前有限项的状况无关. 例如级数 $\sum\limits_{n=1}^{\infty} \dfrac{1}{n(n+1)} = \dfrac{1}{1 \cdot 2} + \dfrac{1}{2 \cdot 3} + \dfrac{1}{3 \cdot 4} + \cdots$ 收敛,因为此级数可视为例 5 中级数 $\sum\limits_{n=1}^{\infty} \dfrac{1}{(n+1)(n+2)} = \dfrac{1}{2 \cdot 3} + \dfrac{1}{3 \cdot 4} + \cdots$ 增加了一项 $\dfrac{1}{2}$ 而得到.

性质 3 收敛的级数在求和过程中满足结合律. 即将收敛级数的项任意加括号所得的新级数

$$(u_1 + \cdots + u_{n_1}) + (u_{n_1+1} + \cdots + u_{n_2}) + \cdots + (u_{n_{k-1}+1} + \cdots + u_{n_k}) + \cdots$$

仍收敛,并且其和不变.

证 设级数 $\sum_{n=1}^{\infty} u_n$ 的部分和为 s_n,加括号后所成的上述新级数的前 k 项部分和为 A_k,则

$$A_1 = u_1 + \cdots + u_{n_1} = s_{n_1},$$
$$A_2 = u_1 + \cdots + u_{n_1} + u_{n_1+1} + \cdots + u_{n_2} = s_{n_2},$$
$$\vdots$$
$$A_k = (u_1 + \cdots + u_{n_1}) + (u_{n_1+1} + \cdots + u_{n_2}) + \cdots + (u_{n_{k-1}+1} + \cdots + u_{n_k}) = s_{n_k}$$
$$\vdots$$

可见,数列 $\{A_k\}$ 是数列 $\{s_n\}$ 的一个子数列. 由数列 $\{s_n\}$ 的收敛性以及收敛数列与其子数列的关系可知,数列 $\{A_k\}$ 收敛,且有相同的极限. 即加括号后所成的级数收敛,且其和不变.

此性质的逆否命题为:若加括号后所成的级数发散,则原来的级数也发散. 我们常用这个结论证明级数发散,例如在例7中知级数 $\sum_{n=1}^{\infty} \left(\frac{1}{4^n} + \cos n\pi \right)$ 发散,所以级数 $\frac{1}{4} - 1 + \frac{1}{4^2} + 1 + \frac{1}{4^3}$ $1 + \cdots + \frac{1}{4^n} + (-1)^n + \cdots$ 发散. 但要注意性质3的逆命题不一定成立,例如级数 $(1-1) + (1-1) + \cdots + (1-1) + \cdots$ 是收敛的,但去括号后的级数 $\sum_{n=1}^{\infty} (-1)^{n-1}$ 是发散的,即收敛级数不能任意去括号.

性质 4 (级数收敛的必要条件)若级数 $\sum_{n=1}^{\infty} u_n$ 收敛,则 $u_n \to 0 (n \to \infty)$.

证 设级数 $\sum_{n=1}^{\infty} u_n$ 的部分和为 s_n,且 $s_n \to s (n \to \infty)$,则

$$\lim_{n \to \infty} u_n = \lim_{n \to \infty} (s_n - s_{n-1}) = \lim_{n \to \infty} s_n - \lim_{n \to \infty} s_{n-1} = s - s = 0.$$

例 9 证明级数 $\sum_{n=1}^{\infty} (-1)^{n-1} \left(1 - \frac{1}{n} \right)^n$ 发散.

证 因为

$$\lim_{n \to \infty} |u_n| = \lim_{n \to \infty} \left| (-1)^{n-1} \left(1 - \frac{1}{n} \right)^n \right| = \lim_{n \to \infty} \left(1 - \frac{1}{n} \right)^n = e^{-1} \neq 0,$$

由性质4知,所给级数发散.

注意 级数的一般项趋于零并不是级数收敛的充分条件. 有些级数虽然一般项趋于零,但仍然是发散的,请见下例.

例 10 证明**调和级数**

$$1 + \frac{1}{2} + \frac{1}{3} + \cdots + \frac{1}{n} + \cdots$$

发散.

证 用反证法证明.

若调和级数收敛,设它的部分和为 s_n,且 $s_n \to s (n \to \infty)$,从而对此级数的部分和 s_{2n},也有 $s_{2n} \to s (n \to \infty)$. 于是

$$s_{2n} - s_n \to 0 (n \to \infty).$$

但另一方面

$$s_{2n} - s_n = \frac{1}{n+1} + \frac{1}{n+2} + \cdots + \frac{1}{2n} > \frac{n}{2n} = \frac{1}{2},$$

故 $s_{2n}-s_n$ 不趋于零$(n \to \infty)$,矛盾.这表明调和级数 $1+\dfrac{1}{2}+\dfrac{1}{3}+\cdots+\dfrac{1}{n}+\cdots$ 发散.

这里值得注意的是,虽然调和级数在 n 越来越大时,它的项越来越小,但这些项的和会逐渐非常缓慢地增大,并可以超过任何有限值.调和级数的这种特性使一代又一代数学家困惑并为之着迷.它的发散性是由法国学者尼古拉·奥雷姆(1323—1382)在极限概念被完全理解之前约 400 年首次证明的.下面的数字可以帮助我们更好地理解此级数.它的前 1 000 项的和约为 7.485;前 100 万项的和约为 14.357;前 10 亿项的和约为 21.更有学者估计过,为了使调和级数的和约为 100,需相加 10^{43} 项.这些项有多长呢? 试想如果我们将这些项写在一个很长的纸带上,设每一项只占 1 mm 长的纸带,必须使用 10^{43} mm 长的纸带,这个长度大约是 10^{25} 光年,但科学家已知的宇宙的尺寸仅有 10^{12} 光年.

三*、数项级数的应用举例

1. 关于数 e 的表示

将函数 e^x 在点 $x=0$ 展开为 n 阶泰勒公式:

$$e^x = 1+x+\frac{x^2}{2!}+\cdots+\frac{x^n}{n!}+\frac{e^{\xi}x^{n+1}}{(n+1)!},\xi \text{ 在 } 0,x \text{ 之间}.$$

令 $x=1$,得到 $e=2+\dfrac{1}{2!}+\cdots+\dfrac{1}{n!}+\dfrac{e^{\xi}}{(n+1)!}$,其中 $\xi \in (0,1)$.当 $n \to \infty$ 时,$\dfrac{e^{\xi}}{(n+1)!} \to 0$.此时有

$$e=2+\frac{1}{2!}+\cdots+\frac{1}{n!}+\cdots,$$

于是无理数 e 被表示为无穷多个数之和.

2. 政府投资能否拉动社会消费的问题

人们在挣到钱之后,一部分用于消费,另一部分用于储蓄.他们所消费的钱被别人挣到,第二轮挣到钱的人同样将其中一部分用于消费,其他用于储蓄.其中的消费部分成为第二轮消费.这样的过程会继续下去,经济学家称之为消费链.

为了简化讨论,假定每一个人的消费都等于收入的 q 倍$(0<q<1)$.称 q 为消费边际倾向,$1-q$ 称为储蓄边际倾向.

假定政府财政投入为 D.考虑下列问题:

(1) 经过 n 轮消费之后,社会总消费为多少?

(2) 政府财政投入最终能带动多大消费?

第一轮收入为 D,消费等于 qD;第二轮收入为 qD,消费等于 $q^2 D$;…;第 n 轮收入为 $q^{n-1}D$,消费等于 $q^n D$.因此经过 n 轮消费之后,社会总消费为

$$qD+q^2 D+\cdots+q^n D = \frac{1-q^n}{1-q}qD.$$

这个过程无限进行下去,社会总消费趋向于极限

$$Q=\lim_{n \to \infty}\frac{1-q^n}{1-q}qD = \frac{qD}{1-q}.$$

于是,如果每个人的消费边际倾向等于 q,则政府财政投资 D 最终能拉动社会消费 $\dfrac{qD}{1-q}$.

在这个问题中,政府投资所起到的消费效应是无穷个轮次消费的总和.

习　题　一

1. 下面关于级数运算的命题是否正确？并请说明理由.

（1）若 $\sum\limits_{n=1}^{\infty} u_n$ 收敛，$\sum\limits_{n=1}^{\infty} v_n$ 发散，则 $\sum\limits_{n=1}^{\infty} (u_n + v_n)$，$\sum\limits_{n=1}^{\infty} u_n v_n$ 必定发散.

（2）若 $\sum\limits_{n=1}^{\infty} u_n$ 与 $\sum\limits_{n=1}^{\infty} v_n$ 都发散，则 $\sum\limits_{n=1}^{\infty} (u_n + v_n)$，$\sum\limits_{n=1}^{\infty} u_n v_n$ 必定发散.

（3）若 $\sum\limits_{n=1}^{\infty} u_n$ 发散，则加括号后所得新级数亦发散.

（4）若加括号后的级数发散，则原级数必发散.

2. （1）设级数 $\sum\limits_{n=1}^{\infty} u_n$ 的部分和为 s_n，则 $s_{2n+1} = u_1 + u_3 + \cdots + u_{2n+1}$ 是否正确？

（2）设级数 $\sum\limits_{n=1}^{\infty} u_{2n-1} = u_1 + u_3 + \cdots + u_{2n-1} + \cdots$，则其部分和 $s_n = u_1 + u_3 + \cdots + u_{2n+1}$ 是否正确？

3. 下面的运算是否正确？并说明理由.

$$0 = 0 + 0 + 0 + \cdots = (1-1) + (1-1) + \cdots = 1 - 1 + 1 - 1 + \cdots$$
$$= 1 + (-1+1) + (-1+1) + \cdots = 1.$$

4. 用定义判别下列级数的敛散性，并在收敛时求其和：

（1）$\dfrac{1}{1 \cdot 3} + \dfrac{1}{3 \cdot 5} + \dfrac{1}{5 \cdot 7} + \cdots + \dfrac{1}{(2n-1)(2n+1)} + \cdots$；　　（2）$\sum\limits_{n=1}^{\infty} \dfrac{1}{\sqrt{n+1} + \sqrt{n}}$；

（3）$\sum\limits_{n=1}^{\infty} \ln\left(1 + \dfrac{1}{n}\right)$；　　　　　　　　（4）$\sum\limits_{n=1}^{\infty} \dfrac{1}{1 + 2 + \cdots + n}$；

（5）$\sum\limits_{n=1}^{\infty} \sin \dfrac{n\pi}{6}$；　　　　　　　　　（6）$\sum\limits_{n=1}^{\infty} \dfrac{1}{n(n+1)(n+2)}$.

5. 利用级数的性质，判别下列级数的敛散性：

（1）$\sum\limits_{n=1}^{\infty} \dfrac{1}{\sqrt[n]{3}}$；　　　（2）$0.001 + \sqrt{0.001} + \sqrt[3]{0.001} + \cdots + \sqrt[n]{0.001} + \cdots$；

（3）$\sum\limits_{n=1}^{\infty} (-1)^{n-1} \dfrac{n}{n+1}$；　　（4）$\sum\limits_{n=1}^{\infty} n\ln \dfrac{1+n}{2+n}$；　　（5）$\sum\limits_{n=1}^{\infty} \left[\dfrac{1}{\sqrt[n]{n}} - \dfrac{1}{n(n+1)}\right]$；

（6）$\dfrac{1}{3} + \dfrac{1}{6} + \dfrac{1}{9} + \cdots + \dfrac{1}{3n} + \cdots$；

（7）$\left(\dfrac{1}{2} + \dfrac{1}{3}\right) + \left(\dfrac{1}{2^2} + \dfrac{1}{3^2}\right) + \left(\dfrac{1}{2^3} + \dfrac{1}{3^3}\right) + \cdots$；

（8）$\dfrac{1}{2} + \dfrac{1}{10} + \dfrac{1}{4} + \dfrac{1}{20} + \cdots + \dfrac{1}{2^n} + \dfrac{1}{10n} + \cdots$.

6. 设（1）$\sum\limits_{n=1}^{\infty} u_n$ 收敛；（2）$\sum\limits_{n=1}^{\infty} u_n$ 发散，分别就（1）、（2）两种情况讨论下列级数的敛散性：

① $\sum\limits_{n=1}^{\infty} (u_n + 0.001)$；　　② $\sum\limits_{n=1}^{\infty} u_{n+1\,000}$；　　③ $\sum\limits_{n=1}^{\infty} \dfrac{1}{u_n}$.

7. (1) 若级数 $\displaystyle\sum_{n=1}^{\infty}(u_n+2)$ 收敛，求极限 $\lim\limits_{n\to\infty}u_n$；

(2) 设 $\displaystyle\sum_{n=1}^{\infty}(-1)^{n-1}u_n=2$，$\displaystyle\sum_{n=1}^{\infty}u_{2n}=3$，证明级数 $\displaystyle\sum_{n=1}^{\infty}u_n$ 收敛，并求其和.

8. 设一个小球从 a 米高处下落到地面上. 球每次落下距离 h 时，碰到地面又弹起的距离为 rh，其中 r 是小于 1 的正数，问小球会停止跳动吗？求这个球上下跳动的总距离（图 8-2），并求 $a=6, r=\dfrac{2}{3}$ 时的总距离值，再回答小球会停止跳动吗？为什么？

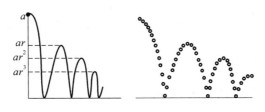

图 8-2

9. 将无限循环小数 5.232 323… 表示成两个整数之比.

第二节　正项级数的审敛法

对于级数的研究，判断级数敛散性是一项很重要的工作，因为若不首先判别级数是否收敛，就不能放心地进行求和运算. 本节从最简单的一类级数——正项级数入手，寻找比定义更简单有效的判断级数敛散性的方法. 这类级数特别重要，以后将看到许多级数的敛散性可归结为正项级数的敛散性问题.

定义 1　如果级数 $\displaystyle\sum_{n=1}^{\infty}u_n$ 的一般项 $u_n\geqslant 0$，则称级数 $\displaystyle\sum_{n=1}^{\infty}u_n$ 为**正项级数**.

设 $\displaystyle\sum_{n=1}^{\infty}u_n$ 是一个正项级数，它的显著特点是部分和数列 $\{s_n\}$ 是单调增加的. 若又设数列 $\{s_n\}$ 有界，根据单调数列收敛原理，得到 $\lim\limits_{n\to\infty}s_n$ 收敛，从而级数 $\displaystyle\sum_{n=1}^{\infty}u_n$ 收敛. 反之，若 $\displaystyle\sum_{n=1}^{\infty}u_n$ 收敛，由级数收敛的定义，$\lim\limits_{n\to\infty}s_n$ 存在，于是 $\{s_n\}$ 有界. 因此，有下面的结论：

定理 1　正项级数 $\displaystyle\sum_{n=1}^{\infty}u_n$ 收敛的充要条件是它的部分和数列 $\{s_n\}$ 有界.

推论　若正项级数 $\displaystyle\sum_{n=1}^{\infty}u_n$ 发散，则它的部分和数列 $s_n\to+\infty(n\to\infty)$，也记为 $\displaystyle\sum_{n=1}^{\infty}u_n=+\infty$.

利用定理 1 不仅可以判别正项级数的敛散性，还可以得到如下关于正项级数的一个基本的审敛法.

定理 2（比较审敛法）　设 $\displaystyle\sum_{n=1}^{\infty}u_n$ 与 $\displaystyle\sum_{n=1}^{\infty}v_n$ 都是正项级数，且 $u_n\leqslant v_n(n=1,2,\cdots)$.

(1) 若级数 $\displaystyle\sum_{n=1}^{\infty}v_n$ 收敛，则级数 $\displaystyle\sum_{n=1}^{\infty}u_n$ 收敛；

(2) 若级数 $\sum\limits_{n=1}^{\infty} u_n$ 发散,则级数 $\sum\limits_{n=1}^{\infty} v_n$ 发散.

证 由于(2)是(1)的逆否命题,因此只需证(1).设 $\sum\limits_{n=1}^{\infty} u_n$ 的部分和为 s_n,$\sum\limits_{n=1}^{\infty} v_n$ 的部分和为 σ_n.因为 $u_n \leqslant v_n (n=1,2,\cdots)$,所以

$$s_n = u_1 + u_2 + \cdots + u_n \leqslant v_1 + v_2 + \cdots + v_n = \sigma_n (n=1,2,\cdots).$$

若 $\sum\limits_{n=1}^{\infty} v_n$ 收敛,设其和为 σ.因为 $\sum\limits_{n=1}^{\infty} v_n$ 是正项级数,由定理1,有 $\sigma_n \leqslant \sum\limits_{n=1}^{\infty} v_n = \sigma$.从而有 $s_n \leqslant \sigma_n \leqslant \sigma (n=1,2,\cdots)$,即正项级数 $\sum\limits_{n=1}^{\infty} u_n$ 的部分和数列 $\{s_n\}$ 有界.再用定理1可得 $\sum\limits_{n=1}^{\infty} u_n$ 收敛.

根据上节级数的性质1及2,定理2的条件"$u_n \leqslant v_n (n=1,2,\cdots)$"可改为"$\exists N \in \mathbf{N}_+$,使得当 $n \geqslant N$ 时,有 $u_n \leqslant k v_n (k>0)$",而结论仍成立.

例1 证明级数 $\sum\limits_{n=1}^{\infty} \dfrac{1}{\sqrt{n(n+1)}}$ 是发散的.

解 因为 $n(n+1)<(n+1)^2$,所以 $\dfrac{1}{\sqrt{n(n+1)}} > \dfrac{1}{n+1}$,而级数 $\sum\limits_{n=1}^{\infty} \dfrac{1}{n+1}$ 发散(去掉了调和级数的第一项),根据比较审敛法,级数 $\sum\limits_{n=1}^{\infty} \dfrac{1}{\sqrt{n(n+1)}}$ 发散.

例2 用比较审敛法判别级数 $\sum\limits_{n=1}^{\infty} \dfrac{1}{n}$ 的敛散性.

解 取正项级数 $\sum\limits_{n=1}^{\infty} \ln\left(1+\dfrac{1}{n}\right)$,其部分和

$$s_n = \sum_{k=1}^{n} \ln\left(1+\dfrac{1}{k}\right) = \ln(n+1).$$

由于 $\lim\limits_{n \to \infty} s_n = \lim\limits_{n \to \infty} \ln(n+1) = +\infty$,所以 $\sum\limits_{n=1}^{\infty} \ln\left(1+\dfrac{1}{n}\right)$ 发散.又因为

$$\ln\left(1+\dfrac{1}{n}\right) < \dfrac{1}{n},$$

根据比较审敛法知,级数 $\sum\limits_{n=1}^{\infty} \dfrac{1}{n}$ 发散.

例3 级数 $\sum\limits_{n=1}^{\infty} \dfrac{1}{n^p} = 1 + \dfrac{1}{2^p} + \dfrac{1}{3^p} + \cdots + \dfrac{1}{n^p} + \cdots$(常数 $p>0$)称为 **p 级数**.证明:(1) 当 $0<p \leqslant 1$ 时,p 级数发散;(2) 当 $p>1$ 时,p 级数收敛.

证 (1)当 $p \leqslant 1$ 时,由于 $n^p \leqslant n$,所以 $\dfrac{1}{n^p} \geqslant \dfrac{1}{n}$,而调和级数 $\sum\limits_{n=1}^{\infty} \dfrac{1}{n}$ 发散.根据比较审敛法,p 级数发散.

(2) 当 $p>1$ 时,由于当 $n-1 \leqslant x \leqslant n$ 时,有 $\dfrac{1}{n^p} \leqslant \dfrac{1}{x^p}$,所以

$$\dfrac{1}{n^p} = \int_{n-1}^{n} \dfrac{1}{n^p} \mathrm{d}x \leqslant \int_{n-1}^{n} \dfrac{1}{x^p} \mathrm{d}x.$$

因此,

$$s_n = 1 + \frac{1}{2^p} + \frac{1}{3^p} + \cdots + \frac{1}{n^p} = 1 + \sum_{k=2}^{n} \frac{1}{k^p} \leqslant 1 + \sum_{k=2}^{n} \int_{k-1}^{k} \frac{1}{x^p} \mathrm{d}x = 1 + \int_{1}^{n} \frac{\mathrm{d}x}{x^p}$$

$$= 1 + \frac{1}{p-1}\left(1 - \frac{1}{n^{p-1}}\right) < 1 + \frac{1}{p-1} (n = 2,3,4,\cdots).$$

即部分和数列$\{s_n\}$有界. 于是, p 级数收敛.

综上所述, p 级数当 $0 < p \leqslant 1$ 时发散, 当 $p > 1$ 时收敛.

注意　p 级数是一族级数, 其中一些是收敛的, 另一些是发散的. 它的一般项形式比较简单, 便于与其他级数比较. 所以在使用比较审敛法的时候常常选择 p 级数作为比较级数.

例 4　判别级数 $\displaystyle\sum_{n=2}^{\infty} (\sqrt{n} - \sqrt{n-2})$ 的敛散性.

解　由于

$$\sqrt{n} - \sqrt{n-2} = \frac{2}{\sqrt{n} + \sqrt{n-2}} \geqslant \frac{1}{\sqrt{n}} > 0,$$

而级数 $\displaystyle\sum_{n=1}^{\infty} \frac{1}{\sqrt{n}}$ 为 $p = \frac{1}{2}$ 的 p 级数, 故 $\displaystyle\sum_{n=1}^{\infty} \frac{1}{\sqrt{n}}$ 发散. 于是根据比较审敛法知, 所给级数发散.

比较审敛法使我们可以用比较两个级数一般项大小这样相对简单的方法, 借助已知敛散性的级数, 去判断另一个级数的敛散性. 当然, 使用比较审敛法需要先知道一些级数的敛散性.

这样的级数常用的是: 调和级数 $\displaystyle\sum_{n=1}^{\infty} \frac{1}{n}$, 等比级数 $\displaystyle\sum_{n=0}^{\infty} q^n$, 还有 p 级数. 在比较两个级数一般项时, 通常要证明不等式, 这有时并不容易. 下面的审敛法可以把证明不等式的工作转化成求极限.

定理 3(比较审敛法的极限形式)　设 $\displaystyle\sum_{n=1}^{\infty} u_n$ 与 $\displaystyle\sum_{n=1}^{\infty} v_n (v_n > 0)$ 都是正项级数. 如果

$$\lim_{n\to\infty} \frac{u_n}{v_n} = l (或 +\infty),$$

则　(1) 当 $0 < l < +\infty$ 时, $\displaystyle\sum_{n=1}^{\infty} u_n$ 与 $\displaystyle\sum_{n=1}^{\infty} v_n$ 同时收敛或同时发散;

(2) 当 $l = 0$ 时, $\displaystyle\sum_{n=1}^{\infty} v_n$ 收敛, 则 $\displaystyle\sum_{n=1}^{\infty} u_n$ 收敛;

(3) 当 $l = +\infty$ 时, $\displaystyle\sum_{n=1}^{\infty} v_n$ 发散, 则 $\displaystyle\sum_{n=1}^{\infty} u_n$ 发散.

证　(1) 由极限的定义, 取 $\varepsilon = \frac{l}{2}$, 则 $\exists N \in \mathbf{N}_+$, 当 $n > N$ 时, 有不等式

$$l - \frac{l}{2} < \frac{u_n}{v_n} < l + \frac{l}{2},$$

即 $\frac{l}{2} v_n < u_n < \frac{3l}{2} v_n$, 再根据比较审敛法, 即得所要证的结论;

(2) 由于 $\displaystyle\lim_{n\to\infty} \frac{u_n}{v_n} = 0$, 取 $\varepsilon = 1$, 则 $\exists N \in \mathbf{N}_+$, 当 $n > N$ 时, 有不等式

$$\left| \frac{u_n}{v_n} \right| = \frac{u_n}{v_n} < 1,$$

即 $0 \leqslant u_n < v_n$. 又级数 $\displaystyle\sum_{n=1}^{\infty} v_n$ 收敛, 根据比较审敛法, 级数 $\displaystyle\sum_{n=1}^{\infty} u_n$ 收敛;

(3) 由于 $\lim\limits_{n\to\infty}\dfrac{u_n}{v_n}=+\infty$，所以取 $M_0>0$，则 $\exists N\in\mathbf{N}_+$，当 $n>N$ 时，有不等式

$$\left|\frac{u_n}{v_n}\right|=\frac{u_n}{v_n}>M_0,$$

即 $u_n>M_0 v_n$. 又级数 $\sum\limits_{n=1}^{\infty}v_n$ 发散，根据比较审敛法，级数 $\sum\limits_{n=1}^{\infty}u_n$ 发散.

由级数收敛的必要条件，若 $\lim\limits_{n\to\infty}u_n\neq 0$，级数 $\sum\limits_{n=1}^{\infty}u_n$ 一定发散；若 $\lim\limits_{n\to\infty}u_n=0$，即 u_n 是 $n\to\infty$ 时的无穷小时，级数 $\sum\limits_{n=1}^{\infty}u_n$ 可能收敛也可能发散，那么，此时如何判别其敛散性呢？定理3给出了一种方法：通过分析 u_n 的无穷小的阶数，选择与 u_n 高阶、等价或同阶的无穷小 v_n，与级数 $\sum\limits_{n=1}^{\infty}v_n$ 做比较，就可得到所要研究级数 $\sum\limits_{n=1}^{\infty}u_n$ 的敛散性. 这就需要读者熟练掌握判断无穷小阶数的方法.

例 5　讨论级数 (1) $\sum\limits_{n=1}^{\infty}\sin\dfrac{3}{n^p}\,(p>0)$；(2) $\sum\limits_{n=1}^{\infty}\dfrac{3n+1}{(n+1)^2(n+2)^2}$ 的敛散性.

解　(1) 因为 $\sin\dfrac{3}{n^p}\sim\dfrac{3}{n^p}\,(n\to\infty)$，所以级数 $\sum\limits_{n=1}^{\infty}\sin\dfrac{3}{n^p}$ 与 p 级数 $\sum\limits_{n=1}^{\infty}\dfrac{1}{n^p}$ 敛散性相同. 于是所给级数当 $p>1$ 时收敛，当 $0<p\leqslant 1$ 时发散.

(2) 因为 $\dfrac{3n+1}{(n+1)^2(n+2)^2}\sim\dfrac{3}{n^3}\,(n\to\infty)$，所以级数 $\sum\limits_{n=1}^{\infty}\dfrac{3n+1}{(n+1)^2(n+2)^2}$ 与 $\sum\limits_{n=1}^{\infty}\dfrac{1}{n^3}$ 敛散性相同. 而 $\sum\limits_{n=1}^{\infty}\dfrac{1}{n^3}$ 是 $p=3$ 收敛的 p 级数，于是所给级数收敛.

例 6　讨论级数 $\sum\limits_{n=1}^{\infty}\left[\dfrac{1}{n}-\ln\left(1+\dfrac{1}{n}\right)\right]$ 的敛散性.

解　显然 $\dfrac{1}{n}-\ln\left(1+\dfrac{1}{n}\right)$ 是 $n\to\infty$ 时的无穷小. 为分析它的阶数，利用 $\ln(1+x)$ 在 $x=0$ 处的二阶 Taylor 公式，有

$$\frac{1}{n}-\ln\left(1+\frac{1}{n}\right)=\frac{1}{n}-\left[\frac{1}{n}-\frac{1}{2n^2}+o\left(\frac{1}{n^2}\right)\right]=\frac{1}{2n^2}+o\left(\frac{1}{n^2}\right),$$

所以 $\dfrac{1}{n}-\ln\left(1+\dfrac{1}{n}\right)$ 与 $\dfrac{1}{n^2}$ 是同阶的无穷小. 而级数 $\sum\limits_{n=1}^{\infty}\dfrac{1}{n^2}$ 收敛，于是原级数收敛.

无论是比较审敛法还是其极限形式，都需要找到一个已知敛散性的级数做比较，这有时是困难的. 考虑到一个级数是否收敛，本质上不需要参照另一个级数的敛散性，而应该由该级数本身的结构特点来决定. 因此利用级数通项本身判别其敛散性是一种自然而又重要的思想方法. 下面介绍其中最常见且更加方便实用的比值审敛法与根值审敛法.

定理 4(比值审敛法)　若对于正项级数 $\sum\limits_{n=1}^{\infty}u_n$ 有 $\lim\limits_{n\to\infty}\dfrac{u_{n+1}}{u_n}=\rho$（或 $+\infty$）. 则

(1) $\rho<1$ 时，级数收敛；

(2) $\rho>1$（或 $+\infty$）时，级数发散；

(3) $\rho=1$ 时，级数可能收敛也可能发散.

证　(1) 当 $\rho<1$ 时，取 $\varepsilon=\dfrac{1-\rho}{2}>0$，记 $\rho+\varepsilon=r$，$r=\rho+\dfrac{1-\rho}{2}=\dfrac{1+\rho}{2}<1$.

由极限的定义,$\exists N \in \mathbf{N}_+$,当 $n > N$ 时,有 $\dfrac{u_{n+1}}{u_n} < \rho + \varepsilon = r$. 从而

$$u_n = u_{N+1} \frac{u_{N+2}}{u_{N+1}} \cdot \frac{u_{N+3}}{u_{N+2}} \cdot \cdots \cdot \frac{u_n}{u_{n-1}} < r^{n-N-1} u_{N+1},$$

而等比级数 $\displaystyle\sum_{n=N+1}^{\infty} r^{n-N-1}$ 收敛,由比较审敛法,$\displaystyle\sum_{n=N+1}^{\infty} u_n$ 收敛,从而 $\displaystyle\sum_{n=1}^{\infty} u_n$ 也收敛.

(2) 当 $\rho > 1$ 时,由收敛数列的保序性,$\exists N \in \mathbf{N}_+$,当 $n > N$ 时,有 $\dfrac{u_{n+1}}{u_n} > 1$. 即 $u_{n+1} > u_n$,

从而 $u_{n+1} > u_n > \cdots > u_{N+1}$. 这表明,级数 $\displaystyle\sum_{n=1}^{\infty} u_n$ 从某项开始,一般项递增,且 $u_n > u_{N+1}$,因而当

$n \to \infty$ 时,u_n 不趋于零. 于是级数 $\displaystyle\sum_{n=1}^{\infty} u_n$ 发散.

(3) 当 $\rho = 1$ 时,级数可能收敛也可能发散. 例如,调和级数 $\displaystyle\sum_{n=1}^{\infty} \frac{1}{n}$,$\displaystyle\lim_{n \to \infty} \frac{\frac{1}{n+1}}{\frac{1}{n}} = \lim_{n \to \infty} \frac{n}{n+1} = 1$,

而此级数发散;对级数 $\displaystyle\sum_{n=1}^{\infty} \frac{1}{n^2}$,$\displaystyle\lim_{n \to \infty} \frac{\frac{1}{(n+1)^2}}{\frac{1}{n^2}} = \lim_{n \to \infty} \left(\frac{n}{n+1} \right)^2 = 1$,但此级数收敛. 所以,当 $\rho = 1$

时,该审敛法失效.

特别注意,由定理 4 的证明过程,当 $\rho > 1$,此时级数发散是由于 u_n 不趋于零的原因.

使用比值审敛法时不必事先估计级数的敛散性,也不必选择比较级数. 所以使用起来比比较审敛法方便. 但是从定理 4 的证明过程可以看到,比值审敛法相当于将待判别级数与等比级数进行比较,所以对某些级数可能会失效.

例 7 判别级数(1) $\displaystyle\sum_{n=1}^{\infty} \frac{1}{n!}$;(2) $\displaystyle\sum_{n=1}^{\infty} \frac{n!}{10^n}$ 的敛散性.

解 (1) 因为 $\displaystyle\lim_{n \to \infty} \frac{u_{n+1}}{u_n} = \lim_{n \to \infty} \frac{\frac{1}{(n+1)!}}{\frac{1}{n!}} = \lim_{n \to \infty} \frac{1}{n+1} = 0 < 1$,所以由比值审敛法,级数

$\displaystyle\sum_{n=1}^{\infty} \frac{1}{n!}$ 收敛.

(2) 因为 $\displaystyle\lim_{n \to \infty} \frac{u_{n+1}}{u_n} = \lim_{n \to \infty} \frac{\frac{(n+1)!}{10^{n+1}}}{\frac{n!}{10^n}} = \lim_{n \to \infty} \frac{n+1}{10} = +\infty$,所以由比值审敛法,级数 $\displaystyle\sum_{n=1}^{\infty} \frac{n!}{10^n}$ 发

散.

例 8 判别级数 $\displaystyle\sum_{n=1}^{\infty} \frac{a^n}{n^2}(a > 0)$ 的敛散性.

解 因为 $\displaystyle\lim_{n \to \infty} \frac{u_{n+1}}{u_n} = \lim_{n \to \infty} \frac{\frac{a^{n+1}}{(n+1)^2}}{\frac{a^n}{n^2}} = \lim_{n \to \infty} \frac{a n^2}{(n+1)^2} = a$,根据 a 的不同取值范围讨论如下:

当 $0 < a < 1$ 时,由比值审敛法,级数收敛;当 $a > 1$ 时,级数发散;当 $a = 1$ 时,原级数为 $\sum\limits_{n=1}^{\infty} \dfrac{1}{n^2}$,所以级数收敛.

总之,所给级数当 $0 < a \leqslant 1$ 时收敛,当 $a > 1$ 时发散.

例 9　判别级数 $\sum\limits_{n=1}^{\infty} \dfrac{1}{(2n-1)2n}$ 的敛散性.

解　因为 $\lim\limits_{n\to\infty} \dfrac{u_{n+1}}{u_n} = \lim\limits_{n\to\infty} \dfrac{\dfrac{1}{(2n+1)2(n+1)}}{\dfrac{1}{(2n-1)2n}} = \lim\limits_{n\to\infty} \dfrac{(2n-1)2n}{(2n+1)2(n+1)} = 1.$

所以对这个级数比值审敛法失效.但可以与级数 $\sum\limits_{n=1}^{\infty} \dfrac{1}{n^2}$ 比较.

$$\lim\limits_{n\to\infty} \dfrac{\dfrac{1}{(2n-1)2n}}{\dfrac{1}{n^2}} = \lim\limits_{n\to\infty} \dfrac{n^2}{(2n-1)2n} = \dfrac{1}{4},$$

而 $\sum\limits_{n=1}^{\infty} \dfrac{1}{n^2}$ 收敛,于是级数 $\sum\limits_{n=1}^{\infty} \dfrac{1}{(2n-1)2n}$ 收敛.

定理 5(根值审敛法)　设 $\sum\limits_{n=1}^{\infty} u_n$ 为正项级数,若 $\lim\limits_{n\to\infty} \sqrt[n]{u_n} = \rho$(或 $+\infty$),则

(1) 当 $\rho < 1$ 时,级数收敛;

(2) 当 $\rho > 1$(或 $+\infty$)时,级数发散;

(3) 当 $\rho = 1$ 时级数可能收敛也可能发散.

定理 5 的证明与定理 4 类似,这里从略.

例 10　判别级数 (1) $\sum\limits_{n=1}^{\infty} \left(\dfrac{n}{2n+1} \right)^n$;$(2)$ $\sum\limits_{n=1}^{\infty} 2^{-n-(-1)^n}$ 的敛散性.

解　(1) 用根值审敛法,因为 $\lim\limits_{n\to\infty} \sqrt[n]{\left(\dfrac{n}{2n+1} \right)^n} = \lim\limits_{n\to\infty} \dfrac{n}{2n+1} = \dfrac{1}{2} < 1$,故原级数收敛.

(2) 因为 $\lim\limits_{n\to\infty} \sqrt[n]{2^{-n-(-1)^n}} = \lim\limits_{n\to\infty} 2^{-1-\frac{(-1)^n}{n}} = \dfrac{1}{2} < 1$,故原级数收敛.

例 11　判别级数 $\sum\limits_{n=1}^{\infty} \dfrac{n^2}{\left(2 + \dfrac{1}{n} \right)^n}$ 的敛散性.

分析　由于所给级数的一般项较复杂,不妨先用不等式将其化简.

解　由于 $\dfrac{n^2}{\left(2 + \dfrac{1}{n} \right)^n} < \dfrac{n^2}{2^n}$,下面判别级数 $\sum\limits_{n=1}^{\infty} \dfrac{n^2}{2^n}$ 的敛散性.

用比值审敛法,因为

$$\lim\limits_{n\to\infty} \dfrac{u_{n+1}}{u_n} = \lim\limits_{n\to\infty} \dfrac{\dfrac{(n+1)^2}{2^{n+1}}}{\dfrac{n^2}{2^n}} = \dfrac{1}{2} < 1,$$

所以,级数 $\sum\limits_{n=1}^{\infty} \dfrac{n^2}{2^n}$ 收敛,又由比较审敛法知,原级数收敛.

最后,再介绍一个关于正项级数的积分审敛法.

定理 6*(积分审敛法) 设 $\sum_{n=1}^{\infty}u_n$ 为正项级数,若存在一个单调减少的非负连续函数 $f(x)$,使得 $u_n=f(n)$,则级数 $\sum_{n=1}^{\infty}u_n$ 与广义积分 $\int_1^{+\infty}f(x)\mathrm{d}x$ 同时收敛或发散.

证 由已知,若 $k\leqslant x\leqslant k+1(k\in\mathbf{N}_+)$,则

$$u_{k+1}=f(k+1)\leqslant f(x)\leqslant f(k)=u_k,$$

从而

$$u_{k+1}=\int_k^{k+1}u_{k+1}\mathrm{d}x\leqslant\int_k^{k+1}f(x)\mathrm{d}x\leqslant\int_k^{k+1}u_k\mathrm{d}x=u_k,$$

即

$$u_{k+1}\leqslant\int_k^{k+1}f(x)\mathrm{d}x\leqslant u_k,$$

将上面的不等式从 $k=1$ 到 $k=n-1$ 作和,有

$$\sum_{k=1}^{n-1}u_{k+1}\leqslant\sum_{k=1}^{n-1}\int_k^{k+1}f(x)\mathrm{d}x=\int_1^n f(x)\mathrm{d}x\leqslant\sum_{k=1}^{n-1}u_k,$$

因为 $\sum_{k=1}^{n-1}u_{k+1}=s_n-u_1$,$\sum_{k=1}^{n-1}u_k=s_{n-1}$,于是有

$$s_n-u_1\leqslant\int_1^n f(x)\mathrm{d}x\leqslant s_{n-1},$$

由此可见,若 $\int_1^{+\infty}f(x)\mathrm{d}x$ 收敛,则 $s_n\leqslant\int_1^n f(x)\mathrm{d}x+u_1<\int_1^{+\infty}f(x)\mathrm{d}x+u_1$,即 $\{s_n\}$ 有上界,故级数 $\sum_{n=1}^{\infty}u_n$ 收敛;若 $\sum_{n=1}^{\infty}u_n$ 收敛,则 $\{s_n\}$ 有上界,从而由于 $\int_1^n f(x)\mathrm{d}x$ 在 $[1,+\infty)$ 上单调上升,且有上界,知 $\lim_{n\to\infty}\int_1^n f(x)\mathrm{d}x$ 存在. $\forall t\in(1,+\infty)$,取 $n=[t]$,由于

$$\int_1^n f(x)\mathrm{d}x\leqslant\int_1^t f(x)\mathrm{d}x\leqslant\int_1^{n+1}f(x)\mathrm{d}x,$$

由夹逼定理可知,$\lim_{t\to+\infty}\int_1^t f(x)\mathrm{d}x$ 存在,故 $\int_1^{+\infty}f(x)\mathrm{d}x$ 收敛.

例 12* 讨论级数 $\sum_{n=2}^{\infty}\dfrac{1}{n(\ln n)^p}(p>0)$ 的敛散性.

解 取 $f(x)=\dfrac{1}{x(\ln x)^p}(p>0)$,则 $f(x)$ 在 $[2,+\infty)$ 上为非负单调减的连续函数.

当 $p=1$ 时,$\int_2^{+\infty}\dfrac{1}{x\ln x}\mathrm{d}x=\ln\ln x\mid_2^{+\infty}=+\infty$;

当 $p\neq 1$ 时,$\int_2^{+\infty}\dfrac{1}{x(\ln x)^p}\mathrm{d}x=\dfrac{1}{1-p}(\ln x)^{1-p}\mid_2^{+\infty}=\begin{cases}\dfrac{(\ln 2)^{1-p}}{p-1}, & p>1\\ +\infty, & p<1\end{cases}.$

于是,由积分审敛法,当 $p>1$ 时,原级数收敛,当 $0<p\leqslant 1$ 时,原级数发散.

上面介绍了关于正项级数的几个最常用的审敛法,它们的条件都是充分条件. 如果用其中某方法不能判定所给级数的敛散性,还可以用其他审敛法或几个审敛法结合使用及级数敛散的定义或级数的性质来判别. 请读者不断练习,并总结各个方法的优劣及适用范围,熟练而灵活地应用.

另外,要特别注意本节正项级数这一条件,以定理 2 为例,若级数不是正项级数,则结论不

一定成立. 例如，两级数 $\sum\limits_{n=1}^{\infty} \dfrac{-1}{n}$ 与 $\sum\limits_{n=1}^{\infty} \dfrac{1}{n^2}$，显然有 $\dfrac{-1}{n} < \dfrac{1}{n^2}$，且 $\sum\limits_{n=1}^{\infty} \dfrac{1}{n^2}$ 收敛，但 $\sum\limits_{n=1}^{\infty} \dfrac{-1}{n}$ 发散.

习　题　二

1. 下列结论中正确的是(　　).

(A) 若正项级数 $\sum\limits_{n=1}^{\infty} u_n$ 收敛，则有 $\lim\limits_{n\to\infty} \dfrac{u_{n+1}}{u_n} \leqslant 1$

(B) 若正项级数 $\sum\limits_{n=1}^{\infty} u_n$ 发散，则有 $\lim\limits_{n\to\infty} \dfrac{u_{n+1}}{u_n} \geqslant 1$

(C) 若 $\lim\limits_{n\to\infty} \dfrac{u_{n+1}}{u_n} = \rho < 1$，则正项级数 $\sum\limits_{n=1}^{\infty} u_n$ 收敛

(D) 若 $\lim\limits_{n\to\infty} \dfrac{u_{n+1}}{u_n} \geqslant 1$，则正项级数 $\sum\limits_{n=1}^{\infty} u_n$ 发散

2. 设正项级数 $\sum\limits_{n=1}^{\infty} u_n$，有 $\lim\limits_{n\to\infty} n^p u_n = l > 0 (p > 0)$，证明：

(1) 若 $p > 1$，则级数 $\sum\limits_{n=1}^{\infty} u_n$ 收敛；

(2) 若 $0 < p \leqslant 1$，则级数 $\sum\limits_{n=1}^{\infty} u_n$ 发散.

3. 用比较审敛法或其极限形式判别下列级数的敛散性：

(1) $\sum\limits_{n=1}^{\infty} \dfrac{1}{2n-1}$；　　(2) $\sum\limits_{n=1}^{\infty} \dfrac{1+n}{n^2+1}$；　　(3) $\sum\limits_{n=1}^{\infty} \dfrac{n^2+1}{\sqrt{n^7+1}}$；　　(4) $\sum\limits_{n=1}^{\infty} \sin \dfrac{1}{2^n}$；

(5) $\sum\limits_{n=1}^{\infty} \dfrac{1}{n\sqrt{n+1}}$；　　(6) $\sum\limits_{n=1}^{\infty} 2^n \sin \dfrac{\pi}{3^n}$；　　(7) $\sum\limits_{n=1}^{\infty} \dfrac{2+(-1)^n}{2^n}$；　　(8) $\sum\limits_{n=1}^{\infty} \tan \dfrac{\pi}{2^n}$；

(9) $\sum\limits_{n=1}^{\infty} \sqrt{n} \ln \dfrac{n+1}{n}$；　　(10) $\sum\limits_{n=1}^{\infty} \sqrt{n+1}\left(1-\cos \dfrac{\pi}{n}\right)$.

4. 用比值审敛法或根值审敛法判别下列级数的敛散性：

(1) $\sum\limits_{n=1}^{\infty} \dfrac{3^n}{n 2^n}$；　　(2) $\sum\limits_{n=1}^{\infty} \dfrac{n^2}{3^n}$；　　(3) $\sum\limits_{n=1}^{\infty} \dfrac{2^n n!}{n^n}$；　　(4) $\sum\limits_{n=1}^{\infty} \dfrac{n+2^n}{3^n}$；

(5) $\sum\limits_{n=1}^{\infty} \left(\arcsin \dfrac{1}{n}\right)^n$；　　(6) $\sum\limits_{n=1}^{\infty} \dfrac{1}{[\ln(n+1)]^n}$；　　(7) $\sum\limits_{n=1}^{\infty} \left(\dfrac{n}{3n-1}\right)^{2n-1}$；

(8) $\sum\limits_{n=1}^{\infty} \dfrac{3^n}{1+e^n}$；　　(9) $\sum\limits_{n=1}^{\infty} 2^n \left(\dfrac{n}{n+1}\right)^{n^2}$；　　(10) $\sum\limits_{n=1}^{\infty} \dfrac{n!}{(2n-1)!!}$.

5. 判断下列级数的敛散性：

(1) $\sum\limits_{n=1}^{\infty} n \dfrac{3^n}{4^n}$；　(2) $\sum\limits_{n=1}^{\infty} \sqrt{\dfrac{n+1}{n+2}}$；　(3) $\sum\limits_{n=1}^{\infty} \left(\sqrt{n^2+1} - \sqrt{n^2-1}\right)$；　(4) $\sum\limits_{n=1}^{\infty} \dfrac{\sin \dfrac{x}{n}}{2^n} (x > 0)$；

(5) $\sum\limits_{n=1}^{\infty} \left[1+(-1)^{n-1}\right] \dfrac{1}{n} \sin \dfrac{1}{n}$；　　(6) $\sum\limits_{n=1}^{\infty} \dfrac{1}{1+a^n} (a > 0)$；　　(7) $\sum\limits_{n=1}^{\infty} \dfrac{\ln n}{n}$；

(8) $\sum_{n=1}^{\infty} \ln^2 \left(1 + \sin \frac{1}{\sqrt{n}}\right)$;   (9) $\sum_{n=1}^{\infty} \frac{1+a^n}{n^2}(a>0)$;   (10) $\sum_{n=1}^{\infty} \frac{1+n}{2^{2n}}a^n(a>0)$.

6. 设正项级数 $\sum_{n=1}^{\infty} a_n$ 收敛,证明级数 $\sum_{n=1}^{\infty} a_n^2$、$\sum_{n=1}^{\infty} \frac{\sqrt{a_n}}{n}$ 及 $\sum_{n=1}^{\infty} \frac{na_n}{1+n}$ 均收敛.

7. 设 $\{a_n\}$ 为单调递增数列,且 $a_n \to a(n \to \infty)$,判别级数 $\sum_{n=1}^{\infty} \left(\frac{b}{a_n}\right)^n$ 的敛散性,其中 a_n, a, b 均为正数.

8. 设 $u_n > 0, v_n > 0 (n=1,2,\cdots)$,且 $\frac{u_{n+1}}{u_n} \leqslant \frac{v_{n+1}}{v_n}$,证明若 $\sum_{n=1}^{\infty} v_n$ 收敛,则 $\sum_{n=1}^{\infty} u_n$ 也收敛.

9. 证明下列极限:

(1) $\lim_{n \to \infty} \frac{1 \cdot 3 \cdot 5 \cdot \cdots \cdot (2n-1)}{2 \cdot 5 \cdot 8 \cdot \cdots \cdot (3n-1)} = 0$;

(2) $\lim_{n \to \infty} \sum_{k=1}^{n} \frac{1}{n(k+1)(k+2)} = 0$.

第三节 任意项级数的绝对收敛与条件收敛

本节进一步讨论一般的常数项级数的审敛法.首先来给出这样级数的一种特殊情况,即下面的所谓交错级数的审敛法.

一、交错级数及其审敛法

定义 1   正负项相间的级数 $\sum_{n=1}^{\infty} (-1)^{n-1} u_n = u_1 - u_2 + u_3 - u_4 + \cdots + (-1)^{n-1} u_n + \cdots$ 或

$\sum_{n=1}^{\infty} (-1)^n u_n = -u_1 + u_2 - u_3 + u_4 + \cdots + (-1)^n u_n + \cdots$,其中 $u_n > 0$ 称为**交错级数**.

例如,级数 $\sum_{n=1}^{\infty} (-1)^{n-1}$, $\sum_{n=1}^{\infty} \frac{(-1)^{n-1}}{\sqrt{n}}$ 等都是交错级数.

德国数学家莱布尼茨给出了判别交错级数收敛性的一个充分条件.

定理 1(莱布尼茨审敛法)   若交错级 数 $\sum_{n=1}^{\infty} (-1)^{n-1} u_n$ 满足如下莱布尼茨条件:

(1) $u_n \geqslant u_{n+1}(n=1,2,3,\cdots)$;

(2) $\lim_{n \to \infty} u_n = 0$,

则该交错级数收敛,且级数和 $s \leqslant u_1$,其余项 $r_n = s - s_n$ 满足 $|r_n| \leqslant u_{n+1}$.

证   设所给级数的前 $2m$ 项的和 $s_{2m} = u_1 - u_2 + u_3 - u_4 + \cdots + u_{2m-1} - u_{2m}$,由于
$$s_{2m} = (u_1 - u_2) + (u_3 - u_4) + \cdots + (u_{2m-1} - u_{2m}),$$
由条件(1)可知 $s_{2m} \geqslant 0$ 且随 m 递增,而 s_{2m} 又可以表示为
$$s_{2m} = u_1 - (u_2 - u_3) - \cdots - (u_{2m-2} - u_{2m-1}) - u_{2m} \leqslant u_1,$$
所以 $\{s_{2m}\}$ 是单调有界数列,因而必有极限设为 s,且 $\lim_{m \to \infty} s_{2m} = s \leqslant u_1$.

又因为 $s_{2m+1} = s_{2m} + u_{2m+1}$,再根据条件(2)得

$$\lim_{m\to\infty} s_{2m+1} = \lim_{m\to\infty}(s_{2m} + u_{2m+1}) = \lim_{m\to\infty} s_{2m} + \lim_{m\to\infty} u_{2m+1} = s + 0 = s.$$

由上册第二章习题一第 10 题知 $\lim_{n\to\infty} s_n = s$，故所给级数收敛，且级数的和 $s \leqslant u_1$。

这时，交错级数的余项 $r_n = s - s_n = (-1)^n u_{n+1} + (-1)^{n+1} u_{n+2} + \cdots$，从而 $|r_n| = u_{n+1} - u_{n+2} + \cdots$，等式右端的这个级数仍然是交错级数，并且满足莱布尼茨条件，所以这个级数是收敛的。它的和小于等于级数第一项中的 u_{n+1}，即 $|r_n| \leqslant u_{n+1}$。

定理 1 中对余项的估计式 $|r_n| \leqslant u_{n+1}$ 在近似计算中是很好用的。它告诉我们对于满足莱布尼茨条件的交错级数，如果用其部分和 s_n 作为级数和的近似值，则误差不超过余项中第一项的绝对值。

例 1 判断级数 $\sum\limits_{n=1}^{\infty} \dfrac{(-1)^{n-1}}{n}$ 的敛散性。

解 此级数是交错级数，且 $u_n = \dfrac{1}{n} > \dfrac{1}{n+1} = u_{n+1}, n = 1,2,3,\cdots$，又 $\lim\limits_{n\to\infty} u_n = \lim\limits_{n\to\infty} \dfrac{1}{n} = 0$，所以级数满足莱布尼茨条件，于是所给级数收敛，且其和 $s \leqslant 1$。

若用 $s_n = 1 - \dfrac{1}{2} + \dfrac{1}{3} - \cdots + (-1)^{n-1} \dfrac{1}{n}$ 作为 s 的近似值，所产生的误差 $|r_n| \leqslant \dfrac{1}{n+1}$。

例 2 判断级数 $\sum\limits_{n=1}^{\infty} (-1)^{n-1} (\sqrt{n+1} - \sqrt{n})$ 的敛散性。

解 此级数是交错级数，$u_n = \sqrt{n+1} - \sqrt{n} = \dfrac{1}{\sqrt{n+1} + \sqrt{n}} > 0$，显然有 $u_n > u_{n+1}$，且 $\lim\limits_{n\to\infty} u_n = 0$，所以级数满足莱布尼茨条件，于是所给级数收敛。

例 3 判断 $\sum\limits_{n=2}^{\infty} \dfrac{\cos n\pi \cdot \ln n}{n}$ 的敛散性。

解 因为 $\cos n\pi = (-1)^n$，$u_n = \dfrac{\ln n}{n} > 0 (n \geqslant 2)$，所以所给级数是交错级数。

设 $f(x) = \dfrac{\ln x}{x} (x \geqslant 2)$，由洛必达法则，$\lim\limits_{x\to+\infty} f(x) = \lim\limits_{x\to+\infty} \dfrac{\ln x}{x} = \lim\limits_{x\to+\infty} \dfrac{1}{x} = 0$，从而

$$\lim_{n\to\infty} u_n = \lim_{n\to\infty} \dfrac{\ln n}{n} = 0.$$

又 $f'(x) = \dfrac{1 - \ln x}{x^2}$，当 $x > e$ 时，$f'(x) < 0$，故 $f(x)$ 当 $x > e$ 时单调递减，从而当 $n \geqslant 3$ 时，有 $u_{n+1} = f(n+1) < f(n) = u_n$。

于是，所给级数为满足莱布尼茨条件的交错级数，故级数收敛。

一般地，在用莱布尼茨审敛法判断交错级数 $\sum\limits_{n=1}^{\infty} (-1)^{n-1} f(n) \ (f(n) > 0)$ 敛散性时，如果数列 $f(n)$ 的单调性不易直接判断，可以将数列 $f(n)$ 的变量连续化，从而用导数的方法判断函数 $f(x)$ 的单调性，进而得到数列 $f(n)$ 的单调性。当数列极限 $\lim\limits_{n\to\infty} f(n)$ 不易直接求得时，也可以求函数极限 $\lim\limits_{x\to+\infty} f(x)$，而得到极限 $\lim\limits_{n\to\infty} f(n)$。

例 4 判断 $\dfrac{1}{\sqrt{2}-1} - \dfrac{1}{\sqrt{2}+1} + \dfrac{1}{\sqrt{3}-1} - \dfrac{1}{\sqrt{3}+1} + \cdots + \dfrac{1}{\sqrt{n}-1} - \dfrac{1}{\sqrt{n}+1} + \cdots$ 的敛散性。

解 这是一个交错级数，且 $\lim\limits_{n\to\infty} u_n = 0$，但显然 $\{u_n\}$ 不是单调下降的，所以不能用莱布尼茨审敛法。若考虑加括号后的级数

$$\left(\frac{1}{\sqrt{2}-1}-\frac{1}{\sqrt{2}+1}\right)+\left(\frac{1}{\sqrt{3}-1}-\frac{1}{\sqrt{3}+1}\right)+\cdots+\left(\frac{1}{\sqrt{n}-1}-\frac{1}{\sqrt{n}+1}\right)+\cdots,$$

记为 $\sum\limits_{n=2}^{\infty}b_n$，其中 $b_n=\frac{1}{\sqrt{n}-1}-\frac{1}{\sqrt{n}+1}=\frac{2}{n-1}$，可见级数 $\sum\limits_{n=2}^{\infty}b_n$ 发散，利用级数的性质，所给级数一定发散.

二、任意项级数的绝对收敛与条件收敛

现在讨论一般的常数项级数 $\sum\limits_{n=1}^{\infty}u_n$，其中 u_n 可以是任意实数，常称为**任意项级数**. 例如 $\sum\limits_{n=1}^{\infty}(-1)^{n-1}\frac{1}{n^2}$，$\sum\limits_{n=1}^{\infty}\frac{1}{n^2}$，$\sum\limits_{n=1}^{\infty}\frac{\sin\frac{n\pi}{4}}{n}$ 都是任意项级数.

1. 级数绝对收敛与条件收敛的概念

定理 2 若级数 $\sum\limits_{n=1}^{\infty}|u_n|$ 收敛，则级数 $\sum\limits_{n=1}^{\infty}u_n$ 一定收敛.

证 由于 $0\leqslant u_n+|u_n|\leqslant 2|u_n|$，而级数 $\sum\limits_{n=1}^{\infty}2|u_n|$ 收敛，由比较审敛法，级数 $\sum\limits_{n=1}^{\infty}(u_n+|u_n|)$ 收敛. 又

$$\sum\limits_{n=1}^{\infty}u_n=\sum\limits_{n=1}^{\infty}\left[(u_n+|u_n|)-|u_n|\right],$$

所以级数 $\sum\limits_{n=1}^{\infty}u_n$ 收敛.

例如，由于 $\sum\limits_{n=1}^{\infty}\left|(-1)^{n-1}\frac{1}{n^2}\right|=\sum\limits_{n=1}^{\infty}\frac{1}{n^2}$ 收敛，所以级数 $\sum\limits_{n=1}^{\infty}(-1)^{n-1}\frac{1}{n^2}$ 收敛. 但定理2的逆命题不成立. 例如，$\sum\limits_{n=1}^{\infty}(-1)^{n-1}\frac{1}{n}$ 收敛，但 $\sum\limits_{n=1}^{\infty}\left|(-1)^{n-1}\frac{1}{n}\right|=\sum\limits_{n=1}^{\infty}\frac{1}{n}$ 发散. 我们注意到，在研究级数的敛散性时，若原级数 $\sum\limits_{n=1}^{\infty}u_n$ 收敛，对于有些级数，$\sum\limits_{n=1}^{\infty}|u_n|$ 也收敛，但对有些级数，$\sum\limits_{n=1}^{\infty}|u_n|$ 发散. 为区别这两种情况，需要引入如下绝对收敛与条件收敛的概念.

定义 2 设 $\sum\limits_{n=1}^{\infty}u_n$ 是一个任意项级数，若正项级数 $\sum\limits_{n=1}^{\infty}|u_n|$ 收敛，则称级数 $\sum\limits_{n=1}^{\infty}u_n$ **绝对收敛**；若级数 $\sum\limits_{n=1}^{\infty}u_n$ 收敛，而级数 $\sum\limits_{n=1}^{\infty}|u_n|$ 发散，则称级数 $\sum\limits_{n=1}^{\infty}u_n$ **条件收敛**.

由此定义，级数 $\sum\limits_{n=1}^{\infty}(-1)^{n-1}\frac{1}{n}$ 条件收敛；级数 $\sum\limits_{n=1}^{\infty}(-1)^{n-1}\frac{1}{n^2}$ 绝对收敛.

利用绝对收敛的概念，要判断任意项级数 $\sum\limits_{n=1}^{\infty}u_n$ 的敛散性，可先考察它是否绝对收敛（用有关正项级数的审敛法，如比较法、比值法等），即考察 $\sum\limits_{n=1}^{\infty}|u_n|$ 的敛散性，若它收敛，则原级数收敛且绝对收敛；若 $\sum\limits_{n=1}^{\infty}|u_n|$ 发散，则原级数不绝对收敛，再讨论 $\sum\limits_{n=1}^{\infty}u_n$ 是否条件收敛或发散.

特别地,若用比值或根值审敛法判断 $\sum\limits_{n=1}^{\infty}|u_n|$ 发散,即 $\lim\limits_{n\to\infty}\left|\dfrac{u_{n+1}}{u_n}\right|=\rho>1$ 或 $\lim\limits_{n\to\infty}\sqrt[n]{|u_n|}=\rho>1$,则可得原级数 $\sum\limits_{n=1}^{\infty}u_n$ 一定发散,因为此时一般项 $u_n\nrightarrow0(n\to\infty)$. 否则需要用其他方法(如莱布尼茨审敛法,级数敛散性定义、性质等)判断 $\sum\limits_{n=1}^{\infty}u_n$ 的敛散性.

例 5 判别级数(1) $\sum\limits_{n=1}^{\infty}\dfrac{\sin n\alpha}{n^2}(\alpha\neq0)$;(2) $\sum\limits_{n=1}^{\infty}(-1)^n\dfrac{1}{2^n}\left(1+\dfrac{1}{n}\right)^{n^2}$ 的敛散性,若收敛说明是绝对收敛还是条件收敛.

解 (1)先考察级数是否绝对收敛. 对于正项级数 $\sum\limits_{n=1}^{\infty}\left|\dfrac{\sin n\alpha}{n^2}\right|$,因为 $\left|\dfrac{\sin n\alpha}{n^2}\right|\leqslant\dfrac{1}{n^2}$,而级数 $\sum\limits_{n=1}^{\infty}\dfrac{1}{n^2}$ 收敛,所以级数 $\sum\limits_{n=1}^{\infty}\left|\dfrac{\sin n\alpha}{n^2}\right|$ 收敛,于是原级数收敛且绝对收敛.

(2)考察级数 $\sum\limits_{n=1}^{\infty}\left|(-1)^n\dfrac{1}{2^n}\left(1+\dfrac{1}{n}\right)^{n^2}\right|=\sum\limits_{n=1}^{\infty}\dfrac{1}{2^n}\left(1+\dfrac{1}{n}\right)^{n^2}$,设 $|u_n|=\dfrac{1}{2^n}\left(1+\dfrac{1}{n}\right)^{n^2}$,因为

$$\lim_{n\to\infty}\sqrt[n]{|u_n|}=\lim_{n\to\infty}\dfrac{1}{2}\left(1+\dfrac{1}{n}\right)^n=\dfrac{\mathrm{e}}{2}>1,$$

所以 $u_n\nrightarrow0(n\to\infty)$,于是原级数发散.

例 6 判别级数 $\sum\limits_{n=1}^{\infty}\dfrac{(-1)^{n+1}}{n^p}(p>0)$ 的敛散性,若收敛说明是绝对收敛还是条件收敛.

解 先考察正项级数 $\sum\limits_{n=1}^{\infty}\left|\dfrac{(-1)^{n+1}}{n^p}\right|=\sum\limits_{n=1}^{\infty}\dfrac{1}{n^p}$,此为 p 级数,由 p 级数的敛散性可知,

当 $p>1$ 时,$\sum\limits_{n=1}^{\infty}\dfrac{1}{n^p}$ 收敛,故 $\sum\limits_{n=1}^{\infty}\dfrac{(-1)^{n+1}}{n^p}$ 绝对收敛;

当 $0<p\leqslant1$ 时,$\sum\limits_{n=1}^{\infty}\dfrac{1}{n^p}$ 发散,因此原级数不绝对收敛. 此时考察原级数 $\sum\limits_{n=1}^{\infty}\dfrac{(-1)^{n+1}}{n^p}$ 本身是否收敛. 此级数为一交错级数,用莱布尼茨审敛法,易知 $\sum\limits_{n=1}^{\infty}\dfrac{(-1)^{n+1}}{n^p}$ 收敛,故当 $0<p\leqslant1$ 时,$\sum\limits_{n=1}^{\infty}\dfrac{(-1)^{n+1}}{n^p}$ 条件收敛.

总之,所给级数当 $p>1$ 时绝对收敛,当 $0<p\leqslant1$ 时条件收敛.

例 7 讨论级数 $\sum\limits_{n=1}^{\infty}(-1)^n\dfrac{a^n}{n}$ 的敛散性($a\in\mathbf{R}$ 为常数),若收敛说明是绝对收敛还是条件收敛.

解 设 $u_n=(-1)^n\dfrac{a^n}{n}$. 先考察级数 $\sum\limits_{n=1}^{\infty}\dfrac{|a|^n}{n}$ 的敛散性.

因为

$$\lim_{n\to\infty}\left|\dfrac{u_{n+1}}{u_n}\right|=\lim_{n\to\infty}\dfrac{n}{n+1}|a|=|a|,$$

所以当 $|a|<1$ 时,$\sum\limits_{n=1}^{\infty}\dfrac{|a|^n}{n}$ 收敛,于是原级数绝对收敛;

当 $|a|>1$ 时,$\sum\limits_{n=1}^{\infty}\dfrac{|a|^n}{n}$ 发散,此时由于 $u_n\nrightarrow0(n\to\infty)$,所以原级数发散;

当 $a=1$ 时,显然 $\sum\limits_{n=1}^{\infty}\dfrac{|a|^n}{n}=\sum\limits_{n=1}^{\infty}\dfrac{1}{n}$ 发散,但原级数 $\sum\limits_{n=1}^{\infty}(-1)^n\dfrac{1}{n}$ 收敛,所以原级数为条件收敛;

当 $a=-1$ 时,$\sum\limits_{n=1}^{\infty}\dfrac{|a|^n}{n}=\sum\limits_{n=1}^{\infty}\dfrac{1}{n}$ 发散,原级数为 $\sum\limits_{n=1}^{\infty}\dfrac{1}{n}$ 也发散.

总之,当 $|a|<1$ 时原级数绝对收敛,$a=1$ 时原级数条件收敛,$|a|>1$ 及 $a=-1$ 时原级数发散.

2. 绝对收敛级数的性质

性质1　若级数 $\sum\limits_{n=1}^{\infty}u_n$ 绝对收敛,且其和为 s,则任意交换此级数各项次序后所得的新级数 $\sum\limits_{n=1}^{\infty}u'_n$(称为原级数的更序级数)也绝对收敛,且和不变.

证明[*]　(1) 先设级数 $\sum\limits_{n=1}^{\infty}u_n$ 为正项级数,且其和为 s. 此时 $\sum\limits_{n=1}^{\infty}u'_n$ 也是正项级数. 则有

$$\sum_{n=1}^{k}u'_n\leqslant\sum_{n=1}^{\infty}u_n=s,$$

于是,由本章第二节定理1,$\sum\limits_{n=1}^{\infty}u'_n$ 收敛,且 $\sum\limits_{n=1}^{\infty}u'_n\leqslant s$.

又 $\sum\limits_{n=1}^{\infty}u_n$ 也可以视为 $\sum\limits_{n=1}^{\infty}u'_n$ 的更序级数,因此有 $\sum\limits_{n=1}^{\infty}u_n\leqslant\sum\limits_{n=1}^{\infty}u'_n$,于是 $\sum\limits_{n=1}^{\infty}u'_n=\sum\limits_{n=1}^{\infty}u_n=s$.

(2) 再设级数 $\sum\limits_{n=1}^{\infty}u_n$ 为一般的绝对收敛级数. 记

$$p_n=\frac{|u_n|+u_n}{2},\quad q_n=\frac{|u_n|-u_n}{2},\quad n=1,2,3,\cdots,$$

则显然有 $0\leqslant p_n\leqslant|u_n|$,$0\leqslant q_n\leqslant|u_n|$,$n=1,2,3,\cdots$,于是正项级数 $\sum\limits_{n=1}^{\infty}p_n$,$\sum\limits_{n=1}^{\infty}q_n$ 均收敛,由 (1) 知更序级数 $\sum\limits_{n=1}^{\infty}p'_n$,$\sum\limits_{n=1}^{\infty}q'_n$ 收敛,且 $\sum\limits_{n=1}^{\infty}p'_n=\sum\limits_{n=1}^{\infty}p_n$,$\sum\limits_{n=1}^{\infty}q'_n=\sum\limits_{n=1}^{\infty}q_n$. 而

$$|u_n|=p_n+q_n,\quad u_n=p_n-q_n,\quad n=1,2,3,\cdots.$$

因此,$\sum\limits_{n=1}^{\infty}|u'_n|=\sum\limits_{n=1}^{\infty}(p'_n+q'_n)$ 也收敛,即 $\sum\limits_{n=1}^{\infty}u'_n$ 绝对收敛,且

$$\sum_{n=1}^{\infty}u'_n=\sum_{n=1}^{\infty}(p'_n-q'_n)=\sum_{n=1}^{\infty}p'_n-\sum_{n=1}^{\infty}q'_n=\sum_{n=1}^{\infty}p_n-\sum_{n=1}^{\infty}q_n=\sum_{n=1}^{\infty}(p_n-q_n)=\sum_{n=1}^{\infty}u_n.$$

性质1表明,绝对收敛的级数具有可交换性,又收敛级数具有可结合性. 因此绝对收敛的级数同时具有这两个性质,这给计算它的和带来了很大的方便.

条件收敛的级数不具备这个性质,德国哲学家、数学家黎曼(Riemann,1826—1866)证明了下面的结论:

定理3[*]　若级数条件收敛,则适当地交换各项的次序所组成的更序级数,可以收敛于任何预先给定的数 s 或发散.

例如,$\sum\limits_{n=1}^{\infty}(-1)^{n-1}\dfrac{1}{n}$ 是条件收敛的,设其和为 s,即

$$1 - \frac{1}{2} + \frac{1}{3} - \frac{1}{4} + \frac{1}{5} - \frac{1}{6} + \frac{1}{7} - \frac{1}{8} + \frac{1}{9} - \frac{1}{10} + \frac{1}{11} - \frac{1}{12} + \cdots = s \qquad (8\text{-}1)$$

将(8-1)式两边都乘以 $\frac{1}{2}$ 得

$$\frac{1}{2} - \frac{1}{4} + \frac{1}{6} - \frac{1}{8} + \frac{1}{10} - \frac{1}{12} + \frac{1}{14} - \frac{1}{16} + \frac{1}{18} + \cdots = \frac{s}{2},$$

上式可以改写为

$$0 + \frac{1}{2} + 0 - \frac{1}{4} + 0 + \frac{1}{6} + 0 - \frac{1}{8} + 0 + \frac{1}{10} + 0 - \frac{1}{12} + 0 + \frac{1}{14} + 0 - \frac{1}{16} + 0 + \frac{1}{18} + \cdots = \frac{s}{2}$$

$$(8\text{-}2)$$

根据收敛级数的基本性质,两个收敛的级数可以逐项相加,相加(8-1)、(8-2)两式,得

$$1 + 0 + \frac{1}{3} - \frac{1}{2} + \frac{1}{5} + 0 + \frac{1}{7} - \frac{1}{4} + \frac{1}{9} + 0 + \frac{1}{11} - \frac{1}{6} + \cdots = \frac{3}{2}s \qquad (8\text{-}3)$$

(8-3)式是(8-1)式的更序级数,但是和是 $\frac{3}{2}s$.

另外,从性质1的证明中我们注意到,对于级数 $\sum\limits_{n=1}^{\infty} u_n$,令

$$p_n = \frac{|u_n| + u_n}{2} = \begin{cases} u_n, & u_n > 0 \\ 0, & u_n \leqslant 0 \end{cases}, \ n = 1, 2, 3, \cdots,$$

可见 $\sum\limits_{n=1}^{\infty} p_n$ 就是由 $\sum\limits_{n=1}^{\infty} u_n$ 的所有正项所构成的级数;令

$$q_n = \frac{|u_n| - u_n}{2} = \begin{cases} |u_n|, & u_n < 0 \\ 0, & u_n \geqslant 0 \end{cases}, \ n = 1, 2, 3, \cdots,$$

则 $\sum\limits_{n=1}^{\infty} q_n$ 是由 $\sum\limits_{n=1}^{\infty} u_n$ 的所有负项的绝对值所构成的级数. 若 $\sum\limits_{n=1}^{\infty} u_n$ 绝对收敛,则这两个级数都收敛. 而如果 $\sum\limits_{n=1}^{\infty} u_n$ 条件收敛,则 $\sum\limits_{n=1}^{\infty} p_n$, $\sum\limits_{n=1}^{\infty} q_n$ 都发散. 这从另一个角度揭示了绝对收敛级数与条件收敛级数的区别.

下面讨论两个级数的乘积运算.

我们知道,若级数 $\sum\limits_{n=1}^{\infty} u_n$ 收敛,由收敛级数的线性性质,对有限个常数 $v_k, k = 1, 2, \cdots, m$,有

$$(v_1 + v_2 + \cdots + v_m) \sum_{n=1}^{\infty} u_n = \sum_{n=1}^{\infty} \sum_{k=1}^{m} v_k u_n,$$

那么,如果是两个级数 $\sum\limits_{n=1}^{\infty} u_n$ 与 $\sum\limits_{n=1}^{\infty} v_n$ 的乘积,如何相乘,结果又是怎样的呢?

首先两个级数相乘,我们将所有可能的乘积项列出,如表8-1所示,这些乘积项排列次序不同,那么,得到的乘积级数也不尽相同. 而其中最常用的一种是按对角线方法排列,即将方阵中位于同一对角线上的各乘积项相加作为乘积级数的一项,如表8-2所示. 这样得到的乘积级数 $\sum\limits_{n=1}^{\infty} w_n$ 的通项为

$$w_n = u_1 v_n + u_2 v_{n-1} + \cdots + u_{n-1} v_2 + u_n v_1,$$

称级数 $\sum\limits_{n=1}^{\infty} w_n$ 为 $\sum\limits_{n=1}^{\infty} u_n$ 与 $\sum\limits_{n=1}^{\infty} v_n$ 的柯西乘积.

表 8-1

$u_1 v_1, u_1 v_2, u_1 v_3, \cdots, u_1 v_k, \cdots,$

$u_2 v_1, u_2 v_2, u_2 v_3, \cdots, u_2 v_k, \cdots,$

$u_3 v_1, u_3 v_2, u_3 v_3, \cdots, u_3 v_k, \cdots,$

$\vdots$

$u_n v_1, u_n v_2, u_n v_3, \cdots, u_n v_{nk}, \cdots,$

$\vdots$

表 8-2

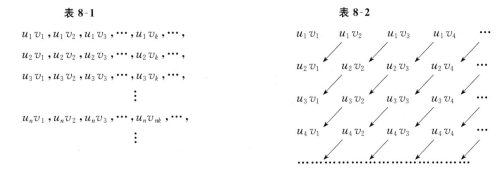

性质 2　若级数 $\sum\limits_{n=1}^{\infty} u_n$，$\sum\limits_{n=1}^{\infty} v_n$ 都绝对收敛，它们的和分别是 s 和 σ，则它们的柯西乘积

$$\sum_{n=1}^{\infty}\left(\sum_{k=1}^{n} u_k v_{n-k+1}\right) =$$

$$u_1 v_1 + (u_1 v_2 + u_2 v_1) + (u_1 v_3 + u_2 v_2 + u_3 v_1) + \cdots + (u_1 v_n + u_2 v_{n-1} + \cdots + u_{n-1} v_2 + u_n v_1) + \cdots$$

也绝对收敛，且和为 $s\sigma$（证明略）.

进一步还有下面的一般结论：

若级数 $\sum\limits_{n=1}^{\infty} u_n$ 与 $\sum\limits_{n=1}^{\infty} v_n$ 都绝对收敛，且其和分别为 s 与 σ，则它们各项相乘得到的所有可能的乘积项 $u_n v_m$，按任何次序排列所得的级数 $\sum\limits_{n=1}^{\infty} w_n$ 也绝对收敛，且其和为 $s\sigma$.

例 8　证明 $\left(\sum\limits_{n=0}^{\infty} q^n\right)^2 = \sum\limits_{n=0}^{\infty}(n+1)q^n$，$|q| < 1$.

证　当 $|q| < 1$ 时，$\sum\limits_{n=1}^{\infty} q^n$ 绝对收敛，于是由绝对收敛级数性质 2，$\left(\sum\limits_{n=0}^{\infty} q^n\right)^2 = \sum\limits_{n=0}^{\infty} q^n \cdot \sum\limits_{n=0}^{\infty} q^n$ 的柯西乘积收敛，且 $\left(\sum\limits_{n=0}^{\infty} q^n\right)^2 = \sum\limits_{n=0}^{\infty} w_n$，其中 $w_n = \sum\limits_{k=0}^{n} q^k q^{n-k} = q^n \sum\limits_{k=0}^{n} 1 = (n+1)q^n$，$n = 0, 1, 2, \cdots$，即

$$\left(\sum_{n=0}^{\infty} q^n\right)^2 = \sum_{n=0}^{\infty}(n+1)q^n.$$

此结论表明，当 $|q| < 1$ 时，级数 $\sum\limits_{n=0}^{\infty}(n+1)q^n$ 绝对收敛，且和为 $\dfrac{1}{(1-q)^2}$.

习　题　三

1. 判断下列论述是否正确，并说明理由：

（1）有限项的加法具有结合律和交换律，无穷级数的运算也具有相同运算律.

（2）若级数 $\sum\limits_{n=1}^{\infty} |u_n|$ 收敛，则级数 $\sum\limits_{n=1}^{\infty} u_n$ 也收敛；若级数 $\sum\limits_{n=1}^{\infty} |u_n|$ 发散，则级数 $\sum\limits_{n=1}^{\infty} u_n$ 也发散.

(3) 用比值或根值审敛法判断了级数 $\sum\limits_{n=1}^{\infty}|u_n|$ 发散,则级数 $\sum\limits_{n=1}^{\infty}u_n$ 发散.

(4) 级数 $\sum\limits_{n=1}^{\infty}u_n$ 收敛的充要条件是部分和数列 $\{s_n\}$ 有界.

2. 下列结论正确的是(　　).

(A) 若交错级数 $\sum\limits_{n=1}^{\infty}(-1)^{n-1}u_n$ 收敛,则它必然满足莱布尼茨条件

(B) 若交错级数 $\sum\limits_{n=1}^{\infty}(-1)^{n-1}u_n$ 发散,则它必然不满足莱布尼茨条件

(C) 若交错级数 $\sum\limits_{n=1}^{\infty}(-1)^{n-1}u_n$ 满足莱布尼茨条件,则它必然绝对收敛

(D) 若交错级数 $\sum\limits_{n=1}^{\infty}(-1)^{n-1}u_n$ 不满足莱布尼茨条件,则它必然发散

3. 判别下列级数的敛散性,若收敛说明是绝对收敛还是条件收敛:

(1) $\dfrac{1}{3}\cdot\dfrac{1}{2}-\dfrac{1}{3}\cdot\dfrac{1}{2^2}+\dfrac{1}{3}\cdot\dfrac{1}{2^3}-\dfrac{1}{3}\cdot\dfrac{1}{2^4}+\cdots$;

(2) $\dfrac{3}{1\cdot2}-\dfrac{5}{2\cdot3}+\cdots+(-1)^{n-1}\dfrac{2n+1}{n(n+1)}+\cdots$;

(3) $\sum\limits_{n=1}^{\infty}\dfrac{(-1)^n}{\pi^n}\sin\dfrac{\pi}{n}$;　　(4) $\sum\limits_{n=1}^{\infty}(-1)^{n-1}\dfrac{1}{\ln(n+1)}$;　　(5) $\sum\limits_{n=1}^{\infty}\dfrac{(-1)^n}{\sqrt{n^{3/2}+1}}$;

(6) $\sum\limits_{n=1}^{\infty}\dfrac{(-1)^{n+1}3^n}{n\,2^n}$;　　(7) $\sum\limits_{n=1}^{\infty}(-1)^n\dfrac{(2n)!!}{(2n-1)!!}$;　　(8) $\sum\limits_{n=1}^{\infty}(-1)^{n+1}\dfrac{2^{n^2}}{n!}$;

(9) $\sum\limits_{n=1}^{\infty}(-1)^n\left(1-\cos\dfrac{\alpha}{n}\right)(\alpha>0)$;　　(10) $\sum\limits_{n=1}^{\infty}(-1)^{n-1}\dfrac{1}{n-\ln n}$;

(11) $\sum\limits_{n=1}^{\infty}\dfrac{(\ln x)^n}{\sqrt{n}}(x>0)$;　　(12) $\sum\limits_{n=1}^{\infty}(-1)^{n-1}\left(\dfrac{1}{n}-\sin\dfrac{1}{n}\right)$.

4. 设正项级数 $\{u_n\}$ 单调减少,且级数 $\sum\limits_{n=1}^{\infty}(-1)^n u_n$ 发散,证明 $\sum\limits_{n=1}^{\infty}\left(\dfrac{1}{1+u_n}\right)^n$ 收敛.

5. 已知级数 $\sum\limits_{n=1}^{\infty}(-1)^{n-1}u_n(u_n>0)$ 条件收敛,证明级数 $\sum\limits_{n=1}^{\infty}\sqrt[n]{n}u_{2n-1}$ 发散.

6. 设级数 $\sum\limits_{n=1}^{\infty}a_n$ 收敛,$\sum\limits_{n=1}^{\infty}b_n$ 绝对收敛,证明 $\sum\limits_{n=1}^{\infty}a_nb_n$ 绝对收敛.

7. 对于级数 $\sum\limits_{n=1}^{\infty}u_n$,令 $p_n=\dfrac{|u_n|+u_n}{2}$,$q_n=\dfrac{|u_n|-u_n}{2}$,$n=1,2,3,\cdots$,证明:

(1) 若 $\sum\limits_{n=1}^{\infty}u_n$ 绝对收敛,则级数 $\sum\limits_{n=1}^{\infty}p_n$ 与 $\sum\limits_{n=1}^{\infty}q_n$ 都收敛;

(2) 若 $\sum\limits_{n=1}^{\infty}u_n$ 条件收敛,则级数 $\sum\limits_{n=1}^{\infty}p_n$ 与 $\sum\limits_{n=1}^{\infty}q_n$ 都发散.

第四节　幂　级　数

本节中,首先引入函数项级数及其收敛域、和函数等概念;然后重点介绍幂级数的概念;收

敛域的特点及收敛域的求法,并讨论幂级数的性质以及求某些幂级数和函数的方法.

一、函数项级数及其收敛域

定义 1 设有定义在点集 X 上的函数列 $u_1(x),u_2(x),\cdots,u_n(x),\cdots$,表达式

$$\sum_{n=1}^{\infty} u_n(x) = u_1(x) + u_2(x) + \cdots + u_n(x) + \cdots \tag{8-4}$$

称为定义在点集 X 上的(**函数项**)**无穷级数**,简称**级数**,$u_n(x)$ 称为该级数的**通项**.

若 $x_0 \in X$,对应常数项级数 $\sum_{n=1}^{\infty} u_n(x_0)$ 收敛,则称点 x_0 是函数项级数(8-4)的**收敛点**;若此数项级数发散,则称点 x_0 是函数项级数(8-4)的**发散点**.函数项级数(8-4)收敛点的全体,称为它的**收敛域**;所有发散点的全体,称为它的**发散域**.

设 D 为函数项级数(8-4)的收敛域,那么有 $\forall x \in D$,级数 $\sum_{n=1}^{\infty} u_n(x)$ 的和 s 是 x 的函数,记为 $\sum_{n=1}^{\infty} u_n(x) = s(x),s(x)$ 称为函数项级数(8-4)的**和函数**,和函数的定义域就是函数项级数的收敛域 D.

把函数项级数(8-4)的前 n 项和记作 $s_n(x)$,称为部分和函数,则 $\forall x \in D$,有 $\lim_{n \to \infty} s_n(x) = s(x)$.称 $r_n(x) = s(x) - s_n(x)$ 为函数项级数(8-4)的**余项**,它的定义域也是 D,且 $\lim_{n \to \infty} r_n(x) = 0,x \in D$.

例如,函数项级数 $\sum_{n=0}^{\infty} x^n$,可以把这个级数看作公比为 x 的等比级数.故其收敛域为 $|x| < 1$,且在收敛域内和函数为 $\dfrac{1}{1-x}$,发散域为 $|x| \geqslant 1$.

因此,寻找函数项级数(8-4)的收敛域,就是对确定的点 $x \in X$,视函数项级数为数项级数,用数项级数的审敛法,判断其敛散性即可.

例 1 求函数项级数 $\sum_{n=1}^{\infty} \dfrac{(-1)^n}{n} \left(\dfrac{1}{1+x} \right)^n$ 的收敛域.

解 设 $u_n(x) = \dfrac{(-1)^n}{n} \left(\dfrac{1}{1+x} \right)^n$.先考察级数 $\sum_{n=1}^{\infty} |u_n(x)|$ 的敛散性.用比值审敛法,

$$\frac{|u_{n+1}(x)|}{|u_n(x)|} = \frac{n}{n+1} \cdot \frac{1}{|1+x|} \to \frac{1}{|1+x|} \quad (n \to \infty).$$

当 $\dfrac{1}{|1+x|} < 1$,即 $x > 0$ 或 $x < -2$ 时,级数 $\sum_{n=1}^{\infty} \dfrac{1}{n} \left| \dfrac{1}{1+x} \right|^n$ 收敛,从而原级数收敛且绝对收敛;

当 $\dfrac{1}{|1+x|} > 1$,即 $-2 < x < 0$ 时,由于 $u_n(x) \nrightarrow 0 (n \to \infty)$,所以原级数发散;

当 $|1+x| = 1$,即 $x = 0$ 时,原级数为 $\sum_{n=1}^{\infty} \dfrac{(-1)^n}{n}$,由莱布尼茨审敛法知该级数收敛;

当 $|1+x| = -1$,即 $x = -2$ 时,原级数为 $\sum_{n=1}^{\infty} \dfrac{1}{n}$ 且发散.

于是,原级数的收敛域为 $(-\infty, -2) \bigcup [0, +\infty)$.

通常,对于一般的函数项级数讨论其收敛域是比较复杂的,收敛域也是多样的,没有一般的规律.下面来研究一类形式上较简单,收敛域很有规则,而在实际应用中又非常重要的函数项级数——幂级数.

二、幂级数及其收敛域

定义 2 形为

$$\sum_{n=0}^{\infty} a_n(x-x_0)^n = a_0 + a_1(x-x_0) + a_2(x-x_0)^2 + \cdots + a_n(x-x_0)^n + \cdots \quad (8\text{-}5)$$

的级数,称为**幂级数**,其中常数 $a_0, a_1, a_2, \cdots, a_n, \cdots$ 称为幂级数的系数.

当 $x_0 = 0$ 时,它具有最简单的形式

$$\sum_{n=0}^{\infty} a_n x^n = a_0 + a_1 x + a_2 x^2 + \cdots + a_n x^n + \cdots \quad (8\text{-}6)$$

幂级数之所以是较简单的一类函数项级数,是因为其和可以看成多项式函数 $p_n(x) = \sum_{k=0}^{n} a_k(x-x_0)^k$ 当 $n \to \infty$ 时的极限形式,而多项式只包含加法及乘法两种最基本的运算;另外,幂级数收敛域的结构也非常简单.下面就来研究这个问题.

若令 $t = x - x_0$,幂级数(8-5)变成幂级数(8-6)的形式,所以,不失一般性,下面主要讨论幂级数 $\sum_{n=0}^{\infty} a_n x^n$.

对于给定的幂级数 $\sum_{n=0}^{\infty} a_n x^n$,它的收敛域是怎样的呢?先观察一个具体的例子,前面提到的级数 $\sum_{n=0}^{\infty} x^n = 1 + x + x^2 + \cdots + x^n + \cdots$ 是一个幂级数,其收敛域是 $|x| < 1$.在这个例子中,幂级数的收敛域是以 0 为中心的一个区间.下面的讨论告诉我们,幂级数的收敛域都具有这种简单的形式.

定理 1(阿贝尔定理) 设幂级数 $\sum_{n=0}^{\infty} a_n x^n$,则

(1) 若 $x = x_0 (x_0 \neq 0)$ 为其收敛点,则在 $|x| < |x_0|$ 内,该幂级数绝对收敛;

(2) 若 $x = x_1$ 为其发散点,则在 $|x| > |x_1|$ 内,该幂级数发散.

证 (1) 设级数 $\sum_{n=0}^{\infty} a_n x_0^n$ 收敛,根据级数收敛的必要条件,有 $\lim_{n \to \infty} a_n x_0^n = 0$,所以数列 $\{a_n x_0^n\}$ 有界.即 $\exists M > 0$,使得

$$|a_n x_0^n| \leqslant M (n = 0, 1, 2, \cdots).$$

当 $|x| < |x_0|$ 时,由于 $|a_n x^n| = \left| a_n x_0^n \left(\frac{x}{x_0} \right)^n \right| \leqslant M \left| \frac{x}{x_0} \right|^n$.而级数 $\sum_{n=0}^{\infty} \left| \frac{x}{x_0} \right|^n$ 收敛(是公比为 $\left| \frac{x}{x_0} \right| < 1$ 的等比级数),由比较审敛法,级数 $\sum_{n=0}^{\infty} a_n x^n$ 收敛且绝对收敛.

(2) 用反证法:设有 $|x_0| > |x_1|$,而 x_0 是 $\sum_{n=0}^{\infty} a_n x^n$ 的收敛点.根据(1)的结果,在 $|x| < |x_0|$ 内 $\sum_{n=0}^{\infty} a_n x^n$ 收敛,从而 $\sum_{n=0}^{\infty} a_n x^n$ 在点 $x = x_1$ 收敛,这与已知矛盾.故在 $|x| > |x_1|$ 内,幂级数

$\sum\limits_{n=0}^{\infty} a_n x^n$ 发散.

用阿贝尔定理进一步分析幂级数(8-6)的收敛点在数轴上的分布情况,即可得到其收敛域的结构.首先在 $x=0$ 点它总是收敛的.所以它的收敛域可能仅仅是原点,也可能是整个实数轴.如果收敛域不是这两种情况,那么从原点出发,沿 x 轴正方向搜索.如果遇到一个收敛点 $x_1(x_1>0)$,根据阿贝尔定理,收敛域至少是 $|x|<x_1$;因为收敛域不是整个实数轴,继续在 x 轴上沿 $x>x_1$ 搜索,迟早会遇到发散点 x_2,根据阿贝尔定理,发散域至少是 $|x|>x_2$;继续在 (x_1,x_2) 内搜索,若找到发散点 x_3,则发散域至少是 $|x|>x_3$,再继续在 (x_1,x_3) 内搜索,……,

这样一直寻找下去,可以得到一串长度趋于零、左端点是收敛点、右端点是发散点的区间列,由于区间列长度趋于零,最终左、右端点趋于同一个极限 $R(>0)$,如图 8-3 所示.而幂级数(8-6)在 $|x|<R$ 上收敛,

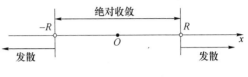

图 8-3

在 $|x|>R$ 上发散,在 $|x|=R$ 处可能收敛,也可能发散,要根据具体级数分析.R 称为幂级数(8-6)的**收敛半径**.由此可得,幂级数(8-6)的收敛情况分以下三种:

(1) 仅在原点收敛,这时级数收敛到 a_0,规定 $R=0$;

(2) 在整个实数轴上收敛,规定 $R=+\infty$;

(3) 存在 $R>0$,幂级数在 $|x|<R$ 上收敛,在 $|x|>R$ 上发散.此时,对应的开区间 $(-R,R)$ 称为它的**收剑区间**(注意与收敛域的区别).在区间端点 $|x|=R$ 处,幂级数的敛散性需要根据具体级数分析,从而得到级数的收敛域,即 $[-R,R]$,$(-R,R)$,$(-R,R]$,$[-R,R)$ 之一.

显然,求出幂级数收敛半径对确定收敛域是十分重要的.关于收敛半径的求法,有下面这个非常有用的定理.

定理 2 若幂级数 $\sum\limits_{n=0}^{\infty} a_n x^n$ 的所有系数 $a_n \neq 0$,且 $\lim\limits_{n\to\infty}\left|\dfrac{a_{n+1}}{a_n}\right|=\rho$(或 $+\infty$),则该幂级数的

收敛半径 $R = \begin{cases} \dfrac{1}{\rho}, & \rho \neq 0 \\ +\infty, & \rho = 0 \\ 0, & \rho = +\infty \end{cases}$.

证 考虑级数 $\sum\limits_{n=0}^{\infty} |a_n x^n|$.由于 $\dfrac{|a_{n+1}x^{n+1}|}{|a_n x^n|}=\left|\dfrac{a_{n+1}}{a_n}\right||x|$,于是

(1) 若 $\lim\limits_{n\to\infty}\left|\dfrac{a_{n+1}}{a_n}\right|=\rho\neq 0$,则 $\lim\limits_{n\to\infty}\left|\dfrac{a_{n+1}x^{n+1}}{a_n x^n}\right|=\lim\limits_{n\to\infty}\left|\dfrac{a_{n+1}}{a_n}\right||x|=\rho|x|$,于是,当 $\rho|x|<1$,即

$|x|<\dfrac{1}{\rho}$ 时,幂级数 $\sum\limits_{n=0}^{\infty} a_n x^n$ 绝对收敛;当 $\rho|x|>1$,即 $|x|>\dfrac{1}{\rho}$ 时,幂级数 $\sum\limits_{n=0}^{\infty} a_n x^n$ 发散.故

$R=\dfrac{1}{\rho}$.

(2) 若 $\lim\limits_{n\to\infty}\left|\dfrac{a_{n+1}}{a_n}\right|=\rho=0$,则 $\lim\limits_{n\to\infty}\left|\dfrac{a_{n+1}x^{n+1}}{a_n x^n}\right|=\rho|x|=0<1$.对所有的 x,幂级数 $\sum\limits_{n=0}^{\infty} a_n x^n$ 收敛且绝对收敛,故 $R=+\infty$.

(3) 若 $\lim\limits_{n\to\infty}\left|\dfrac{a_{n+1}}{a_n}\right|=+\infty$,显然除 $x=0$ 外,级数 $\sum\limits_{n=0}^{\infty} a_n x^n$ 均发散,故 $R=0$.

将此定理中的极限 $\lim\limits_{n\to\infty}\left|\dfrac{a_{n+1}}{a_n}\right|=\rho$ 改为 $\lim\limits_{n\to\infty}\sqrt[n]{|a_n|}=\rho$，结论仍成立.

例 2 求下列幂级数的收敛域：

(1) $\displaystyle\sum_{n=1}^{\infty}(-1)^n\frac{x^n}{\sqrt{n}}$；　　(2) $\displaystyle\sum_{n=1}^{\infty}(-1)^n\frac{x^n}{n!}$；　　(3) $\displaystyle\sum_{n=1}^{\infty}n!x^n$.

解 (1) 因 $a_n=(-1)^n\dfrac{1}{\sqrt{n}}\neq 0$，可利用定理 2 先求幂级数的收敛半径.

由于 $\lim\limits_{n\to\infty}\left|\dfrac{a_{n+1}}{a_n}\right|=\lim\limits_{n\to\infty}\left|\dfrac{(-1)^{n+1}\dfrac{1}{\sqrt{n+1}}}{(-1)^n\dfrac{1}{\sqrt{n}}}\right|=\lim\limits_{n\to\infty}\sqrt{\dfrac{n}{n+1}}=1$，即 $\rho=1$，所以所给幂级数的

收敛半径 $R=\dfrac{1}{\rho}=1$.

下面讨论收敛区间的两个端点的收敛情况：

当 $x=1$ 时，级数为交错级数 $\displaystyle\sum_{n=1}^{\infty}(-1)^n\frac{1}{\sqrt{n}}$，根据莱布尼茨审敛法可知它收敛.

当 $x=-1$ 时，级数为 $\displaystyle\sum_{n=1}^{\infty}\frac{1}{\sqrt{n}}$，这是一个发散的 p 级数.

于是所给幂级数的收敛域为 $(-1,1]$.

(2) $a_n=(-1)^n\dfrac{1}{n!}\neq 0$，由于

$$\lim_{n\to\infty}\left|\frac{a_{n+1}}{a_n}\right|=\lim_{n\to\infty}\left|\frac{(-1)^{n+1}\dfrac{1}{(n+1)!}}{(-1)^n\dfrac{1}{n!}}\right|=\lim_{n\to\infty}\frac{1}{n+1}=0,$$

所以收敛半径 $R=+\infty$. 于是该幂级数的收敛域为 $(-\infty,\infty)$.

(3) $a_n=n!\neq 0$，由于

$$\lim_{n\to\infty}\left|\frac{a_{n+1}}{a_n}\right|=\lim_{n\to\infty}\left|\frac{(n+1)!}{n!}\right|=\lim_{n\to\infty}(n+1)=+\infty,$$

所以幂级数的收敛半径 $R=0$. 于是该幂级数仅在 $x=0$ 收敛.

例 3 求幂级数 $\displaystyle\sum_{n=1}^{\infty}(-1)^{n-1}\frac{x^{2n}}{3^n}$ 的收敛域.

分析 与定理 2 中的级数 $\displaystyle\sum_{n=0}^{\infty}a_nx^n$ 比较，所给级数一般项中仅含偶次幂项，即 $a_{2k-1}=0,k=1,2,\cdots$，是一个缺项级数，所以不能直接使用定理 2 求幂级数的收敛半径. 一般有两种方法处理这样的情况.

解 法一 做变换将级数化为定理 2 中级数形式，再利用定理 2 求收敛半径.

令 $x^2=t$，原级数化为 $\displaystyle\sum_{n=1}^{\infty}\frac{(-1)^{n-1}t^n}{3^n}$，则 $a_n=\dfrac{(-1)^{n-1}}{3^n}\neq 0$. 由于

$$\lim_{n\to\infty}\sqrt[n]{|a_n|}=\lim_{n\to\infty}\sqrt[n]{\frac{1}{3^n}}=\frac{1}{3},$$

所以收敛半径 $R_t=3$. 由收敛半径定义知，当 $|t|<3$，即 $x^2<3$，也即 $|x|<\sqrt{3}$ 时，原级数收敛；当

$x=\pm\sqrt{3}$ 时，原级数为 $\sum\limits_{n=1}^{\infty}(-1)^{n-1}$，这个级数发散. 于是，原幂级数的收敛域为 $|x|<\sqrt{3}$.

法二　将级数看成函数项级数，直接求收敛域.

设 $u_n=(-1)^{n-1}\dfrac{x^{2n}}{3^n}$，由于 $\lim\limits_{n\to\infty}\sqrt[n]{|u_n|}=\lim\limits_{n\to\infty}\sqrt[n]{\left|(-1)^{n-1}\dfrac{x^{2n}}{3^n}\right|}=\dfrac{x^2}{3}$，所以，当 $\dfrac{x^2}{3}<1$，即 $|x|<$

$\sqrt{3}$ 时，级数 $\sum\limits_{n=1}^{\infty}(-1)^{n-1}\dfrac{x^{2n}}{3^n}$ 收敛且绝对收敛.

当 $\dfrac{x^2}{3}>1$，即 $|x|>\sqrt{3}$ 时，因为级数的一般项 $u_n\nrightarrow 0(n\to\infty)$，所以级数发散，于是级数的收敛半

径 $R=\sqrt{3}$.

当 $x=\pm\sqrt{3}$ 时，同法一中的讨论，级数发散. 故原幂级数的收敛域为 $(-\sqrt{3},\sqrt{3})$.

例 4　求幂级数 $\sum\limits_{n=1}^{\infty}(-1)^{n-1}\dfrac{(x-2)^n}{n^2}$ 的收敛域.

解　令 $t=x-2$，原级数变换为幂级数：$\sum\limits_{n=1}^{\infty}(-1)^{n-1}\dfrac{t^n}{n^2}$，且 $a_n=(-1)^{n-1}\dfrac{1}{n^2}\neq 0$. 由于

$$\lim_{n\to\infty}\sqrt[n]{|a_n|}=\lim_{n\to\infty}\sqrt[n]{\dfrac{1}{n^2}}=\lim_{n\to\infty}\dfrac{1}{(\sqrt[n]{n})^2}=1,$$

所以收敛半径 $R_t=1$，且在 $t=\pm 1$ 时级数均收敛，从而收敛域为 $-1\leqslant t\leqslant 1$. 于是原幂级数的收敛
域为 $|x-1|\leqslant 1$，即 $0\leqslant x\leqslant 2$.

用变量代换的方法，还可以求某些非幂级数的函数项级数的收敛域.

例 5　求函数项级数 $\sum\limits_{n=1}^{\infty}\dfrac{(-1)^n}{n}\left(\dfrac{1+x}{1-x}\right)^n$ 的收敛域.

解　所给级数形式上不是幂级数. 令 $\dfrac{1+x}{1-x}=t$，则变换后级数为幂级数 $\sum\limits_{n=1}^{\infty}\dfrac{(-1)^n}{n}t^n$.

易求得其收敛半径 $R_t=1$. 从而当 $|t|=\left|\dfrac{1+x}{1-x}\right|<1$，解得 $x<0$ 时，原级数收敛.

当 $x=0$ 时，原级数为 $\sum\limits_{n=1}^{\infty}\dfrac{(-1)^n}{n}$，其收敛且条件收敛；于是，原级数的收敛域为 $(-\infty,0]$.

三、幂级数的性质与某些级数的求和

幂级数的性质在幂级数的求和及函数展开成幂级数中有重要的应用，先来考察幂级数的代数
运算性质.

1. 幂级数的和与积

设有幂级数 $\sum\limits_{n=0}^{\infty}a_nx^n$ 与 $\sum\limits_{n=0}^{\infty}b_nx^n$，它们的收敛半径分别是 R_1、R_2，收敛域分别是 D_1、D_2 且和函数
分别是 $f(x)$、$g(x)$，则

(1) 在收敛域的公共部分上，即当 $x\in D_1\bigcap D_2$ 时，有

$$\alpha\sum_{n=0}^{\infty}a_nx^n\pm\beta\sum_{n=0}^{\infty}b_nx^n=\sum_{n=0}^{\infty}(\alpha a_n\pm\beta b_n)x^n=\alpha f(x)\pm\beta g(x),\alpha,\beta\in\mathbf{R}.$$

(2) 在公共的收敛区间上，即设 $R=\min\{R_1,R_2\}$，当 $|x|<R$ 时，对于两级数的柯西乘积，有

$$\Big(\sum_{n=0}^{\infty} a_n x^n\Big)\Big(\sum_{n=0}^{\infty} b_n x^n\Big)$$

$$= a_0 b_0 + (a_0 b_1 + a_1 b_0)x + (a_0 b_2 + a_1 b_1 + a_2 b_0)x^2 + \cdots + (a_0 b_n + a_1 b_{n-1} + \cdots + a_n b_0)x^n + \cdots$$

$$= \sum_{n=0}^{\infty} \Big(\sum_{k=0}^{n} a_k b_{n-k}\Big)x^n = f(x)g(x).$$

对于幂级数的除法,也可以像多项式一样用长除法来做,不过,商的级数的收敛域比较复杂,这里从略.

注意 两个收敛幂级数相加减或相乘所得到的幂级数,其收敛半径 R 可能大于 $\min\{R_1, R_2\}$. 例如,级数 $\sum_{n=0}^{\infty}(1+2^n)x^n$ 与 $\sum_{n=0}^{\infty}(1-2^n)x^n$,易知它们的收敛半径分别为 $R_1 = \dfrac{1}{2}, R_2 = \dfrac{1}{2}$. 它们相加所得到的幂级数为

$$\sum_{n=0}^{\infty}\big[(1+2^n)+(1-2^n)\big]x^n = 2\sum_{n=0}^{\infty} x^n,$$

其收敛半径 $R = 1 > \min\{R_1, R_2\}$.

例 6 求幂级数 $\sum_{n=1}^{\infty}\Big[\dfrac{(-1)^n}{n}+\dfrac{1}{4^n}\Big]x^n$ 的收敛域.

解 易知级数 $\sum_{n=1}^{\infty}\dfrac{(-1)^n}{n}x^n$ 的收敛域为 $(-1,1]$,级数 $\sum_{n=1}^{\infty}\dfrac{1}{4^n}x^n$ 的收敛域为 $(-4,4)$.

由幂级数的上述运算性质,所给级数的收敛域为 $(-1,1]$,在其他点上所给幂级数发散.

下面说明幂级数的分析运算性质. 所谓分析运算性质是指:连续性、可导性、可积性等性质.

2. 幂级数和函数的分析运算性质

性质 1 幂级数 $\sum_{n=0}^{\infty} a_n x^n$ 的和函数 $s(x)$ 在其收敛域 D 上连续.

即 $\forall x_0 \in D$,当 $x \to x_0$ 时(端点处为单侧极限),有

$$\lim_{x \to x_0} s(x) = \lim_{x \to x_0}\sum_{n=0}^{\infty} a_n x^n = \sum_{n=0}^{\infty} a_n \lim_{x \to x_0} x^n = s(x_0).$$

性质 2 幂级数 $\sum_{n=0}^{\infty} a_n x^n$ 的和函数 $s(x)$ 在收敛区间 $(-R,R)$ 内可导,且有逐项求导公式

$$s'(x) = \Big(\sum_{n=0}^{\infty} a_n x^n\Big)' = \sum_{n=0}^{\infty}(a_n x^n)' = \sum_{n=1}^{\infty} n a_n x^{n-1}, |x| < R,$$

逐项求导后所得到的幂级数与原幂级数有相同的收敛半径.

由于幂级数逐项求导后得到的仍然是幂级数,且收敛半径不变. 反复使用此性质表明,幂级数的和函数在收敛区间内有任意高阶的导数.

性质 3 幂级数 $\sum_{n=0}^{\infty} a_n x^n$ 的和函数 $s(x)$ 在收敛区间 $(-R,R)$ 内可积,且有逐项积分公式

$$\int_0^x s(t)\mathrm{d}t = \int_0^x \Big(\sum_{n=0}^{\infty} a_n t^n\Big)\mathrm{d}t = \sum_{n=0}^{\infty}\int_0^x a_n t^n \mathrm{d}t = \sum_{n=0}^{\infty}\dfrac{a_n}{n+1}x^{n+1}, |x| < R,$$

逐项积分后所得到的幂级数与原幂级数有相同的收敛半径.

由性质 2,3 可知,幂级数逐项求导与逐项积分后所得的幂级数收敛半径不变,但在收敛区

间的端点处收敛性可能与原幂级数不同. 例如, 例 2(1) 中的幂级数 $\sum\limits_{n=1}^{\infty}(-1)^n\dfrac{x^n}{\sqrt{n}}$, 收敛半径是

1, 且在 $x=1$ 收敛, 在 $x=-1$ 发散. 逐项求导后的幂级数为 $\left(\sum\limits_{n=1}^{\infty}(-1)^n\dfrac{x^n}{\sqrt{n}}\right)'=$

$\sum\limits_{n=1}^{\infty}\left((-1)^n\dfrac{x^n}{\sqrt{n}}\right)'=\sum\limits_{n=1}^{\infty}(-1)^n\sqrt{n}\,x^{n-1}$. 易得其收敛半径是 1, 但它在 $x=\pm1$ 都发散.

幂级数的这几个性质常用来求某些幂级数的和函数.

3. 某些幂级数求和举例

例 7　求幂级数 $\sum\limits_{n=0}^{\infty}x^{2n}$ 的和函数.

解　由于 $\sum\limits_{n=0}^{\infty}x^n=\dfrac{1}{1-x}, |x|<1$, 所以有

$$\sum\limits_{n=0}^{\infty}x^{2n}=\sum\limits_{n=0}^{\infty}(x^2)^n=\dfrac{1}{1-x^2}, x^2<1,$$

即

$$\sum\limits_{n=0}^{\infty}x^{2n}=\dfrac{1}{1-x^2}, |x|<1.$$

同理可得, $\sum\limits_{n=0}^{\infty}(-1)^n x^n=\sum\limits_{n=0}^{\infty}(-x)^n=\dfrac{1}{1-(-x)}=\dfrac{1}{1+x}, |-x|<1$, 即

$$\sum\limits_{n=0}^{\infty}(-1)^n x^n=\dfrac{1}{1+x}, |x|<1.$$

若对上式两边从 0 到 x 逐项积分, 得

$$\int_0^x\sum\limits_{n=0}^{\infty}(-1)^n x^n\mathrm{d}x=\sum\limits_{n=0}^{\infty}(-1)^n\int_0^x x^n\mathrm{d}x=\sum\limits_{n=0}^{\infty}(-1)^n\dfrac{x^{n+1}}{n+1}=\ln(1+x), x\in(-1,1),$$

而级数 $\sum\limits_{n=0}^{\infty}(-1)^n\dfrac{x^{n+1}}{n+1}$ 在 $x=-1$ 时发散, 在 $x=1$ 时收敛, 因此和函数在 $x\in(-1,1]$ 连续, 于是有

$$\sum\limits_{n=0}^{\infty}(-1)^n\dfrac{x^{n+1}}{n+1}=\ln(1+x), x\in(-1,1].$$

例 8　求下列幂级数的收敛域, 并在收敛域上求其和函数.

(1) $\sum\limits_{n=0}^{\infty}(n+1)x^n$;　　(2) $\sum\limits_{n=1}^{\infty}\dfrac{x^n}{n}$;　　(3) $\sum\limits_{n=1}^{\infty}n(x-1)^n$.

解　(1) 先求所给幂级数的收敛域.

因为 $\lim\limits_{n\to\infty}\left|\dfrac{n+2}{n+1}\right|=1$, 所以此幂级数的收敛半径为 1. 易知级数 $\sum\limits_{n=0}^{\infty}(n+1)x^n$ 在 $x=\pm1$ 均发散, 于是级数的收敛域为 $(-1,1)$.

下面求幂级数在收敛域内的和函数.

设幂级数的和函数为 $s(x)$, 即 $s(x)=\sum\limits_{n=0}^{\infty}(n+1)x^n, x\in(-1,1)$. 等式两边从 0 到 x 做积分, 并注意到经过逐项积分得到的新级数收敛半径相同, 有

$$\int_0^x s(x)\mathrm{d}x=\int_0^x\left[\sum\limits_{n=0}^{\infty}(n+1)x^n\right]\mathrm{d}x=\sum\limits_{n=0}^{\infty}\int_0^x(n+1)x^n\mathrm{d}x=\sum\limits_{n=0}^{\infty}x^{n+1}=\dfrac{x}{1-x}.$$

在上式两端对 x 求导,得

$$s(x) = \left(\frac{x}{1-x}\right)' = \frac{1}{(1-x)^2},$$

所以 $\sum\limits_{n=0}^{\infty}(n+1)x^n = \frac{1}{(1-x)^2}, x \in (-1,1).$

(2) 因为 $\lim\limits_{n\to\infty}\left|\dfrac{\dfrac{1}{n+1}}{\dfrac{1}{n}}\right| = \lim\limits_{n\to\infty}\dfrac{n}{n+1} = 1$,所以幂级数的收敛半径为 1. 当 $x = 1$ 时,幂级数发

散,$x = -1$ 时,幂级数收敛,故所给幂级数的收敛域为 $x \in [-1,1).$

设幂级数的和函数为 $s(x)$,即 $s(x) = \sum\limits_{n=1}^{\infty}\dfrac{x^n}{n}, x \in [-1,1).$

在 $x \in (-1,1)$ 上,等式两边分别求导,注意右端得到的新级数收敛半径不变,有

$$s'(x) = \left(\sum\limits_{n=1}^{\infty}\frac{x^n}{n}\right)' = \sum\limits_{n=1}^{\infty}\left(\frac{x^n}{n}\right)' = \sum\limits_{n=1}^{\infty}x^{n-1} = \frac{1}{1-x} \ \text{或} \ s'(x) = \frac{1}{1-x}.$$

在上式两边从 0 到 x 做积分,并注意到 $s(0) = 0$,得

$$s(x) = \int_0^x s'(x)\mathrm{d}x = \int_0^x \frac{1}{1-x}\mathrm{d}x = -\ln(1-x)\mid_0^x = -\ln(1-x), x \in (-1,1).$$

由于 $s(x)$ 在 $[-1,1)$ 上连续,于是在 $[-1,1)$ 上幂级数 $\sum\limits_{n=1}^{\infty}\dfrac{x^n}{n}$ 的和函数为 $s(x) = -\ln(1-x).$

(3) 因为 $\lim\limits_{n\to\infty}\left|\dfrac{n+1}{n}\right| = 1$,所以当 $|x-1| < 1$,即 $0 < x < 2$ 时,级数收敛. 当 $x = 0, 2$ 时,

级数显然是发散的,故所给幂级数的收敛域为 $0 < x < 2.$

设幂级数的和函数为 $s(x)$,即

$$s(x) = \sum\limits_{n=1}^{\infty}n(x-1)^n = (x-1)\sum\limits_{n=1}^{\infty}n(x-1)^{n-1}, x \in (0,2),$$

对于级数 $\sum\limits_{n=1}^{\infty}n(x-1)^{n-1}$ 从 1 到 x 逐项积分,得

$$\int_1^x\left[\sum\limits_{n=1}^{\infty}n(x-1)^{n-1}\right]\mathrm{d}x = \sum\limits_{n=1}^{\infty}\int_1^x n(x-1)^{n-1}\mathrm{d}x$$
$$= \sum\limits_{n=1}^{\infty}(x-1)^n = \frac{x-1}{2-x},$$

对上面等式两端求导,得

$$\sum\limits_{n=1}^{\infty}n(x-1)^{n-1} = \left(\frac{x-1}{2-x}\right)' = \frac{1}{(2-x)^2},$$

于是,所给幂级数在 $0 < x < 2$ 内的和函数为 $s(x) = \dfrac{x-1}{(2-x)^2}.$

例 9 求幂级数 $\sum\limits_{n=0}^{\infty}(n+1)^2 x^n$ 的和函数.

解 因为 $\lim\limits_{n\to\infty}\left|\dfrac{(n+2)^2}{(n+1)^2}\right| = 1$,所以幂级数的收敛半径为 1. 当 $x = \pm 1$ 时,幂级数均发散,

故所给幂级数的收敛域为 $(-1,1).$

设幂级数的和函数为 $s(x)$，即 $s(x) = \sum_{n=0}^{\infty} (n+1)^2 x^n, x \in (-1,1)$，则

$$\int_0^x s(x)\mathrm{d}x = \sum_{n=0}^{\infty} (n+1)x^{n+1} = x\sum_{n=0}^{\infty} (x^{n+1})' = x\left(\sum_{n=0}^{\infty} x^{n+1}\right)'$$

$$= x\left(\frac{x}{1-x}\right)' = \frac{x}{(1-x)^2},$$

在上式两端求导，得

$$s(x) = \frac{1+x}{(1-x)^3}, x \in (-1,1).$$

习 题 四

1. 判断下列论述是否正确，并说明理由：

(1) 定理 2 对任何幂级数求收敛半径都适用；

(2) 对任何一个形如 $\sum_{n=0}^{\infty} a_n x^n$ 的幂级数，且 $a_n \neq 0$，欲求其收敛域，可先求出其收敛半径，得到收敛区间，然后再验证它在收敛区间端点处的敛散性，从而确定其收敛域；

(3) 虽然幂级数是无穷多项的"和"，但在其收敛区间内具有与多项式相类似的性质：可以逐项求极限、逐项求导、逐项求积分，且逐项求导、逐项求积分后所得幂级数与原级数具有相同的收敛半径.

2. 研究函数项级数 $x + (x^2 - x) + (x^3 - x^2) + \cdots + (x^n - x^{n-1}) + \cdots$ 的敛散性，并求其和函数，研究和函数的连续性.

3. 求下列函数项级数的收敛域：

(1) $\sum_{n=1}^{\infty} \frac{\sin nx}{n^2}$；　(2) $\sum_{n=1}^{\infty} \frac{1}{1+x^n}$；　(3) $\sum_{n=1}^{\infty} (-1)^n \frac{100}{n^x}$；　(4) $\sum_{n=1}^{\infty} \frac{(n+x)^n}{n^{n+x}}$.

4. 求下列幂级数的收敛域：

(1) $\sum_{n=1}^{\infty} nx^n$；　(2) $\sum_{n=1}^{\infty} (-1)^n \frac{x^n}{n^2}$；　(3) $\sum_{n=1}^{\infty} \frac{x^n}{(2n)!!}$；　(4) $\sum_{n=1}^{\infty} \frac{x^n}{n3^n}$；

(5) $\sum_{n=1}^{\infty} n(x+1)^n$；　(6) $\sum_{n=1}^{\infty} \frac{2^{n+1}}{\sqrt{n+1}}(x+1)^n$；　(7) $\sum_{n=1}^{\infty} \frac{3^n + 5^n}{n} x^n$；

(8) $\sum_{n=1}^{\infty} \frac{(-1)^{n-1}}{n2^n} x^{2n}$；　(9) $\sum_{n=1}^{\infty} \frac{(-1)^n}{2n+1} x^{2n+1}$；　(10) $\sum_{n=1}^{\infty} \frac{2+(-1)^{n-1}}{n} x^n$；

(11) $\sum_{n=1}^{\infty} \left(1+\frac{1}{n}\right)^{-n^2} x^n$；　(12) $\sum_{n=1}^{\infty} \left[1 - \frac{1}{2} + \frac{1}{3} - \cdots + \frac{(-1)^{n-1}}{n}\right] x^n$.

5. (1) 若幂级数 $\sum_{n=1}^{\infty} a_n (x-1)^n$ 在 $x = -2$ 点收敛，问该幂级数在 $x = 3$ 点是收敛还是发散，若收敛是绝对收敛还是条件收敛？

(2) 若幂级数 $\sum_{n=1}^{\infty} a_n (x-1)^n$ 在 $x = 2$ 点条件收敛，求该幂级数的收敛半径.

6. 已知幂级数 $\sum\limits_{n=1}^{\infty} a_n x^n$ 的收敛半径为 1，下面求幂级数 $\sum\limits_{n=1}^{\infty} b_n x^n = \sum\limits_{n=1}^{\infty} \frac{a_n}{n!} x^n$ 收敛半径的方法是否正确：

由于 $\sum\limits_{n=1}^{\infty} a_n x^n$ 的收敛半径为 1，所以 $\lim\limits_{n \to \infty} \left| \dfrac{a_{n+1}}{a_n} \right| = 1$，从而

$$\lim_{n \to \infty} \left| \frac{b_{n+1}}{b_n} \right| = \lim_{n \to \infty} \frac{1}{n+1} \left| \frac{a_{n+1}}{a_n} \right| = 0,$$

所以，级数 $\sum\limits_{n=1}^{\infty} b_n x^n$ 的收敛半径为 $+\infty$.

7. 求下列幂级数的收敛域，并求其和函数：

(1) $\sum\limits_{n=1}^{\infty} x^{4n}$；(2) $\sum\limits_{n=1}^{\infty} n x^{n-1}$；(3) $\sum\limits_{n=1}^{\infty} (-1)^{n-1} \dfrac{x^n}{n}$；(4) $\sum\limits_{n=1}^{\infty} \dfrac{x^{4n+1}}{4n+1}$；

(5) $\sum\limits_{n=0}^{\infty} \dfrac{(-1)^{n-1}}{n+1} (x-1)^n$；(6) $\sum\limits_{n=1}^{\infty} \left(\dfrac{1}{2^n} - \dfrac{1}{n} \right) x^n$.

8. 求幂级数 $x - \dfrac{x^3}{3} + \dfrac{x^5}{5} - \dfrac{x^7}{7} + \cdots$ 的收敛域及和函数，并求 $\sum\limits_{n=1}^{\infty} \dfrac{(-1)^{n-1}}{2n-1} \left(\dfrac{3}{4} \right)^n$ 的和.

9. 求幂级数 $\sum\limits_{n=1}^{\infty} \dfrac{n(-1)^n}{n+1} x^n$ 的收敛域及和函数，并求级数 $\sum\limits_{n=1}^{\infty} \dfrac{n}{(1+n)3^n}$ 的和.

10. 求极限 $\lim\limits_{n \to \infty} \left(\dfrac{1}{a} + \dfrac{2}{a^2} + \cdots + \dfrac{n}{a^n} \right)$，$a > 1$.

第五节 函数展开成幂级数

前面讨论了幂级数在收敛域内的和函数问题. 例如，幂级数 $\sum\limits_{n=0}^{\infty} x^n$ 在区间 $(-1,1)$ 内收敛且和函数为 $\dfrac{1}{1-x}$，即

$$\sum_{n=0}^{\infty} x^n = \frac{1}{1-x}, \ |x| < 1.$$

如果将等式写为

$$\frac{1}{1-x} = \sum_{n=0}^{\infty} x^n, \ |x| < 1,$$

此时等式理解为将函数 $\dfrac{1}{1-x}$ 在 $(-1,1)$ 上表达成了幂级数形式，或者说将函数 $\dfrac{1}{1-x}$ 在 $(-1,1)$ 上展开成了幂级数 $\sum\limits_{n=0}^{\infty} x^n$.

一般地，如果能找到一个幂级数，它在某个区间内收敛，其和恰好就是给定的函数 $f(x)$，就称函数 $f(x)$ 在该区间内能展开成幂级数. 研究函数满足什么条件就能够展开为幂级数有非常重要的实际意义，因为幂级数是最简单的函数项级数，在收敛区间内具有类似于多项式的运算性质，且具有很好的分析运算性质. 因此，若 $f(x)$ 在某区间内能展开成幂级数，就可以通过幂级数来研究函数的性质，还可以对函数值作近似计算等.

一、展开定理

在研究函数的泰勒公式时我们知道,如果 $f(x)$ 在 x_0 的某邻域 $U(x_0)$ 内有直到 $n+1$ 阶的导数,则在该邻域内 $f(x)$ 的 n 阶泰勒公式

$$f(x)=f(x_0)+f'(x_0)(x-x_0)+\frac{f''(x_0)}{2!}(x-x_0)^2+\cdots+\frac{f^{(n)}(x_0)}{n!}(x-x_0)^n+R_n(x)$$

成立,其中拉格朗日余项形式为 $R_n(x)=\frac{f^{(n+1)}(\xi)}{(n+1)!}(x-x_0)^{n+1}$,$\xi$ 是 x 与 x_0 之间的某个值.

这时,$f(x)$ 可以用一个 n 次多项式

$$P_n(x)=f(x_0)+f'(x_0)(x-x_0)+\frac{f''(x_0)}{2!}(x-x_0)^2+\cdots+\frac{f^{(n)}(x_0)}{n!}(x-x_0)^n$$

来近似. 由此产生的误差为 $|R_n(x)|=\left|\frac{f^{(n+1)}(\xi)}{(n+1)!}(x-x_0)^{n+1}\right|$. 如果误差可以随着 n 的增加而不断减小,就可以通过提高多项式次数的方法来提高近似的精度.

因此,若设 $n\to\infty$ 时,$R_n(x)\to0$,且设 $f(x)$ 在 x_0 的某邻域 $U(x_0)$ 内有任意阶的导数,则由于

$$f(x)=\sum_{k=0}^{n}\frac{f^{(k)}(x_0)}{k!}(x-x_0)^k+R_n(x),$$

上式两端取极限,得

$$\lim_{n\to\infty}f(x)=\lim_{n\to\infty}\sum_{k=0}^{n}\frac{f^{(k)}(x_0)}{k!}(x-x_0)^k+\lim_{n\to\infty}R_n(x)=\sum_{n=0}^{\infty}\frac{f^{(n)}(x_0)}{n!}(x-x_0)^n,$$

即

$$f(x)=\sum_{n=0}^{\infty}\frac{f^{(n)}(x_0)}{n!}(x-x_0)^n,x\in U(x_0).$$

如果在某个区间上有 $f(x)=\sum_{n=0}^{\infty}\frac{f^{(n)}(x_0)}{n!}(x-x_0)^n$,就说在该区间上 $f(x)$ 可以展开为 $x-x_0$ 的幂级数,且这个幂级数称为 $f(x)$ 在 x_0 的**泰勒级数**,或直接称为 $x-x_0$ 的幂级数,它的系数 $\frac{f^{(n)}(x_0)}{n!}$ 称为 $f(x)$ 的**泰勒系数**.

这表明若 $f(x)$ 在 x_0 的某邻域 $U(x_0)$ 内有任意阶的导数,且 $\lim_{n\to\infty}R_n(x)=0(x\in U(x_0))$,则 $f(x)$ 在该邻域内就能展开成 $x-x_0$ 的泰勒级数.

反之,若函数 $f(x)$ 在 x_0 的某邻域 $U(x_0)$ 内可以展开为泰勒级数,即

$$f(x)=\sum_{n=0}^{\infty}\frac{f^{(n)}(x_0)}{n!}(x-x_0)^n,$$

则这时 $f(x)$ 的 n 阶泰勒公式为

$$f(x)=s_{n+1}(x)+R_n(x),$$

其中 $s_{n+1}(x)=f(x_0)+f'(x_0)(x-x_0)+\frac{f''(x_0)}{2!}(x-x_0)^2+\cdots+\frac{f^{(n)}(x_0)}{n!}(x-x_0)^n$,因为 $\sum_{n=0}^{\infty}\frac{f^{(n)}(x_0)}{n!}(x-x_0)^n$ 收敛到 $f(x)$,所以 $\lim_{n\to\infty}s_{n+1}(x)=f(x)$. 于是

$$\lim_{n\to\infty}R_n(x)=\lim_{n\to\infty}(f(x)-s_{n+1}(x))=f(x)-f(x)=0,x\in U(x_0).$$

将以上结果归结为下面的泰勒级数展开定理.

定理 1 设函数 $f(x)$ 在 x_0 的某邻域 $U(x_0)$ 内有任意阶的导数,则 $f(x)$ 在该邻域内能展开成 $x-x_0$ 的泰勒级数的充要条件是 $f(x)$ 的泰勒公式中的余项 $R_n(x)$ 当 $n \to \infty$ 时极限为零,即 $\lim_{n \to \infty} R_n(x) = 0, x \in U(x_0)$.

在 $f(x)$ 的泰勒级数中,取 $x_0 = 0$,得到级数

$$f(0) + f'(0)x + \frac{f''(0)}{2!}x^2 + \cdots + \frac{f^{(n)}(0)}{n!}x^n + \cdots \text{ 或写为 } \sum_{n=0}^{\infty} \frac{f^{(n)}(0)}{n!}x^n, \text{此级数称为 } f(x)$$

的**麦克劳林级数**.

下面证明,如果 $f(x)$ 在 x_0 的某邻域 $U(x_0)$ 内可以展开成 $x-x_0$ 的幂级数,则这个幂级数一定是泰勒级数.

事实上,若 $f(x)$ 在 x_0 的某邻域 $U(x_0)$ 内可以展开成 $x-x_0$ 的幂级数,即

$$f(x) = a_0 + a_1(x-x_0) + a_2(x-x_0)^2 + a_3(x-x_0)^3 + \cdots + a_n(x-x_0)^n + \cdots,$$

由于在收敛区间内,幂级数可以逐项求导,所以有

$$f'(x) = a_1 + 2a_2(x-x_0) + 3a_3(x-x_0)^2 + \cdots + na_n(x-x_0)^{n-1} + \cdots$$

$$f''(x) = 2!a_2 + 3!a_3(x-x_0) + \cdots + n(n-1)a_n(x-x_0)^{n-2} + \cdots$$

$$f'''(x) = 3!a_3 + \cdots + n(n-1)(n-2)a_n(x-x_0)^{n-3} + \cdots$$

$$\vdots$$

$$f^{(n)}(x) = n!a_n + (n+1)(n+2)\cdots2a_{n+1}(x-x_0) + \cdots$$

$$\vdots$$

将 $x = x_0$ 代入上面各式,可以解得

$$a_0 = f(x_0), a_1 = f'(x_0), a_2 = \frac{f''(x_0)}{2!}, \cdots, a_n = \frac{f^{(n)}(x_0)}{n!}, \cdots$$

这就证明了这个 $x-x_0$ 的幂级数就是 $f(x)$ 的泰勒级数.因此,若 $f(x)$ 在 x_0 的某邻域 $U(x_0)$ 内可以展开成 $x-x_0$ 的幂级数,则此展开式是唯一的,就是 $f(x)$ 在 x_0 的泰勒级数.

二、函数展开为幂级数的方法

1. 直接展开法

可以按照下面的步骤将 $f(x)$ 展开为 $x-x_0$ 的幂级数:

(1) 计算 $f(x)$ 的各阶导数 $f^{(n)}(x_0), n = 0, 1, 2, \cdots$;

(2) 写出 $f(x)$ 对应的泰勒级数 $\sum_{n=0}^{\infty} \frac{f^{(n)}(x_0)}{n!}(x-x_0)^n$,并求出该级数的收敛半径 R;

(3) 考察在 $|x-x_0| < R$ 内,极限 $\lim_{n \to \infty} R_n(x) = \lim_{n \to \infty} \frac{f^{(n+1)}(\xi)}{(n+1)!}(x-x_0)^{n+1} = 0$ 是否成立;

(4) 若(3)成立,写出 $f(x)$ 展开的泰勒级数及其收敛区间

$$f(x) = \sum_{n=0}^{\infty} \frac{f^{(n)}(x_0)}{n!}(x-x_0)^n, |x-x_0| < R.$$

当 $R < +\infty$ 时,可将 $x = \pm R$ 代入幂级数,考察相应幂级数是否收敛,从而得到上述级数的收敛域.

注意 将函数展开为幂级数的同时,必须指出使展开式成立的范围.另外,在步骤(2)中 $f(x)$ 与其对应的泰勒级数 $\sum_{n=0}^{\infty} \frac{f^{(n)}(x_0)}{n!}(x-x_0)^n$ 并不能用等号连接,因为只要 $f(x)$ 在 x_0 点

有任意高阶导数,都可以形式地写出对应的泰勒级数,但这个泰勒级数是否收敛?若收敛,是否收敛于 $f(x)$?还没有得到解决.事实上,存在这样的函数,它对应的泰勒级数存在并且收敛,但并不收敛于这个函数.例如,函数

$$f(x)=\begin{cases} e^{-\frac{1}{x^2}}, & x\neq 0, \\ 0, & x=0 \end{cases}$$

可以验证(请读者完成)函数在 $x=0$ 的某邻域内有任意高阶导数,且 $f^{(n)}(0)=0,(n=1,2,\cdots)$,因此,它对应的泰勒级数为

$$0+\frac{0}{1!}x+\frac{0}{2!}x^2+\cdots+\frac{0}{n!}x^n+\cdots,$$

显然其和函数为 0.可见,除 $x=0$ 点外,$f(x)\neq 0+\frac{0}{1!}x+\frac{0}{2!}x^2+\cdots+\frac{0}{n!}x^n+\cdots$.换言之,除 $x=0$ 点外,该级数均不收敛于 $f(x)$.所以,步骤(3)是非常重要的.

例 1 将函数 $f(x)=e^x$ 展开为麦克劳林级数(或说展开为 x 的幂级数).

解 $f(x)=e^x$ 的各阶导数为 $f^{(n)}(x)=e^x(n=0,1,2,\cdots)$,所以 $f^{(n)}(0)=1(n=0,1,2,\cdots)$,于是得幂级数

$$1+x+\frac{x^2}{2!}+\cdots+\frac{x^n}{n!}+\cdots,$$

该级数的收敛半径 $R=+\infty$,$R_n(x)=\frac{e^\xi}{(n+1)!}x^{n+1}$,$\xi$ 在 0 与 x 之间.

由于 $|e^\xi|\leqslant e^{|\xi|}<e^{|x|}$,从而有 $|R_n(x)|=\left|\frac{e^\xi}{(n+1)!}x^{n+1}\right|<e^{|x|}\frac{|x|^{n+1}}{(n+1)!}$.对每一个确定的 x,$e^{|x|}$ 是一个有限值,而 $\frac{|x|^{n+1}}{(n+1)!}$ 是收敛级数 $\sum\limits_{n=0}^{\infty}\frac{|x|^{n+1}}{(n+1)!}$ 的一般项,根据级数收敛的必要条件 $\lim\limits_{n\to\infty}\frac{|x|^{n+1}}{(n+1)!}=0$,所以 $\lim\limits_{n\to\infty}e^{|x|}\frac{|x|^{n+1}}{(n+1)!}=0$,从而有 $\lim\limits_{n\to\infty}R_n(x)=0$.由此可得

$$e^x=\sum\limits_{n=0}^{\infty}\frac{x^n}{n!}=1+x+\frac{x^2}{2!}+\cdots+\frac{x^n}{n!}+\cdots,-\infty<x<+\infty.$$

例 2 将函数 $f(x)=\sin x$ 展开为麦克劳林级数.

解 $f(x)=\sin x$ 的各阶导数为 $f^{(n)}(x)=\sin\left(x+\frac{n\pi}{2}\right)(n=0,1,2,\cdots)$,所以

$$f^{(n)}(0)=\begin{cases} (-1)^k, & n=2k+1 \\ 0, & n=2k \end{cases}(k=0,1,2,\cdots).$$

于是得幂级数

$$x-\frac{x^3}{3!}+\frac{x^5}{5!}+\cdots+(-1)^{n-1}\frac{x^{2n-1}}{(2n-1)!}+\cdots,$$

该级数的收敛半径 $R=+\infty$,$R_n(x)=\frac{\sin\left[\xi+\frac{(n+1)\pi}{2}\right]}{(n+1)!}x^{n+1}$,$\xi$ 在 0 与 x 之间.

由于 $\forall x\in(-\infty,+\infty)$,$|R_n(x)|\leqslant\frac{|x|^{n+1}}{(n+1)!}\to 0(n\to\infty)$.由此可得

$$\sin x=\sum\limits_{k=0}^{\infty}(-1)^k\frac{x^{2k+1}}{(2k+1)!}=x-\frac{x^3}{3!}+\frac{x^5}{5!}+\cdots+(-1)^k\frac{x^{2k+1}}{(2k+1)!}+\cdots,-\infty<x<+\infty.$$

例 3* 将函数 $f(x)=(1+x)^\alpha$ 展开为麦克劳林级数,其中 α 为任意实数.

解 $f(x)=(1+x)^\alpha$ 的各阶导数为

$$f'(x)=\alpha(1+x)^{\alpha-1},$$
$$f''(x)=\alpha(\alpha-1)(1+x)^{\alpha-2},$$
$$\vdots$$
$$f^{(n)}(x)=\alpha(\alpha-1)\cdots(\alpha-n+1)(1+x)^{\alpha-n},$$
$$\vdots$$

所以有

$$f(0)=1,f'(0)=\alpha,f''(0)=\alpha(\alpha-1),\cdots,f^{(n)}(0)=\alpha(\alpha-1)\cdots(\alpha-n+1),\cdots$$

于是得泰勒级数

$$1+\alpha x+\frac{\alpha(\alpha-1)}{2!}x^2+\cdots+\frac{\alpha(\alpha-1)\cdots(\alpha-n+1)}{n!}x^n+\cdots, \tag{8-7}$$

因为 $\lim\limits_{n\to\infty}\left|\dfrac{\dfrac{\alpha(\alpha-1)\cdots(\alpha-n)}{(n+1)!}}{\dfrac{\alpha(\alpha-1)\cdots(\alpha-n+1)}{n!}}\right|=\lim\limits_{n\to\infty}\left|\dfrac{\alpha-n}{n+1}\right|=1$，所以，该幂级数的收敛半径为 1，$\forall\,\alpha\in\mathbf{R}$，该

级数在 $(-1,1)$ 内都收敛. 在区间端点级数是否收敛与 α 的值有关. 对这个函数如果直接讨论它的泰勒公式的余项比较复杂，下面证明(8-7)的和函数就是 $f(x)=(1+x)^\alpha$.

假设级数(8-7)收敛到函数 $s(x)$，即

$$s(x)=1+\alpha x+\frac{\alpha(\alpha-1)}{2!}x^2+\cdots+\frac{\alpha(\alpha-1)\cdots(\alpha-n+1)}{n!}x^n+\cdots \quad (-1<x<1), \tag{8-8}$$

我们来证明 $s(x)$ 满足微分方程 $(1+x)s'(x)=\alpha s(x)$，通过解此方程证明 $s(x)=(1+x)^\alpha$.

为此，将(8-8)式两端求导，且右端级数可逐项求导，得

$$s'(x)=\alpha+\frac{\alpha(\alpha-1)}{1!}x+\cdots+\frac{\alpha(\alpha-1)(\alpha-2)\cdots(\alpha-n)}{n!}x^n+\cdots$$
$$=\alpha\left[1+\frac{(\alpha-1)}{1!}x+\cdots+\frac{(\alpha-1)(\alpha-2)\cdots(\alpha-n)}{n!}x^n+\cdots\right],$$

上式两端同乘 x，得

$$xs'(x)=\alpha\left[0+x+\frac{(\alpha-1)}{1!}x^2+\cdots+\frac{(\alpha-1)\cdots(\alpha-n+1)}{(n-1)!}x^n+\cdots\right],$$

以上两式相加，等式右端合并 $x^n(n=1,2,\cdots)$ 的同类项，再注意到

$$\frac{(\alpha-1)(\alpha-2)\cdots(\alpha-n+1)}{(n-1)!}+\frac{(\alpha-1)(\alpha-2)\cdots(\alpha-n)}{n!}=\frac{\alpha(\alpha-1)\cdots(\alpha-n+1)}{n!}(n=1,2,\cdots),$$

于是有

$$(1+x)s'(x)=\alpha s(x),$$

这是一个可分离变量的微分方程，分离变量得

$$\frac{\mathrm{d}s(x)}{s(x)}=\frac{\alpha\mathrm{d}x}{1+x},$$

于是 $s(x)=C(1+x)^\alpha$，又 $s(0)=1$，从而 $s(x)=(1+x)^\alpha,(-1<x<1)$，即

$$(1+x)^\alpha=1+\sum_{n=1}^{\infty}\frac{\alpha(\alpha-1)\cdots(\alpha-n+1)}{n!}x^n,(-1<x<1).$$

此公式称为**牛顿二项展开式**. 例如，当 $\alpha=\dfrac{1}{2},-\dfrac{1}{2}$ 时的二项展开式分别为

$$\sqrt{1+x}=1+\frac{1}{2}x-\frac{1}{2\cdot4}x^2+\frac{1\cdot3}{2\cdot4\cdot6}x^3+\cdots,-1\leqslant x\leqslant1,$$

$$\frac{1}{\sqrt{1+x}}=1-\frac{1}{2}x+\frac{1\cdot3}{2\cdot4}x^2-\frac{1\cdot3\cdot5}{2\cdot4\cdot6}x^3+\cdots,-1<x\leqslant1.$$

特别地,当 α 为正整数时,级数展开式只有有限项,故

$$(1+x)^n=1+\frac{n}{1!}x+\frac{n(n-1)}{2!}x^2+\cdots+\frac{n(n-1)\cdots2\cdot1}{n!}x^n,$$

它就是初等数学中的二项式定理.

2. 间接展开法

在上面的两个例子中,我们注意到直接展开法的优点是有固定的步骤,缺点是计算量往往比较大,另外需要分析余项的极限情况,比较麻烦.由于函数展开为幂级数是唯一的,就是泰勒级数.所以也可以根据已知函数的幂级数展开式,通过代数运算、变量代换及幂级数的分析性质来得到比较复杂的函数的幂级数展开式.这种方法称为**间接展开法**.间接展开法往往比较简便,是一种常用的展开方法.

例 4 我们已经知道 $\frac{1}{1-x}=\sum_{n=0}^{\infty}x^n,|x|<1$. 若用 $-x$ 代换式中的 x,有

$$\frac{1}{1+x}=\sum_{n=0}^{\infty}(-x)^n=\sum_{n=0}^{\infty}(-1)^nx^n,|-x|<1,$$

于是得到

$$\frac{1}{1+x}=\sum_{n=0}^{\infty}(-1)^nx^n,\ |x|<1.$$

进一步的,由幂级数的分析性质,幂级数在收敛区间内可以逐项积分,并且逐项积分后所得到的幂级数的收敛半径不变.将上式两端从 0 到 x 积分,又有

$$\int_0^x\frac{1}{1+t}dt=\sum_{n=0}^{\infty}(-1)^n\int_0^xt^ndt=\sum_{n=0}^{\infty}(-1)^n\frac{x^{n+1}}{n+1},$$

从而有

$$\ln(1+x)=\sum_{n=0}^{\infty}(-1)^n\frac{x^{n+1}}{n+1},|x|<1,$$

且右端级数收敛半径为 1,当 $x=1$ 时,右端级数收敛,由和函数的连续性,它收敛于 $\ln2$,当 $x=-1$ 时,右端级数发散,于是得到

$$\ln(1+x)=\sum_{n=0}^{\infty}(-1)^n\frac{x^{n+1}}{n+1},-1<x\leqslant1.$$

例 5 将函数 $f(x)=\cos x$ 展开为麦克劳林级数.

解 利用上面例 2 的结果,$\sin x$ 展开为 x 的幂级数为

$$\sin x=\sum_{n=0}^{\infty}(-1)^n\frac{x^{2n+1}}{(2n+1)!},-\infty<x<+\infty,$$

因为 $(\sin x)'=\cos x$,又幂级数在收敛区间内可以逐项求导,并且逐项求导后所得到的幂级数的收敛半径不变. 所以

$$\cos x=(\sin x)'=\left[\sum_{n=0}^{\infty}(-1)^n\frac{x^{2n+1}}{(2n+1)!}\right]'=\sum_{n=0}^{\infty}(-1)^n\frac{x^{2n}}{(2n)!},$$

即

$$\cos x=1-\frac{x^2}{2!}+\frac{x^4}{4!}+\cdots+(-1)^n\frac{x^{2n}}{(2n)!}+\cdots,-\infty<x<+\infty.$$

例 6 将函数 $f(x) = \dfrac{1}{x^2+4x+3}$ 分别展开为 x 及 $x-1$ 的幂级数.

解 $f(x) = \dfrac{1}{x^2+4x+3} = \dfrac{1}{(x+3)(x+1)} = \dfrac{1}{2}\left(\dfrac{1}{x+1} - \dfrac{1}{x+3}\right)$,

(1) 将所给函数展开为 x 的幂级数.

因为 $\qquad\qquad\qquad \dfrac{1}{1+x} = \sum\limits_{n=0}^{\infty}(-1)^n x^n, \ |x|<1,$

而 $\qquad \dfrac{1}{x+3} = \dfrac{1}{3}\dfrac{1}{1+\frac{x}{3}} = \dfrac{1}{3}\sum\limits_{n=0}^{\infty}(-1)^n\left(\dfrac{x}{3}\right)^n = \sum\limits_{n=0}^{\infty}(-1)^n\dfrac{x^n}{3^{n+1}}, \ \left|\dfrac{x}{3}\right|<1,$

所以在 $|x|<1$ 内, $f(x) = \dfrac{1}{2}\left(\dfrac{1}{x+1} - \dfrac{1}{x+3}\right) = \dfrac{1}{2}\left[\sum\limits_{n=0}^{\infty}(-1)^n x^n - \sum\limits_{n=0}^{\infty}(-1)^n\dfrac{x^n}{3^{n+1}}\right]$

$$= \dfrac{1}{2}\sum\limits_{n=0}^{\infty}(-1)^n\left(1 - \dfrac{1}{3^{n+1}}\right)x^n,$$

即 $\qquad\qquad \dfrac{1}{x^2+4x+3} = \dfrac{1}{2}\sum\limits_{n=0}^{\infty}(-1)^n\left(1 - \dfrac{1}{3^{n+1}}\right)x^n, \ |x|<1.$

(2) 将所给函数展开为 $x-1$ 的幂级数.

因为 $\qquad \dfrac{1}{x+1} = \dfrac{1}{2}\dfrac{1}{1+\frac{x-1}{2}} = \dfrac{1}{2}\sum\limits_{n=0}^{\infty}(-1)^n\dfrac{(x-1)^n}{2^n}, \ \left|\dfrac{x-1}{2}\right|<1,$

$$\dfrac{1}{x+3} = \dfrac{1}{4}\dfrac{1}{1+\frac{x-1}{4}} = \dfrac{1}{4}\sum\limits_{n=0}^{\infty}(-1)^n\dfrac{(x-1)^n}{4^n}, \ \left|\dfrac{x-1}{4}\right|<1,$$

所以在 $\left|\dfrac{x-1}{2}\right|<1$, 即 $-1<x<3$ 时, 有

$$\dfrac{1}{x^2+4x+3} = \dfrac{1}{4}\sum\limits_{n=0}^{\infty}(-1)^n\dfrac{(x-1)^n}{2^n} - \dfrac{1}{8}\sum\limits_{n=0}^{\infty}(-1)^n\dfrac{(x-1)^n}{4^n}$$

$$= \sum\limits_{n=0}^{\infty}(-1)^n\left(\dfrac{1}{2^{n+2}} - \dfrac{1}{2^{2n+3}}\right)(x-1)^n,$$

于是 $\qquad \dfrac{1}{x^2+4x+3} = \sum\limits_{n=0}^{\infty}(-1)^n\left(\dfrac{1}{2^{n+2}} - \dfrac{1}{2^{2n+3}}\right)(x-1)^n, \ -1<x<3.$

例 7 将函数 $f(x) = \dfrac{1}{4}\ln\dfrac{1+x}{1-x} + \dfrac{1}{2}\arctan x - x$ 展开为麦克劳林级数.

解 因为 $f'(x) = \dfrac{1}{4}\left(\dfrac{1}{1+x} + \dfrac{1}{1-x}\right) + \dfrac{1}{2}\dfrac{1}{1+x^2} - 1 = \dfrac{1}{1-x^4} - 1$,

所以 $\qquad f'(x) = \dfrac{1}{1-x^4} - 1 = \sum\limits_{n=0}^{\infty}x^{4n} - 1 = \sum\limits_{n=1}^{\infty}x^{4n}, \ -1<x<1.$

又 $f(0)=0$, 于是

$$f(x) = \int_0^x f'(x)\,\mathrm{d}x = \int_0^x\left(\sum\limits_{n=1}^{\infty}x^{4n}\right)\mathrm{d}x = \sum\limits_{n=1}^{\infty}\int_0^x x^{4n}\,\mathrm{d}x = \sum\limits_{n=1}^{\infty}\dfrac{x^{4n+1}}{4n+1}, \ -1<x<1,$$

当 $x=\pm 1$ 时, 上式右端级数发散, 于是 $f(x)$ 展开为麦克劳林级数为

$$f(x) = \sum\limits_{n=1}^{\infty}\dfrac{x^{4n+1}}{4n+1}, \ -1<x<1.$$

例 8 求数项级数 $\sum\limits_{n=1}^{\infty} \dfrac{n^2}{n!\,2^n}$ 的和.

解 构造幂级数 $\sum\limits_{n=1}^{\infty} \dfrac{n^2}{n!}x^n$,易知该级数的收敛域为 $-\infty < x < +\infty$.

设 $s(x) = \sum\limits_{n=1}^{\infty} \dfrac{n^2}{n!}x^n$.则

$$s(x) = \sum_{n=1}^{\infty} \frac{n(n-1)+n}{n!}x^n = \sum_{n=1}^{\infty} \frac{n(n-1)}{n!}x^n + \sum_{n=1}^{\infty} \frac{1}{(n-1)!}x^n,$$

其中级数 $\sum\limits_{n=1}^{\infty} \dfrac{n(n-1)}{n!}x^n$ 与 $\sum\limits_{n=1}^{\infty} \dfrac{1}{(n-1)!}x^n$ 的收敛域均为 $-\infty < x < +\infty$.下面分别求它们的和函数.

$$\sum_{n=1}^{\infty} \frac{n(n-1)}{n!}x^n = x^2 \sum_{n=1}^{\infty} \frac{(x^n)''}{n!} = x^2 \left(\sum_{n=1}^{\infty} \frac{x^n}{n!} \right)'' = x^2 (e^x - 1)'' = x^2 e^x.$$

$$\sum_{n=1}^{\infty} \frac{1}{(n-1)!}x^n = x \sum_{n=0}^{\infty} \frac{1}{n!}x^n = x e^x.$$

于是,$s(x) = x^2 e^x + x e^x = x e^x (x+1)$,$-\infty < x < +\infty$.从而

$$\sum_{n=1}^{\infty} \frac{n^2}{n!\,2^n} = s\left(\frac{1}{2} \right) = \frac{1}{2} e^{\frac{1}{2}} \left(\frac{1}{2} + 1 \right) = \frac{3}{4} \sqrt{e}.$$

三*、幂级数的应用

1. 函数值的近似计算

级数的主要应用之一是利用它来进行数值计算,常用的三角函数表、对数表等,都是利用这种方法计算出来的.

在函数 $f(x)$ 的幂级数展开式中,用 n 次近似多项式

$$P_n(x) = f(x_0) + f'(x_0)(x-x_0) + \frac{f''(x_0)}{2!}(x-x_0)^2 + \cdots + \frac{f^{(n)}(x_0)}{n!}(x-x_0)^n$$

近似代替泰勒级数,就可得到函数的近似计算公式,这对于计算复杂函数的函数值是非常方便的,在计算近似值时,只需要四则运算,因此计算非常简便快速.

例如,当 $|x|$ 很小时,由 $\sin x$ 的幂级数展开式,可以得到下面的近似公式

$$\sin x \approx x,\ \sin x \approx x - \frac{x^3}{3!},\ \sin x \approx x - \frac{x^3}{3!} + \frac{x^5}{5!}.$$

此时,近似计算产生的误差来源于两个方面:

一方面是余项 $r_n = f(x) - P_n(x)$ 称为截断误差;另一方面是计算 $P_n(x)$ 时,由于四舍五入产生的误差,称为舍入误差.那么,一般如何估计截断误差呢?

如果函数 $f(x)$ 展式的幂级数是交错级数,且满足莱布尼茨定理条件,则 $|r_n| \leqslant u_{n+1}$.

如果 $f(x)$ 展式的幂级数不是交错级数,一般可通过适当放大余项中的各项,设法找到一个比原级数略大且容易估计余项的新级数(如等比级数等),设新级数的余项为 r'_n,则有 $|r_n| \leqslant |r'_n|$.

例 9 利用近似公式 $\sin x \approx x - \dfrac{x^3}{3!}$,计算 $\sin 9°$ 的近似值,并估计误差.

解 利用所给近似公式,得

$$\sin 9° = \sin \frac{\pi}{20} \approx \frac{\pi}{20} - \frac{1}{3!} \left(\frac{\pi}{20} \right)^3,$$

因为 $\sin x$ 的幂级数展开式是满足莱布尼茨定理条件的交错级数，所以余项

$$|r_2| \leqslant \frac{1}{5!} \left(\frac{\pi}{20} \right)^5 < \frac{1}{120} (0.2)^5 < \frac{1}{300\,000} < 10^{-5},$$

因此，若取 $\frac{\pi}{20} \approx 0.157\,080$，$\left(\frac{\pi}{20} \right)^3 \approx 0.003\,876$，则

$$\sin 9° \approx 0.157\,080 - 0.000\,646 \approx 0.156\,434,$$

且其误差不超过 10^{-5}.

2. 计算定积分

在讨论定积分时，我们知道许多函数如 e^{-x^2}，$\frac{\sin x}{x}$，$\frac{1}{\ln x}$ 等，其原函数不能用初等函数表达，但又可积，那么如何计算这些函数的定积分呢？若被积函数在积分区间上能展开为幂级数，则可以通过逐项积分的方法，用逐项积分后的级数近似计算所给积分.

例 10 计算 $\int_0^1 \frac{\sin x}{x} dx$ 的近似值，精确到 10^{-4}.

解 由于 $\frac{\sin x}{x}$ 展开为 x 的幂级数为

$$\frac{\sin x}{x} = 1 - \frac{x^2}{3!} + \frac{x^4}{5!} - \frac{x^6}{7!} + \cdots, x \in (-\infty, +\infty),$$

所以利用幂级数的性质，有

$$\int_0^1 \frac{\sin x}{x} dx = \int_0^1 dx - \int_0^1 \frac{x^2}{3!} dx + \int_0^1 \frac{x^4}{5!} dx - \int_0^1 \frac{x^6}{7!} dx + \cdots$$
$$= 1 - \frac{1}{3 \cdot 3!} + \frac{1}{5 \cdot 5!} - \frac{1}{7 \cdot 7!} + \cdots.$$

这是一个满足莱布尼茨定理条件的交错级数，因为

$$\frac{1}{7 \cdot 7!} < \frac{1}{30\,000} < 10^{-4},$$

故取级数的前三项计算即可，于是

$$\int_0^1 \frac{\sin x}{x} dx \approx 1 - \frac{1}{3 \cdot 3!} + \frac{1}{5 \cdot 5!} \approx 0.946\,1.$$

3. 欧拉公式

首先引入复数项级数及其收敛的概念.

若级数 $u_1 + u_2 + \cdots + u_n + \cdots$ 与级数 $v_1 + v_2 + \cdots + v_n + \cdots$ 分别收敛于 u 和 v，其中 u_n，$v_n (n = 1, 2, 3, \cdots)$ 为常实数或实函数，我们说**复数项级数**

$$(u_1 + iv_1) + (u_2 + iv_2) + \cdots + (u_n + iv_n) + \cdots \tag{8-9}$$

收敛且其和为 $u + iv$.

如果级数(8-9)各项的模所构成的级数

$$\sqrt{u_1^2 + v_1^2} + \sqrt{u_2^2 + v_2^2} + \cdots + \sqrt{u_n^2 + v_n^2} + \cdots \tag{8-10}$$

收敛，则称级数(8-9)**绝对收敛**. 若级数(8-9)绝对收敛，由于

$$|u_n| \leqslant \sqrt{u_n^2 + v_n^2} 及 |v_n| \leqslant \sqrt{u_n^2 + v_n^2} (n = 1, 2, 3, \cdots),$$

因而级数 $\displaystyle\sum_{n=1}^{\infty} u_n$ 与 $\displaystyle\sum_{n=1}^{\infty} v_n$ 均绝对收敛,从而级数(8-9)收敛.

令 $z = x + \mathrm{i}y$,则形如 $\displaystyle\sum_{n=0}^{\infty} a_n (z-a)^n$ 的级数,其中 a_n, a 是复常数,称为**复数项幂级数**. 可以证明 $\displaystyle\sum_{n=0}^{\infty} a_n z^n$ 有完全类似于上节定理 1 的阿贝尔定理,从而存在正数 R,当 $|z| < R$ 时,级数绝对收敛,当 $|z| > R$ 时,级数发散. 因此 R 也称为收敛半径.

下面利用复指数函数 e^z 和复三角函数 $\sin z, \cos z$ 的复数项幂级数推导出欧拉公式.

从实指数函数 e^x 和实三角函数 $\sin x, \cos x$ 的展开式

$$\mathrm{e}^x = \sum_{n=0}^{\infty} \frac{x^n}{n!}, x \in (-\infty, \infty),$$

$$\sin x = \sum_{n=1}^{\infty} (-1)^{n-1} \frac{x^{2n-1}}{(2n-1)!}, x \in (-\infty, \infty),$$

$$\cos x = \sum_{n=0}^{\infty} (-1)^n \frac{x^{2n}}{(2n)!}, x \in (-\infty, \infty)$$

出发来定义复指数函数 e^z 和复三角函数 $\sin z, \cos z$. 定义

$$\mathrm{e}^z = \sum_{n=0}^{\infty} \frac{z^n}{n!}, R = +\infty, \tag{8-11}$$

$$\sin z = \sum_{n=1}^{\infty} (-1)^{n-1} \frac{z^{2n-1}}{(2n-1)!}, R = +\infty, \tag{8-12}$$

$$\cos z = \sum_{n=0}^{\infty} (-1)^n \frac{z^{2n}}{(2n)!}, R = +\infty. \tag{8-13}$$

令 z 为纯虚数 $\mathrm{i}y$,则(8-11)式成为

$$\mathrm{e}^{\mathrm{i}y} = 1 + \mathrm{i}y + \frac{1}{2!}(\mathrm{i}y)^2 + \cdots + \frac{1}{n!}(\mathrm{i}y)^n + \cdots$$

$$= 1 + \mathrm{i}y - \frac{1}{2!}y^2 - \mathrm{i}\frac{1}{3!}y^3 + \frac{1}{4!}y^4 + \mathrm{i}\frac{1}{5!}y^5 - \cdots$$

$$= \left(1 - \frac{1}{2!}y^2 + \frac{1}{4!}y^4 - \cdots\right) + \mathrm{i}\left(y - \frac{1}{3!}y^3 + \frac{1}{5!}y^5 - \cdots\right)$$

$$= \cos y + \mathrm{i}\sin y,$$

或 $\mathrm{e}^{\mathrm{i}x} = \cos x + \mathrm{i}\sin x$,这就是欧拉(Euler)公式. 若将 x 换成 $-x$,又有 $\mathrm{e}^{-\mathrm{i}x} = \cos x - \mathrm{i}\sin x$,因而

$$\begin{cases} \cos x = \dfrac{\mathrm{e}^{\mathrm{i}x} + \mathrm{e}^{-\mathrm{i}x}}{2} \\ \sin x = \dfrac{\mathrm{e}^{\mathrm{i}x} - \mathrm{e}^{-\mathrm{i}x}}{2} \end{cases}.$$

除此之外,还可以得到著名的**棣莫弗(De Moivre)公式**

$$(\cos\theta + \mathrm{i}\sin\theta)^n = (\mathrm{e}^{\mathrm{i}\theta})^n = \mathrm{e}^{\mathrm{i}n\theta} = \cos n\theta + \mathrm{i}\sin n\theta.$$

4. e 是无理数的证明

设 q 是大于或等于 2 的一个整数,则

$(1)\ 0 < q! \displaystyle\sum_{n=q+1}^{\infty} \frac{1}{n!} < 1;$

（2）由此证明 e 不是有理数.

证 （1）显然有 $q!\sum\limits_{n=q+1}^{\infty}\dfrac{1}{n!}>0$. 级数 $\sum\limits_{n=q+1}^{\infty}\dfrac{1}{n!}$ 收敛,下面估计其和.

记

$$s_k=\frac{1}{(q+1)!}+\frac{1}{(q+2)!}+\cdots+\frac{1}{(q+k)!}$$

$$\leqslant\frac{1}{(q+1)!}+\frac{1}{(q+1)!}\cdot\frac{1}{(q+1)}+\cdots+\frac{1}{(q+1)!}\cdot\frac{1}{(q+1)^{k-1}}$$

$$=\frac{1}{(q+1)!}\Big[1+\frac{1}{q+1}+\cdots+\frac{1}{(q+1)^{k-1}}\Big],$$

所以

$$\lim_{k\to\infty}s_k\leqslant\frac{1}{(q+1)!}\cdot\frac{1}{1-\dfrac{1}{q+1}}=\frac{1}{qq!},$$

于是

$$q!\sum_{n=q+1}^{\infty}\frac{1}{n!}\leqslant q!\cdot\frac{1}{qq!}=\frac{1}{q}<1.$$

（2）假设 e 是有理数,则 $e=\dfrac{p}{q}$,其中 p,q 是两个互质的正整数,$q\geqslant 2$. 于是由 $p=eq$ 及

$e=\sum\limits_{n=0}^{\infty}\dfrac{1}{n!}$ 可得

$$p[(q-1)!]=eq(q-1)!=eq!$$

$$=q!\sum_{n=0}^{\infty}\frac{1}{n!},$$

从而有
$$p[(q-1)!]=q!\sum_{n=0}^{q}\frac{1}{n!}+q!\sum_{n=q+1}^{\infty}\frac{1}{n!},$$

等式的左端显然是整数,而等式的右端第一项也是整数,第二项由（1）知为小数,矛盾！所以 e 是无理数.

习　题　五

1. 判断下列论述是否正确,并说明理由:

（1）若函数 $f(x)$ 在点 x_0 的某邻域内有任意阶导数,则 $f(x)$ 在 x_0 的泰勒级数一定存在,并且在该邻域内函数 $f(x)$ 一定可以展开为此泰勒级数;

（2）函数 $f(x)$ 在点 x_0 展开的幂级数在其收敛域内可以逐项求导,也可以逐项求积分;

（3）将某函数展开为 $x-x_0$ 的幂级数时,可以直接展开,也可以间接展开,因为这样的幂级数展开式是唯一的.

2. 将下列函数展开为 x 的幂级数:

（1）$\dfrac{1}{1-x^2}$;　　　　（2）$\dfrac{1}{3-x}$;　　　　（3）$\dfrac{x}{9+x^2}$;

（4）$\cos^2 x$;　　　　（5）$\ln(1+x^2)$;　　　　（6）$\arctan x$;

(7) $3^{\frac{x+1}{2}}$；　　　　　(8) $\dfrac{1}{(1+x)^2}$；　　　　　(9) $\displaystyle\int_0^x \dfrac{\sin t}{t}\mathrm{d}t$.

3. 指出下面推导的错误：

由于

$$\frac{x}{1-x}=x+x^2+\cdots+x^n+\cdots,$$

$$\frac{-x}{1-x}=\frac{1}{1-\frac{1}{x}}=1+\frac{1}{x}+\frac{1}{x^2}+\cdots+\frac{1}{x^n}+\cdots,$$

两式相加得　　$\cdots+\dfrac{1}{x^n}+\cdots+\dfrac{1}{x^2}+\dfrac{1}{x}+1+x+x^2+\cdots+x^n+\cdots=0.$

4. 将 $f(x)=\dfrac{x-1}{4-x}$ 展开为 $x-1$ 的幂级数，并求 $f^{(n)}(1)$.

5. 把下列函数展开成 $x-x_0$ 的幂级数：

(1) $\dfrac{1}{3-x}$ 在 $x_0=1$ 点；　　　　(2) $\sin x$ 在 $x_0=\dfrac{\pi}{4}$ 点；

(3) $\dfrac{1}{x^2+3x+2}$ 在 $x_0=-4$；　　　　(4) $\ln(3x-x^2)$ 在 $x_0=1$ 点.

6. 说明函数 $f(x)$ 在 x_0 处的泰勒公式，泰勒级数以及泰勒展开式的区别和联系.

第六节　傅里叶级数

本节讨论另一类在理论上和应用中特别是通信理论中有重要价值，由三角函数组成的函数项级数——傅里叶(Fourier)级数. 重点研究如何把函数展开成傅里叶级数.

一、三角级数　三角函数系的正交性

1. 问题的提出

在通信理论和其他自然科学中，常遇到周期运动，如简谐振动、弦振动、电路振荡、交流电的变化等. 这种运动的特点是：物体在运动过程中，经过一定时间 T 之后，又回复到原来的状态，然后再重复同样的运动，周而复始，永不停息. 这种周期运动数学上用周期函数来描述，例如最简单的简谐振动可用

$$y=A\sin(\omega t+\varphi)$$

描述，它是一个以 $\dfrac{2\pi}{\omega}$ 为周期的正弦函数. 其中 y 表示动点的位置，t 表示时间，A 为振幅，ω 为角频率，φ 为初相，通信理论中常称为谐波（正弦波）. 而我们知道，正弦函数与余弦函数都是数学上常见而简单的周期函数.

但在实际问题中，周期现象可以是复杂而多种多样的，并不都能用简单的正弦函数来表达. 如电子技术中常用的周期为 T 的矩形波（图8-4），就反映了这样一种较复杂的周期现象. 那么，如何研究复杂的周期运动呢？在 18 世纪中

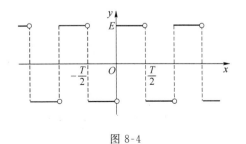

图 8-4

叶,丹尼尔·贝努里(D. Bernouli,1700—1782)在解决弦震动问题时就有一种提法:任何复杂的震动都可以分解为一系列不同角频率的简谐振动之和.这种提法是否可行是否正确呢?将其化为数学问题就是研究对于周期为 $T\left(=\dfrac{2\pi}{\omega}\right)$ 的函数 $f(t)$,是否能用一系列周期为 T 的正弦函数组成的级数来表达,即是否有

$$f(t) = A_0 + \sum_{n=1}^{\infty} A_n \sin(n\omega t + \varphi_n),\qquad(8\text{-}14)$$

其中 $A_0, A_n, \varphi_n (n=1,2,3,\cdots)$ 为常数.

为了讨论方便,将正弦函数 $A_n \sin(n\omega t + \varphi_n)$ 按三角公式变形,得

$$A_n \sin(n\omega t + \varphi_n) = A_n \sin\varphi_n \cos n\omega t + A_n \cos\varphi_n \sin n\omega t,$$

并且令 $A_0 = \dfrac{a_0}{2}, A_n \sin\varphi_n = a_n, A_n \cos\varphi_n = b_n, \omega t = x$,则(8-14)式右端的级数就可改写为

$$\frac{a_0}{2} + \sum_{n=1}^{\infty} (a_n \cos nx + b_n \sin nx).\qquad(8\text{-}15)$$

(8-15)式的级数称为**三角级数**,其中 $a_0, a_n, b_n (n=1,2,3,\cdots)$ 都是常数,称为**三角级数的系数**.

如同讨论幂级数一样,我们需要讨论三角级数(8-15)的收敛问题,以及给定周期为 2π 的周期函数如何把它展开成三角级数(8-15),进一步讨论一般周期函数展开成三角级数(8-15)的方法.

2. 三角函数系的正交性

三角级数(8-15)的各项可以看成是由三角函数 $\cos nx, \sin nx(n=1,2,\cdots)$ 及常数 $1(\cos 0x)$ 乘以相应的系数所构成.换言之,三角级数(8-15)是三角函数组

$$1, \cos x, \sin x, \cos 2x, \sin 2x, \cdots, \cos nx, \sin nx, \cdots\qquad(8\text{-}16)$$

的一个线性组合,称三角函数组(8-16)为**三角函数系**.其具有如下性质:

定理1 在三角函数系(8-16)中任何两不同函数的乘积在区间 $[-\pi,\pi]$ 上的积分为零,并称三角函数系(8-16)在区间 $[-\pi,\pi]$ 上**正交**.即

$$\int_{-\pi}^{\pi} \cos nx \, dx = 0, \quad \int_{-\pi}^{\pi} \sin nx \, dx = 0, \quad \int_{-\pi}^{\pi} \sin kx \cos nx \, dx = 0,$$

$$\int_{-\pi}^{\pi} \cos kx \cos nx \, dx = 0, \quad \int_{-\pi}^{\pi} \sin kx \sin nx \, dx = 0,$$

其中 $k \neq n$.以上等式,都可以通过计算定积分来验证.例如,因为

$$\cos kx \cos nx = \frac{1}{2}[\cos(k+n)x + \cos(k-n)x],$$

所以,当 $k \neq n$ 时,有

$$\int_{-\pi}^{\pi} \cos kx \cos nx \, dx = \frac{1}{2}\int_{-\pi}^{\pi} [\cos(k+n)x + \cos(k-n)x]dx$$

$$= \frac{1}{2}\left[\frac{\sin(k+n)x}{k+n} + \frac{\sin(k-n)x}{k-n}\right]\Big|_{-\pi}^{\pi} = 0.$$

在三角函数系(8-16)中,两个相同函数的乘积在区间 $[-\pi,\pi]$ 上的积分不等于零,且

$$\int_{-\pi}^{\pi} 1^2 \, dx = 2\pi, \quad \int_{-\pi}^{\pi} \sin^2 nx \, dx = \pi, \quad \int_{-\pi}^{\pi} \cos^2 nx \, dx = \pi \ (n=1,2,3,\cdots).$$

二、周期为 2π 的函数展开成傅里叶级数

设 $f(x)$ 是周期为 2π 的周期函数.要将函数 $f(x)$ 展开成三角级数(8-15),首先来确定三角级数的系数 $a_0,a_n,b_n(n=1,2,3,\cdots)$.再讨论如此系数的三角级数的收敛性及和函数与 $f(x)$ 的关系.

若 $f(x)$ 能展开成三角级数,即

$$f(x) = \frac{a_0}{2} + \sum_{n=1}^{\infty}(a_n\cos nx + b_n\sin nx), \tag{8-17}$$

并假设三角级数可以逐项积分.

先求 a_0.对(8-17)式的两端从 $-\pi$ 到 π 逐项积分:

$$\int_{-\pi}^{\pi}f(x)\mathrm{d}x = \int_{-\pi}^{\pi}\frac{a_0}{2}\mathrm{d}x + \sum_{n=1}^{\infty}\left[a_n\int_{-\pi}^{\pi}\cos nx\mathrm{d}x + b_n\int_{-\pi}^{\pi}\sin nx\mathrm{d}x\right].$$

由三角函数系的正交性,等式右端除第一项外,其余各项均为零,所以

$$\int_{-\pi}^{\pi}f(x)\mathrm{d}x = \frac{a_0}{2}2\pi,$$

于是

$$a_0 = \frac{1}{\pi}\int_{-\pi}^{\pi}f(x)\mathrm{d}x.$$

其次求 a_n.用 $\cos kx$ 乘(8-17)式两端并从 $-\pi$ 到 π 逐项积分,得到

$$\int_{-\pi}^{\pi}f(x)\cos kx\mathrm{d}x = \frac{a_0}{2}\int_{-\pi}^{\pi}\cos kx\mathrm{d}x + \sum_{n=1}^{\infty}\left[a_n\int_{-\pi}^{\pi}\cos nx\cos kx\mathrm{d}x + b_n\int_{-\pi}^{\pi}\sin nx\cos kx\mathrm{d}x\right].$$

由三角函数系的正交性,等式右端除 $k=n$ 的一项外,其余各项均为零,所以

$$\int_{-\pi}^{\pi}f(x)\cos nx\mathrm{d}x = a_n\int_{-\pi}^{\pi}\cos^2 nx\mathrm{d}x = a_n\pi,$$

于是
$$a_n = \frac{1}{\pi}\int_{-\pi}^{\pi}f(x)\cos nx\mathrm{d}x \quad (n=1,2,3,\cdots).$$

类似地,用 $\sin kx$ 乘(8-17)式两端,再从 $-\pi$ 到 π 逐项积分,可得

$$b_n = \frac{1}{\pi}\int_{-\pi}^{\pi}f(x)\sin nx\mathrm{d}x \quad (n=1,2,3,\cdots).$$

由于当 $n=0$ 时,a_n 的表达式即是 a_0,因此,合并结果为

$$\left.\begin{aligned} a_n &= \frac{1}{\pi}\int_{-\pi}^{\pi}f(x)\cos nx\mathrm{d}x, (n=0,1,2,3,\cdots) \\ b_n &= \frac{1}{\pi}\int_{-\pi}^{\pi}f(x)\sin nx\mathrm{d}x, (n=1,2,3,\cdots) \end{aligned}\right\}. \tag{8-18}$$

如果上面公式中的积分都存在,称由(8-18)确定的系数 $a_0,a_n,b_n(n=1,2,3,\cdots)$ 为函数 $f(x)$ 的**傅里叶系数**,相应确定的三角级数 $\frac{a_0}{2} + \sum_{n=1}^{\infty}(a_n\cos nx + b_n\sin nx)$ 称为函数 $f(x)$ 的**傅里叶级数**.

由此可见,一个定义在 $(-\infty,+\infty)$ 上周期为 2π 的函数 $f(x)$,若在一个周期上可积,则一定可以写出 $f(x)$ 的傅里叶级数.但上面求出的傅里叶系数是建立在(8-17)式中三角级数可以逐项积分的假设基础上的,那么具备什么性质的函数能满足这个条件呢?换言之,$f(x)$ 满足什么条件可以展开为傅里叶级数?或者说 $f(x)$ 的傅里叶级数是否一定收敛?若收敛,是否一

定收敛于 $f(x)$？这个问题自 18 世纪中叶提出后,许多数学家都曾致力于解决它,直到 1829 年,狄利克雷(Dirichlet)给出了这个问题的一个结果并给予了严格证明.之后,数学家们陆续给出了不同条件下的收敛结果,极大地促进了数学分析的发展.下面不加证明地给出狄利克雷关于傅里叶级数收敛问题的一个充分条件.

定理 1(狄利克雷收敛定理) 设 $f(x)$ 是周期为 2π 的函数,如果它满足:

(1) 在一个周期内连续或只有有限个第一类间断点;

(2) 并且在一个周期内至多只有有限个极值点,

则 $f(x)$ 的傅里叶级数收敛,并且

当 x 是 $f(x)$ 的连续点时,级数收敛于 $f(x)$;

当 x 是 $f(x)$ 的间断点时,级数收敛于 $\frac{1}{2}[f(x^-)+f(x^+)]$.

此定理告诉我们,只要函数在 $[-\pi,\pi]$ 上至多有有限个第一类间断点,并且不作无限次振动,函数的傅里叶级数在连续点处就收敛于该点的函数值,或者说函数在连续点处可以用它的傅里叶级数表示,称函数在该点**可以展开成傅里叶级数**;在函数的间断点处收敛于该点左极限与右极限的算术平均值.可见,函数展开成傅里叶级数的条件比展开成幂级数的条件低得多.以下简称狄利克雷收敛定理为收敛定理.

例 1 函数 $u(t)$ 的周期为 2π,在一个周期上的表达式为 $u(t)=\begin{cases}-1,&-\pi\leqslant t\leqslant 0\\1,&0<t<\pi\end{cases}$,试将 $u(t)$ 展成傅里叶级数.

解 所给函数 $u(t)$ 在 $[-\pi,\pi]$ 上满足收敛定理的条件.计算傅里叶系数如下,

$$a_n=\frac{1}{\pi}\int_{-\pi}^{\pi}u(t)\cos nt\,\mathrm{d}t$$

$$=\frac{1}{\pi}\left(\int_{-\pi}^{0}(-1)\cos nt\,\mathrm{d}t+\int_{0}^{\pi}1\cdot\cos nt\,\mathrm{d}t\right)=0,n=0,1,2,\cdots,$$

$$b_n=\frac{1}{\pi}\int_{-\pi}^{\pi}u(t)\sin nt\,\mathrm{d}t=\frac{1}{\pi}\left(\int_{-\pi}^{0}(-1)\sin nt\,\mathrm{d}t+\int_{0}^{\pi}1\cdot\sin nt\,\mathrm{d}t\right)$$

$$=\frac{2(1-\cos n\pi)}{n\pi}=\frac{2[1-(-1)^n]}{n\pi}=\begin{cases}\dfrac{4}{n\pi},&n=1,3,5\cdots\\[2mm]0,&n=2,4,6\cdots\end{cases}.$$

在 $t\neq k\pi,k=0,\pm1,\pm2,\cdots$ 时,$u(t)$ 连续,由收敛定理,$u(t)$ 的傅里叶级数展开式为

$$u(t)=\frac{4}{\pi}\left[\sin x+\frac{1}{3}\sin 3x+\cdots+\frac{1}{2n-1}\sin(2n-1)x+\cdots\right]$$

$$=\frac{4}{\pi}\sum_{n=1}^{\infty}\frac{\sin(2n-1)t}{2n-1},t\neq k\pi,k=0,\pm1,\pm2,\cdots.$$

在 $u(t)$ 的间断点 $t=k\pi,k=0,\pm1,\pm2,\cdots$ 处,傅里叶级数收敛于 $\frac{(-1)+1}{2}=0$,或 $\frac{1+(-1)}{2}=0$,即 $u(t)$ 的傅里叶级数的和函数(图 8-5)为

$$s(t)=\begin{cases}u(t),&t\neq k\pi\\0,&t=k\pi\end{cases},k=0,\pm1,\pm2,\cdots.$$

在电子技术中 $u(t)$ 是矩形波的波形函数,$u(t)$ 的傅里叶级数展开式表明,矩形波是由一系列不同频率的正弦波(简谐振动)叠加而成的.一般地,这种展开称为谐波分析.

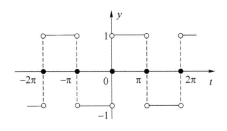

图 8-5

图 8-6 绘出了用上述傅里叶级数的前 1 项、前 5 项及前 20 项的和,直观地看到随着 n 的增加,傅里叶级数的前 n 项的和逐渐逼近 $u(t)$(除 $u(t)$ 的间断点外).

例 2 设函数 $f(x)$ 的周期为 2π,在一个周期上的表达式为

$$f(x) = \begin{cases} -1, & -\pi < x \leqslant 0 \\ 1+x^2, & 0 < x \leqslant \pi \end{cases},$$

试写出 $f(x)$ 的傅里叶级数展开式在区间 $(-\pi,\pi]$ 上的和函数 $s(x)$ 的表达式.

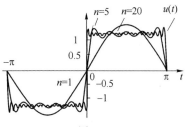

图 8-6

分析 问题不是将 $f(x)$ 展开为傅里叶级数,而是求傅里叶级数的和函数,由收敛定理,只需讨论 $f(x)$ 的连续性及计算间断点上 $f(x)$ 的左右极限的算术平均值.

解 函数 $f(x)$ 满足收敛定理的条件.在区间 $(-\pi,\pi]$ 上有一类间断点 $0,\pi$,其他点上连续.于是,由收敛定理,在 $x=0$ 处,$f(x)$ 的傅里叶级数的和函数

$$s(0) = \frac{f(0^-)+f(0^+)}{2} = \frac{-1+1}{2} = 0,$$

同理,在 $x=\pi$ 处,$f(x)$ 的傅里叶级数的和函数

$$s(\pi) = \frac{f(\pi^-)+f(-\pi^+)}{2} = \frac{(1+\pi^2)+(-1)}{2} = \frac{\pi^2}{2},$$

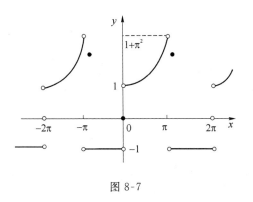

图 8-7

所以,所求和函数 $s(x) = \begin{cases} -1, & -\pi < x < 0 \\ 1+x^2, & 0 < x < \pi \\ 0, & x=0 \\ \dfrac{\pi^2}{2}, & x=\pi \end{cases}$,

如图 8-7 所示.

例 3 将函数 $f(x)=x$,$-\pi \leqslant x \leqslant \pi$ 展开为傅里叶级数.

分析 函数 $f(x)$ 只在区间 $[-\pi,\pi]$ 上有定义,并且满足收敛定理的条件,那么 $f(x)$ 也可以展开成傅里叶级数.事实上,可以在 $(-\pi,\pi]$ 或 $[-\pi,\pi)$ 外补充函数 $f(x)$ 的定义,将其拓广成周期为 2π 的周期函数 $F(x)$.这个拓广过程称为**周期延拓**.再将 $F(x)$ 展开成傅里叶级数.最后限制 x 在 $(-\pi,\pi)$ 上,此时 $F(x) \equiv f(x)$,即得到 $f(x)$ 的傅里叶级数展开式.根据收敛定理,级数在区间端点 $x = \pm\pi$ 处收敛于 $\dfrac{f(\pi^-)+f(-\pi^+)}{2}$.

解 $f(x)$ 在区间 $[-\pi,\pi]$ 上满足收敛定理的条件,将 $f(x)$ 延拓为周期是 2π 的周期函数. 计算傅里叶系数如下,

$$a_n = \frac{1}{\pi}\int_{-\pi}^{\pi} f(x)\cos nx\,\mathrm{d}x = \frac{1}{\pi}\int_{-\pi}^{\pi} x\cos nx\,\mathrm{d}x = 0, n=0,1,2,3,\cdots,$$

$$b_n = \frac{1}{\pi}\int_{-\pi}^{\pi} f(x)\sin nx\,\mathrm{d}x = \frac{1}{\pi}\int_{-\pi}^{\pi} x\sin nx\,\mathrm{d}x$$

$$= \frac{2}{\pi}\left(-\frac{x\cos nx}{n} + \frac{\sin nx}{n^2}\right)\Bigg|_0^{\pi} = \frac{2}{n}(-1)^{n+1}, n=1,2,3,\cdots.$$

注意到延拓后的函数限制在 $[-\pi,\pi]$ 上,函数在区间 $(-\pi,\pi)$ 上连续,所以 $f(x)$ 的傅里叶级数展开式为

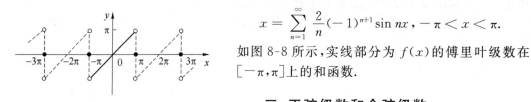

图 8-8

$$x = \sum_{n=1}^{\infty} \frac{2}{n}(-1)^{n+1}\sin nx, -\pi < x < \pi.$$

如图 8-8 所示,实线部分为 $f(x)$ 的傅里叶级数在 $[-\pi,\pi]$ 上的和函数.

三、正弦级数和余弦级数

1. 奇函数和偶函数的傅里叶级数

定理 2 设 $f(x)$ 是周期为 2π 的函数,在一个周期上可积,则

(1) 当 $f(x)$ 是奇函数时,它的傅里叶系数为

$$\left.\begin{array}{l} a_n = 0, (n=0,1,2,\cdots) \\ b_n = \dfrac{2}{\pi}\int_0^{\pi} f(x)\sin nx\,\mathrm{d}x, (n=1,2,3,\cdots) \end{array}\right\}; \qquad (8\text{-}19)$$

(2) 当 $f(x)$ 为偶函数时,它的傅里叶系数为

$$\left.\begin{array}{l} a_n = \dfrac{2}{\pi}\int_0^{\pi} f(x)\cos nx\,\mathrm{d}x, (n=0,1,2,\cdots) \\ b_n = 0, (n=1,2,3,\cdots) \end{array}\right\}. \qquad (8\text{-}20)$$

证 (1) 设 $f(x)$ 为奇函数,即 $f(-x)=-f(x)$.按傅里叶系数公式有

$$a_n = \frac{1}{\pi}\int_{-\pi}^{\pi} f(x)\cos nx\,\mathrm{d}x,$$

由于 $f(x)\cos nx$ 在对称区间 $[-\pi,\pi]$ 上是奇函数,所以 $a_n=0$ $(n=0,1,2,\cdots)$.

由于 $f(x)\sin nx$ 在对称区间 $[-\pi,\pi]$ 上是偶函数,所以

$$b_n = \frac{1}{\pi}\int_{-\pi}^{\pi} f(x)\sin nx\,\mathrm{d}x = \frac{2}{\pi}\int_0^{\pi} f(x)\sin nx\,\mathrm{d}x \quad (n=1,2,\cdots).$$

类似可证(2).

这个定理表明:若 $f(x)$ 为奇函数,那么它的傅里叶级数是只含有正弦项的级数 $\sum\limits_{n=1}^{\infty} b_n\sin nx$,称为**正弦级数**;若 $f(x)$ 为偶函数,那么它的傅里叶级数是只含有余弦项的级数 $\dfrac{a_0}{2} + \sum\limits_{n=1}^{\infty} a_n\cos nx$,称为**余弦级数**.例如本节例 1 中,若不计 $t=k\pi, k=0,\pm1,\pm2,\cdots$ 点,函数 $u(t)$ 是周期为 2π 的奇函数,而此时公式(8-19)仍成立,所以函数展开的傅里叶级数是正弦级数.

2. 函数展开成正弦级数或余弦级数

在实际应用中,有时需要把定义在区间 $[0,\pi]$ 上的函数 $f(x)$ 展开成正弦级数或余弦级数.

设函数 $f(x)$ 在区间 $[0,\pi]$ 上满足收敛定理的条件,受函数周期延拓方法的启发:

(1) 若要将函数展开成正弦级数,则先在 $(-\pi,0)$ 上补充函数定义,得到 $(-\pi,\pi]$ 上的函数 $F(x)$,并令 $F(0)=0$,使 $F(x)$ 在 $(-\pi,\pi)$ 上为奇函数,称为**奇延拓**. 此时

$$F(x)=\begin{cases} f(x), & 0<x\leqslant\pi \\ 0, & x=0 \\ -f(-x), & -\pi<x<0 \end{cases}.$$

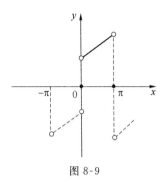

再将 $F(x)$ 延拓为 2π 为周期的周期函数,进而展开成傅里叶级数,这个级数必是正弦级数. 再限制 x 在 $[0,\pi]$ 上,当 $x\in(0,\pi)$ 时,$F(x)\equiv f(x)$,便得到 $f(x)$ 的正弦级数展开式. 当 $x=0$ 或 π 时,观察延拓后的周期函数在这两个点上是否连续,若连续,级数收敛于函数值;若不连续,级数收敛于 0. 如图 8-9 所示.

图 8-9

(2) 若要将函数展开成余弦级数,则先在 $(-\pi,0)$ 上补充函数定义,得到 $(-\pi,\pi]$ 上的函数 $F(x)$,使 $F(x)$ 在 $(-\pi,\pi)$ 上为偶函数,称为**偶延拓**. 此时

$$F(x)=\begin{cases} f(x), & 0\leqslant x\leqslant\pi \\ f(-x), & -\pi<x<0 \end{cases},$$

再将 $F(x)$ 延拓为 2π 为周期的周期函数,进而展开成傅里叶级数,这个级数必是余弦级数. 再限制 x 在 $[0,\pi]$ 上,当 $x\in(0,\pi)$ 时,$F(x)\equiv f(x)$,便得到 $f(x)$ 的余弦级数展开式. 当 $x=0$ 或 π 时,观察延拓后的周期函数在这两个点上是否连续,若连续,级数收敛于函数值;若不连续,级数收敛于该点左、右极限的算术平均值. 例如,若 π 点不连续,级数收敛于 $f(\pi^-)$. 如图 8-10 所示.

例 4 试将 $f(x)=\sin x(0\leqslant x\leqslant\pi)$ 展开成余弦级数.

解 将函数 $f(x)=\sin x$ 作偶延拓,再以 2π 为周期,延拓到 $(-\infty,+\infty)$,如图 8-11 所示. 计算傅里叶系数如下,

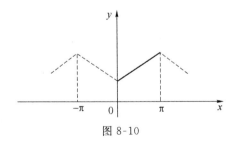

图 8-10

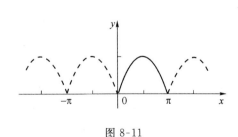

图 8-11

显然 $\qquad b_n=0,$

$$a_0=\frac{2}{\pi}\int_0^\pi \sin x\,\mathrm{d}x=\frac{4}{\pi},$$

$$a_n=\frac{2}{\pi}\int_0^\pi \sin x\cos nx\,\mathrm{d}x$$

$$=\frac{2}{\pi}\int_0^\pi \frac{1}{2}[\sin(n+1)x-\sin(n-1)x]\mathrm{d}x$$

$$= -\frac{2(1+\cos n\pi)}{\pi(n^2-1)} = \begin{cases} -\dfrac{4}{\pi(4k^2-1)}, n=2k \\ 0, \quad n=2k-1 \end{cases} \quad (n\neq 1, k=1,2,\cdots),$$

$$a_1 = \frac{2}{\pi}\int_0^\pi \sin x \cos x \, dx = 0.$$

限制在 $[0,\pi]$ 上,由于延拓后的函数在 $[0,\pi]$ 上连续,所以 $f(x)$ 展开成余弦级数为

$$\sin x = \frac{2}{\pi} - \sum_{k=1}^\infty \frac{4}{\pi(4k^2-1)}\cos 2kx, \quad 0 \leqslant x \leqslant \pi.$$

例 5 将函数 $f(x)=x, 0\leqslant x\leqslant\pi$ 分别展开为正弦级数和余弦级数.

解 先展开为正弦级数. 对 $f(x)$ 作奇延拓,再作周期延拓后,由例 3 的结果,并限制在 $[0,\pi]$ 上,由于延拓后的函数在 $[0,\pi)$ 上连续,于是

$$x = 2\sum_{n=1}^\infty \frac{(-1)^{n+1}}{n}\sin nx, \quad 0 \leqslant x < \pi.$$

再展开为余弦级数. 对 $f(x)$ 作偶延拓,再作周期延拓,如图 8-12 所示. 计算傅里叶系数如下,

$$b_n = 0,$$

$$a_0 = \frac{2}{\pi}\int_0^\pi f(x)\,dx = \frac{2}{\pi}\int_0^\pi x\,dx = \pi,$$

$$a_n = \frac{2}{\pi}\int_0^\pi f(x)\cos nx\,dx = \frac{2}{\pi}\int_0^\pi x\cos nx\,dx = \frac{2}{n^2\pi}[(-1)^n-1]$$

$$= \begin{cases} -\dfrac{4}{(2k-1)^2\pi}, & n=2k-1 \\ 0, & n=2k \end{cases} \quad (k=1,2,\cdots).$$

限制在 $[0,\pi]$ 上,由于延拓后的函数在 $[0,\pi]$ 上连续,于是

$$x = \frac{\pi}{2} - \frac{4}{\pi}\sum_{k=1}^\infty \frac{\cos(2k-1)x}{(2k-1)^2}, 0 \leqslant x \leqslant \pi.$$

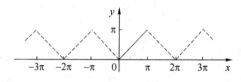

图 8-12

四、一般周期函数的傅里叶级数

上面所讨论的函数都是以 2π 为周期的周期函数. 但在实际问题中所遇到的周期函数,周期不一定是 2π. 如本节开始时提到的周期是 $T=\dfrac{2\pi}{\omega}$ 矩形波就是一例. 因此,下面讨论一般的以 $2l$ 为周期的周期函数的傅里叶级数展开方法. 事实上,这只需要作自变量的变量代换,将函数变换为周期是 2π 的周期函数即可.

定理 3 设周期为 $2l$ 的周期函数 $f(x)$ 满足收敛定理的条件,则

(1) 在 $f(x)$ 的连续点处它的傅里叶级数展开式为

$$f(x) = \frac{a_0}{2} + \sum_{n=1}^{\infty}\left(a_n\cos\frac{n\pi x}{l} + b_n\sin\frac{n\pi x}{l}\right), \tag{8-21}$$

其中系数 a_n, b_n 为

$$\left.\begin{aligned} a_n &= \frac{1}{l}\int_{-l}^{l}f(x)\cos\frac{n\pi x}{l}\mathrm{d}x \quad (n = 0,1,2,\cdots) \\ b_n &= \frac{1}{l}\int_{-l}^{l}f(x)\sin\frac{n\pi x}{l}\mathrm{d}x \quad (n = 1,2,3,\cdots) \end{aligned}\right\}; \tag{8-22}$$

（2）在 $f(x)$ 的间断点处傅里叶级数

$$\frac{a_0}{2} + \sum_{n=1}^{\infty}\left(a_n\cos\frac{n\pi x}{l} + b_n\sin\frac{n\pi x}{l}\right)$$

收敛于 $\frac{1}{2}[f(x^-) + f(x^+)]$；

（3）当 $f(x)$ 为奇函数时，在其连续点处

$$f(x) = \sum_{n=1}^{\infty}b_n\sin\frac{n\pi x}{l}, \tag{8-23}$$

其中

$$b_n = \frac{2}{l}\int_0^l f(x)\sin\frac{n\pi x}{l}\mathrm{d}x \quad (n = 1,2,3,\cdots). \tag{8-24}$$

当 $f(x)$ 为偶函数时，在其连续点处

$$f(x) = \frac{a_0}{2} + \sum_{n=1}^{\infty}a_n\cos\frac{n\pi x}{l}, \tag{8-25}$$

其中

$$a_n = \frac{2}{l}\int_0^l f(x)\cos\frac{n\pi x}{l}\mathrm{d}x \quad (n = 0,1,2,\cdots). \tag{8-26}$$

证　（1）作变量代换 $z = \frac{\pi x}{l}$，于是区间 $-l \leqslant x \leqslant l$ 就变换成 $-\pi \leqslant z \leqslant \pi$. 设函数 $f(x) = f\left(\frac{lz}{\pi}\right) = F(z)$，从而 $F(z)$ 是周期为 2π 的函数，并且它满足收敛定理的条件，将 $F(z)$ 展开成傅里叶级数，

$$F(z) = \frac{a_0}{2} + \sum_{n=1}^{\infty}(a_n\cos nz + b_n\sin nz),$$

其中 $a_n = \dfrac{1}{\pi}\displaystyle\int_{-\pi}^{\pi}F(z)\cos nz\,\mathrm{d}z$ $(n = 0,1,2,3,\cdots)$, $b_n = \dfrac{1}{\pi}\displaystyle\int_{-\pi}^{\pi}F(z)\sin nz\,\mathrm{d}z$ $(n = 1,2,3,\cdots)$.

在以上式子中注意到 $z = \frac{\pi x}{l}$，且 $F(z) = f(x)$，于是有

$$f(x) = \frac{a_0}{2} + \sum_{n=1}^{\infty}\left(a_n\cos\frac{n\pi x}{l} + b_n\sin\frac{n\pi x}{l}\right),$$

并且

$$a_n = \frac{1}{\pi}\int_{-\pi}^{\pi}F(z)\cos nz\,\mathrm{d}z = \frac{1}{l}\int_{-l}^{l}f(x)\cos\frac{n\pi x}{l}\mathrm{d}x,$$

$$b_n = \frac{1}{\pi}\int_{-\pi}^{\pi}F(z)\sin nz\,\mathrm{d}z = \frac{1}{l}\int_{-l}^{l}f(x)\sin\frac{n\pi x}{l}\mathrm{d}x.$$

类似可证明（2）、（3）.

例 6　设 $f(x)$ 的周期为 6，它在 $[-3,3)$ 上的表示式为

$$f(x) = \begin{cases} -1, & -3 \leqslant x < 0 \\ 1, & 0 \leqslant x < 3 \end{cases},$$

将 $f(x)$ 展开为傅里叶级数，并作出此傅里叶级数的和函数 $s(x)$ 的图形.

解 $f(x)$ 是周期为 6 的奇函数(不计 $x=3k, k=0, \pm 1, \pm 2, \cdots$),由定理 3 知 $f(x)$ 展开的傅里叶级数为正弦级数,其系数按公式(8-24)为

$$a_n = 0 \quad (n=0,1,2,\cdots),$$

$$b_n = \frac{2}{3} \int_0^3 f(x) \sin \frac{n\pi}{3} x \mathrm{d}x = \frac{2}{3} \int_0^3 \sin \frac{n\pi}{3} x \mathrm{d}x$$

$$= -\frac{2}{n\pi}(\cos n\pi - 1) = \frac{2}{n\pi}\left[1-(-1)^n\right]$$

$$= \begin{cases} 0, & n=2k \\ \dfrac{4}{\pi(2k-1)}, & n=2k-1 \quad (k=1,2,3,\cdots) \end{cases}.$$

因 $f(x)$ 在 $x \neq 3k, k=0, \pm 1, \pm 2, \cdots$ 点上连续,于是

$$f(x) = \sum_{k=1}^{\infty} \frac{4}{\pi(2k-1)} \sin \frac{(2k-1)\pi}{3} x, \quad x \neq 3k, k=0, \pm 1, \pm 2, \cdots.$$

在 $x=3k, k=0, \pm 1, \pm 2, \cdots$ 点,上式右端正弦级数收敛于 0.

于是正弦级数的和函数为

$$s(x) = \begin{cases} f(x), & x \neq 3k \\ 0, & x=3k \end{cases}, k=0, \pm 1, \pm 2, \cdots,$$

其图形如图 8-13 所示.

例 7 将函数 $f(x)$(图 8-14)展开为正弦级数,其中 $f(x)$ 为

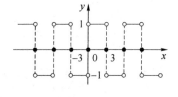

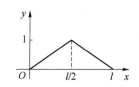

图 8-13　　　　　　　　　　　图 8-14

$$f(x) = \begin{cases} \dfrac{2}{l} x, & 0 \leqslant x \leqslant \dfrac{l}{2} \\ \dfrac{2}{l}(l-x), & \dfrac{l}{2} < x \leqslant l \end{cases}.$$

解 将函数 $f(x)$ 作奇延拓,再以 $2l$ 为周期作周期延拓.按公式(8-24)计算傅里叶系数为

$$a_n = 0 \quad (n=0,1,2,\cdots),$$

$$b_n = \frac{2}{l} \int_0^l f(x) \sin \frac{n\pi}{l} x \mathrm{d}x$$

$$= \frac{2}{l}\left[\int_0^{\frac{l}{2}} \frac{2}{l} x \sin \frac{n\pi}{l} x \mathrm{d}x + \int_{\frac{l}{2}}^l \frac{2}{l}(l-x) \sin \frac{n\pi}{l} x \mathrm{d}x\right],$$

上式右端的第二项,令 $t=l-x$,则

$$b_n = \frac{4}{l^2}\left[\int_0^{\frac{l}{2}} x\sin\frac{n\pi}{l}x\,dx + (-1)^{n+1}\int_0^{\frac{l}{2}} t\sin\frac{n\pi}{l}t\,dt\right] = \frac{4}{n^2\pi^2}(1-\cos n\pi)\sin\frac{n\pi}{2}$$

$$= \begin{cases} \dfrac{8}{n^2\pi^2}\sin\dfrac{n\pi}{2}, & n=1,3,5\cdots \\ 0, & n=2,4,6,\cdots \end{cases}$$

$$= \begin{cases} \dfrac{8(-1)^{k-1}}{(2k-1)^2\pi^2}, & n=2k-1 \\ 0, & n=2k \end{cases} \quad k=1,2,3,\cdots.$$

由于延拓后的函数处处连续,于是限制在$[0,l]$上,$f(x)$展开成正弦级数为

$$f(x) = \sum_{k=1}^{\infty} \frac{8(-1)^{k-1}}{(2k-1)^2\pi^2}\sin\frac{(2k-1)\pi}{2}x$$

$$= \frac{8}{\pi^2}\left(\sin\frac{\pi x}{l} - \frac{1}{3^2}\sin\frac{3\pi x}{l} + \frac{1}{5^2}\sin\frac{5\pi x}{l} - \frac{1}{7^2}\sin\frac{7\pi x}{l} + \cdots\right), 0\leqslant x\leqslant l.$$

习 题 六

1. 判断下列论述是否正确,并说明理由:

(1) 奇函数的傅里叶级数一定是正弦级数,偶函数的傅里叶级数一定是余弦级数;

(2) 若函数$f(x)$满足狄利克雷收敛定理的条件,则$f(x)$的傅里叶级数在$(-\infty,+\infty)$内都收敛,且收敛于$f(x)$;

(3) 函数$f(x)$的傅里叶级数$\dfrac{a_0}{2} + \sum_{n=1}^{\infty}\left(a_n\cos\dfrac{n\pi x}{l} + b_n\sin\dfrac{n\pi x}{l}\right)$收敛于$f(x)$的点,或者说使$f(x) = \dfrac{a_0}{2} + \sum_{n=1}^{\infty}\left(a_n\cos\dfrac{n\pi x}{l} + b_n\sin\dfrac{n\pi x}{l}\right)$成立的点,就是在$(-\infty,+\infty)$内$f(x)$(或者$f(x)$延拓后的函数)的连续点.

2. 设函数$f(x)$是周期为2π的周期函数,且在$[-\pi,\pi)$上的表达式分别如下,将$f(x)$展开为傅里叶级数:

(1) $f(x) = |x|$; (2) $f(x) = \begin{cases} 1, & -\pi\leqslant x<0 \\ 3, & 0\leqslant x<\pi \end{cases}$;

(3) $f(x) = \begin{cases} -\dfrac{\pi}{2}, & -\pi\leqslant x<-\dfrac{\pi}{2} \\ x, & -\dfrac{\pi}{2}\leqslant x<\dfrac{\pi}{2} \\ \dfrac{\pi}{2}, & \dfrac{\pi}{2}\leqslant x<\pi \end{cases}$.

3. 将下列函数展开为傅里叶级数:

(1) $f(x) = \begin{cases} 0, & -\pi<x<0 \\ 1, & 0\leqslant x\leqslant\pi \end{cases}$; (2) $f(x) = \begin{cases} x, & -\pi\leqslant x<0 \\ 1, & x=0 \\ 2x, & 0\leqslant x\leqslant\pi \end{cases}$.

4. 将函数$f(x) = \pi - x (0\leqslant x\leqslant\pi)$分别展开为正弦级数和余弦级数.

5. 设$f(x)$的周期为2,它在$[-1,1)$上的表示式为

$$f(x) = \begin{cases} x, & -1 \leqslant x < 0 \\ 0, & 0 \leqslant x < 1 \end{cases},$$

将 $f(x)$ 展开为傅里叶级数,并求出此傅里叶级数的和函数 $s(x)$.

6. 将函数 $f(x) = \begin{cases} x, & 0 \leqslant x < 1 \\ 1, & 1 \leqslant x \leqslant 2 \end{cases}$ 分别展开为正弦级数和余弦级数.

7. (1) 将 $f(x) = \dfrac{\pi}{4}$ 在 $[0, \pi]$ 展开为正弦级数,并证明 $1 - \dfrac{1}{3} + \dfrac{1}{5} - \dfrac{1}{7} + \cdots = \dfrac{\pi}{4}$.

(2) 当 $-\pi \leqslant x \leqslant \pi$ 时,证明 $\displaystyle\sum_{n=1}^{\infty} \dfrac{(-1)^{n-1}}{4n^2 - 1} \cos nx = \dfrac{\pi}{4} \cos \dfrac{x}{2} - \dfrac{1}{2}$.

8. 将 $f(x) = x - 4 (3 < x < 5)$ 展开为周期为 2 的傅里叶级数.

9. 将函数 $f(x) = x^2 (-\pi \leqslant x \leqslant \pi)$ 展开为傅里叶级数,并利用展开的结果求级数 $\displaystyle\sum_{n=1}^{\infty} \dfrac{1}{n^2}$,

$\displaystyle\sum_{n=1}^{\infty} \dfrac{(-1)^{n-1}}{n^2}$ 及 $\displaystyle\sum_{n=1}^{\infty} \dfrac{1}{(2n-1)^2}$ 的和.

总 习 题 八

一、单项选择题

1. 若级数 $\displaystyle\sum_{n=1}^{\infty} u_n$ 发散,则下列级数中一定发散的是( ).

(A) $\displaystyle\sum_{n=1}^{\infty} (1 + u_n)$ (B) $\displaystyle\sum_{n=1}^{\infty} \left(\dfrac{1}{n} + u_n \right)$ (C) $\displaystyle\sum_{n=1}^{\infty} \left(\dfrac{1}{n^3} + u_n \right)$ (D) $\displaystyle\sum_{n=1}^{\infty} \left(\dfrac{1}{\sqrt{n}} + u_n \right)$

2. 若级数 $\displaystyle\sum_{n=1}^{\infty} u_n$ 收敛,则下列级数中一定收敛的是( ).

(A) $\displaystyle\sum_{n=1}^{\infty} (-1)^{n-1} u_n$ (B) $\displaystyle\sum_{n=1}^{\infty} u_n^2$ (C) $\displaystyle\sum_{n=1}^{\infty} (u_{2n} - u_{2n-1})$ (D) $\displaystyle\sum_{n=1}^{\infty} (u_n + u_{n+1})$

3. 下列级数中条件收敛的是( ).

(A) $\displaystyle\sum_{n=1}^{\infty} (-1)^n \dfrac{n}{n+1}$ (B) $\displaystyle\sum_{n=1}^{\infty} (-1)^n \dfrac{1}{\sqrt{n}}$

(C) $\displaystyle\sum_{n=1}^{\infty} (-1)^n \left(\dfrac{1}{n} \right)^n$ (D) $\displaystyle\sum_{n=1}^{\infty} (-1)^{n-1} \dfrac{1}{\sqrt{n^3}}$

4. 若 $\displaystyle\lim_{n \to \infty} u_n = A$,则级数 $\displaystyle\sum_{n=1}^{\infty} (u_{n+1} - u_n)$ 的和为( ).

(A) $A - u_1$ (B) A (C) u_1 (D) $A + u_1$

5. 对于幂级数 $\displaystyle\sum_{n=1}^{\infty} a_n x^{2n-1}$,如果 $\displaystyle\lim_{n \to \infty} \left| \dfrac{a_{n+1}}{a_n} \right| = \rho, 0 < \rho < +\infty$,则该级数的收敛半径为( ).

(A) $\sqrt{\rho}$ (B) $\dfrac{1}{\sqrt{\rho}}$ (C) $\dfrac{1}{\rho}$ (D) $\dfrac{1}{\rho^2}$

6. 级数 $1 - \dfrac{1}{2^a} + \dfrac{1}{3} - \dfrac{1}{4^a} + \dfrac{1}{5} - \dfrac{1}{6^a} + \cdots$,当 a 满足条件(   )时收敛.

(A) $a = 1$ (B) $a < 0$ 或 $a > 0$ (C) $0 < a \leqslant 1$ (D) a 是任意实数

二、填空题

1. 设函数 $f(x) = x^2, 0 \leqslant x < 1$,而 $s(x) = \displaystyle\sum_{n=1}^{\infty} b_n \sin(n\pi x), -\infty < x < +\infty$,其中 $b_n = 2\displaystyle\int_0^1 f(x)\sin(n\pi x)\mathrm{d}x, n = 1,2,3,\cdots$,则 $s\left(-\dfrac{1}{2}\right) = $ _____.

2. 若级数 $\displaystyle\sum_{n=1}^{\infty} a_n$,$\displaystyle\sum_{n=1}^{\infty} b_n$ 均收敛,且对一切自然数 n,有 $a_n \leqslant c_n \leqslant b_n$,则 $\displaystyle\sum_{n=1}^{\infty} c_n$ _____(收敛或发散).

3. 若 $\displaystyle\lim_{n\to\infty}(n^{2n\sin\frac{1}{n}} \cdot a_n) = 1$,则级数 $\displaystyle\sum_{n=1}^{\infty} a_n$ 必 _____(收敛或发散).

4. 若 $\displaystyle\lim_{n\to\infty} n^\lambda [\ln(1+n) - \ln n] a_n = 3 (\lambda > 0)$,则级数 $\displaystyle\sum_{n=1}^{\infty} a_n$,当 λ 满足 _____ 时收敛;当 λ 在 _____ 时发散.

5. 级数 $\displaystyle\sum_{n=1}^{\infty} \dfrac{(-1)^n}{n!2^n} x^n$ 的和函数为 _____.

6. 若级数 $\displaystyle\sum_{n=1}^{\infty} a_n x^n$ 的收敛域为 $[-8,8)$,则幂级数 $\displaystyle\sum_{n=1}^{\infty} \dfrac{a_n}{n} x^n$ 的收敛半径是 _____,$\displaystyle\sum_{n=1}^{\infty} a_n x^{3n}$ 的收敛域为 _____.

三、解答与证明题

1. 判断下列级数的敛散性(若不是正项级数还需判断是绝对收敛还是条件收敛):

(1) $\dfrac{1}{2} + \dfrac{1}{3} + \dfrac{1}{4} + \dfrac{1}{\sqrt{3}} + \dfrac{1}{8} + \dfrac{1}{\sqrt[3]{3}} + \dfrac{1}{16} + \dfrac{1}{\sqrt[4]{3}} + \cdots$;

(2) $\displaystyle\sum_{n=1}^{\infty} \sin\dfrac{2}{n^k} (k > 0)$;   (3) $\displaystyle\sum_{n=1}^{\infty} 4^n \left(1 - \dfrac{1}{n}\right)^{n^2}$;   (4) $\displaystyle\sum_{n=1}^{\infty} \dfrac{\ln n}{n^2}$;

(5) $\displaystyle\sum_{n=1}^{\infty} 3^n \ln\left(1 + \dfrac{1}{n^2}\right)$;   (6) $\displaystyle\sum_{n=1}^{\infty} \dfrac{\sqrt{n+2} - \sqrt{n-2}}{n^a}$;

(7) $\displaystyle\sum_{n=1}^{\infty} \dfrac{(-1)^{n-1}}{\ln(1+n)}$;   (8) $\dfrac{1}{2} + \displaystyle\sum_{n=1}^{\infty} (-1)^{\frac{n(n-1)}{2}} \dfrac{(2n+1)^2}{2^{n+1}}$;

(9) $\displaystyle\sum_{n=1}^{\infty} \dfrac{a^n n!}{n^n} (a > 0)$;   (10) $\displaystyle\sum_{n=1}^{\infty} \int_0^{\frac{1}{n}} \dfrac{\sin x}{1+x} \mathrm{d}x$.

2. 若级数 $\displaystyle\sum_{n=1}^{\infty} a_n^2$ 收敛,对 $\lambda > 0$,证明 $\displaystyle\sum_{n=1}^{\infty} \dfrac{a_n}{\sqrt{\lambda + n^2}}$ 绝对收敛.

3. 设 $|a_n| \leqslant 1 (n = 1,2,3,\cdots)$,$|a_n - a_{n-1}| \leqslant \dfrac{1}{4} |a_{n-1}^2 - a_{n-2}^2| (n = 3,4,5,\cdots)$,证明

(1) 级数 $\sum\limits_{n=2}^{\infty}(a_n-a_{n-1})$ 绝对收敛;(2) 数列 $\{a_n\}$ 收敛.

4. 设 $f(x)$ 在 $x=0$ 的某邻域内具有二阶连续导数,且 $\lim\limits_{n\to\infty}\dfrac{f(x)}{x}=0$,试证明:级数 $\sum\limits_{n=1}^{\infty}\sqrt{n}f\left(\dfrac{1}{n}\right)$ 绝对收敛.

5. 证明极限 $\lim\limits_{n\to\infty}\dfrac{1}{n}\sum\limits_{k=1}^{n}\dfrac{1}{3^k}\left(1+\dfrac{1}{k}\right)^{k^2}=0$.

6. 求下列级数的收敛域:

(1) $\sum\limits_{n=1}^{\infty}\dfrac{x^{4n}}{n^2 16^n}$;

(2) $\sum\limits_{n=1}^{\infty}\dfrac{2+(-1)^n}{2^n}x^n$;

(3) $\sum\limits_{n=1}^{\infty}\dfrac{(2-x)^n}{\sqrt{n}}$;

(4) $\sum\limits_{n=1}^{\infty}\dfrac{x^n}{2^n-n}$.

7. 求下列幂级数的收敛域,并求和函数:

(1) $\sum\limits_{n=1}^{\infty}\dfrac{2n-1}{2^n}x^{2(n-1)}$;

(2) $\sum\limits_{n=0}^{\infty}(2n+1)x^n$;

(3) $\sum\limits_{n=1}^{\infty}(-1)^n\dfrac{x^n}{2^n n!}$;

(4) $\sum\limits_{n=1}^{\infty}\dfrac{x^n}{n(n+1)}$.

8. 求幂级数 $\sum\limits_{n=1}^{\infty}(n+1)(x-1)^n$ 的收敛域及和函数.

9. 将函数(1) $\ln(1+x-2x^2)$ 及(2) $x\arctan x-\ln\sqrt{1+x^2}$ 分别展开成 x 的幂级数.

10. 分别求数项级数(1) $\sum\limits_{n=1}^{\infty}\dfrac{2n-1}{2^n}$ 及(2) $\sum\limits_{n=1}^{\infty}\dfrac{n^2}{n!2^n}$ 的和.

11. 求数项级数 $\sum\limits_{n=1}^{\infty}\dfrac{n}{3^n}$ 的和,并求极限 $\lim\limits_{n\to\infty}\left[2^{\frac{1}{3}}\cdot 4^{\frac{1}{9}}\cdot 8^{\frac{1}{27}}\cdot\cdots\cdot(2^n)^{\frac{1}{3^n}}\right]$.

12. 证明幂级数 $\sum\limits_{n=1}^{\infty}\dfrac{x^{2n-1}}{(2n-1)!}$ 的和函数 $s(x)$ 满足方程 $s''(x)-s(x)=0, s(0)=0, s'(0)=1$, 并求此 $s(x)$.

13. 将函数 $f(x)=\begin{cases} x, & -\pi\leqslant x<0 \\ 2x, & 0\leqslant x<\pi \end{cases}$ 展开为傅里叶级数,并求 $\sum\limits_{n=1}^{\infty}\dfrac{(-1)^{n-1}}{2n-1}$ 的和.

第九章 多元函数微分学及其应用

在本书上册中我们讨论过一元函数及其微积分,那里出现的是两个变量之间的对应关系,即一个自变量 x 与一个因变量 y 的关系.但在很多实际问题中往往涉及多个变量的情况,比如多个自变量与一个因变量的对应关系.这就提出了多元函数以及多元函数的微积分问题.

多元函数是一元函数的自然发展和推广,我们将看到从一元函数推广到多元函数,无论是基本概念或计算方法,都会出现新的问题,但从二元函数到三元函数或更多元函数,则只要将二元函数的概念和运算类推即可.因此,本章将在一元函数微分学的基础上,以二元函数为主讨论多元函数的极限、连续、微分法及其应用.

第一节 二元函数的基本概念

一、区域

讨论一元函数时,经常用到邻域和区间的概念.由于二元函数的定义域是坐标平面(或称为 xOy 面)上的点集(简称为平面点集),因此我们先将数轴上的邻域和区间概念推广到坐标平面上,同时还要涉及其他一些概念.

1. 邻域

设 $P_0(x_0,y_0)$ 是 xOy 平面上的一点,δ 是某一正数.与点 $P_0(x_0,y_0)$ 距离小于 δ 的点 $P(x,y)$ 的全体,称为点 P_0 的 **δ 邻域**,记为 $U(P_0,\delta)$,即

$$U(P_0,\delta)=\{P\mid\mid PP_0\mid<\delta\},$$

即

$$U(P_0,\delta)=\{(x,y)\mid\sqrt{(x-x_0)^2+(y-y_0)^2}<\delta\}.$$

点 P_0 的去心 δ 邻域,记作 $\mathring{U}(P_0,\delta)$,即 $\mathring{U}(P_0,\delta)=\{P\mid 0<\mid PP_0\mid<\delta\}$.

在几何上,$U(P_0,\delta)$ 就是 xOy 平面上以点 $P_0(x_0,y_0)$ 为中心,$\delta>0$ 为半径的圆的内部的点 $P(x,y)$ 的全体,如图 9-1 所示.

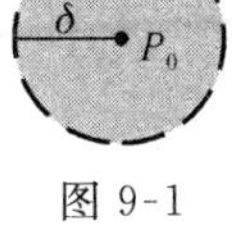

如果不需要强调邻域半径 δ,则用 $U(P_0)$ 表示点 P_0 的 δ 邻域.点 P_0 的去心邻域记作 $\mathring{U}(P_0)$.

图 9-1

我们可以借助邻域的概念来描述平面上点与给定点集的关系.

2. 内点、外点、边界点与聚点

设 E 是平面上的一个点集,P 是平面上的一个点,则点 P 与点集 E 的关系有三种情况,如

图 9-2 所示.

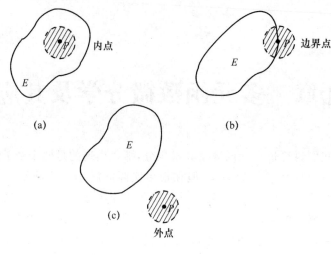

图 9-2

(1) 若存在 P 的邻域 $U(P)$,使得
$$U(P) \subset E,$$
则称 P 为 E 的**内点**. E 的全部内点组成的集合称为 E 的**内部**或**内集**. 如图 9-2(a)所示.

例如点集 $E_1 = \{(x,y) \mid 1 < x^2 + y^2 < 4\}$ 中每个点都是 E_1 的内点. 显然 E 的内点属于 E.

(2) 若点 P 的任一邻域内既有属于 E 的点,也有不属于 E 的点(点 P 本身可以属于 E,也可以不属于 E),则称 P 为 E 的**边界点**. 如图 9-2(b)所示.

E 的边界点的全体称为 E 的边界,记为 ∂E. 例如上例中,E_1 的边界是圆周 $x^2 + y^2 = 1$ 和 $x^2 + y^2 = 4$.

(3) 若存在 P 的某邻域 $U(P)$,使得
$$U(P) \bigcap E = \varnothing,$$
即 $U(P)$ 中没有属于 E 的点,则称 P 为 E 的**外点**. 如图 9-2(c)所示. E 的全部外点组成的集合称为 E 的**外部**.

(4) 若点 P 的每个邻域 $U(P,\delta)$ 都含有 E 中异于 P 的点,则称 P 为 E 的**聚点**.

E 的聚点 P 可以属于 E,也可以不属于 E.

设点 P 不是 E 的聚点,若 $P \notin E$,则 P 是 E 的外点;若 $P \in E$,称 P 为 E 的**孤立点**. 孤立点一定是边界点.

显然内点和非孤立点的边界点均为聚点.

3. 区域

如果点集 E 中的点都是内点,则称 E 为**开集**.

如果 E 中的边界 $\partial E \subset E$,则称 E 为**闭集**.

例如 $E_1 = \{(x,y) \mid 1 < x^2 + y^2 < 4\}$ 为开集,$E_2 = \{(x,y) \mid 1 \leqslant x^2 + y^2 \leqslant 4\}$ 为闭集. 特别约定空集既是开集也是闭集.

设 E 是开集. 如果对于 E 内任何两点都可用折线连结起来,且该折线上的点都属于 E,则称开集 E 是连通的(图 9-3). 连通的开集称为**区域**或开区域.

例如,$\{(x,y) \mid 1 < x^2 + y^2 < 4\}$(图 9-4)及 $\{(x,y) \mid x+y > 0\}$(图 9-5)都是区域.

（开）区域连同它的边界一起，称为**闭区域**，例如$\{(x,y)\,|\,x+y\geqslant 0\}$及$\{(x,y)\,|\,1\leqslant x^2+y^2\leqslant 4\}$（图 9-6）都是闭区域.

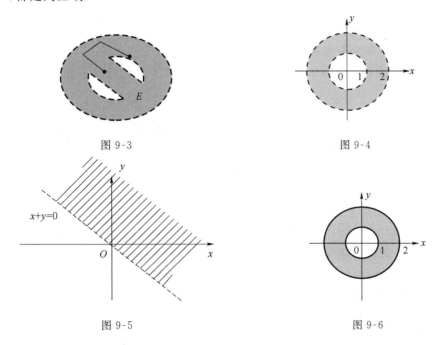

图 9-3

图 9-4

图 9-5

图 9-6

对于点集 E，如果存在 $K>0$，使一切点 $P\in E$ 与某一定点 A 间的距离 $|AP|$ 不超过 K，即

$$|AP|\leqslant K,$$

则称 E 为**有界点集**，否则称为**无界点集**. 通常点 A 取为平面直角坐标系中的原点. 例如，$\{(x,y)\,|\,1\leqslant x^2+y^2\leqslant 4\}$是有界闭区域，$\{(x,y)\,|\,x+y>0\}$是无界开区域.

4. n 维空间

我们知道，数轴上的点与实数有一一对应关系，从而全体实数表示数轴上一切点的集合，即直线. 在平面上引入直角坐标系后，平面上的点与有序二元数组(x,y)一一对应，从而有序二元数组(x,y)全体表示平面上的一切点的集合，即平面. 在空间中引入直角坐标系后，空间的点与有序三元数组(x,y,z)一一对应，从而有序三元数组(x,y,z)全体表示空间一切点的集合，即三维空间. 一般地，设 n 为取定的一个自然数，而每个有序 n 元数组$(x_1,x_2,\cdots,x_n)$的全体为 **n 维空间**，而每个有序 n 元数组$(x_1,x_2,\cdots,x_n)$称为 n 维空间中的一个点，数 x_i 称为该点的第 i 个坐标. n 维空间记为 $\mathbf{R}^n$. 特别地，$\mathbf{R}^2$ 表示 xOy 平面，$\mathbf{R}^3$ 表示三维空间 $Oxyz$.

n 维空间中两点 $P(x_1,x_2,\cdots,x_n)$ 及 $Q(y_1,y_2,\cdots,y_n)$ 间的距离规定为

$$|PQ|=\sqrt{(y_1-x_1)^2+(y_2-x_2)^2+\cdots+(y_n-x_n)^2}.$$

容易验知，当 $n=1,2,3$ 时，由上式便得解析几何中关于直线（数轴）、平面、空间内两点间的距离.

前面就平面点集 $\mathbf{R}^2$ 来定义的一系列概念，可推广到 n 维空间 $\mathbf{R}^n$ 中去. 例如，设 $P_0\in \mathbf{R}^n$，δ 是某一正数，则 n 维空间内的点集

$$U(P_0,\delta)=\{P\,|\,|PP_0|<\delta,P\in \mathbf{R}^n\}$$

就定义为点 P_0 的 δ 邻域. 以邻域概念为基础，可定义 n 维空间 $\mathbf{R}^n$ 中点集的内点、边界点以及区域等一系列概念.

二、二元函数的概念

1. 二元函数的概念

在很多问题中,经常会遇到多个变量之间的依赖关系.

例 1　一定量的理想气体的压强 p,体积 V 和绝对温度 T 之间具有关系

$$p = \frac{RT}{V},$$

其中 R 为常数,这里 V,T 在集合 $\{(V,T)\,|\,V>0,T>T_0\}$ 内取定一对值 (V,T) 时,p 的对应值就随之确定.

例 2　某公司的总成本为 $C(x,y)=5x^2+4y$（万元）,其中 x 为员工的工资,y 为原材料的开销.

上面两个例子的具体意义不同,但它们却有共同的特性,由此可抽象出二元函数的概念.

定义 1　设 D 是 $\mathbf{R}^2$ 上的一个点集,若对于每个点 $P(x,y)\in D$,变量 z 按照一定法则总有确定的值和它对应,则称 z 是变量 x,y 的**二元函数**（或点 P 的函数）,记为

$$z=f(x,y),(x,y)\in D \quad (\text{或 } z=f(P),P\in D).$$

称 D 为该函数的**定义域**,x,y 为自变量,z 为因变量,数集

$$f(D)=\{z\,|\,z=f(x,y),(x,y)\in D\}$$

为该函数的**值域**.z 是 x,y 的函数也可记为 $z=z(x,y)$,$z=\varphi(x,y)$,等等.

若 $\forall (x,y)\in D$,有且只有唯一的 z 值与之对应,则称该函数为单值函数.否则,称该函数为多值函数.以后除了对多元函数另作声明外,总假定所讨论的函数是单值的;如果遇到多值函数,可以找出它的（全部）单值分支,然后加以讨论.

设函数 $z=f(x,y)$ 的定义域为 D.对于任意取定的点 $P(x,y)\in D$,对应的函数值为 $z=f(x,y)$.这样,以 x 为横坐标,y 为纵坐标,$z=f(x,y)$ 为竖坐标在空间就确定一点 $M(x,y,z)$.当 (x,y) 遍取 D 上的一切点时,得到一个空间点集

$$\{(x,y,z)\,|\,z=f(x,y),(x,y)\in D\},$$

这个点集称为二元函数 $z=f(x,y)$ 的图形.通常也说二元函数的图形是一张曲面.并且可以看到函数 $z=f(x,y)$ 的图形在 xOy 平面上的投影即为函数 $f(x,y)$ 的定义域（图 9-7）.

例如二元函数 $z=\sqrt{x^2+y^2}$ 表示顶点在原点的圆锥面（图 9-8）,它的定义域是 $\mathbf{R}^2$.

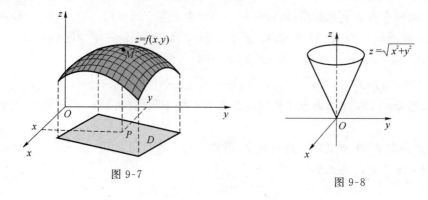

图 9-7　　　　　　　　　　　　图 9-8

又如方程

$$x^2+y^2+z^2=a^2$$

所确定的函数 $z=f(x,y)$ 的图形是球心在原点,半径为 a 的球面,它的定义域是圆形闭区域
$$D=\{(x,y)\,|\,x^2+y^2\leqslant a^2\}.$$

在 D 的内部任一点 (x,y) 处,该函数有两个对应值,一个为 $\sqrt{a^2-x^2-y^2}$,另一个为 $-\sqrt{a^2-x^2-y^2}$.因此,这是多值函数,它有两个单值分支:
$$z=\sqrt{a^2-x^2-y^2}\ \ 及\ z=-\sqrt{a^2-x^2-y^2},$$

前者表示上半球面,后者表示下半球面(图 9-9).

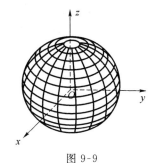

图 9-9

关于二元函数的定义域,与一元函数类似,作如下约定:在一般讨论用解析式表达的二元函数 $z=f(x,y)$ 时,以使这个解析式有意义的点的全体为这个函数的定义域,也称为函数的自然定义域.此时函数的定义域可以不必写出.例如,函数 $z=\ln(x+y)$ 的定义域为 $\{(x,y)\,|\,x+y>0\}$.

又如,函数 $z=\arcsin(x^2+y^2)$ 的定义域为 $\{(x,y)\,|\,x^2+y^2\leqslant1\}$,这是一个有界闭区域.

例 3　求二元函数 $f(x,y)=\dfrac{\arcsin(3-x^2-y^2)}{\sqrt{x-y^2}}$ 的定义域.

解　为使函数的表达式有意义,需 $\begin{cases}|\,3-x^2-y^2\,|\leqslant1\\x-y^2>0\end{cases}$.即

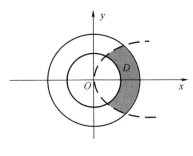

图 9-10

$$\begin{cases}2\leqslant x^2+y^2\leqslant4,\\x>y^2\end{cases},$$

于是,所求定义域为 $D=\{(x,y)\,|\,2\leqslant x^2+y^2\leqslant4,x>y^2\}$,如图 9-10 所示.

例 4　已知 $f\left(\dfrac{x}{y},x\right)=\dfrac{y-x}{y(x+1)}$,试求 $f(x,y)$ 及 $f\left(\dfrac{1}{x},\dfrac{2}{y}\right)$.

解　(1) 先求 $f(x,y)$.

设 $u=\dfrac{x}{y}$,$v=x$,则 $x=v$,$y=\dfrac{v}{u}$,代入已知函数表达式,得 $f(u,v)=\dfrac{1-u}{v+1}$,于是
$$f(x,y)=\dfrac{1-x}{y+1}.$$

(2) 求 $f\left(\dfrac{1}{x},\dfrac{2}{y}\right)$.令 $u=\dfrac{1}{x}$,$v=\dfrac{2}{y}$,代入 $f(u,v)$,得
$$f\left(\dfrac{1}{x},\dfrac{2}{y}\right)=\dfrac{y(x-1)}{x(y+2)}.$$

一般地,把定义 1 中的平面点集 D 换成 n 维空间 $\mathbf{R}^n$ 内的点集 D,则可类似地定义 n 元函数
$$u=f(x_1,x_2,\cdots,x_n),(x_1,x_2,\cdots,x_n)\in D\ 或\ u=f(\boldsymbol{x}),\boldsymbol{x}=(x_1,x_2,\cdots,x_n)\in D,$$
亦可记为
$$u=f(P),P\in D(也称为\textbf{点函数}).$$

当 $n\geqslant2$ 时,n 元函数统称为多元函数.例如函数 $u=x^2+y^2+z^2$ 是自变量为 x,y,z 的三元函数.

2*. n 元向量函数

设 $D \subset \mathbf{R}^n$ 是一个点集,若存在某对应法则 f,对任意的 $\boldsymbol{x} = (x_1, x_2, \cdots, x_n) \in D$,都有确定的 $\boldsymbol{y} = (y_1, y_2, \cdots, y_m) \in \mathbf{R}^m$ 与之对应,则称 f 为 D 到 $\mathbf{R}^m$ 的一个 n 元向量函数. 记为

$$\boldsymbol{y} = f(\boldsymbol{x}),$$

称 D 为定义域,$f(D)$ 为值域,$\boldsymbol{x}$ 为自变量,它是 $\mathbf{R}^n$ 中的向量;$\boldsymbol{y}$ 为因变量,它是 $\mathbf{R}^m$ 中的向量.

显然一个 n 元向量函数对应 m 个 n 元(数量)函数

$$\begin{cases} y_1 = f_1(x_1, x_2, \cdots, x_n), \\ y_2 = f_2(x_1, x_2, \cdots, x_n), \\ \qquad\qquad \vdots \\ y_m = f_m(x_1, x_2, \cdots, x_n), \end{cases}$$

常将 $\boldsymbol{y} = f(\boldsymbol{x})$ 表示成如下向量形式

$$\boldsymbol{y} = \begin{bmatrix} y_1 \\ y_2 \\ \vdots \\ y_m \end{bmatrix} = \begin{bmatrix} f_1(x) \\ f_2(x) \\ \vdots \\ f_m(x) \end{bmatrix} = \begin{bmatrix} f_1(x_1, x_2, \cdots, x_n) \\ f_2(x_1, x_2, \cdots, x_n) \\ \vdots \\ f_m(x_1, x_2, \cdots, x_n) \end{bmatrix}.$$

其中

$$\boldsymbol{y} = (y_1, y_2, \cdots, y_n)', f = (f_1, f_2, \cdots, f_m)'.$$

当 $n=1, m=1$ 时,f 是一元(数值)函数;当 $n=1, m>1$ 时,f 是一元向量函数;当 $n>1, m=1$ 时,f 是 n 元(数值)函数;当 $n>1, m>1$ 时,f 是 n 元向量函数.

例如,空间曲线的参数方程

$$x = x(t), \quad y = y(t), \quad z(t), \quad t \in [\alpha, \beta]$$

就可以视为从 $[\alpha, \beta] \subset \mathbf{R}$ 到 $\mathbf{R}^3$ 的一元向量函数

$$f = f(t), \quad t \in [\alpha, \beta],$$

其中

$$f(t) = (x(t), y(t), z(t)) \in \mathbf{R}^3.$$

三、二元函数的极限与连续

1. 二元函数的极限

与一元函数的极限概念类似,二元函数的极限也是反映函数值随自变量变化而变化的趋势,只是自变量的变化过程更为复杂. 以二元函数 $z = f(x, y)$ 当 $(x, y) \to (x_0, y_0)$ 即 $P(x, y) \to P_0(x_0, y_0)$ 为例,讨论二元函数的极限.

定义 2 设函数 $z = f(x, y)$ 的定义域 $D \subset \mathbf{R}^2$,$P_0(x_0, y_0)$ 是 D 的聚点. 若对定义域内异于点 P_0 的任意一点 $P(x, y)$,当点 P 以任意方式无限趋近于点 P_0 时,均有函数值 $f(x, y)$ 无限趋近于一个确定的常数 A,则称 A 为函数 $f(x, y)$ 当 $P \to P_0$ 时的极限,记作 $\lim\limits_{\substack{x \to x_0 \\ y \to y_0}} f(x, y) = A$,

或 $\lim\limits_{(x, y) \to (x_0, y_0)} f(x, y) = A$ 或 $\lim\limits_{P \to P_0} f(P) = A$,也记作 $f(x, y) \to A$,当 $(x, y) \to (x_0, y_0)$ 时.

这里 $P \to P_0$ 表示点 P 以任何方式趋于点 P_0,可以用点 P 与点 P_0 间的距离趋于零来表达,即

$$|PP_0| = \sqrt{(x - x_0)^2 + (y - y_0)^2} \to 0.$$

为了区别于一元函数的极限,我们把二元函数的极限称为**二重极限**.

下面用"$\varepsilon - \delta$"语言来描述这个概念.

定义 3　设二元函数 $z=f(x,y)$ 的定义域为 $D,P_0(x_0,y_0)$ 是 D 的聚点.若 $\forall \varepsilon>0,\exists \delta>0$,使得当满足

$$0<|PP_0|=\sqrt{(x-x_0)^2+(y-y_0)^2}<\delta$$

的一切 $P(x,y)\in D$,都成立 $|f(x,y)-A|<\varepsilon$.则称当 $(x,y)\to(x_0,y_0)$ 时,函数 $f(x,y)$ 的(二重)极限为 A.亦可记作 $f(x,y)\to A(\rho\to0)$,其中 $\rho=|PP_0|$.

需要注意,在定义 2 中要求点 $P(x,y)$ 是以任意方式趋近于 $P_0(x_0,y_0)$ 的,由于自变量个数的增多,极限中 $P\to P_0$ 的方式也较一元函数极限中 $x\to x_0$ 的方式复杂得多.若能找出某一种趋近方式,函数极限不存在,或找到两种趋近方式函数极限不同,则二元函数 $f(x,y)$ 当 $P\to P_0$ 时极限不存在.

例 5*　设 $f(x,y)=\dfrac{x^2y}{x^2+y^2}$,用二元函数极限的定义证明 $\lim\limits_{\substack{x\to0\\y\to0}}f(x,y)=0$.

证　所给函数 $f(x,y)$ 的定义域 $D=\{(x,y)|(x,y)\neq(0,0)\}$,点 $(0,0)$ 为 D 的聚点.$\forall \varepsilon>0$,因为 $0\leqslant\dfrac{x^2}{x^2+y^2}\leqslant1$,所以欲使

$$\left|\frac{x^2y}{x^2+y^2}\right|\leqslant\sqrt{y^2}\leqslant\sqrt{x^2+y^2}<\varepsilon,$$

只要取 $\delta=\varepsilon>0$,则当 $0<\sqrt{x^2+y^2}<\delta$ 时,有

$$|f(x,y)-0|\leqslant\sqrt{x^2+y^2}<\varepsilon.$$

于是 $\lim\limits_{\substack{x\to0\\y\to0}}f(x,y)=0$.

二重极限的定义在形式上与一元函数极限定义并无多大差异,因此一元函数极限的有关性质(如唯一性、局部有界性、夹逼准则等)及极限运算法则都可以推广到二重极限中,不再赘述.另外,在求极限 $\lim\limits_{\substack{x\to x_0\\y\to y_0}}f(x,y)$ 时,应先判断 (x_0,y_0) 是否为函数定义域 D 的聚点,但为书写简洁,以后判断过程不再写出.

例 6　证明函数 $f(x,y)=\begin{cases}\dfrac{xy}{x^2+y^2}, & x^2+y^2\neq0\\0, & x^2+y^2=0\end{cases}$,当 $(x,y)\to(0,0)$ 时极限不存在.

证　当 (x,y) 沿直线 $y=kx$ 趋于 $(0,0)$ 时,有

$$\lim_{\substack{x\to0\\y=kx\to0}}\frac{xy}{x^2+y^2}=\lim_{x\to0}\frac{kx^2}{x^2+k^2x^2}=\frac{k}{1+k^2}.$$

极限值随 k 不同而不同.所以,当 $(x,y)\to(0,0)$ 时函数极限不存在.

例 7　求极限 $\lim\limits_{\substack{x\to0\\y\to0}}(x^2+y^2)\sin\dfrac{1}{x^2+y^2}$.

解　令 $u=x^2+y^2$,则

$$\lim_{\substack{x\to0\\y\to0}}(x^2+y^2)\sin\frac{1}{x^2+y^2}=\lim_{u\to0}u\sin\frac{1}{u}=0.$$

例 8　求极限 $\lim\limits_{\substack{x\to0\\y\to0}}(x^2+y^2)^{xy}$.

解　因 $(x^2+y^2)^{xy}=\mathrm{e}^{xy\ln(x^2+y^2)}$,而

$$0\leqslant|xy\ln(x^2+y^2)|\leqslant\frac{1}{2}(x^2+y^2)|\ln(x^2+y^2)|,$$

又 $\lim\limits_{\substack{x\to 0\\y\to 0}}(x^2+y^2)\ln(x^2+y^2)=\lim\limits_{u\to 0^+}u\ln u=0$,其中 $u=x^2+y^2$.

由夹逼准则得

$$\lim\limits_{\substack{x\to 0\\y\to 0}}xy\ln(x^2+y^2)=0,$$

即

$$\lim\limits_{\substack{x\to 0\\y\to 0}}(x^2+y^2)^{xy}=e^0=1.$$

2. 二元函数的连续性

定义 4 设二元函数 $f(x,y)$ 的定义域为 D,$P_0(x_0,y_0)$ 是 D 的聚点,且 $P_0\in D$,若

$$\lim\limits_{\substack{x\to x_0\\y\to y_0}}f(x,y)=f(x_0,y_0),$$

则称二元函数 $f(x,y)$ 在点 P_0 处连续.

若二元函数 $f(x,y)$ 在 D 中的每一点处都连续,则称 $f(x,y)$ 在 D 上连续,或称 $f(x,y)$ 是 D 上的连续函数.在区域 D 上连续的二元函数的图形是区域 D 上一张连续不断的曲面.

若函数 $f(x,y)$ 在点 $P_0(x_0,y_0)$ 不连续,则 P_0 称为函数 $f(x,y)$ 的间断点.例如在例 6 中的函数 $f(x,y)=\begin{cases}\dfrac{xy}{x^2+y^2}, & x^2+y^2\neq 0\\ 0, & x^2+y^2=0\end{cases}$,由于在点 $(0,0)$ 的极限不存在,因此该函数在点 $(0,0)$ 处不连续,点 $(0,0)$ 是函数的间断点.

根据二元函数的极限运算法则及连续性的定义,可以证明二元连续函数的和、差、积均为连续函数;在分母不为零处,连续函数的商是连续函数.二元连续函数的复合函数也是连续函数.

我们将只考虑一个变量 x 或 y 的基本初等函数

$$C,x^n,y^n,e^x,e^y,\cdots,$$

称为**二元基本初等函数**,并将二元基本初等函数经有限次的四则运算和复合步骤所构成的,可用一个式子所表示的函数称为**二元初等函数**.如 $\sin(x+y)$,$\dfrac{x+x^2-y^2}{1+x^2}$,$\ln(1+xy)$ 等都是二元初等函数.

根据一元函数 $y=f(x)$ 的连续性,例如设 $y=f(x)$ 在 $a<x<b$ 上连续,将其视为二元函数 $z=f(x,y)=f(x)$,则它在 $a<x<b$,$-\infty<y<+\infty$ 上是连续的.从而,关于二元初等函数的连续性,有如下结论:

一切二元初等函数在其定义区域内是连续的.所谓定义区域是指包含在定义域内的区域或闭区域.例如 $\cos(xy)+2xe^y$,x^2+3xy 都在 $\mathbf{R}^2$ 上连续.

由二元初等函数的连续性,如果 $f(x,y)$ 是初等函数,要求它在点 $P_0(x_0,y_0)$ 处的极限,而该点又在此函数的定义区域内,则极限值就是函数在该点的函数值,即

$$\lim\limits_{P\to P_0}f(P)=f(P_0).$$

例 9 求极限 $\lim\limits_{\substack{x\to 0\\y\to 1}}\dfrac{xy}{x^2+y^2}$.

解 由于函数 $\dfrac{xy}{x^2+y^2}$ 在 $(x,y)\neq(0,0)$ 点均连续,而 $(0,1)$ 在此函数的定义区域内,于是

$$\lim\limits_{\substack{x\to 0\\y\to 1}}\dfrac{xy}{x^2+y^2}=\dfrac{xy}{x^2+y^2}\bigg|_{\substack{x=0\\y=1}}=0.$$

例 10 求极限 $\lim\limits_{\substack{x\to 0\\y\to 0}}\dfrac{\sqrt{xy+1}-1}{xy}$.

解
$$\lim_{\substack{x\to 0\\y\to 0}}\frac{\sqrt{xy+1}-1}{xy}=\lim_{\substack{x\to 0\\y\to 0}}\frac{xy+1-1}{xy(\sqrt{xy+1}+1)}=\lim_{\substack{x\to 0\\y\to 0}}\frac{1}{\sqrt{xy+1}+1}=\frac{1}{2}.$$

其中最后一个等式利用了函数 $\dfrac{1}{\sqrt{xy+1}+1}$ 在 $(0,0)$ 点的连续性.

例 11 研究函数 $f(x,y)=\begin{cases}\dfrac{x^3+y^3}{x^2+y^2}, & (x,y)\neq(0,0)\\[2mm] 0, & (x,y)=(0,0)\end{cases}$ 的连续性.

解 在 $(x,y)\neq(0,0)$ 点,函数 $f(x,y)=\dfrac{x^3+y^3}{x^2+y^2}$ 为二元初等函数,因此函数在 $(x,y)\neq(0,0)$ 处连续.

在原点 $(0,0)$ 处,由于 $0\leqslant\left|\dfrac{x^3+y^3}{x^2+y^2}\right|\leqslant|x|+|y|$,而 $\lim\limits_{\substack{x\to 0\\y\to 0}}[|x|+|y|]=0$,由夹逼准则
$$\lim_{\substack{x\to 0\\y\to 0}}f(x,y)=0=f(0,0),$$
所以函数在 $(0,0)$ 点亦连续,于是该函数在全平面连续.

例 12 指出下列各函数的间断点:

(1) $z=\dfrac{1}{\sqrt{x^2+y^2}}$;(2) $z=\sin\dfrac{1}{xy}$.

解 (1) 函数 $z=\dfrac{1}{\sqrt{x^2+y^2}}$ 为二元初等函数,只在 $(0,0)$ 点处无定义,故 $(0,0)$ 点为其间断点.

(2) 函数 $z=\sin\dfrac{1}{xy}$ 为二元初等函数,当 $x=0$ 或 $y=0$ 时无定义,故 y 轴和 x 轴上的点为其间断点. 此时,函数的间断点形成了平面中的两条直线.

3. 有界闭区域上二元连续函数的性质

与闭区间上一元连续函数的性质相类似,在有界闭区域上二元连续函数也有如下性质.

(1) 性质 1(**最大值和最小值定理**):在有界闭区域 D 上的二元连续函数 $z=f(P)$,必有最大值与最小值,即存在点 $P_1,P_2\in D$,使得
$$f(P_1)=\max\{f(P)|P\in D\},\ f(P_2)=\min\{f(P)|P\in D\}.$$

(2) 性质 2(**有界性定理**):有界闭区域 D 上的二元连续函数 $z=f(P)$ 在 D 上一定有界,即存在常数 $M>0$,使得对一切 $P\in D$,有
$$|f(P)|\leqslant M.$$

(3) 性质 3(**介值定理**):有界闭区域 D 上的二元连续函数必取得介于函数最大与最小值间的任何值,即若 $z=f(P)$ 在有界闭区域 D 上的最大值、最小值分别为 M,m,数 c 满足 $m<c<M$,则存在点 $P\in D$,使得
$$f(P)=c.$$

以上关于二元函数的极限与连续的概念与结论,可以推广到更多元函数.

习 题 一

1. 判断下列结论是否正确,并说明理由:

(1) 一个点集 E 的内点一定属于 E,外点一定不属于 E,边界点一定属于 E,聚点一定属于 E;

(2) 一个平面点集 E 有界的充要条件是点集 E 能够包含在某以原点为圆心,总够大的实数为半径的圆内;

(3) $z_1 = \ln[x(x-y)]$ 与 $z_2 = \ln x + \ln(x-y)$ 表示的是同一个函数;

(4) 若 $\lim\limits_{y=kx\to 0} f(x,y) = A$,对于任意的 k 成立,则必有 $\lim\limits_{\substack{x\to 0 \\ y\to 0}} f(x,y) = A$;

(5) 若函数 $z = f(x,y)$ 在点 (x_0, y_0) 连续,则 (x_0, y_0) 一定是函数 $z = f(x,y)$ 定义域的内点;

(6) 若 P_0 是函数 $z = f(x,y)$ 的间断点,则 $\lim\limits_{P\to P_0} f(x,y)$ 一定不存在.

(7) 如果两个一元函数 $f(x_0, y)$ 在 y_0 处连续,$f(x, y_0)$ 在 x_0 处连续,则 $f(x,y)$ 在点 (x_0, y_0) 处连续.

2. 判断下列平面点集中哪些是开集、闭集、区域、有界集、无界集,并分别指出它们的聚点所构成的集合(称为导集)和边界:

(1) $\{(x,y) \mid x\neq 0, y\neq 0\}$;   (2) $\{(x,y) \mid 1 < x^2 + y^2 \leqslant 4\}$;

(3) $\{(x,y) \mid y > x^2\}$;(4) $\{(x,y) \mid x^2 + (y-1)^2 \geqslant 1\} \bigcap \{(x,y) \mid x^2 + (y-2)^2 \leqslant 4\}$.

3. (1) 设 $z = f(x,y) = x^2 + xy$,求 $f(1,2)$,$f(3,5)$;

(2) 设 $f\left(x+y, \dfrac{y}{x}\right) = (x+y)x$,求 $f(x,y)$,$f(2,3)$;

(3) 设 $f\left(\dfrac{x}{y}, \sqrt{xy}\right) = \dfrac{x^3 - 2xy^2\sqrt{xy} + 3xy^4}{y^3}$,求 $f(x,y)$ 及 $f\left(\dfrac{1}{x}, \dfrac{2}{y}\right)$.

(4) 设 $z = \sqrt{y} + f(\sqrt[3]{x} - 1)$,且 $y=1$ 时,$z=x$,求 $f(x)$ 及 z 的表达式.

4. 求下列函数的定义域:

(1) $z = \sqrt{1-x^2} + \dfrac{1}{\sqrt{1-y^2}}$;   (2) $z = \ln(y^2 - 2x)$;

(3) $f(x,y) = \sqrt{x - \sqrt{y}}$;   (4) $z = \arcsin\dfrac{x}{y^2} + \arcsin(1-y)$.

5. 求下列极限:

(1) $\lim\limits_{\substack{x\to 0 \\ y\to 0}} \dfrac{x^2 y}{x^2 + y^2}$;   (2) $\lim\limits_{\substack{x\to 0 \\ y\to 0}} \dfrac{1}{y}\sin xy$;   (3) $\lim\limits_{\substack{x\to 1 \\ y\to 1}} \dfrac{\sin(x^2 - y^2)}{x - y}$;

(4) $\lim\limits_{\substack{x\to 2 \\ y\to +\infty}} \left(1 + \dfrac{1}{xy}\right)^y$;   (5) $\lim\limits_{\substack{x\to\infty \\ y\to\infty}} \dfrac{x^2 + y^2}{x^4 + y^4}$;   (6) $\lim\limits_{\substack{x\to +\infty \\ y\to +\infty}} (x^2 + y^2)e^{-(x+y)}$.

6. 证明下列极限不存在:

(1) $\lim\limits_{\substack{x\to 0 \\ y\to 0}} \dfrac{x-y}{x+y}$;   (2) $\lim\limits_{\substack{x\to 0 \\ y\to 0}} \dfrac{x - y + x^2 + y^2}{x + y}$;   (3) $\lim\limits_{\substack{x\to 0 \\ y\to 0}} \dfrac{x^2 y^2}{x^2 y^2 + (x-y)^2}$.

7. 利用函数的连续性,求下列极限:

(1) $\lim\limits_{\substack{x \to 1 \\ y \to 2}} \dfrac{x+y}{xy}$；

(2) $\lim\limits_{\substack{x \to 0 \\ y \to 1}} \left[\ln(y-x) + \dfrac{y}{\sqrt{1-x^2}} \right]$.

8. 指出下列函数间断点的集合 E：

(1) $z = \dfrac{y^2 + 2x}{y^2 - 2x}$；

(2) $z = \dfrac{\sqrt{x+y}}{x \ln(1+x+y)}$.

9. 讨论下列函数的连续性：

(1) $f(x,y) = \begin{cases} \dfrac{x^2+y^2}{\sin\sqrt{x^2+y^2}}, & x^2+y^2 \neq 0 \\ 0, & x^2+y^2 = 0 \end{cases}$；

(2) $f(x,y) = \begin{cases} x\sin\dfrac{1}{xy}, & xy \neq 0 \\ 0, & xy = 0 \end{cases}$.

10. 设函数 $f(x,y) = \begin{cases} \dfrac{2xy}{x^2+y^2}, & x^2+y^2 \neq 0 \\ 0, & x^2+y^2 = 0 \end{cases}$，证明函数 $f(x,y)$ 在 $(0,0)$ 点分别对自变量 x 或 y 连续，但是该函数在 $(0,0)$ 点不连续.

第二节　偏　导　数

一、偏导数的概念及计算

1. 偏导数的概念

在研究一元函数时，我们从研究函数在一点的变化率问题引入了导数概念，它反映了在该点处函数值随自变量变化的快慢程度. 对于多元函数同样需要讨论它的变化率. 但多元函数的自变量不止一个，因变量与自变量的关系要比一元函数复杂得多. 因此先从最简单的情况入手，首先考虑多元函数关于其中一个自变量的变化率. 以二元函数 $z=f(x,y)$ 为例，如果只有自变量 x 变化，而自变量 y 固定（即看作常量），这时它就是 x 的一元函数，该函数对 x 的导数，就称为二元函数 z 对于变量 x 的偏导数，从而有如下定义：

定义 1 设函数 $z=f(x,y)$ 在点 (x_0,y_0) 的某邻域内有定义，当固定 $y=y_0$，设 x 在 x_0 的增量为 Δx，函数相应地有增量 $f(x_0+\Delta x,y_0) - f(x_0,y_0)$. 若极限

$$\lim_{\Delta x \to 0} \frac{f(x_0+\Delta x,y_0) - f(x_0,y_0)}{\Delta x}$$

存在，则称函数 $z=f(x,y)$ 在点 (x_0,y_0) 处关于 x 可偏导. 并称此极限值为函数在点 (x_0,y_0) 处关于 **x 的偏导数**，记作

$$\frac{\partial z}{\partial x}\bigg|_{\substack{x=x_0 \\ y=y_0}}, \quad \frac{\partial f}{\partial x}\bigg|_{\substack{x=x_0 \\ y=y_0}}, \quad f_x(x_0,y_0) \text{ 或 } z_x\bigg|_{\substack{x=x_0 \\ y=y_0}},$$

即

$$\frac{\partial z}{\partial x}\bigg|_{\substack{x=x_0 \\ y=y_0}} = \lim_{\Delta x \to 0} \frac{f(x_0+\Delta x,y_0) - f(x_0,y_0)}{\Delta x}.$$

同样可以定义 $z=f(x,y)$ 在点 (x_0,y_0) 处关于 y 可偏导，以及**对 y 的偏导数**：

$$\lim_{\Delta y \to 0} \frac{f(x_0,y_0+\Delta y) - f(x_0,y_0)}{\Delta y},$$

记作

$$\frac{\partial z}{\partial y}\bigg|_{\substack{x=x_0 \\ y=y_0}}, \quad \frac{\partial f}{\partial y}\bigg|_{\substack{x=x_0 \\ y=y_0}}, \quad f_y(x_0,y_0) \text{ 或 } z_y\bigg|_{\substack{x=x_0 \\ y=y_0}}.$$

如果函数 $z=f(x,y)$ 在区域 D 内每一点 (x,y) 处对 x 的偏导数都存在,那么这个偏导数是 x,y 的函数,称为**函数 $f(x,y)$ 对 x 的偏导函数**,亦简称**偏导数**,记作

$$\frac{\partial z}{\partial x},\frac{\partial f}{\partial x},f_x \text{ 或 } z_x.$$

同样可以定义 $f(x,y)$ 对 y 的偏导函数,并记作

$$\frac{\partial z}{\partial y},\frac{\partial f}{\partial y},f_y \text{ 或 } z_y.$$

由偏导函数的概念可知,$z=f(x,y)$ 在点 (x_0,y_0) 处对于 x 的偏导数 $f_x(x_0,y_0)$ 就是偏导函数 $f_x(x,y)$ 在点 (x_0,y_0) 处的函数值,即 $f_x(x_0,y_0)=f_x(x,y)\Big|_{\substack{x=x_0\\y=y_0}}$;$f_y(x_0,y_0)$ 就是偏导函数 $f_y(x,y)$ 在点 (x_0,y_0) 处的函数值.

对于实际求 $z=f(x,y)$ 的偏导数,并不需要用新的方法,因为这里只有一个自变量在变动,另一个自变量看作是固定的,所以仍旧是一元函数微分法的问题.例如,在求 $\frac{\partial f}{\partial x}$ 时,只要把 y 暂时看作常量而对 x 求导数即可;求 $\frac{\partial f}{\partial y}$ 时,则只要把 x 暂时看作常量而对 y 求导数.

例 1 求函数 $z=xy+\dfrac{x}{y}$ 的偏导数,并求其在 $(1,1)$ 处的偏导数.

解 对 x 求偏导时,将 y 看成常数,得

$$\frac{\partial z}{\partial x}=y+\frac{1}{y},$$

对 y 求偏导时,将 x 看成常数,得

$$\frac{\partial z}{\partial y}=x-\frac{x}{y^2},$$

将 $(1,1)$ 代入上面结果,得

$$\frac{\partial z}{\partial x}\Big|_{\substack{x=1\\y=1}}=1+\frac{1}{1}=2,\quad \frac{\partial z}{\partial y}\Big|_{\substack{x=1\\y=1}}=1-\frac{1}{1^2}=0.$$

例 2 求函数 $z=\arctan(x-y^2)$ 的偏导数.

分析 视所给函数为 $z=\arctan u,u=x-y^2$ 的复合函数,因此可以应用一元复合函数求导的链式法则,在链式法则中中间变量 u 对 x 求导,由于 u 是二元函数,就是 u 对 x 的偏导数.即 $\dfrac{\partial z}{\partial x}=\dfrac{dz}{du}\cdot\dfrac{\partial u}{\partial x}$.

解

$$\frac{\partial z}{\partial x}=\frac{1}{1+(x-y^2)^2}\cdot\frac{\partial(x-y^2)}{\partial x}=\frac{1}{1+(x-y^2)^2};$$

$$\frac{\partial z}{\partial y}=\frac{1}{1+(x-y^2)^2}\cdot\frac{\partial(x-y^2)}{\partial y}=\frac{-2y}{1+(x-y^2)^2}.$$

例 3 设函数 $f(x,y)=x+(y-1)\arcsin\sqrt{\dfrac{x}{y}}$,求 $f_x(x,1)$.

解 本题可用以下几种方法来求.

法一 用偏导数的定义求 $f_x(x,1)$,有

$$f_x(x,1)=\lim_{\Delta x\to0}\frac{f(x+\Delta x,1)-f(x,1)}{\Delta x}=\lim_{\Delta x\to0}\frac{(x+\Delta x)-x}{\Delta x}=1;$$

法二 先将函数中的 y 固定在 $y=1$,这时 $f(x,1)=x$,从而有

$$f_x(x,1)=1;$$

法三　先将偏导数 $f_x(x,y)$ 求出,然后再用 $y=1$ 代入 $f_x(x,y)$ 即得 $f_x(x,1)$,请读者练习.

2. 偏导数存在与连续的关系

回想在一元函数中,函数在某点可导必在该点连续,但在某点连续不一定在该点可导.将这个结论应用到二元函数中,则得到若偏导数 $f_x(x_0,y_0)$ 存在,那么一元函数 $f(x,y_0)$ 在 x_0 连续;类似地,若偏导数 $f_y(x_0,y_0)$ 存在,那么一元函数 $f(x_0,y)$ 在 y_0 连续.自然地,我们考虑若函数 $f(x,y)$ 的两个偏导数 $f_x(x_0,y_0)$,$f_y(x_0,y_0)$ 都存在,是否 $f(x,y)$ 在 (x_0,y_0) 处连续呢?研究一个具体例子.

例 4　求函数

$$z=f(x,y)=\begin{cases}\dfrac{xy}{x^2+y^2}, & x^2+y^2\neq0 \\ 0, & x^2+y^2=0\end{cases},$$

的偏导数 $f_x(x,y)$,$f_y(x,y)$.

解　当 $x^2+y^2\neq0$ 时,

$$f_x(x,y)=\frac{y\cdot(x^2+y^2)-xy\cdot2x}{(x^2+y^2)^2}=\frac{y(y^2-x^2)}{(x^2+y^2)^2};$$

当 $x^2+y^2=0$ 时,

$$f_x(0,0)=\lim_{\Delta x\to0}\frac{f(0+\Delta x,0)-f(0,0)}{\Delta x}=\lim_{\Delta x\to0}0=0.$$

于是

$$f_x(x,y)=\begin{cases}\dfrac{y(y^2-x^2)}{(x^2+y^2)^2}, & x^2+y^2\neq0 \\ 0, & x^2+y^2=0\end{cases};$$

同样可求得

$$f_y(x,y)=\begin{cases}\dfrac{x(x^2-y^2)}{(x^2+y^2)^2}, & x^2+y^2\neq0 \\ 0, & x^2+y^2=0\end{cases}.$$

我们注意到,$f_x(0,0)=f_y(0,0)=0$,但在第一节中已经知道此函数在点 $(0,0)$ 处并不连续.因此,在二元函数中,即使偏导数 $f_x(x_0,y_0)$,$f_y(x_0,y_0)$ 都存在,也不能确定二元函数 $z=f(x,y)$ 在 (x_0,y_0) 点连续.

另外,请读者以函数 $z=\sqrt{x^2+y^2}$ 在 $(0,0)$ 点为例,思考若二元函数 $z=f(x,y)$ 在 (x_0,y_0) 点连续,是否该函数的偏导数 $f_x(x_0,y_0)$,$f_y(x_0,y_0)$ 都存在?答案是否定的(见习题二第 10 题).

还需要请读者注意两点:(1)由例 4,对分段函数在分段点处的偏导数要利用偏导数的定义求出;(2)对一元函数来说,$\dfrac{\mathrm{d}y}{\mathrm{d}x}$ 可看作函数的微分 $\mathrm{d}y$ 与自变量的微分 $\mathrm{d}x$ 之商.而对二元函数,偏导数的记号是一个整体记号,不能看作分子与分母之商(见习题二第 11 题).

容易将偏导数的概念推广到二元以上的函数.例如三元函数 $u=f(x,y,z)$ 在点 (x,y,z) 处对 z 的偏导数定义为

$$f_z(x,y,z)=\lim_{\Delta z\to0}\frac{f(x,y,z+\Delta z)-f(x,y,z)}{\Delta z},$$

其中 (x,y,z) 是函数 $u=f(x,y,z)$ 定义域的内点. 它们的求法也仍旧是一元函数的微分法问题.

例 5 求 $u=x^y\sin 3z(x>0,x\neq 1)$ 的偏导数.

解

$$\frac{\partial u}{\partial x}=yx^{y-1}\sin 3z;$$

$$\frac{\partial u}{\partial y}=x^y\ln x\sin 3z;$$

$$\frac{\partial u}{\partial z}=3x^y\cos 3z.$$

3. 偏导数的几何意义

由偏导数的定义,二元函数 $z=f(x,y)$ 在点 (x_0,y_0) 处对 x 的偏导数 $f_x(x_0,y_0)$ 就是一元函数 $z=f(x,y_0)$ 或 $z=f(x,y),y=y_0$ 在点 x_0 处的导数. 又由空间解析几何的知识,$z=$

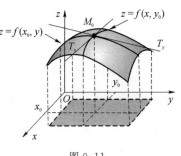

图 9-11

$f(x,y),y=y_0$ 表示曲面 $z=f(x,y)$ 与平面 $y=y_0$ 的交线,设 $M_0(x_0,y_0,f(x_0,y_0))$ 为曲面 $z=f(x,y)$ 上的一点,因此,根据一元函数的导数的几何意义,可知 $f_x(x_0,y_0)$ 就是该交线在点 M_0 处的切线 M_0T_x 对 x 轴的斜率(图 9-11).

同样,偏导数 $f_y(x_0,y_0)$ 的几何意义是曲面被平面 $x=x_0$ 所截得的曲线在点 M_0 处的切线 M_0T_y 对 y 轴的斜率.

4*. 偏导数的经济意义

与一元函数的导数类似,多元经济函数的偏导数也有其经济意义.

(1) 经济学中的边际分析

定义 5 设函数 $z=f(x,y)$ 在点 (x_0,y_0) 的偏导数 $f_x(x_0,y_0)$(或 $f_y(x_0,y_0)$)存在,称 $f_x(x_0,y_0)$(或 $f_y(x_0,y_0)$)为函数 $z=f(x,y)$ 在点 (x_0,y_0) 对 x(或 y)的边际,若在某区域 D 上 $f_x(x,y)$(或 $f_y(x,y)$)存在,称 $f_x(x,y)$(或 $f_y(x,y)$)为对 x(或 y)的**边际函数**.

$f_x(x_0,y_0)$ 的经济含义是:在点 (x_0,y_0) 处,当 y 保持不变而 x 改变一个单位,$z=f(x,y)$(近似地)改变 $f_x(x_0,y_0)$ 个单位.

在商业与经济中经常考虑的一个生产模型是科布——道格拉斯生产函数

$$p(x,y)=cx^a y^{1-a},c>0,0<a<1,$$

其中 p 是由 x 个人力和 y 个资本单位生产出的产品数量(资本是机器、场地、生产工具和其他用品的成本). 偏导数 $\dfrac{\partial p}{\partial x}$ 和 $\dfrac{\partial p}{\partial y}$ 分别称为人力的边际生产力和资本的边际生产力.

例 6 某体育用品公司的某产品有如下的生产函数

$$p(x,y)=240x^{0.4}y^{0.6},$$

其中 p 是由 x 个人力和 y 个资本单位生产出的产品数量. 求

(1) 由 32 个人力和 1 024 个资本单位生产出的产品数量;

(2) 边际生产力;

(3) 在 $x=32$ 和 $y=1\,024$ 时的边际生产力,并解释结果的经济学意义.

解 (1) $p(32,1\,024)=240\times 32^{0.4}\times 1\,024^{0.6}=61\,440;$

(2) $\dfrac{\partial p}{\partial x} = 240 \times 0.4 x^{-0.6} y^{0.6} = 96 x^{-0.6} y^{0.6}$；

$\dfrac{\partial p}{\partial y} = 240 \times 0.6 x^{0.4} y^{-0.6} = 144 x^{0.4} y^{-0.4}$；

(3) $\dfrac{\partial p}{\partial x}\Big|_{(32,1\,024)} = 96 \times 32^{-0.6} \times 1\,024^{0.6} = 768$；

$\dfrac{\partial p}{\partial y}\Big|_{(32,1\,024)} = 144 \times 32^{0.4} \times 1\,024^{-0.4} = 36$.

计算结果表明，假设所花费的资本总数固定为 $1\,024$，则如果人力的总数由 32 改变(增加)了一个单位，那么产量将会改变(增加)768 个单位. 假设人力的总数固定为 32，则如果花费的资本总数由 $1\,024$ 改变(增加)了一个单位，那么产量将会改变(增加)36 个单位.

柯布-道格拉斯生产函数与递减报酬律是一致的. 即如果固定一个输入(人力或资本)而另一个无限增加，则产量最终将以一个递减律增加. 借助这一函数可以证明，如果某个最大生产量是可能的，那么，为了达到此最大的生产量，更多的花费(人力或资本)将是不可避免的.

(2) 经济学中的偏弹性

此处仅以需求量函数为例说明. 设某产品的需求量为 $Q = Q(P,y)$，其中 P 为该产品的价格，y 为消费者收入. 记需求量 Q 对于价格 P、消费者收入 y 的偏改变量分别为

$$\Delta_P Q = Q(P + \Delta P, y) - Q(P, y), \quad \Delta_y Q = Q(P, y + \Delta y) - Q(P, y).$$

易见，$\dfrac{\Delta_P Q}{\Delta P}$ 表示 Q 在价格由 P 变到 $P + \Delta P$ 时的平均变化率，而

$$\frac{\partial Q}{\partial P} = \lim_{\Delta P \to 0} \frac{\Delta_P Q}{\Delta P}$$

表示当价格为 P、消费者收入为 y 时，Q 对于 P 的变化率，称

$$\frac{EQ}{EP} = -\lim_{\Delta P \to 0} \frac{\dfrac{\Delta_P Q}{Q}}{\dfrac{\Delta P}{P}} = -\frac{\partial Q}{\partial P} \cdot \frac{P}{Q}$$

为**需求量 Q 对于价格 P 的偏弹性**. $\dfrac{EQ}{EP}$ 反映了随价格 P 的变化幅度，需求量 $Q = Q(P,y)$ 变化幅度的大小，就是 $Q = Q(P,y)$ 对价格 P 变化反应的强烈程度和灵敏度.

同理，

$$\frac{EQ}{Ey} = \lim_{\Delta y \to 0} \frac{\dfrac{\Delta_y Q}{Q}}{\dfrac{\Delta y}{y}} = \frac{\partial Q}{\partial y} \cdot \frac{y}{Q}$$

为**需求量 Q 对于收入 y 的偏弹性**. $\dfrac{EQ}{Ey}$ 有类似的经济学意义.

二、高阶偏导数

设函数 $z = f(x,y)$ 在区域 D 内具有偏导数

$$\frac{\partial z}{\partial x} = f_x(x,y), \quad \frac{\partial z}{\partial y} = f_y(x,y),$$

那么在 D 内 $f_x(x,y)$，$f_y(x,y)$ 都是 x, y 的函数. 如果这两个函数的偏导数也存在，则称它们是函数 $z = f(x,y)$ 的**二阶偏导数**. 按照对变量求导次序的不同有下列四个二阶偏导数：

$$\frac{\partial}{\partial x}\left(\frac{\partial z}{\partial x}\right)=\frac{\partial^2 z}{\partial x^2}=f_{xx}(x,y), \quad \frac{\partial}{\partial y}\left(\frac{\partial z}{\partial x}\right)=\frac{\partial^2 z}{\partial x \partial y}=f_{xy}(x,y),$$

$$\frac{\partial}{\partial x}\left(\frac{\partial z}{\partial y}\right)=\frac{\partial^2 z}{\partial y \partial x}=f_{yx}(x,y), \quad \frac{\partial}{\partial y}\left(\frac{\partial z}{\partial y}\right)=\frac{\partial^2 z}{\partial y^2}=f_{yy}(x,y).$$

其中第二,三两个偏导数称为**混合偏导数**.同样可定义三阶,四阶,⋯以及 n 阶偏导数.二阶及二阶以上的偏导数统称为**高阶偏导数**.

例 7 求函数 $z=x\ln(x+y)$ 的二阶偏导数.

解 因为 $\dfrac{\partial z}{\partial x}=\ln(x+y)+\dfrac{x}{x+y}$, $\dfrac{\partial z}{\partial y}=\dfrac{x}{x+y}$;

所以
$$\frac{\partial^2 z}{\partial x^2}=\frac{1}{x+y}+\frac{1\cdot(x+y)-x\cdot 1}{(x+y)^2}=\frac{1}{x+y}+\frac{y}{(x+y)^2},$$

$$\frac{\partial^2 z}{\partial x \partial y}=\frac{1}{x+y}+\frac{-x}{(x+y)^2}=\frac{y}{(x+y)^2}.$$

同理可得
$$\frac{\partial^2 z}{\partial y^2}=-\frac{x}{(x+y)^2},$$

$$\frac{\partial^2 z}{\partial y \partial x}=\frac{y}{(x+y)^2}.$$

我们注意到此例中两个二阶混合偏导数相等,即 $\dfrac{\partial^2 z}{\partial y \partial x}=\dfrac{\partial^2 z}{\partial x \partial y}$,或说二阶混合偏导数与求导次序无关.这是不是偶然的?

例 8 证明函数 $u=\dfrac{1}{r}$ 满足方程(称为拉普拉斯(Laplace)方程)

$$\frac{\partial^2 u}{\partial x^2}+\frac{\partial^2 u}{\partial y^2}+\frac{\partial^2 u}{\partial z^2}=0,$$

其中 $r=\sqrt{x^2+y^2+z^2}$.

证
$$\frac{\partial u}{\partial x}=-\frac{1}{r^2}\frac{\partial r}{\partial x}=-\frac{1}{r^2}\frac{x}{r}=-\frac{x}{r^3},$$

$$\frac{\partial^2 u}{\partial x^2}=-\frac{1}{r^3}+\frac{3x}{r^4}\frac{\partial r}{\partial x}=-\frac{1}{r^3}+\frac{3x^2}{r^5}.$$

由于函数关于自变量的对称性,所以
$$\frac{\partial^2 u}{\partial y^2}=-\frac{1}{r^3}+\frac{3y^2}{r^5}, \quad \frac{\partial^2 u}{\partial z^2}=-\frac{1}{r^3}+\frac{3z^2}{r^5}.$$

因此
$$\frac{\partial^2 u}{\partial x^2}+\frac{\partial^2 u}{\partial y^2}+\frac{\partial^2 u}{\partial z^2}=-\frac{3}{r^3}+\frac{3(x^2+y^2+z^2)}{r^5}=-\frac{3}{r^3}+\frac{3r^2}{r^5}=0.$$

注意到此题中 $\dfrac{\partial^2 u}{\partial y \partial x}=\dfrac{\partial^2 u}{\partial x \partial y}=\dfrac{3xy}{r^5}$,又遇到与例 7 同样的疑问.

例 9 设 $f(x,y)=\begin{cases}\dfrac{xy(x^2-y^2)}{x^2+y^2}, & x^2+y^2\neq 0 \\ 0, & x^2+y^2=0\end{cases}$,求在点 $(0,0)$ 处的偏导数 $f_{xy}(0,0)$ 及 $f_{yx}(0,0)$.

分析 因为 $f_{xy}(0,0)=\lim\limits_{h\to 0}\dfrac{f_x(0,0+h)-f_x(0,0)}{h}$, $f_{yx}(0,0)=\lim\limits_{h\to 0}\dfrac{f_y(0+h,0)-f_y(0,0)}{h}$,所以需首先求出 $f_x(0,0)$, $f_y(0,0)$ 及 $f_x(0,y)$, $f_y(x,0)$.

解 由偏导数的定义,有

$$f_x(0,0)=\lim_{h\to 0}\frac{f(0+h,0)-f(0,0)}{h}=0;$$

同理

$$f_y(0,0)=0;$$

$$f_x(0,y)=\lim_{h\to 0}\frac{f(0+h,y)-f(0,y)}{h}=\lim_{h\to 0}\frac{\dfrac{hy(h^2-y^2)}{h^2+y^2}}{h}=-y;$$

$$f_y(x,0)=\lim_{h\to 0}\frac{f(x,0+h)-f(x,0)}{h}=\lim_{\Delta x\to 0}\frac{\dfrac{xh(x^2-h^2)}{x^2+h^2}}{h}=x.$$

于是

$$f_{xy}(0,0)=\lim_{h\to 0}\frac{f_x(0,0+h)-f_x(0,0)}{h}=\lim_{h\to 0}\frac{-h-0}{h}=-1;$$

$$f_{yx}(0,0)=\lim_{h\to 0}\frac{f_y(0+h,0)-f_y(0,0)}{h}=\lim_{h\to 0}\frac{h-0}{h}=1.$$

可见,$f_{xy}(0,0)\neq f_{yx}(0,0)$.那么,一般的函数满足什么条件,二阶混合偏导数与求导次序无关呢? 事实上,有下述定理:

定理 1 若函数 $z=f(x,y)$ 的两个二阶混合偏导数 $\dfrac{\partial^2 z}{\partial y\partial x}$ 及 $\dfrac{\partial^2 z}{\partial x\partial y}$ 在区域 D 内连续,则在该区域内这两个二阶混合偏导数必相等. 即二阶混合偏导数在连续的条件下与求导的次序无关.

对于二元以上的函数,也可以类似地定义高阶偏导数. 而且高阶混合偏导数在偏导数连续的条件下也与求导的次序无关.

习　题　二

1. 判断下列结论是否正确,并说明理由:

(1) 极限 $\lim\limits_{\Delta x\to 0}\dfrac{f(x_0+\Delta x,y_0)-f(x_0,y_0)}{\Delta x}$ 既是一元函数 $z=f(x,y_0)$ 在点 x_0 的导数,又是二元函数 $z=f(x,y)$ 在点 (x_0,y_0) 处对变量 x 的偏导数;

(2) 二元函数在某点连续是此函数在该点两个偏导数存在的必要条件;

(3) 若 $z=f(x,y)$ 在 (x_0,y_0) 点有二阶偏导数,则该点必有一阶连续偏导数.

2. 求下列各函数对各个自变量的一阶偏导数:

(1) $z=x^3y^3+3xy^2-xy+2$; (2) $z=\ln(x^2+y^2)$; (3) $u=e^{ax}\cos by$;

(4) $z=\sin(xy)+\cos^2(xy)$; (5) $z=\sqrt{\ln(xy)}$; (6) $z=\arcsin\dfrac{x}{y}\,(y>x)$;

(7) $z=(1+xy)^y$; (8) $z=e^{-\left(\frac{1}{x}+\frac{1}{y}\right)}$; (9) $u=\dfrac{\tan(x-y)}{z}$.

3. (1) 设函数 $f(x,y,z)=\ln(1+x+y^2+z^3)$,求 $f_z(1,1,1)$;

(2) 设函数 $z=x^2+(y-1)^2\arctan\dfrac{x+1}{y+1}$,求 $z_x(x,1)$;

(3) 设函数 $f(x,y)=\sqrt{|xy|}$,求 $f_x(0,0)$ 及 $f_y(0,0)$.

4. 曲线 $\begin{cases}z=\dfrac{x^2+y^2}{4}\\y=4\end{cases}$ 在点 $(2,4,5)$ 处的切线对于 x 轴的倾角是多少?

5. 求下列各函数的两阶偏导数:

(1) $z = x^4 + y^4 - 4x^2y^2 - 2$;   (2) $z = x\ln(xy)$;

(3) $u = y^x$;   (4) $z = \arctan\dfrac{x+y}{x-y}$.

6. (1) 设函数 $u = e^{xy}\sin z$, 求 $\dfrac{\partial^3 u}{\partial x \partial y \partial z}$;

(2) 设函数 $z = x\ln(xy)$, 求 $\dfrac{\partial^3 z}{\partial x^2 \partial y}$ 及 $\dfrac{\partial^3 z}{\partial x \partial y^2}$.

7. (1) 设函数 $z = \sqrt{x}\sin\dfrac{y}{x}$, 证明 $x\dfrac{\partial z}{\partial x} + y\dfrac{\partial z}{\partial y} = \dfrac{z}{2}$;

(2) 设函数 $u = \ln\sqrt{x^2 + y^2 + z^2}$, 证明 $\dfrac{\partial^2 u}{\partial x^2} + \dfrac{\partial^2 u}{\partial y^2} + \dfrac{\partial^2 u}{\partial z^2} = \dfrac{1}{x^2 + y^2 + z^2}$;

(3) 若函数 $f(x), g(y)$ 均可导, 设 $z = f(x)g(y)$, 证明 $\dfrac{\partial z}{\partial x} \cdot \dfrac{\partial z}{\partial y} = z\dfrac{\partial^2 z}{\partial x \partial y}$.

8. 设函数 $f(x,y)$ 满足 $f_{yy}(x,y) = 2$, 且 $f(x,0) = 1$, $f_y(x,0) = x$, 求 $f(x,y)$.

9. 设 $f(x,y) = \begin{cases} e^{-\frac{1}{x^2+y^2}}, & x^2 + y^2 \neq 0, \\ 0, & x^2 + y^2 = 0. \end{cases}$ 求 $\dfrac{\partial f}{\partial x}$.

10. 证明函数 $f(x,y) = \sqrt{x^2 + y^2}$ 在 $(0,0)$ 点连续, 但在 $(0,0)$ 点偏导数不存在, 并从几何上解释此结论.

11. 已知理想气体的状态方程 $pV = RT$ (R 为常数), 求证

$$\frac{\partial p}{\partial V} \cdot \frac{\partial V}{\partial T} \cdot \frac{\partial T}{\partial p} = -1.$$

并由此结论说明偏导数的记号是否可以看成分子与分母之商.

12. 设函数

$$f(x,y) = \begin{cases} \dfrac{x+y}{x-y}, & y \neq x, \\ 0, & y = x \end{cases},$$

证明在 $(0,0)$ 处 $f(x,y)$ 的两个偏导数都不存在.

第三节 全 微 分

一、全微分的概念

1. 全微分的概念

将函数 $z = f(x,y)$ 的一个自变量固定, 比如将 y 固定, 这时, 若自变量 x 取得改变量 Δx, 函数相应也取得改变量

$$f(x + \Delta x, y) - f(x, y)$$

称为函数对 **x** 的偏增量.

同样, 将

$$f(x, y + \Delta y) - f(x, y)$$

称为函数对 **y** 的偏增量.

由偏导数的定义和一元函数微分学中微分与函数增量的关系,可将上述的两个增量近似表示为

$$f(x+\Delta x,y)-f(x,y)\approx f_x(x,y)\Delta x,$$

$$f(x,y+\Delta y)-f(x,y)\approx f_y(x,y)\Delta y,$$

上面两式的右端分别称为二元函数对 x 和对 y 的**偏微分**.

在实际问题中,我们往往需要考虑两个自变量都取得增量时,函数所获得的增量,即所谓全增量的问题.

设函数 $z=f(x,y)$ 在点 $P(x,y)$ 的某邻域内有定义,并设 $P'(x+\Delta x,y+\Delta y)$ 为该邻域内的任意一点,则称这两点的函数值之差 $f(x+\Delta x,y+\Delta y)-f(x,y)$ 为在点 P 对应于自变量增量 $\Delta x,\Delta y$ 的**全增量**,记作 Δz,即

$$\Delta z=f(x+\Delta x,y+\Delta y)-f(x,y).$$

一般说来,计算全增量 Δz 比较复杂. 与一元函数的情形一样,我们希望用自变量的增量 Δx, Δy 的线性函数来近似表示函数的全增量 Δz,因而引入如下定义.

定义 1 若函数 $z=f(x,y)$ 在点 $P(x,y)$ 处的全增量 $\Delta z=f(x+\Delta x,y+\Delta y)-f(x,y)$ 可表示为

$$\Delta z=A\Delta x+B\Delta y+o(\rho),$$

其中 A,B 不依赖于 $\Delta x,\Delta y$ 而仅与 x,y 有关,$\rho=\sqrt{(\Delta x)^2+(\Delta y)^2}$,则称 $A\Delta x+B\Delta y$ 为函数 $z=f(x,y)$ 在点 $P(x,y)$ 处的全微分,记作 $\mathrm{d}z$,即

$$\mathrm{d}z=A\Delta x+B\Delta y.$$

若函数在点 (x,y) 处存在全微分,则称函数在点 (x,y) 可微;若函数在区域 D 的每一点都可微,则称该函数在区域 D 可微.

2. 函数可微与连续的关系

我们已经知道,二元函数在某点的各个偏导数即使都存在,也不能保证函数在该点连续. 但是

定理 1 如果函数 $z=f(x,y)$ 在点 (x,y) 可微分,则函数在该点必连续.

证 由于函数 $z=f(x,y)$ 在点 (x,y) 可微分,由可微的定义,有

$$\lim_{\rho\to 0}\Delta z=\lim_{\substack{\Delta x\to 0\\ \Delta y\to 0}}[f(x+\Delta x,y+\Delta y)-f(x,y)]$$

$$=\lim_{\substack{\Delta x\to 0\\ \Delta y\to 0}}[A\Delta x+B\Delta y+o(\rho)]=0,$$

其中 $\rho=\sqrt{(\Delta x)^2+(\Delta y)^2}$,即

$$\lim_{\substack{\Delta x\to 0\\ \Delta y\to 0}}f(x+\Delta x,y+\Delta y)=f(x,y),$$

因此函数 $z=f(x,y)$ 在点 (x,y) 处连续.

3. 函数可微与偏导数的关系

定理 2(可微的必要条件) 若函数 $z=f(x,y)$ 在点 $P(x,y)$ 可微,则函数在点 $P(x,y)$ 两个偏导数 $\dfrac{\partial z}{\partial x}$ 和 $\dfrac{\partial z}{\partial y}$ 必存在,且有

$$\mathrm{d}z=\frac{\partial z}{\partial x}\Delta x+\frac{\partial z}{\partial y}\Delta y.$$

证 设函数 $z=f(x,y)$ 在点 $P(x,y)$ 可微分,则对于点 P 的某个邻域内的任意一点

$P'(x+\Delta x, y+\Delta y)$,总有

$$\Delta z = A\Delta x + B\Delta y + o(\rho)$$

成立.特别当 $\Delta y = 0$ 时上式也成立,这时 $\rho = |\Delta x|$,因此有

$$f(x+\Delta x, y) - f(x,y) = A\Delta x + o(|\Delta x|),$$

于是

$$\frac{\partial z}{\partial x} = \lim_{\Delta x \to 0} \frac{f(x+\Delta x, y) - f(x,y)}{\Delta x} = A,$$

从而偏导数 $\dfrac{\partial z}{\partial x}$ 存在,且等于 A.

同样可证 $\dfrac{\partial z}{\partial y} = B$. 所以

$$\mathrm{d}z = \frac{\partial z}{\partial x}\Delta x + \frac{\partial z}{\partial y}\Delta y.$$

若将自变量的增量 $\Delta x, \Delta y$ 分别记作 $\mathrm{d}x, \mathrm{d}y$,并分别称为自变量 x, y 的微分.则函数 $z = f(x,y)$ 在点 $P(x,y)$ 的全微分就可写为

$$\mathrm{d}z = \frac{\partial z}{\partial x}\mathrm{d}x + \frac{\partial z}{\partial y}\mathrm{d}y.$$

上式表明:二元函数的全微分等于它的两个偏微分之和.通常称此结论为二元函数**全微分的叠加原理**.

叠加原理也适用于二元以上函数的情形.例如,如果三元函数 $u = f(x,y,z)$ 可微分,那么它的全微分就等于它的三个偏微分之和,即

$$\mathrm{d}u = \frac{\partial u}{\partial x}\mathrm{d}x + \frac{\partial u}{\partial y}\mathrm{d}y + \frac{\partial u}{\partial z}\mathrm{d}z.$$

例 1 设函数 $f(x,y) = \sqrt{|xy|}$,证明函数在 $(0,0)$ 点的偏导数存在,但函数在该点不可微.

解 由于

$$f_x(0,0) = \lim_{\Delta x \to 0} \frac{f(\Delta x, 0) - f(0,0)}{\Delta x} = \lim_{\Delta x \to 0} \frac{0}{\Delta x} = 0,$$

$$f_y(0,0) = \lim_{\Delta y \to 0} \frac{f(0, \Delta y) - f(0,0)}{\Delta y} = \lim_{\Delta y \to 0} \frac{0}{\Delta y} = 0,$$

故函数在 $(0,0)$ 点的偏导数存在,且均为 0.

下面证明该函数在原点不可微. 这只需证明 $\lim\limits_{\rho \to 0} \dfrac{\Delta f - [f_x(0,0)\Delta x + f_y(0,0)\Delta y]}{\rho} \neq 0$,其中 $\Delta f = f(0+\Delta x, 0+\Delta y) - f(0,0), \rho = \sqrt{(\Delta x)^2 + (\Delta y)^2}$.

因为 $f_x(0,0)\Delta x + f_y(0,0)\Delta y = 0, f(0+\Delta x, 0+\Delta y) - f(0,0) = \sqrt{|\Delta x \Delta y|}$,所以

$$\lim_{\rho \to 0} \frac{\Delta f - [f_x(0,0)\Delta x + f_y(0,0)\Delta y]}{\rho} = \lim_{\substack{\Delta x \to 0 \\ \Delta y \to 0}} \frac{\sqrt{|\Delta x \Delta y|}}{\sqrt{(\Delta x)^2 + (\Delta y)^2}},$$

在上极限中,若令 $\Delta y = \Delta x$,得

$$\lim_{\substack{\Delta x \to 0 \\ \Delta x = \Delta y}} \frac{\sqrt{|\Delta x \Delta y|}}{\sqrt{(\Delta x)^2 + (\Delta y)^2}} = \lim_{\Delta x \to 0} \frac{|\Delta x| - 0}{\sqrt{2}|\Delta x|} = \frac{1}{\sqrt{2}} \neq 0.$$

所以,$\lim\limits_{\rho \to 0} \dfrac{\Delta f - [f_x(0,0)\Delta x + f_y(0,0)\Delta y]}{\rho} \neq 0$. 于是,所给函数在 $(0,0)$ 不可微.

我们知道,一元函数在某点的导数存在是该点微分存在的充分必要条件.对于二元函数而

言,由定理 2,函数在某点的偏导数存在是函数在该点可微的必要条件,很自然地会问,当函数的各偏导数都存在时,$\frac{\partial z}{\partial x}\Delta x+\frac{\partial z}{\partial y}\Delta y$ 是不是函数的全微分? 即函数偏导数存在是否是函数在该点可微的充分条件? 例 1 表明,答案是否定的,即偏导数存在是函数可微的必要条件而不是充分条件.

那么,是否可以添加一些条件从而找到函数可微的充分条件呢? 关于这个问题,有如下的结论.

定理 3(可微的充分条件) 若函数 $z=f(x,y)$ 的两个偏导数 $\frac{\partial z}{\partial x}$,$\frac{\partial z}{\partial y}$ 在点 (x,y) 处连续,则函数在点 (x,y) 可微.

证 由已知,$\frac{\partial z}{\partial x}$,$\frac{\partial z}{\partial y}$ 在点 (x,y) 的某邻域存在. 设 $(x+\Delta x,y+\Delta y)$ 为此邻域内任意一点,函数的全增量为

$$\Delta z = f(x+\Delta x,y+\Delta y)-f(x,y)$$
$$=[f(x+\Delta x,y+\Delta y)-f(x,y+\Delta y)]+[f(x,y+\Delta y)-f(x,y)].$$

对上式两括号内的表达式,分别应用拉格朗日中值定理,得

$$f(x+\Delta x,y+\Delta y)-f(x,y+\Delta y)=f_x(x+\theta_1\Delta x,y+\Delta y)\Delta x,$$
$$f(x,y+\Delta y)-f(x,y)=f_y(x,y+\theta_2\Delta y)\Delta y,$$

其中 $0<\theta_1,\theta_2<1$. 又 $f_x(x,y)$,$f_y(x,y)$ 在 (x,y) 连续,所以

$$\lim_{\substack{\Delta x\to 0\\\Delta y\to 0}}f_x(x+\theta_1\Delta x,y+\Delta y)=f_x(x,y),$$
$$\lim_{\substack{\Delta x\to 0\\\Delta y\to 0}}f_y(x,y+\theta_2\Delta y)=f_y(x,y),$$

从而有 $f_x(x+\theta_1\Delta x,y+\Delta y)=f_x(x,y)+\alpha$,$f_y(x,y+\theta_2\Delta y)=f_x(x,y)+\beta$,其中 α 是 $\Delta x,\Delta y$ 的函数,且当 $\Delta x\to 0,\Delta y\to 0$ 时,$\alpha\to 0$;β 是 Δy 的函数,且当 $\Delta y\to 0$ 时,$\beta\to 0$. 于是

$$\Delta z=f_x(x,y)\Delta x+\alpha\Delta x+f_y(x,y)\Delta y+\beta\Delta y, \tag{9-1}$$

而

$$\lim_{\rho\to 0}\frac{\alpha\Delta x+\beta\Delta y}{\rho}=\lim_{\substack{\Delta x\to 0\\\Delta y\to 0}}\left(\alpha\frac{\Delta x}{\rho}+\beta\frac{\Delta y}{\rho}\right)=0,$$

即

$$\Delta z=f_x(x,y)\Delta x+f_y(x,y)\Delta y+o(\rho).$$

故函数 $z=f(x,y)$ 在点 (x,y) 可微.

以上关于二元函数全微分的定义及可微分的必要条件和充分条件,可以完全类似地推广到三元和三元以上的多元函数.

例 2 求函数 $z=e^{xy}$ 在点 $(2,1)$ 处的全微分.

解 因为

$$\frac{\partial z}{\partial x}=ye^{xy},\qquad \frac{\partial z}{\partial y}=xe^{xy},$$

$$\frac{\partial z}{\partial x}\bigg|_{(2,1)}=e^2,\qquad \frac{\partial z}{\partial y}\bigg|_{(2,1)}=2e^2,$$

所以 $dz=e^2 dx+2e^2 dy$.

例 3 求函数 $u=\tan(x^2 y)+x^z$ 的全微分.

解 因为

$$\frac{\partial u}{\partial x} = 2xy\sec^2(x^2 y) + zx^{z-1},$$

$$\frac{\partial u}{\partial y} = x^2 \sec^2(x^2 y),$$

$$\frac{\partial u}{\partial z} = x^z \ln x,$$

所以

$$du = \frac{\partial u}{\partial x}dx + \frac{\partial u}{\partial y}dy + \frac{\partial u}{\partial z}dz$$

$$= [2xy\sec^2(x^2 y) + zx^{z-1}]dx + x^2\sec^2(x^2 y)dy + x^z\ln x dz.$$

二*、函数 $z = f(x, y)$ 的局部线性化及全微分的应用

由本节定理 1,当函数 $z = f(x, y)$ 在 (x_0, y_0) 点可微,且 $|\Delta x|$,$|\Delta y|$ 都很小时,有

$$\Delta z = f(x, y) - f(x_0, y_0) \approx f_x(x_0, y_0)\Delta x + f_y(x_0, y_0)\Delta y,$$

即

$$f(x, y) \approx f(x_0, y_0) + f_x(x_0, y_0)(x - x_0) + f_y(x_0, y_0)(y - y_0), \tag{9-2}$$

或

$$f(x_0 + \Delta x, y_0 + \Delta y) \approx f(x_0, y_0) + f_x(x_0, y_0)\Delta x + f_y(x_0, y_0)\Delta y. \tag{9-3}$$

若记上式右端的线性函数为

$$L(x, y) = f(x_0, y_0) + f_x(x_0, y_0)(x - x_0) + f_y(x_0, y_0)(y - y_0),$$

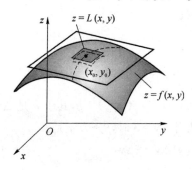

图 9-12

其图形为通过 (x_0, y_0) 点的一个平面(曲面 $z = f(x, y)$ 在 (x_0, y_0) 点的切平面,参见本章第六节标题二).通常称此线性函数为函数 $z = f(x, y)$ 在点 (x_0, y_0) 附近的**局部线性化**.

从几何上看,二元函数局部线性化的实质就是在曲面上某点切平面近似代替这点附近的一小块曲面,如图 9-12 所示.

一元函数也有局部线性化的问题,即若函数 $f(x)$ 在点 x_0 可微,则线性函数

$$L(x) = f(x_0) + f'(x_0)(x - x_0)$$

称为函数 $f(x)$ 在点 x_0 附近的局部线性化.请读者思考其几何意义.

当函数 $z = f(x, y)$ 在 (x_0, y_0) 点可微时,可以利用(9-2)、(9-3)式做近似计算和误差估计.

例 4 计算 $1.04^{2.02}$ 的近似值.

解
$$1.04^{2.02} = (1 + 0.04)^{2 + 0.03}.$$

令 $f(x, y) = x^y, x = 1, y = 2, \Delta x = 0.04, \Delta x = 0.03$,则

$$f_x(1, 2) = yx^{y-1}\big|_{\substack{x=1 \\ y=2}} = 2,$$

$$f_y(1, 2) = x^y\ln x\big|_{\substack{x=1 \\ y=2}} = 0.$$

由公式(9-3),得 $1.04^{2.02} \approx 1 + 2 \times 0.04 + 0 \times 0.03 = 1.08$.

在科学实验与工程计算中,测量数据是不可或缺的.但是由于各种原因会带来测量误差,这就给计算结果带来不可避免的误差.因此,对误差进行估计、判断计算的结果是否符合要求是十分必要的.

先来说明绝对误差、相对误差的概念.

若某个量的精确值是 A,其近似值为 a,则 $|A-a|$ 称为 a 的绝对误差,而绝对误差与 $|a|$ 的比值 $\dfrac{|A-a|}{|a|}$ 称为 a 的相对误差.

在实际测量中,某个量的精确值往往是无法知道的,于是绝对误差和相对误差也无法求得.但是根据测量仪器的精度等因素,有时能够确定误差在某一个范围内.若某个量的精确值是 A,测得其近似值为 a,又知道它的误差不超过 δ_A,即

$$|A-a| \leqslant \delta_A,$$

则 δ_A 称为测量 A 的**绝对误差限**,而 $\dfrac{\delta_A}{|a|}$ 称为测量 A 的**相对误差限**.绝对误差限与相对误差限又简称为绝对误差与相对误差.

设某量 z 由公式 $z=f(x,y)$ 确定,其中 x,y 由测量可以得到.设对 x,y 测量的结果分别是 x_0,y_0,若测量所出现的绝对误差(限)分别是 δ_x,δ_y,即 $|\Delta x| \leqslant \delta_x$,$|\Delta y| \leqslant \delta_y$,则依据 x_0,y_0 计算出来的结果 $z_0=f(x_0,y_0)$ 与 z 的真值所产生的绝对误差就是此二元函数的全增量的绝对值 $|\Delta z|$,有

$$|\Delta z| \approx |f_x(x_0,y_0)\Delta x+f_y(x_0,y_0)\Delta y| \leqslant$$
$$|f_x(x_0,y_0)||\Delta x|+|f_y(x_0,y_0)||\Delta y| < |f_x(x_0,y_0)|\delta_x+|f_y(x_0,y_0)|\delta_y,$$

z_0 的绝对误差(限)δ_z 约为

$$\delta_z = |f_x(x_0,y_0)|\delta_x+|f_y(x_0,y_0)|\delta_y, \tag{9-4}$$

从而相对误差(限)约为

$$\frac{\delta_z}{|z_0|} = \left|\frac{f_x(x_0,y_0)}{f(x_0,y_0)}\right|\delta_x+\left|\frac{f_y(x_0,y_0)}{f(x_0,y_0)}\right|\delta_y. \tag{9-5}$$

例 5 利用单摆摆动测定重力加速度 g 的公式是

$$g=\frac{4\pi^2 l}{T^2}.$$

现测得单摆摆长 l 与振动周期 T 分别为 $l=(100\pm0.1)$ cm、$T=(2\pm0.004)$ s.问由于测定 l 与 T 的误差而引起 g 的绝对误差与相对误差各是多少?

解 由已知,l 与 T 的绝对误差分别为 $\delta_l=0.1$ cm,$\delta_T=0.004$ s. 又

$$\frac{\partial g}{\partial l}=\frac{4\pi^2}{T^2},\frac{\partial g}{\partial T}=\frac{-8\pi^2 l}{T^3},$$

由公式(9-3),

$$\delta_g = \left|\frac{\partial g}{\partial l}\right|\delta_l+\left|\frac{\partial g}{\partial T}\right|\delta_T=4\pi^2\left(\frac{1}{T^2}\delta_l+\frac{2l}{T^3}\delta_T\right),$$

将 $l=100$ cm,$T=2$ s,$\delta_l=0.1$ cm,$\delta_T=0.004$ s 代入上式,得 g 的绝对误差约为

$$\delta_g = 4\pi^2\left(\frac{0.1}{2^2}+\frac{2\times100}{2^3}\times0.004\right)=0.5\pi^2\approx4.93 \text{ cm/s}^2,$$

从而 g 的相对误差约为

$$\frac{\delta_g}{g} = \frac{0.5\pi^2}{\dfrac{4\pi^2\times100}{2^2}}=0.005.$$

习 题 三

1. 判断下列论述是否正确,并说明理由:

（1）若函数 $z=f(x,y)$ 在点 (x_0,y_0) 的两个偏导数存在,且 $\lim\limits_{\substack{\Delta x\to 0 \\ \Delta y\to 0}}\dfrac{\Delta z-[f_x(x_0,y_0)\Delta x+f_y(x_0,y_0)\Delta y]}{\rho}=0$,其中 Δz 为函数 $z=f(x,y)$ 在点 (x_0,y_0) 的全增量, $\rho=\sqrt{(\Delta x)^2+(\Delta y)^2}$,则 $z=f(x,y)$ 在点 (x_0,y_0) 可微分;

（2）函数在一点可微,则它必在该点连续;

（3）函数在一点可微的充要条件是在该点的偏导数都存在;

（4）函数 $z=f(x,y)$ 在点 (x_0,y_0) 的偏导数存在且连续,则在该点附近曲面 $z=f(x,y)$ 可以用平面 $z=L(x,y)$ 近似替代,其中

$$L(x,y)=f(x_0,y_0)+f_x(x_0,y_0)(x-x_0)+f_y(x_0,y_0)(y-y_0).$$

2. 求下列函数的全微分:

$(1)z=\sin(xy)$; $(2)z=\arctan(xy)$; $(3)z=e^{xy}\sin(x+y)$; $(4)u=e^{xy}\sin z$.

3. (1) 求函数 $z=\dfrac{y}{x}$ 在 $x=1,y=1,\Delta x=0.1,\Delta y=-0.2$ 时的全增量及全微分.

(2) 求函数 $z=\ln(1+x^2+y^2)$ 当 $x=1,y=2$ 时的全微分.

(3) 设 $f(x,y,z)=\sqrt[z]{\dfrac{x}{y}}$,求 $\mathrm{d}f(1,1,1)$.

4. 考虑函数 $z=f(x,y)$ 的下面四条性质:

(1) $f(x,y)$ 在点 (x_0,y_0) 连续;

(2) $f_x(x,y),f_y(x,y)$ 在点 (x_0,y_0) 连续;

(3) $f(x,y)$ 在点 (x_0,y_0) 可微;

(4) $f_x(x_0,y_0),f_y(x_0,y_0)$ 存在.

若用 $P\Rightarrow Q$ 表示可由性质 P 推出性质 Q,则下列四个选项中正确的是（　　）.

(A)(2)$\Rightarrow$(3)$\Rightarrow$(1)　　　　　　(B)(3)$\Rightarrow$(2)$\Rightarrow$(1)

(C)(3)$\Rightarrow$(4)$\Rightarrow$(1)　　　　　　(D)(3)$\Rightarrow$(1)$\Rightarrow$(4)

5. 设函数 $z=f(x,y)$ 在 $(0,1)$ 的某个邻域内可微,且 $f(x,y+1)=1+2x+3y+o(\rho)$,其中 $\rho=\sqrt{x^2+y^2}$,求该函数在 $(0,1)$ 处的全微分.

6. 证明函数

$$f(x,y)=\begin{cases}\dfrac{xy}{\sqrt{x^2+y^2}}, & x^2+y^2\ne 0 \\ 0, & x^2+y^2=0\end{cases}$$

在点 $(0,0)$ 处有 $f_x(0,0)=0$ 及 $f_y(0,0)=0$,但在点 $(0,0)$ 处函数不可微.

7*. 计算 $\sqrt{1.02^3+1.97^3}$ 的近似值.

8*. 测得一块三角形土地的两边边长分别为 (63 ± 0.1) m 和 (78 ± 0.1) m,这两边的夹角为 $60°\pm 1°$.试求三角形面积的近似值,并求其绝对误差与相对误差.

第四节　多元复合函数的求导法则

前面在求二元函数的偏导数时,已经涉及求复合函数的偏导数问题,如第二节例 2 中 $z=$ $\arctan(x-y^2)$ 及 $z=\sqrt{x^2+y^2}$ 等都是复合函数,因此求这些函数的偏导数就是求复合函数的偏导数,也是多元复合函数的一种最简单的情况,由于它们的中间变量只有一个,所以可以用一元复合函数求导的链式法则解决.本节研究将一元函数微分学中复合函数的求导法则——链式法则推广到多元复合函数的一般情形,即有两个及两个以上中间变量求偏导数的情形,得到的求导法则亦称为链式法则.多元复合函数的求导法则在多元函数微分学中也起着重要作用,请读者熟练掌握.下面分几种典型情况说明方法.

一、链式法则

1. 复合函数的中间变量为一元函数的情形

设函数 $z=f(u,v),u=\varphi(t),v=\psi(t)$ 构成复合函数 $z=f[\varphi(t),\psi(t)]$,这里,z 通过变量 u,v 成为 t 的一元函数,变量之间的依赖关系可用图 9-13 表示,称为树图.

定理 1　若函数 $u=\varphi(t)$ 及 $v=\psi(t)$ 都在点 t 可导,函数 $z=f(u,v)$ 在对应点 (u,v) 具有连续偏导数,则复合函数 $z=f[\varphi(t),\psi(t)]$ 在点 t 可导,且有求导公式

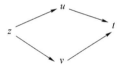

图 9-13

$$\frac{\mathrm{d}z}{\mathrm{d}t}=\frac{\partial f}{\partial u}\frac{\mathrm{d}u}{\mathrm{d}t}+\frac{\partial f}{\partial v}\frac{\mathrm{d}v}{\mathrm{d}t}. \qquad (9\text{-}6)$$

称上式的 $\dfrac{\mathrm{d}z}{\mathrm{d}t}$ 为全导数.

证　设 t 取得增量 Δt,这时 $u=\varphi(t),v=\psi(t)$ 的对应增量分别为 $\Delta u=\varphi(t+\Delta t)-\varphi(t)$, $\Delta v=\psi(t+\Delta t)-\psi(t)$,从而函数 $z=f(u,v)$ 相应地取得增量 Δz.

因为函数 $z=f(u,v)$ 在点 (u,v) 具有连续偏导数,由上节函数存在全微分的充分条件知, $z=f(u,v)$ 在点 (u,v) 可微,且由上式(9-1)

$$\Delta z=\frac{\partial f}{\partial u}\Delta u+\frac{\partial f}{\partial v}\Delta v+\alpha\Delta u+\beta\Delta v,$$

这里,当 $\Delta u\to0,\Delta v\to0$ 时,$\alpha\to0,\beta\to0$.

将上式两边除以 Δt,得

$$\frac{\Delta z}{\Delta t}=\frac{\partial f}{\partial u}\frac{\Delta u}{\Delta t}+\frac{\partial f}{\partial v}\frac{\Delta v}{\Delta t}+\alpha\frac{\Delta u}{\Delta t}+\beta\frac{\Delta v}{\Delta t}.$$

并求 $\Delta t\to0$ 时的极限,因为 $u=\varphi(t),v=\psi(t)$ 在 t 可导,故在 t 连续,所以,当 $\Delta t\to0$ 时,有 $\Delta u\to0,\Delta v\to0$,从而 $\alpha\to0,\beta\to0$,且 $\dfrac{\Delta u}{\Delta t}\to\dfrac{\mathrm{d}u}{\mathrm{d}t},\dfrac{\Delta v}{\Delta t}\to\dfrac{\mathrm{d}v}{\mathrm{d}t}$. 于是

$$\lim_{\Delta t\to0}\frac{\Delta z}{\Delta t}=\frac{\partial f}{\partial u}\frac{\mathrm{d}u}{\mathrm{d}t}+\frac{\partial f}{\partial v}\frac{\mathrm{d}v}{\mathrm{d}t},$$

即复合函数 $z=f[\varphi(t),\psi(t)]$ 在点 t 可导,且有求导公式(9-6)成立.

例 1　设 $z=(1+x^2)^{\sin x}$，求 $\dfrac{\mathrm{d}z}{\mathrm{d}x}$。

分析　所给函数是一个一元幂指函数，事实上可以用一元复合函数求导法(如对数求导法)求出其导数。还可以通过设两个中间变量，用二元复合函数链式法则来计算。读者不妨将两种方法作比较。

解　引入中间变量 $u=1+x^2$，$v=\sin x$，则 $z=u^v$。由公式(9-6)，

$$\frac{\mathrm{d}z}{\mathrm{d}x}=\frac{\partial z}{\partial u}\frac{\mathrm{d}u}{\mathrm{d}x}+\frac{\partial z}{\partial v}\frac{\mathrm{d}v}{\mathrm{d}x}=vu^{v-1}\cdot 2x+u^v\ln u\cdot \cos x,$$

再将 $u=1+x^2$，$v=\sin x$ 代入，得

$$\frac{\mathrm{d}z}{\mathrm{d}x}=2x\sin x(1+x^2)^{\sin x-1}+\cos x\ln(1+x^2)(1+x^2)^{\sin x}$$
$$=(1+x^2)^{\sin x-1}[2x\sin x+(1+x^2)\cos x\ln(1+x^2)].$$

例 2　设函数 $z=uv+\sin t$，其中 $u=\mathrm{e}^t$，$v=\cos t$，求 $\dfrac{\mathrm{d}z}{\mathrm{d}t}$。

解　视 u、v 为中间变量，t 为复合函数 z 最终的自变量，则

$$\frac{\mathrm{d}z}{\mathrm{d}t}=\frac{\mathrm{d}(uv)}{\mathrm{d}t}+(\sin t)'=\frac{\partial(uv)}{\partial u}\frac{\mathrm{d}u}{\mathrm{d}t}+\frac{\partial(uv)}{\partial v}\frac{\mathrm{d}v}{\mathrm{d}t}+\cos t$$
$$=v\mathrm{e}^t+u(-\sin t)+\cos t=\mathrm{e}^t(\cos t-\sin t)+\cos t.$$

例 3　设 $z=\arctan(xy)$，$y=\mathrm{e}^x$，求 $\dfrac{\mathrm{d}z}{\mathrm{d}x}$。

解　函数 z 可视为有两个中间变量 u 及 y，其中 $u=x$，$y=\mathrm{e}^x$，由公式(9-6)，

$$\frac{\mathrm{d}z}{\mathrm{d}x}=\frac{\partial z}{\partial u}\frac{\mathrm{d}u}{\mathrm{d}x}+\frac{\partial z}{\partial y}\frac{\mathrm{d}y}{\mathrm{d}x}=\frac{y}{1+x^2y^2}\cdot 1+\frac{x}{1+x^2y^2}\cdot\mathrm{e}^x$$
$$=\frac{\mathrm{e}^x(1+x)}{1+x^2\mathrm{e}^{2x}}.$$

例 4　设函数 $z=f(x,y)$ 有一阶连续偏导数，且 $y=\arcsin x$，求 $\dfrac{\mathrm{d}z}{\mathrm{d}x}$。

解　函数 z 可视为有两个中间变量 u 及 y，其中 $u=x$，$y=\arcsin x$，由公式(9-6)，

$$\frac{\mathrm{d}z}{\mathrm{d}x}=\frac{\partial f}{\partial u}\frac{\mathrm{d}u}{\mathrm{d}x}+\frac{\partial f}{\partial y}\frac{\mathrm{d}y}{\mathrm{d}x}=f_x+\frac{f_y}{\sqrt{1-x^2}}.$$

用同样的方法，可将定理 1 推广到复合函数的中间变量多于两个的情形。例如，设 $z=f(u,v,w)$，$u=\varphi(t)$，$v=\psi(t)$，$w=w(t)$ 复合而得复合函数 $z=f[\varphi(t),\psi(t),w(t)]$，变量间的依赖关系如图 9-14 所示，则在与定理 1 相类似的条件下，该复合函数在点 t 可导，且其导数为

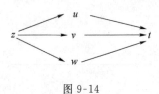

图 9-14

$$\frac{\mathrm{d}z}{\mathrm{d}t}=\frac{\partial f}{\partial u}\frac{\mathrm{d}u}{\mathrm{d}t}+\frac{\partial f}{\partial v}\frac{\mathrm{d}v}{\mathrm{d}t}+\frac{\partial f}{\partial w}\frac{\mathrm{d}w}{\mathrm{d}t}. \tag{9-7}$$

2. 复合函数的中间变量是多元函数的情形

定理 1 还可推广到中间变量不是一元函数而是多元函数的情形。例如，如果 $u=\varphi(x,y)$ 及 $v=\psi(x,y)$ 都在点 (x,y) 具有对 x 和 y 的偏导数，且函数 $z=f(u,v)$ 在对应点 (u,v) 具有连续偏导数，则复合函数 $z=f[\varphi(x,y),\psi(x,y)]$ 在对应点 (x,y) 的两个偏导数存在，且有下列公式

$$\frac{\partial z}{\partial x} = \frac{\partial f}{\partial u}\frac{\partial u}{\partial x} + \frac{\partial f}{\partial v}\frac{\partial v}{\partial x}, \qquad (9\text{-}8)$$

$$\frac{\partial z}{\partial y} = \frac{\partial f}{\partial u}\frac{\partial u}{\partial y} + \frac{\partial f}{\partial v}\frac{\partial v}{\partial y}. \qquad (9\text{-}9)$$

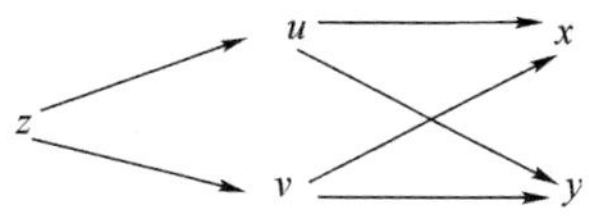

图 9-15

其中复合函数 $z = f[\varphi(x,y), \psi(x,y)]$ 变量间的依赖关系如图 9-15 所示.

事实上,在求 $\dfrac{\partial z}{\partial x}$ 时,将 y 视为常数,应用定理 1,由于 $z = f[\varphi(x,y), \psi(x,y)]$ 及 $u = \varphi(x,y)$, $v = \psi(x,y)$ 都是二元函数,因此公式(9-6)中的导数都应写为偏导数,即可得(9-8)式.同理可得(9-9)式.

例 5 设 $z = u^2 \ln v, u = \dfrac{x}{y}, v = 3x - 2y$,求 $\dfrac{\partial z}{\partial x}, \dfrac{\partial z}{\partial y}$.

解 应用公式(9-8)及(9-9),得

$$\frac{\partial z}{\partial x} = \frac{\partial z}{\partial u}\frac{\partial u}{\partial x} + \frac{\partial z}{\partial v}\frac{\partial v}{\partial x} = 2u\ln v \cdot \frac{1}{y} + \frac{u^2}{v} \cdot 3$$

$$= \frac{2x}{y^2}\ln(3x-2y) + \frac{3x^2}{y^2(3x-2y)};$$

$$\frac{\partial z}{\partial y} = \frac{\partial z}{\partial u}\frac{\partial u}{\partial y} + \frac{\partial z}{\partial v}\frac{\partial v}{\partial y} = 2u\ln v\left(-\frac{x}{y^2}\right) + \frac{u^2}{v}(-2)$$

$$= -\frac{2x^2}{y^3}\ln(3x-2y) - \frac{2x^2}{y^2(3x-2y)}.$$

例 6 设 $z = f(u,v)$,其中 $u = xy, v = \dfrac{x}{y}$,其中 $f(u,v)$ 在 (u,v) 具有连续偏导数,求 $\dfrac{\partial z}{\partial x}, \dfrac{\partial z}{\partial y}$.

解 应用公式(9-8)及(9-9),得

$$\frac{\partial z}{\partial x} = \frac{\partial f}{\partial u}\frac{\partial u}{\partial x} + \frac{\partial f}{\partial v}\frac{\partial v}{\partial x} = yf_u + \frac{1}{y}f_v;$$

$$\frac{\partial z}{\partial y} = \frac{\partial f}{\partial u}\frac{\partial u}{\partial y} + \frac{\partial f}{\partial v}\frac{\partial v}{\partial y} = xf_u - \frac{x}{y^2}f_v.$$

类似地再推广,设 $u = \varphi(x,y), v = \psi(x,y), w = w(x,y)$ 都在点 (x,y) 具有对 x 和 y 的偏导数,且函数 $z = f(u,v,w)$ 在对应点 (u,v,w) 具有连续偏导数,则复合函数 $z = f[\varphi(x,y), \psi(x,y), w(x,y)]$ 在对应点 (x,y) 的两个偏导数存在,且有下列公式

$$\frac{\partial z}{\partial x} = \frac{\partial f}{\partial u}\frac{\partial u}{\partial x} + \frac{\partial f}{\partial v}\frac{\partial v}{\partial x} + \frac{\partial f}{\partial w}\frac{\partial w}{\partial x}, \qquad (9\text{-}10)$$

$$\frac{\partial z}{\partial y} = \frac{\partial f}{\partial u}\frac{\partial u}{\partial y} + \frac{\partial f}{\partial v}\frac{\partial v}{\partial y} + \frac{\partial f}{\partial w}\frac{\partial w}{\partial y}. \qquad (9\text{-}11)$$

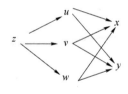

图 9-16

其中复合函数 $z = f[\varphi(x,y), \psi(x,y), w(x,y)]$ 变量间的依赖关系如图 9-16 所示.以上得到的复合函数求导公式均统称为**链式法则**,并且通过树图可以直观描述变量之间的关系,帮助我们理解和记忆相应的公式.

例 7 设 $z = f(u,v,w)$,其中 $u = e^x, v = x+y, w = \sin(xy)$,

且 $f(u,v,w)$ 具有连续偏导数，求 $\dfrac{\partial z}{\partial x},\dfrac{\partial z}{\partial y}$.

解 应用公式(9-10)，

$$\frac{\partial z}{\partial x}=\frac{\partial f}{\partial u}\frac{\partial u}{\partial x}+\frac{\partial f}{\partial v}\frac{\partial v}{\partial x}+\frac{\partial f}{\partial w}\frac{\partial w}{\partial x}=\mathrm{e}^x f_u+f_v+y\cos(xy)f_w,$$

应用公式(9-11)，

$$\frac{\partial z}{\partial y}=\frac{\partial f}{\partial u}\frac{\partial u}{\partial y}+\frac{\partial f}{\partial v}\frac{\partial v}{\partial y}+\frac{\partial f}{\partial w}\frac{\partial w}{\partial y}=f_u\cdot 0+f_v\cdot 1+f_w x\cos(xy)$$

$$=f_v+x\cos(xy)f_w.$$

3. 其他情形

由于多元复合函数的构造方式众多，正确写出各种多元复合函数的求导公式首先必须善于分析各变量间的复合关系，再依据上面得到偏导数（导数）公式的方法，写出所需公式. 并注意公式中当中间变量或自变量只有一个时（即一元函数）为导数；不止一个时（即多元函数时）为偏导数.

为书写方便，假设下面所涉及的函数均满足链式法则的条件. 例如，设 $z=f(u,x,y)$，其中 $u=\varphi(x,y)$，即 $z=f[\varphi(x,y),x,y]$，可视此函数为公式(9-10)、(9-11)中复合函数的特殊情况，令 $v=x,w=y$，从而 $\dfrac{\partial v}{\partial x}=1,\dfrac{\partial w}{\partial x}=0,\dfrac{\partial v}{\partial y}=0,\dfrac{\partial w}{\partial y}=1$. 于是

$$\frac{\partial z}{\partial x}=\frac{\partial f}{\partial u}\frac{\partial u}{\partial x}+\frac{\partial f}{\partial v}\frac{\partial v}{\partial x}+\frac{\partial f}{\partial w}\frac{\partial w}{\partial x}=\frac{\partial f}{\partial u}\frac{\partial u}{\partial x}+\frac{\partial f}{\partial x},$$

$$\frac{\partial z}{\partial y}=\frac{\partial f}{\partial u}\frac{\partial u}{\partial y}+\frac{\partial f}{\partial v}\frac{\partial v}{\partial y}+\frac{\partial f}{\partial w}\frac{\partial w}{\partial y}=\frac{\partial f}{\partial u}\frac{\partial u}{\partial y}+\frac{\partial f}{\partial y}.$$

请读者自行分析下面两个复合函数的偏导数公式，并总结规律：

(1) 设 $z=f(x,u),u=\varphi(x,y)$，则 $\dfrac{\partial z}{\partial x}=\dfrac{\partial f}{\partial x}+\dfrac{\partial f}{\partial u}\dfrac{\partial u}{\partial x},\dfrac{\partial z}{\partial y}=\dfrac{\partial f}{\partial u}\dfrac{\partial u}{\partial y}$；

(2) 设 $z=f(u,v,x),u=\varphi(x,y),v=\psi(x,y)$，则

$$\frac{\partial z}{\partial x}=\frac{\partial f}{\partial u}\frac{\partial u}{\partial x}+\frac{\partial f}{\partial v}\frac{\partial v}{\partial x}+\frac{\partial f}{\partial x};\quad \frac{\partial z}{\partial y}=\frac{\partial f}{\partial u}\frac{\partial u}{\partial y}+\frac{\partial f}{\partial v}\frac{\partial v}{\partial y}.$$

例 8 设 $z=xy+xF(u)$，其中 $u=\dfrac{y}{x}$，且 $F(u)$ 可微，证明 $x\dfrac{\partial z}{\partial x}+y\dfrac{\partial z}{\partial y}=z+xy$.

证 因为

$$\frac{\partial z}{\partial x}=y+F(u)+xF'(u)\frac{\partial u}{\partial x}=y+F(u)-\frac{y}{x}F'(u),$$

$$\frac{\partial z}{\partial y}=x+xF'(u)\frac{\partial u}{\partial y}=x+F'(u),$$

所以

$$x\frac{\partial z}{\partial x}+y\frac{\partial z}{\partial y}=[xy+xF(u)-yF'(u)]+[xy+yF'(u)]=z+xy.$$

例 9 设 $z=f(x,y,w)$ 具有连续的偏导数，求复合函数 $z=f(x,y,xy)$ 的偏导数 $\dfrac{\partial z}{\partial x},\dfrac{\partial z}{\partial y}$.

解 令 $w=xy$，则

$$\frac{\partial z}{\partial x}=\frac{\partial f}{\partial x}\cdot 1+\frac{\partial f}{\partial y}\cdot 0+\frac{\partial f}{\partial w}\frac{\partial w}{\partial x}=f_x+yf_w,$$

$$\frac{\partial z}{\partial y}=\frac{\partial f}{\partial x}\cdot 0+\frac{\partial f}{\partial y}\cdot 1+\frac{\partial f}{\partial w}\frac{\partial w}{\partial y}=f_y+xf_w.$$

值得注意的是,对函数 $z=f(x,y)$ 来说,通常 $\dfrac{\partial z}{\partial x}$ 与 $\dfrac{\partial f}{\partial x}$ 不加区别,都表示因变量 z 对自变量 x 的偏导数. 但在例 9 中 $\dfrac{\partial z}{\partial x}$ 与 $\dfrac{\partial f}{\partial x}$ 的含义就不一样了, $\dfrac{\partial z}{\partial x}$ 中的函数 z 是变量 x,y 的二元函数,因此 $\dfrac{\partial z}{\partial x}$ 表示将复合函数 $z=f(x,y,xy)$ 中的 y 视为常数对 x 的偏导数,而 $\dfrac{\partial f}{\partial x}$ 中的函数 f 是变量 x,y,w 的三元函数, $\dfrac{\partial f}{\partial x}$ 表示将 $f(x,y,w)$ 中的 y 及 w 视为常数对 x 的偏导数. $\dfrac{\partial z}{\partial y}$ 与 $\dfrac{\partial f}{\partial y}$ 也有类似的区别.

4. 多元复合函数的高阶偏导数举例

例 10　设 $z=f(x^2y^2+x^2+y^2)$,其中 f 具有连续的二阶偏导数,求 $\dfrac{\partial z}{\partial x}$, $\dfrac{\partial^2 z}{\partial x^2}$.

解　设 $u=x^2y^2+x^2+y^2$,于是

$$\frac{\partial z}{\partial x}=\frac{\partial f}{\partial u}\frac{\partial u}{\partial x}=f'(u)\frac{\partial}{\partial x}(x^2y^2+x^2+y^2)=2x(y^2+1)f'(x^2y^2+x^2+y^2),$$

函数 $\dfrac{\partial z}{\partial x}$ 再对 x 求偏导时,注意其中 $f'(u)$ 仍然通过中间变量 u 而是 x,y 的函数.

$$\frac{\partial^2 z}{\partial x^2}=\frac{\partial}{\partial x}[2x(y^2+1)f'(u)]=f'(u)\frac{\partial}{\partial x}[2x(y^2+1)]+2x(y^2+1)\frac{\partial}{\partial x}[f'(u)]$$
$$=2(y^2+1)f'(u)+2x(y^2+1)f''(u)(2xy^2+2x)$$
$$=4x^2(y^2+1)^2f''(x^2y^2+x^2+y^2)+2(y^2+1)f'(x^2y^2+x^2+y^2).$$

例 11　设 $\omega=f(x+y+z,xyz)$,其中 f 具有二阶连续偏导数,求 $\dfrac{\partial\omega}{\partial x}$ 及 $\dfrac{\partial^2\omega}{\partial x\partial z}$.

解　令 $u=x+y+z,v=xyz$,则 $\omega=f(u,v)$. 为表达方便引入以下记号

$$f'_1(u,v)=f_u(u,v),\ f'_2((u,v)=f_v(u,v),\ f''_{12}(u,v)=f_{uv}(u,v),$$

这里下标 1 表示对 f 的第一个变量 u 求偏导数,下标 2 表示对 f 的第二个变量 v 求偏导数,同理有 f''_{11}, f''_{21} 等.

由链式法则,可得

$$\frac{\partial\omega}{\partial x}=\frac{\partial f}{\partial u}\frac{\partial u}{\partial x}+\frac{\partial f}{\partial v}\frac{\partial v}{\partial x}=f'_1+yzf'_2,$$

$$\frac{\partial^2\omega}{\partial x\partial z}=\frac{\partial}{\partial z}(f'_1+yzf'_2)=\frac{\partial f'_1}{\partial z}+yf'_2+yz\frac{\partial f'_2}{\partial z}.$$

注意到,上面两式中 $f'_1(u,v),f'_2(u,v)$ 仍然通过中间变量 u,v 而是 x,y,z 的函数,因此再利用链式法则,有

$$\frac{\partial f'_1}{\partial z}=\frac{\partial f'_1}{\partial u}\frac{\partial u}{\partial z}+\frac{\partial f'_1}{\partial v}\frac{\partial v}{\partial z}=f''_{11}+xyf''_{12},$$

$$\frac{\partial f'_2}{\partial z}=\frac{\partial f'_2}{\partial u}\frac{\partial u}{\partial z}+\frac{\partial f'_2}{\partial v}\frac{\partial v}{\partial z}=f''_{21}+xyf''_{22}.$$

于是

$$\frac{\partial^2\omega}{\partial x\partial z}=f''_{11}+xyf''_{12}+yf'_2+yzf''_{21}+xy^2zf''_{22}$$
$$=f''_{11}+y(x+z)f''_{12}+xy^2zf''_{22}+yf'_2.$$

或写为

$$\frac{\partial\omega}{\partial x}=f_u+yzf_v;\quad \frac{\partial^2\omega}{\partial x\partial z}=f_{uu}+y(x+z)f_{uv}+xy^2zf_{vv}+yf_v.$$

二、全微分形式不变性

在一元函数中，函数 $y=f(u)$ 的微分具有形式不变性，即无论 u 是中间变量还是自变量，总有 $dy=f'(u)du$. 现在来研究二元函数的全微分是否具有相同的性质，即讨论当 u,v 是中间变量时，函数 $z=f(u,v)$ 的微分是否仍有 $dz=\dfrac{\partial z}{\partial u}du+\dfrac{\partial z}{\partial v}dv$ 的形式.

设函数 $z=f(u,v)$ 具有连续偏导数，其中 u,v 为自变量，则有全微分

$$dz=\frac{\partial z}{\partial u}du+\frac{\partial z}{\partial v}dv.$$

如果 u,v 又是 x,y 的函数 $u=\varphi(x,y),v=\psi(x,y)$，且这两个函数也具有连续偏导数，则复合函数 $z=f[\varphi(x,y),\psi(x,y)]$ 的全微分为

$$dz=\frac{\partial z}{\partial x}dx+\frac{\partial z}{\partial y}dy,$$

其中 $\dfrac{\partial z}{\partial x}$ 及 $\dfrac{\partial z}{\partial y}$ 分别由公式(9-8)及(9-9)给出，代入上式，得

$$
\begin{aligned}
dz &= \left(\frac{\partial z}{\partial u}\frac{\partial u}{\partial x}+\frac{\partial z}{\partial v}\frac{\partial v}{\partial x}\right)dx+\left(\frac{\partial z}{\partial u}\frac{\partial u}{\partial y}+\frac{\partial z}{\partial v}\frac{\partial v}{\partial y}\right)dy \\
&= \frac{\partial z}{\partial u}\left(\frac{\partial u}{\partial x}dx+\frac{\partial u}{\partial y}dy\right)+\frac{\partial z}{\partial v}\left(\frac{\partial v}{\partial x}dx+\frac{\partial v}{\partial y}dy\right) \\
&= \frac{\partial z}{\partial u}du+\frac{\partial z}{\partial v}dv.
\end{aligned}
$$

此式表明，无论 z 是自变量 u,v 的函数还是中间变量 u,v 的函数，它的全微分形式是一样的. 这个性质称为二元函数的**全微分形式不变性**.

正因为有这个性质，使得一元函数的微分四则运算法则都可以推广至二元函数（及多元函数）

$$d(u\pm v)=du\pm dv;\quad d(uv)=vdu+udv;\quad d\left(\frac{u}{v}\right)=\frac{vdu-udv}{v^2}(v\neq 0).$$

例 12 设 $u=\ln\sqrt{2x^2+y^2+z^2}$，求 du 及 $\dfrac{\partial u}{\partial x},\dfrac{\partial u}{\partial y},\dfrac{\partial u}{\partial z}$.

解 函数 $u=\dfrac{1}{2}\ln(2x^2+y^2+z^2)$，利用函数的微分形式不变性，有

$$du=\frac{1}{2}\frac{d(2x^2+y^2+z^2)}{2x^2+y^2+z^2}=\frac{2xdx+ydy+zdz}{2x^2+y^2+z^2}.$$

所以

$$\frac{\partial u}{\partial x}=\frac{2x}{2x^2+y^2+z^2},\quad \frac{\partial u}{\partial y}=\frac{y}{2x^2+y^2+z^2},\quad \frac{\partial u}{\partial z}=\frac{z}{2x^2+y^2+z^2}.$$

例 13 求函数 $u=\dfrac{x}{x^2+y^2+z^2}$ 的偏导数.

解 由于

$$
\begin{aligned}
du &= \frac{(x^2+y^2+z^2)dx-xd(x^2+y^2+z^2)}{(x^2+y^2+z^2)^2} \\
&= \frac{(x^2+y^2+z^2)dx-x(2xdx+2ydy+2zdz)}{(x^2+y^2+z^2)^2} \\
&= \frac{(y^2+z^2-x^2)dx-2xydy-2xzdz}{(x^2+y^2+z^2)^2}.
\end{aligned}
$$

所以 $\dfrac{\partial u}{\partial x} = \dfrac{y^2+z^2-x^2}{(x^2+y^2+z^2)^2}$, $\dfrac{\partial u}{\partial y} = \dfrac{-2xy}{(x^2+y^2+z^2)^2}$, $\dfrac{\partial u}{\partial z} = \dfrac{-2xz}{(x^2+y^2+z^2)^2}$.

习 题 四

1. 判断下列论述是否正确,并说明理由:

(1) 求多元复合函数对自变量的偏导数,借助于树图比较方便.不论中间变量是几元函数,最终求出的偏导数的项数等于从因变量到达自变量的路径数目,某一项有几个因式,取决于与该项相对应的路径中所含有的线段数目.

(2) 对于可微的复合函数 $z=f(x,u,v),u=u(x,y),v=v(x,y)$,有
$$\frac{\partial z}{\partial x} = \frac{\partial z}{\partial x} + \frac{\partial z}{\partial u}\frac{\partial u}{\partial x} + \frac{\partial z}{\partial v}\frac{\partial v}{\partial x}.$$

(3) 利用微分形式不变性,对一个多元复合函数可以先求其全微分,从而求出该复合函数对各自变量的偏导数.

2. (1) 设函数 $z=\mathrm{e}^u\sin v$,而 $u=xy,v=x+y$,求 $\dfrac{\partial z}{\partial x}$ 和 $\dfrac{\partial z}{\partial y}$;

(2) 设函数 $z=\dfrac{y}{x}$,而 $y=\sqrt{1-x^2}$,求 $\dfrac{\mathrm{d}z}{\mathrm{d}x}$;

(3) 设函数 $z=\sin(u^2+3v),u=\mathrm{e}^x,v=2x+1$,求 $\dfrac{\mathrm{d}z}{\mathrm{d}x}$;

(4) 设 $z=\mathrm{e}^{ax}(u-v),u=a\sin x+y,v=\cos x-y$,求 $\dfrac{\partial z}{\partial x},\dfrac{\partial z}{\partial y}$;

(5) 设 $u=f(x,y,z)=\mathrm{e}^{x^2+y^2+z^2},z=x^2\sin y$,求 $\dfrac{\partial u}{\partial x},\dfrac{\partial u}{\partial y}$.

3. 证明若 $u=u(x,y)$ 的所有二阶偏导数连续,而 $x=r\cos\theta,y=r\sin\theta$,则
$$\left(\frac{\partial u}{\partial r}\right)^2 + \frac{1}{r^2}\left(\frac{\partial u}{\partial\theta}\right)^2 = \left(\frac{\partial u}{\partial x}\right)^2 + \left(\frac{\partial u}{\partial y}\right)^2.$$

4. 求下列函数的一阶偏导数(其中 f 具有一阶连续偏导数):

(1) $u=f(x^2-y^2,\mathrm{e}^{xy})$; (2) $u=xf(x^2+y^2)$;

(3) $u=f\left(\dfrac{x}{y},\dfrac{y}{z}\right)$; (4) $u=f(x,xy,xyz)$.

5. 设 $z=\dfrac{y}{f(x^2-y^2)}$,其中 f 为可微函数,证明 $\dfrac{1}{x}\dfrac{\partial z}{\partial x}+\dfrac{1}{y}\dfrac{\partial z}{\partial y}=\dfrac{z}{y^2}$.

6. 设函数 $f(x,y)$ 具有一阶连续偏导数,$f(1,1)=1,f'_1(1,1)=a,f'_2(1,1)=b$,又 $F(x)=f(x,f(x,x))$,求 $F(1),F'(1)$.

7. 用全微分形式不变性,求函数 $z=(1+xy)^x$ 的偏导数 $\dfrac{\partial z}{\partial x},\dfrac{\partial z}{\partial y}$.

8. 求下列函数的二阶偏导数(其中 f 具有二阶连续偏导数):

(1) 设 $z=f(x^2+y^2)$; (2) $z=f(xy,y)$;

(3) $z=f(xy^2,x^2y)$; (4) $z=f(\sin x,\cos y,\mathrm{e}^{x+y})$.

9. (1) 设 $z=f[x+g(y)]$,其中 $f(u),g(y)$ 具有二阶导数,求 $\dfrac{\partial^2 z}{\partial x^2},\dfrac{\partial^2 z}{\partial y^2}$ 及 $\dfrac{\partial^2 z}{\partial x\partial y}$.

(2) 设 $z=yf\left(\dfrac{x}{y}\right)+x\varphi\left(\dfrac{y}{x}\right)$，其中 f,φ 具有二阶导数，证明 $x\dfrac{\partial^2 z}{\partial x^2}+y\dfrac{\partial^2 z}{\partial x\partial y}=0$.

10. 若函数 $f(u)$ 有二阶导数，且 $f(0)=0$，$f'(0)=2$，又函数 $z=f(\mathrm{e}^x\sin y)$ 满足方程 $\dfrac{\partial^2 z}{\partial x^2}+\dfrac{\partial^2 z}{\partial y^2}=z\mathrm{e}^{2x}$，求 $f(u)$.

第五节 隐函数的求导公式

在一元函数微分学中，我们已经介绍了由方程 $F(x,y)=0$ 确定的隐函数的概念，并通过具体例题给出了在隐函数存在并可导的条件下，不经过显化而直接求得隐函数导数的方法. 但在那时并未给出隐函数存在且可导应满足的条件，本节就来给出这个存在性问题的结论（充分条件），并推广至一般情况，讨论由一个三元方程或三元以上的方程所确定的隐函数存在并且偏导数存在的条件，介绍隐函数存在定理，并根据多元复合函数的求导法则导出隐函数的导数（偏导数）公式.

一、一个方程的情形

隐函数存在定理 1 若函数 $F(x,y)$ 满足：

(1) 在点 (x_0,y_0) 的某个邻域内具有连续偏导数 $F_x(x,y)$ 及 $F_y(x,y)$，且 $F_y(x_0,y_0)\neq 0$；

(2) $F(x_0,y_0)=0$，

则方程 $F(x,y)=0$ 在 (x_0,y_0) 的某个邻域内唯一确定了一个连续且具有连续导数的函数 $y=f(x)$，它满足 $y_0=f(x_0)$，并有隐函数求导公式

$$\frac{\mathrm{d}y}{\mathrm{d}x}=-\frac{F_x}{F_y}. \tag{9-12}$$

关于定理中存在性的证明从略. 在定理的条件下，仅就求导公式 (9-12) 作如下推导.

将方程 $F(x,y)=0$ 所确定的函数 $y=f(x)$ 代入，得

$$F[x,y(x)]\equiv 0,$$

等式两端对 x 求导，由于等式左端可看作是 x 的一个复合函数，因此此导数就是这个函数的全导数，于是得

$$\frac{\partial F}{\partial x}+\frac{\partial F}{\partial y}\frac{\mathrm{d}y}{\mathrm{d}x}=0,$$

又由于 $F_y(x,y)$ 连续，且 $F_y(x_0,y_0)\neq 0$，所以存在 (x_0,y_0) 的一个邻域，在这个邻域内 $F_y(x,y)\neq 0$，从而

$$\frac{\mathrm{d}y}{\mathrm{d}x}=-\frac{F_x}{F_y}\text{或}\frac{\mathrm{d}y}{\mathrm{d}x}=-\frac{F_x(x,y)}{F_y(x,y)}.$$

若进一步假定 $F(x,y)$ 有 k 阶连续的偏导数，还可以对公式 (9-12) 的两端看作是 x 的复合函数而多次求导，从而求出 $\dfrac{\mathrm{d}^k y}{\mathrm{d}x^k}$. 例如，若 $F(x,y)$ 具有二阶连续偏导数，注意到等式 (9-12) 的右端 y 仍然是 x 的函数，对 (9-12) 式的两端再求一次导数，并利用复合函数求导法，得

$$\frac{d^2 y}{dx^2} = \frac{\partial}{\partial x}\left(-\frac{F_x}{F_y}\right) + \frac{\partial}{\partial y}\left(-\frac{F_x}{F_y}\right)\frac{dy}{dx}$$

$$= -\frac{F_{xx}F_y - F_{yx}F_x}{F_y^2} - \frac{F_{xy}F_y - F_{yy}F_x}{F_y^2}\left(-\frac{F_x}{F_y}\right)$$

$$= -\frac{F_{xx}F_y^2 - 2F_{xy}F_xF_y + F_{yy}F_x^2}{F_y^3}.$$

例 1　验证方程 $x^2 + y^2 - 1 = 0$ 在点 $(0,1)$ 的某一邻域内能唯一确定一个有连续导数,当 $x = 0$ 时 $y = 1$ 的隐函数 $y = f(x)$,并求此函数的一阶与二阶导数在 $x = 0$ 的值.

解　设 $F(x,y) = x^2 + y^2 - 1$,因为 $F_x = 2x$,$F_y = 2y$,且 $F(0,1) = 0$,$F_y(0,1) = 2 \neq 0$,所以函数 $F(x,y)$ 满足定理 1 的条件,由定理 1,方程 $x^2 + y^2 - 1 = 0$ 在点 $(0,1)$ 的某一邻域内能唯一确定一个有连续导数,当 $x = 0$ 时 $y = 1$ 的隐函数 $y = f(x)$,且由定理 1 的隐函数导数公式 (9-12)

$$\frac{dy}{dx} = -\frac{F_x}{F_y} = -\frac{x}{y},$$

且当 $x = 0$ 时,$y = 1$,于是 $\frac{dy}{dx}\big|_{x=0} = 0$.

$$\frac{d^2 y}{dx^2} = -\frac{d}{dx}\left(\frac{x}{y}\right) = -\frac{y - xy'}{y^2} = -\frac{y - x\left(-\frac{x}{y}\right)}{y^2} = -\frac{x^2 + y^2}{y^3} = -\frac{1}{y^3},$$

于是

$$\frac{d^2 y}{dx^2}\Big|_{x=0} = -\frac{1}{y^3}\Big|_{y=1} = -1.$$

上述隐函数存在定理还可以推广到多元函数.例如,一个三元方程

$$F(x,y,z) = 0$$

就有可能确定一个二元隐函数.与定理 1 一样,同样可以由三元函数 $F(x,y,z)$ 的性质来判断由方程 $F(x,y,z) = 0$ 所确定的二元函数 $z = f(x,y)$ 的存在性,以及这个函数的性质.这就是下面的定理.

隐函数存在定理 2　若函数 $F(x,y,z)$ 满足

(1) 在点 (x_0, y_0, z_0) 的某个邻域内具有连续偏导数,且 $F_z(x_0, y_0, z_0) \neq 0$;

(2) $F(x_0, y_0, z_0) = 0$,

则方程 $F(x,y,z) = 0$ 在 (x_0, y_0, z_0) 的某个邻域内唯一确定了一个连续且具有连续偏导数的函数 $z = f(x,y)$,它满足 $z_0 = f(x_0, y_0)$,并有

$$\frac{\partial z}{\partial x} = -\frac{F_x}{F_z}, \quad \frac{\partial z}{\partial y} = -\frac{F_y}{F_z}. \tag{9-13}$$

与定理 1 类似,仅对公式 (9-13) 作下列推导.

由于 $F[x,y,f(x,y)] \equiv 0$,将其两端分别对 x 和 y 求导,应用复合函数求导法则,得

$$F_x + F_z\frac{\partial z}{\partial x} = 0, \quad F_y + F_z\frac{\partial z}{\partial y} = 0.$$

因为 F_z 连续,且 $F_z(x_0, y_0, z_0) \neq 0$,所以存在点 (x_0, y_0, z_0) 的某邻域,使得在此邻域内有 $F_z \neq 0$,于是得

$$\frac{\partial z}{\partial x} = -\frac{F_x}{F_z}, \quad \frac{\partial z}{\partial y} = -\frac{F_y}{F_z}.$$

例 2　设方程 $e^z = xyz$ 确定一个隐函数 $z = z(x,y)$,求 $\dfrac{\partial z}{\partial x}, \dfrac{\partial^2 z}{\partial y^2}$.

解 在所给方程两端对 x 求导,z 视为 x,y 的函数,得

$$e^z \frac{\partial z}{\partial x} = yz + xy \frac{\partial z}{\partial x},$$

故

$$\frac{\partial z}{\partial x} = \frac{yz}{e^z - xy}.$$

所给方程两端对 y 求导,得

$$e^z \frac{\partial z}{\partial y} = xz + xy \frac{\partial z}{\partial y},$$

故

$$\frac{\partial z}{\partial y} = \frac{xz}{e^z - xy}.$$

注意到,上式右端 z 仍为 x,y 的函数.再对 y 求偏导,得

$$\frac{\partial^2 z}{\partial y^2} = \frac{\partial}{\partial y}\left(\frac{xz}{e^z - xy}\right) = \frac{(xz)'_y \cdot (e^z - xy) - xz \cdot (e^z - xy)'_y}{(e^z - xy)^2}$$

$$= \frac{x \frac{\partial z}{\partial y}(e^z - xy) - xz\left(e^z \frac{\partial z}{\partial y} - x\right)}{(e^z - xy)^2},$$

再将一阶偏导数代入整理,得

$$\frac{\partial^2 z}{\partial y^2} = \frac{2x^2 z e^z - 2x^3 yz - x^2 z^2 e^z}{(e^z - xy)^3}.$$

一阶偏导数亦可套用公式(9-13)求得.设 $F(x,y,z) = e^z - xyz$,则

$$F_x = -yz, \quad F_y = -xz, \quad F_z = e^z - xy.$$

注意这时 x,y,z 是独立的自变量.于是

$$\frac{\partial z}{\partial x} = -\frac{F_x}{F_z} = \frac{yz}{e^z - xy}, \quad \frac{\partial z}{\partial y} = -\frac{F_y}{F_z} = \frac{xz}{e^z - xy}.$$

例 3 设方程 $F(cx - az, cy - bz) = 0$ 确定隐函数 $z = z(x,y)$,其中 F 具有连续的一阶偏导数,试证

$$a \frac{\partial z}{\partial x} + b \frac{\partial z}{\partial y} = c.$$

证 方程两端对 x 求导(z 视为 x,y 的函数),得

$$F'_1\left(c - a \frac{\partial z}{\partial x}\right) - bF'_2 \frac{\partial z}{\partial x} = 0,$$

从而

$$\frac{\partial z}{\partial x} = \frac{cF'_1}{aF'_1 + bF'_2}.$$

方程两端对 y 求导,得

$$-aF'_1 \frac{\partial z}{\partial y} + F'_2\left(c - b \frac{\partial z}{\partial y}\right) = 0,$$

从而

$$\frac{\partial z}{\partial y} = \frac{cF'_2}{aF'_1 + bF'_2},$$

于是

$$a \frac{\partial z}{\partial x} + b \frac{\partial z}{\partial y} = \frac{acF'_1 + bcF'_2}{aF'_1 + bF'_2} = c.$$

例 4 设 $u = f(x + y + z, xyz)$ 具有连续的一阶偏导数,其中函数 $z = z(x,y)$ 由方程 $xy + yz - e^{xz} = 0$ 所确定,求 $\mathrm{d}u$.

分析 函数 $u = f(x + y + z, xyz)$ 是一个复合函数,且其中的变量 z 又是 x,y 的隐函数,

因此在复合函数求偏导中出现的 $\dfrac{\partial z}{\partial x},\dfrac{\partial z}{\partial y}$ 需要用隐函数求导公式代入.

解　利用复合函数求导法则,得

$$\frac{\partial u}{\partial x}=f'_1\left(1+\frac{\partial z}{\partial x}\right)+f'_2\left(yz+xy\,\frac{\partial z}{\partial x}\right)=f'_1+yzf'_2+(f'_1+xyf'_2)\frac{\partial z}{\partial x},$$

同理可得

$$\frac{\partial u}{\partial y}=f'_1+xzf'_2+(f'_1+xyf'_2)\frac{\partial z}{\partial y}.$$

又 $z=z(x,y)$ 由方程 $F(x,y,z)=xy+yz-\mathrm{e}^{xz}=0$ 所确定,所以有

$$F_x=y-z\mathrm{e}^{xz},\quad F_y=x+z,\quad F_z=y-x\mathrm{e}^{xz},$$

$$\frac{\partial z}{\partial x}=-\frac{F_x}{F_z}=-\frac{y-z\mathrm{e}^{xz}}{y-x\mathrm{e}^{xz}},\quad \frac{\partial z}{\partial y}=-\frac{F_y}{F_z}=-\frac{x+z}{y-x\mathrm{e}^{xz}}.$$

代入上面两式中可得

$$\frac{\partial u}{\partial x}=f'_1+yzf'_2-(f'_1+xyf'_2)\frac{y-z\mathrm{e}^{xz}}{y-x\mathrm{e}^{xz}},$$

$$\frac{\partial u}{\partial y}=f'_1+xzf'_2-(f'_1+xyf'_2)\frac{x+z}{y-x\mathrm{e}^{xz}}.$$

于是

$$\mathrm{d}u=\left[f'_1+yzf'_2-(f'_1+xyf'_2)\frac{y-z\mathrm{e}^{xz}}{y-x\mathrm{e}^{xz}}\right]\mathrm{d}x+\left[f'_1+xzf'_2-(f'_1+xyf'_2)\frac{x+z}{y-x\mathrm{e}^{xz}}\right]\mathrm{d}y.$$

二、方程组的情形

将隐函数存在定理作进一步的推广.不仅可以增加方程中变量的个数,而且可以增加方程的个数.

例如,考虑方程组

$$\begin{cases}F(x,y,z)=0,\\ G(x,y,z)=0,\end{cases}$$

该方程组含有两个方程、三个变量,一般的只有一个独立的变量,另两个变量随之变化,因此有可能确定两个一元函数(如可确定隐函数 $y=y(x),z=z(x)$).在这种情形下,可以由函数 F, G 的性质来判断由方程组所确定的两个一元函数的存在性及它们的性质.有如下定理.

隐函数存在定理 3　设函数 $F(x,y,z),G(x,y,z)$ 满足:

(1) 在点 (x_0,y_0,z_0) 的某一邻域内具有对各个变量的连续偏导数;

(2) $F(x_0,y_0,z_0)=0,G(x_0,y_0,z_0)=0$;

(3) 两函数的偏导数所组成的函数行列式(或称雅可比(Jacobi)行列式)

$$J=\frac{\partial(F,G)}{\partial(y,z)}=\begin{vmatrix}\dfrac{\partial F}{\partial y} & \dfrac{\partial F}{\partial z}\\[2mm] \dfrac{\partial G}{\partial y} & \dfrac{\partial G}{\partial z}\end{vmatrix}$$

在点 (x_0,y_0,z_0) 不等于零,则方程组 $F(x,y,z)=0,G(x,y,z)=0$ 在点 (x_0,y_0,z_0) 的某一邻域内唯一确定一组连续且具有连续导数的函数 $y=y(x),z=z(x)$,它们满足条件 $y_0=y(x_0)$, $z_0=z(x_0)$,并有

$$\frac{dy}{dx} = -\frac{1}{J}\frac{\partial(F,G)}{\partial(x,z)}, \frac{dz}{dx} = -\frac{1}{J}\frac{\partial(F,G)}{\partial(y,x)}. \tag{9-14}$$

下面仅就公式作如下推导.

由于 $F[x,y(x),z(x)]\equiv 0, G[x,y(x),z(x)]\equiv 0$，将方程组等式两端分别对 x 求导,应用复合函数求导法则得

$$\begin{cases} F_x + F_y \dfrac{dy}{dx} + F_z \dfrac{dz}{dx} = 0 \\[2mm] G_x + G_y \dfrac{dy}{dx} + G_z \dfrac{dz}{dx} = 0 \end{cases}$$

或

$$\begin{cases} F_y \dfrac{dy}{dx} + F_z \dfrac{dz}{dx} = -F_x \\[2mm] G_y \dfrac{dy}{dx} + G_z \dfrac{dz}{dx} = -G_x \end{cases}.$$

这是关于 $\dfrac{dy}{dx}, \dfrac{dz}{dx}$ 的线性方程组,由假设可知在点 (x_0,y_0,z_0) 的一个邻域内,系数行列式

$$J = \begin{vmatrix} F_y & F_z \\ G_y & G_z \end{vmatrix} \neq 0,$$

从而可以解出 $\dfrac{dy}{dx}, \dfrac{dz}{dx}$,得

$$\frac{dy}{dx} = -\frac{1}{J}\frac{\partial(F,G)}{\partial(x,z)},$$

$$\frac{dz}{dx} = -\frac{1}{J}\frac{\partial(F,G)}{\partial(y,x)}.$$

隐函数存在定理 4 设函数 $F(x,y,u,v), G(x,y,u,v)$ 满足

(1) 在点 (x_0,y_0,u_0,v_0) 的某一邻域内具有对各个变量的连续偏导数;

(2) $F(x_0,y_0,u_0,v_0)=0, G(x_0,y_0,u_0,v_0)=0$;

(3) 两函数的偏导数所组成的雅可比行列式

$$J = \frac{\partial(F,G)}{\partial(u,v)} = \begin{vmatrix} \dfrac{\partial F}{\partial u} & \dfrac{\partial F}{\partial v} \\[3mm] \dfrac{\partial G}{\partial u} & \dfrac{\partial G}{\partial v} \end{vmatrix}$$

在点 (x_0,y_0,u_0,v_0) 不等于零,

则方程组 $F(x,y,u,v)=0, G(x,y,u,v)=0$ 在点 (x_0,y_0,u_0,v_0) 的某一邻域内唯一确定一组连续且具有连续偏导数的函数 $u=u(x,y), v=v(x,y)$,它们满足条件 $u_0=u(x_0,y_0), v_0=v(x_0,y_0)$,并有

$$\frac{\partial u}{\partial x} = -\frac{1}{J}\frac{\partial(F,G)}{\partial(x,v)}, \quad \frac{\partial v}{\partial x} = -\frac{1}{J}\frac{\partial(F,G)}{\partial(u,x)};$$

$$\frac{\partial u}{\partial y} = -\frac{1}{J}\frac{\partial(F,G)}{\partial(y,v)}, \quad \frac{\partial v}{\partial y} = -\frac{1}{J}\frac{\partial(F,G)}{\partial(u,y)}. \tag{9-15}$$

请读者证明偏导数的上述公式.

例 5 设由方程组 $\begin{cases} z = x^2 + y^2 \\ x^2 + 2y^2 + 3z^2 = 20 \end{cases}$ 确定了函数 $y=y(x), z=z(x)$,求 $\dfrac{dy}{dx}, \dfrac{dz}{dx}$.

解 将方程组等式两端分别对 x 求导并整理,得

$$\begin{cases} 2y\dfrac{dy}{dx}-\dfrac{dz}{dx}=-2x \\[2mm] 2y\dfrac{dy}{dx}+3z\dfrac{dz}{dx}=-x \end{cases},$$

在 $J=\begin{vmatrix} 2y & -1 \\ 2y & 3z \end{vmatrix}=6yz+2y\neq0$ 的条件下,

$$\frac{dy}{dx}=\frac{\begin{vmatrix} -2x & -1 \\ -x & 3z \end{vmatrix}}{J}=\frac{-6xz-x}{6yz+2y}=\frac{-x(6z+1)}{2y(3z+1)},$$

$$\frac{dz}{dx}=\frac{\begin{vmatrix} 2y & -2x \\ 2y & -x \end{vmatrix}}{J}=\frac{2xy}{6yz+2y}=\frac{x}{3z+1}.$$

例 6　验证方程组

$$\begin{cases} x^2+y^2-uv=0 \\ xy-u^2+v^2=0 \end{cases}$$

在点 $(1,0,1,1)$ 的某邻域内满足定理 4 的条件,从而在点 $(1,0)$ 的邻域内存在唯一一组有连续偏导数的函数组 $u=u(x,y),v=v(x,y)$,并求 $\dfrac{\partial u}{\partial x},\dfrac{\partial v}{\partial x}$.

解　设 $F(x,y,u,v)=x^2+y^2-uv,G(x,y,u,v)=xy-u^2+v^2.$ 则

$$\frac{\partial F}{\partial x}=2x,\quad \frac{\partial F}{\partial y}=2y,\quad \frac{\partial F}{\partial u}=-v,\quad \frac{\partial F}{\partial v}=-u,$$

$$\frac{\partial G}{\partial x}=y,\quad \frac{\partial G}{\partial y}=x,\quad \frac{\partial G}{\partial u}=-2u,\quad \frac{\partial G}{\partial v}=2v.$$

上述各偏导数在点 $(1,0,1,1)$ 的邻域内都连续,且 $F(1,0,1,1)=0,G(1,0,1,1)=0,$ 而

$$J=\frac{\partial(F,G)}{\partial(u,v)}=\begin{vmatrix} -v & -u \\ -2u & 2v \end{vmatrix}=\begin{vmatrix} v & u \\ 2u & -2v \end{vmatrix}=-2(u^2+v^2)$$

在点 $(1,0,1,1)$ 有 $J=-4\neq0.$

由定理 4,在点 $(1,0)$ 的邻域内存在唯一一组有连续偏导数的函数组 $u=u(x,y),v=v(x,y).$

为求其偏导数,将方程组分别对 x 求偏导数,得

$$\begin{cases} 2x-v\dfrac{\partial u}{\partial x}-u\dfrac{\partial v}{\partial x}=0 \\[2mm] y-2u\dfrac{\partial u}{\partial x}+2v\dfrac{\partial v}{\partial x}=0 \end{cases} \text{或} \begin{cases} v\dfrac{\partial u}{\partial x}+u\dfrac{\partial v}{\partial x}=2x \\[2mm] 2u\dfrac{\partial u}{\partial x}-2v\dfrac{\partial v}{\partial x}=y \end{cases},$$

解得

$$\frac{\partial u}{\partial x}=\frac{\begin{vmatrix} 2x & u \\ y & -2v \end{vmatrix}}{J}=\frac{4xv+yu}{2(u^2+v^2)},$$

$$\frac{\partial v}{\partial x}=\frac{\begin{vmatrix} v & 2x \\ 2u & y \end{vmatrix}}{J}=\frac{4xu-yv}{2(u^2+v^2)}.$$

习　题　五

1. 判断下列论述是否正确，并说明理由：

(1) 要使方程 $F(x,y)=0$ 确定一个隐函数，如果将定理 1 中的条件 $F_y(x_0,y_0)\neq0$ 换为 $F_x(x_0,y_0)\neq0$ 而其他条件不变，则该方程仍能确定一个隐函数 $y=f(x)$；

(2) 若函数 $F(x_1,x_2,\cdots,x_n)$ 满足条件：对各个变量具有连续偏导数，且对某个变量的偏导数不为零，则方程 $F(x_1,x_2,\cdots,x_n)=0$ 可以确定一个具有连续偏导数的 $n-1$ 元函数.

2. 验证方程 $\sin(xy)+2^x-\mathrm{e}^y=0$ 在点 $(0,0)$ 的某个邻域内可以唯一确定一个单值可导且导数连续的隐函数 $y=f(x)$，并求此隐函数的导数.

3. (1) 设 $y=y(x)$ 由方程 $y=x+\sin y$ 所确定，求 $\dfrac{\mathrm{d}y}{\mathrm{d}x},\dfrac{\mathrm{d}^2y}{\mathrm{d}x^2}$.

(2) 设 $y=y(x)$ 由方程 $y=1+x\mathrm{e}^y$ 所确定，求 $\dfrac{\mathrm{d}y}{\mathrm{d}x},\dfrac{\mathrm{d}^2y}{\mathrm{d}x^2}$.

(3) 设 $y=y(x)$ 由方程 $x^y=y^x$ 所确定，求 $\dfrac{\mathrm{d}y}{\mathrm{d}x}$.

4. (1) 设 $z=z(x,y)$ 由方程 $z^2y-xz=1$ 所确定，求 $\dfrac{\partial z}{\partial x},\dfrac{\partial z}{\partial y}$；

(2) 设 $z=z(x,y)$ 由方程 $x\cos y+y\cos z+z\cos x=1$ 所确定，求 $\dfrac{\partial z}{\partial x},\dfrac{\partial z}{\partial y}$.

5. 若函数 $z=z(x,y),y=y(x,z),x=x(y,z)$ 都是由方程 $F(x,y,z)=0$ 确定的隐函数，其中 $F(x,y,z)$ 具有一阶连续非零的偏导数，证明

$$\frac{\partial x}{\partial y}\cdot\frac{\partial y}{\partial z}\cdot\frac{\partial z}{\partial x}=-1.$$

6. (1) 设 $z=z(x,y)$ 由方程 $\mathrm{e}^z-z+xy=3$ 所确定，求 $\dfrac{\partial z}{\partial x},\dfrac{\partial^2z}{\partial x^2}$；

(2) 设 $z=z(x,y)$ 由方程 $xy+\cos z+3z=5z$ 所确定，求 $\dfrac{\partial^2z}{\partial x\partial y}$.

7. 设 $\mathrm{e}^x=\displaystyle\int_0^y\frac{\sin t}{t}\mathrm{d}t$ 确定函数 $y=y(x)$，求 $\dfrac{\mathrm{d}y}{\mathrm{d}x}$.

8. 设函数 $z=f(x,y)$ 由方程 $2xz-2xyz+\ln(xyz)=0$ 所确定，求全微分 $\mathrm{d}z$.

9. (1) 方程 $F(x+y+z,x^2+y^2+z^2)=0$ 可确定函数 $z=z(x,y)$，其中 $F(u,v)$ 具有一阶连续偏导数，求 $\dfrac{\partial z}{\partial x},\dfrac{\partial z}{\partial y}$.

(2) 已知 $f\left(\dfrac{z}{x},\dfrac{y}{z}\right)=0$ 确定函数 $z=z(x,y)$，其中 $f(u,v)$ 具有一阶连续偏导数，求 $\dfrac{\partial z}{\partial x},\dfrac{\partial z}{\partial y}$.

(3) 若方程 $\dfrac{1}{z}-\dfrac{1}{x}=f\left(\dfrac{1}{y}-\dfrac{1}{x}\right)$ 可确定函数 $z=z(x,y)$，其中 $f(u)$ 可微，证明

$$x^2\frac{\partial z}{\partial x}+y^2\frac{\partial z}{\partial y}=z^2.$$

10. (1) 设函数 $z = x^y$,而函数 $y = y(x)$ 由方程 $x = y + \mathrm{e}^y$ 确定,求 $\dfrac{\mathrm{d}z}{\mathrm{d}x}$;

(2) 设 $z = x^2 yz^3$,其中函数 $z = z(x, y)$ 由方程 $x^2 + y^2 + z^2 = 3xyz$ 确定,求 $\dfrac{\partial u}{\partial x}\big|_{(1,1,1)}$;

(3) 已知函数 $u = \mathrm{e}^{xz} + \sin yz$,而 $z = z(x, y)$ 由方程 $\cos^2 x + \cos^2 y + \cos^2 z = 1$ 确定,求 $\dfrac{\partial u}{\partial x}$;

(4) 设函数 $z = f(u)$,而 $u = u(x, y)$ 由方程 $u = \varphi(u) + \displaystyle\int_x^y P(t)\mathrm{d}t$ 确定,其中函数 $P(t)$ 连续,$f(u)$,$\varphi(u)$ 可微,且 $\varphi'(u) \neq 1$,证明 $P(x)\dfrac{\partial z}{\partial y} + P(y)\dfrac{\partial z}{\partial x} = 0$.

11. 设方程组 $\begin{cases} x + y + z = 0 \\ x^2 + y^2 + z^2 = 1 \end{cases}$ 可确定函数 $x = x(z)$,$y = y(z)$,求 $\dfrac{\mathrm{d}x}{\mathrm{d}z}$,$\dfrac{\mathrm{d}y}{\mathrm{d}z}$.

12. 设方程组 $xu - yv = 0$,$yu + xv = 1$ 确定函数 $u = u(x, y)$,$v = v(x, y)$,求 $\dfrac{\partial u}{\partial x}$,$\dfrac{\partial u}{\partial y}$,$\dfrac{\partial v}{\partial x}$,$\dfrac{\partial v}{\partial y}$.

第六节 多元函数微分学在几何上的应用

利用一元函数的微分学,可以得到平面曲线的很多性质.同样,借助多元函数的微分学,可以得到空间曲线和曲面的一些性质.本节就来讨论关于空间曲线的切线和法平面以及空间曲面的切平面与法线的问题.

一、空间曲线的切线与法平面

1. 参数方程的情形

设空间曲线 Γ 的参数方程为

$$\begin{cases} x = x(t) \\ y = y(t), \quad t_1 < t < t_2, \\ z = z(t) \end{cases}$$

这里假定上式中的三个函数都可导.

与平面曲线的切线情况类似,在曲线 Γ 上取对应于 $t = t_0$ 的一点 $M(x_0, y_0, z_0)$ 及对应于 $t = t_0 + \Delta t$ 的邻近一点 $M'(x_0 + \Delta x, y_0 + \Delta y, z_0 + \Delta z)$.则曲线的割线为 MM',当 M' 沿着 Γ 趋于 M 时,割线 MM' 的极限位置 MT 就是曲线 Γ 在点 M 处的切线(图 9-17).下面求此切线的方程.

根据空间解析几何知识,割线 MM' 的方程为

$$\frac{x - x_0}{\Delta x} = \frac{y - y_0}{\Delta y} = \frac{z - z_0}{\Delta z}.$$

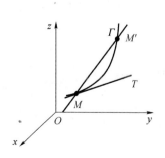

图 9-17

用 Δt 除以上式的各分母,得

$$\frac{x-x_0}{\dfrac{\Delta x}{\Delta t}}=\frac{y-y_0}{\dfrac{\Delta y}{\Delta t}}=\frac{z-z_0}{\dfrac{\Delta z}{\Delta t}},$$

当 M' 沿着 Γ 趋于 M 时,即 $\Delta t \to 0$,对上式取 $\Delta t \to 0$ 的极限,即得曲线在点 M 处的切线方程为

$$\frac{x-x_0}{x'(t_0)}=\frac{y-y_0}{y'(t_0)}=\frac{z-z_0}{z'(t_0)}.$$

这里假定 $x'(t_0)$,$y'(t_0)$ 及 $z'(t_0)$ 不能都为零.

此时,切线的方向向量称为曲线在该点的**切向量**. 即向量

$$\boldsymbol{T}=(x'(t_0),y'(t_0),z'(t_0))$$

就是曲线 Γ 在点 M 处的一个切向量.

过点 M 而与切线垂直的平面称为曲线 Γ 在点 M 处的**法平面**. 因为曲线在 M 处的切向量 $\boldsymbol{T}=(x'(t_0),y'(t_0),z'(t_0))$ 就是法平面的法向量,于是,此法平面的方程为

$$x'(t_0)(x-x_0)+y'(t_0)(y-y_0)+z'(t_0)(z-z_0)=0.$$

例 1 求曲线 Γ

$$x=\int_0^t \mathrm{e}^u\cos u\mathrm{d}u,y=2\sin t+\cos t,z=1+\mathrm{e}^{3t}$$

在点 $t=0$ 处的切线及法平面方程.

分析 曲线为参数方程形式. 问题的关键是求出曲线在所给点处的切向量.

解 当 $t=0$ 时,对应曲线上点的直角坐标为 $(0,1,2)$,又

$$x'=\mathrm{e}^t\cos t,\quad y'=2\cos t-\sin t,\quad z'=3\mathrm{e}^{3t},$$

得

$$x'|_{t=0}=1,\quad y'|_{t=0}=2,\quad z'|_{t=0}=3.$$

即曲线 Γ 在 $t=0$ 处的切向量为

$$\boldsymbol{T}=(x'(0),y'(0),z'(0))=(1,2,3),$$

于是,所求切线方程为

$$\frac{x}{1}=\frac{y-1}{2}=\frac{z-2}{3},$$

法平面方程为 $\qquad x+2(y-1)+3(z-2)=0,$

即 $\qquad x+2y+3z-8=0.$

2. 两柱面相交的情形

如果空间曲线 Γ 的方程以两柱面相交的形式给出,即

$$\begin{cases} y=y(x) \\ z=z(x) \end{cases},$$

则可将 x 视为参数,从而曲线的参数方程为 $x=x,y=y(x),z=z(x)$. 因此,若设 $y(x)$,$z(x)$ 都在 $x=x_0$ 处可导,则根据上面讨论可知曲线 Γ 在点 $M(x_0,y_0,z_0)$ 处的切向量为 $\boldsymbol{T}=(1,y'(x_0),z'(x_0))$,于是在点 $M(x_0,y_0,z_0)$ 处曲线 Γ 的切线方程为

$$\frac{x-x_0}{1}=\frac{y-y_0}{y'(x_0)}=\frac{z-z_0}{z'(x_0)},$$

法平面方程为

$$(x-x_0)+y'(x_0)(y-y_0)+z'(x_0)(z-z_0)=0.$$

例 2　证明曲线 $x^2 - z = 0, 3x + 2y + 1 = 0$ 上的点 $(1, -2, 1)$ 处的法平面与直线 $9x - 7y - 21z = 0, x - y - z = 0$ 平行.

证　所给直线的方向向量为

$$l = \begin{vmatrix} \boldsymbol{i} & \boldsymbol{j} & \boldsymbol{k} \\ 9 & -7 & -21 \\ 1 & -1 & -1 \end{vmatrix} = (-14, -12, -2),$$

为计算方便可取为 $(7, 6, 1)$.

曲线方程可表示为两柱面相交的形式 $z = x^2, y = -\dfrac{1}{2}(1 + 3x)$, 所以它在点 $(1, -2, 1)$ 处的法平面的法向量为

$$\boldsymbol{T} = (1, y'(1), z'(1)) = \left(1, -\frac{3}{2}, 2\right),$$

由于 $l \cdot \boldsymbol{T} = 0$, 即两向量相互垂直, 所以曲线上点 $(1, -2, 1)$ 处的法平面与所给直线平行.

3. 一般方程的情形

设空间曲线 Γ 的方程以

$$\begin{cases} F(x, y, z) = 0 \\ G(x, y, z) = 0 \end{cases}$$

的形式给出, $M(x_0, y_0, z_0)$ 是曲线 Γ 上的一个点. 设 F, G 有对各个变量的连续偏导数, 且 $\dfrac{\partial(F, G)}{\partial(y, z)}\Big|_{(x_0, y_0, z_0)} \neq 0$. 由隐函数存在定理 3, 上方程组在点 $M(x_0, y_0, z_0)$ 的某一邻域内确定了一组可导函数 $y = y(x), z = z(x)$. 由上节公式 (9-14) 知

$$y'(x) = \frac{\begin{vmatrix} F_z & F_x \\ G_z & G_x \end{vmatrix}}{\begin{vmatrix} F_y & F_z \\ G_y & G_z \end{vmatrix}}, \quad z'(x) = \frac{\begin{vmatrix} F_x & F_y \\ G_x & G_y \end{vmatrix}}{\begin{vmatrix} F_y & F_z \\ G_y & G_z \end{vmatrix}},$$

于是曲线 Γ 在点 M 处的一个切向量 $\boldsymbol{T} = (1, y'(x_0), z'(x_0))$ 中,

$$y'(x_0) = \frac{\begin{vmatrix} F_z & F_x \\ G_z & G_x \end{vmatrix}_M}{\begin{vmatrix} F_y & F_z \\ G_y & G_z \end{vmatrix}_M}, \quad z'(x_0) = \frac{\begin{vmatrix} F_x & F_y \\ G_x & G_y \end{vmatrix}_M}{\begin{vmatrix} F_y & F_z \\ G_y & G_z \end{vmatrix}_M},$$

上式分子分母带下标 M 的行列式表示行列式在点 $M(x_0, y_0, z_0)$ 的值. 切向量 $\boldsymbol{T}$ 可取为

$$\boldsymbol{T} = \left(\begin{vmatrix} F_y & F_z \\ G_y & G_z \end{vmatrix}_M, \begin{vmatrix} F_z & F_x \\ G_z & G_x \end{vmatrix}_M, \begin{vmatrix} F_x & F_y \\ G_x & G_y \end{vmatrix}_M\right),$$

或写为

$$\boldsymbol{T} = \left(\frac{\partial(F, G)}{\partial(y, z)}\Big|_M, \frac{\partial(F, G)}{\partial(z, x)}\Big|_M, \frac{\partial(F, G)}{\partial(x, y)}\Big|_M\right),$$

因此, 曲线 Γ 在点 $M(x_0, y_0, z_0)$ 处的切线方程为

$$\frac{x - x_0}{\dfrac{\partial(F, G)}{\partial(y, z)}\Big|_M} = \frac{y - y_0}{\dfrac{\partial(F, G)}{\partial(z, x)}\Big|_M} = \frac{z - z_0}{\dfrac{\partial(F, G)}{\partial(x, y)}\Big|_M};$$

在点 $M(x_0, y_0, z_0)$ 处的法平面方程为

$$\frac{\partial(F,G)}{\partial(y,z)}\bigg|_{M}(x-x_{0})+\frac{\partial(F,G)}{\partial(z,x)}\bigg|_{M}(y-y_{0})+\frac{\partial(F,G)}{\partial(x,y)}\bigg|_{M}(z-z_{0})=0.$$

例 3 求两个圆柱面

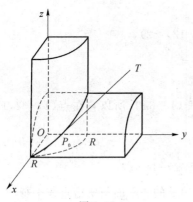

图 9-18

$$x^{2}+y^{2}=R^{2}, x^{2}+z^{2}=R^{2}$$

的交线(图 9-18)在点 $P_{0}\left(\dfrac{R}{\sqrt{2}},\dfrac{R}{\sqrt{2}},\dfrac{R}{\sqrt{2}}\right)$ 处的切线方程

和法平面方程.

解 视曲线为一般方程形式.将曲线方程改写为

$$\begin{cases}F(x,y,z)=x^{2}+y^{2}-R^{2}=0\\ G(x,y,z)=x^{2}+z^{2}-R^{2}=0\end{cases},$$

易求出

$$\frac{\partial(F,G)}{\partial(y,z)}=4yz,\frac{\partial(F,G)}{\partial(z,x)}=-4xz,\frac{\partial(F,G)}{\partial(x,y)}=-4xy.$$

于是曲线在 P_{0} 点的切线方程为

$$\frac{x-\dfrac{R}{\sqrt{2}}}{2R^{2}}=\frac{y-\dfrac{R}{\sqrt{2}}}{-2R^{2}}=\frac{z-\dfrac{R}{\sqrt{2}}}{-2R^{2}},$$

即

$$\sqrt{2}x-R=-(\sqrt{2}y-R)=-(\sqrt{2}z-R),$$

也就是下述两平面的交线

$$\begin{cases}x+y=\sqrt{2}R,\\ y=z\end{cases},$$

法平面方程为

$$x-y-z+\frac{R}{\sqrt{2}}=0.$$

二、曲面的切平面与法线

1. 隐式方程的情形

设曲面 Σ 由方程

$$F(x,y,z)=0$$

给出,$M(x_{0},y_{0},z_{0})$ 是曲面 Σ 上的一点,并设函数 $F(x,y,z)$ 的偏导数在该点连续且不同时为零.为了定义曲面在 M 点的切平面并得到切平面的方程,首先研究曲面上通过点 M 的任意一条曲线 Γ(图 9-19)在 M 点切向量的性质.

设曲线 Γ 的参数方程为

$$x=x(t),y=y(t),z=z(t)\quad(\alpha<t<\beta),$$

当 $t=t_{0}$ 时,对应于点 $M(x_{0},y_{0},z_{0})$ 且 $x'(t_{0})$,$y'(t_{0})$ 及 $z'(t_{0})$ 不全为零,则可得此曲线在 M 点的切线方程为

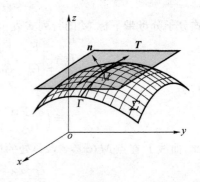

图 9-19

$$\frac{x-x_0}{x'(t_0)}=\frac{y-y_0}{y'(t_0)}=\frac{z-z_0}{z'(t_0)}.$$

下面证明,在曲面 Σ 上通过点 M 且在点 M 处具有切线的任何曲线,它们在点 M 处的切线都在同一个平面上.

事实上,因为曲线 Γ 在曲面 Σ 上,所以有恒等式
$$F[x(t),y(t),z(t)]\equiv0,$$
又因 $F(x,y,z)$ 在点 $M(x_0,y_0,z_0)$ 处具有连续偏导数,且 $x'(t_0),y'(t_0)$ 及 $z'(t_0)$ 存在,所以此恒等式左边的复合函数在 $t=t_0$ 时有全导数,等式两端对 t 求导,有
$$F_x(x_0,y_0,z_0)x'(t_0)+F_y(x_0,y_0,z_0)y'(t_0)+F_z(x_0,y_0,z_0)z'(t_0)=0.$$

若引入向量
$$\boldsymbol{n}=(F_x(x_0,y_0,z_0),F_y(x_0,y_0,z_0),F_z(x_0,y_0,z_0)),$$
则上式可写为 $\boldsymbol{n}\cdot\boldsymbol{T}=0$,其中 $\boldsymbol{T}=(x'(t_0),y'(t_0),z'(t_0))$ 为曲线 Γ 在点 M 的切向量.这表明,曲面上通过点 M 的任意一条曲线,它们在点 M 的切线都与同一个向量 $\boldsymbol{n}$ 垂直,所以曲面上通过点 M 的一切曲线在点 M 的切线都在同一个平面上.这个平面称为**曲面 Σ 在点 M 的切平面**,且切平面方程为
$$F_x(x_0,y_0,z_0)(x-x_0)+F_y(x_0,y_0,z_0)(y-y_0)+F_z(x_0,y_0,z_0)(z-z_0)=0.$$

通过点 $M(x_0,y_0,z_0)$ 而垂直于曲面在 $M(x_0,y_0,z_0)$ 点的切平面的直线称为**曲面在该点的法线**.易得法线方程为
$$\frac{x-x_0}{F_x(x_0,y_0,z_0)}=\frac{y-y_0}{F_y(x_0,y_0,z_0)}=\frac{z-z_0}{F_z(x_0,y_0,z_0)}.$$
此法线上的任一向量称为**曲面在点 M 处的法向量**.向量
$$\boldsymbol{n}=(F_x(x_0,y_0,z_0),F_y(x_0,y_0,z_0),F_z(x_0,y_0,z_0))$$
就是曲面 Σ 在点 M 处的一个法向量.

例 4　求椭球面 $2x^2+3y^2+z^2=9$ 上点 $(1,-1,2)$ 处的切平面方程及法线方程.

分析　此类问题的关键是求出曲面在点 $(1,-1,2)$ 处的法向量.

解　曲面为隐方程形式.设 $F(x,y,z)=2x^2+3y^2+z^2-9$,则
$$F_x=4x,\quad F_y=6y,\quad F_z=2z,$$
所以在点 $(1,-1,2)$ 处切平面的法向量为
$$\boldsymbol{n}=(F_x,F_y,F_z)|_{(1,-1,2)}=(4,-6,4),$$
可取为 $(2,-3,2)$,于是所求切平面方程为
$$2(x-1)-3(y+1)+2(z-2)=0$$
或
$$2x-3y+2z-9=0,$$
法线方程为
$$\frac{x-1}{2}=\frac{y+1}{-3}=\frac{z-2}{2}.$$

2. 显方程的情形

设曲面方程由显式 $z=f(x,y)$ 给出,要求出曲面在 $M(x_0,y_0,z_0)$ 点的切平面与法线,只需将曲面方程作为隐方程情形处理即可,其中 $z_0=f(x_0,y_0)$.

设 $F(x,y,z)=f(x,y)-z$,则

$$F_x(x,y,z)=f_x(x,y), F_y(x,y,z)=f_y(x,y), F_z(x,y,z)=-1.$$

于是,当函数 $f(x,y)$ 的偏导数 $f_x(x,y), f_y(x,y)$ 在点 (x_0,y_0) 连续时,曲面 $z=f(x,y)$ 在点 $M(x_0,y_0,z_0)$ 处的法向量为

$$\boldsymbol{n}=(f_x(x_0,y_0),f_y(x_0,y_0),-1),$$

所以,切平面方程为

$$f_x(x_0,y_0)(x-x_0)+f_y(x_0,y_0)(y-y_0)-(z-z_0)=0$$

或

$$z-z_0=f_x(x_0,y_0)(x-x_0)+f_y(x_0,y_0)(y-y_0),$$

法线方程为

$$\frac{x-x_0}{f_x(x_0,y_0)}=\frac{y-y_0}{f_y(x_0,y_0)}=\frac{z-z_0}{-1}.$$

例 5 求曲面 $z=x^2+y^2-1$ 在点 $(2,1,4)$ 处的切平面方程与法线方程.

解 曲面为显方程形式 $z=z(x,y)=x^2+y^2-1$. 由于

$$z_x|_{(2,1)}=2x|_{(2,1)}=4, \quad z_y|_{(2,1)}=2y|_{(2,1)}=2,$$

所以,所求切平面方程为

$$4(x-2)+2(y-1)-(z-4)=0$$

或

$$4x+2y-z-6=0,$$

法线方程为

$$\frac{x-2}{4}=\frac{y-1}{2}=\frac{z-4}{-1}.$$

例 6 证明锥面 $z=\sqrt{x^2+y^2}+3$ 的所有切平面都通过锥面的顶点.

证 因为 $z_x=\dfrac{x}{\sqrt{x^2+y^2}}, z_y=\dfrac{y}{\sqrt{x^2+y^2}}$,所以锥面上任一点 $M(x_0,y_0,z_0)$ 处的切平面方程为

$$\frac{x_0}{\sqrt{x_0^2+y_0^2}}(x-x_0)+\frac{y_0}{\sqrt{x_0^2+y_0^2}}(y-y_0)-(z-z_0)=0,$$

其中 $z_0=\sqrt{x_0^2+y_0^2}+3$,即 $\sqrt{x_0^2+y_0^2}=z_0-3$. 代入上式整理得

$$x_0x+y_0y-(z_0-3)(z-3)=0,$$

由此可见锥面的顶点 $(0,0,3)$ 满足上述方程,又由点 M 的任意性,知锥面的所有切平面都通过锥面的顶点.

三、全微分的几何意义

函数 $z=f(x,y)$ 在 (x_0,y_0) 点的全微分,也有类似于一元函数的几何意义. 设函数的偏导数 $f_x(x,y), f_y(x,y)$ 在 (x_0,y_0) 处连续,则曲面 $z=f(x,y)$ 在 $M_0(x_0,y_0,z_0)$ 处的切平面存在,且方程为

$$z-z_0=f_x(x_0,y_0)(x-x_0)+f_y(x_0,y_0)(y-y_0).$$

当点 (x_0,y_0) 变化到点 $(x_0+\Delta x,y_0+\Delta y)$ 时,曲面上的 M_0 点变化到 M_1(图 9-20),而切平面上的点变化到 T,将 $(x_0+\Delta x,y_0+\Delta y)$ 代入切平面方程得

$$z-z_0=f_x(x_0,y_0)\Delta x+f_y(x_0,y_0)\Delta y.$$

上式左端是切平面的纵坐标 z 的改变量,而右端则是函数 $f(x,y)$ 在 (x_0, y_0) 点的全微分. 可见,函数在 (x_0, y_0) 点的全微分 $\mathrm{d}z$ 就是曲面在点 $M_0(x_0, y_0, z_0)$ 处的切平面的纵坐标 z 的改变量. 因此它与函数的改变量 Δz 之差是关于 $\rho=\sqrt{(\Delta x)^2+(\Delta y)^2}$ 的高阶无穷小,所以在点 M_0 附近,可以用切平面来近似代替曲面.

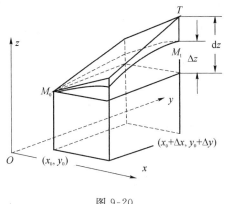

图 9-20

如果用 α, β, γ 表示曲面上 (x_0, y_0, z_0) 点处的法向量的方向角,并假定法向量的方向是向上的,即要求它与 z 轴正向所成的角 γ 是锐角,则法向量的方向余弦为

$$\cos\alpha=\frac{-f_x}{\sqrt{1+f_x^2+f_y^2}}, \quad \cos\beta=\frac{-f_y}{\sqrt{1+f_x^2+f_y^2}}, \quad \cos\gamma=\frac{1}{\sqrt{1+f_x^2+f_y^2}},$$

其中 f_x, f_y 分别为 $f_x(x_0, y_0), f_y(x_0, y_0)$.

习 题 六

1. 判断下列叙述是否正确,并说明理由:

(1) 求曲线在一点的切线方程及法平面方程的关键是求曲线在该点切向量,而其中曲线方程又以参数方程为基础,其他形式的曲线方程都可归结为参数方程,找出相应的切向量,即可写出所求的方程.

(2) 曲面在一点的切平面方程是以曲面的一般方程 $F(x,y,z)=0$ 为基础讨论的,若曲面方程为显方程,则可变形为一般方程 $F(x,y,z)=0$ 形式,再进一步求出该点的法向量,从而写出所求的方程.

(3) 如果曲线为一般方程 $\begin{cases} F(x,y,z)=0 \\ G(x,y,z)=0 \end{cases}$,则曲线在 $M(x_0, y_0, z_0)$ 点的切向量可取为

$$\boldsymbol{T}=\begin{vmatrix} \boldsymbol{i} & \boldsymbol{j} & \boldsymbol{k} \\ F_x & F_y & F_z \\ G_x & G_y & G_z \end{vmatrix}_M.$$

2. 设曲线方程为 $x=t, y=t^2, z=t^3$:

(1) 求曲线在点 $(1,1,1)$ 处的切线方程及法平面方程;

(2) 如果已知此曲线上切线平行于平面 $x+2y+z=4$,求切点坐标.

3. 求曲线 $y=\sqrt{2x}, z=1-x$ 在点 $(2,2,-1)$ 处的切线方程及法平面方程.

4. 求曲线 $L:2x^2+3y^2+z^2=9,3x^2+y^2-z^2=0$ 在点 $M(1,-1,2)$ 处的切线方程及法平面方程.

5. (1) 求抛物面 $z=x^2+y^2$ 在点 $(1,1,2)$ 处的切平面方程与法线方程;

(2) 求曲面 $3xyz-z^3=a^3$ 上点 $(0,a,-a)$ 处的切平面方程和法线方程.

6. 在椭球面 $x^2+2y^2+3z^2=12$ 上求平行于平面 $x+4y+3z=0$ 的切平面方程.

7. 求曲面 $x^2+y^2+z^2-xy-3=0$ 上同时垂直于平面 $z=0$ 与 $x+y+1=0$ 的切平面方程.

8. 证明二次曲面 $ax^2+by^2+cz^2=k$ 在点 $M(x_0,y_0,z_0)$ 处的切平面方程为
$$ax_0x+by_0y+cz_0z=k.$$

9. 求曲面 $xyz=1$ 上任一点 $M(x_0,y_0,z_0)$ 处的切平面方程和法线方程,并证明切平面与三个坐标面所围成的四面体的体积为定常数.

第七节 方向导数与梯度

我们知道,偏导数 $f_x(x,y)$ 和 $f_y(x,y)$ 是函数 $z=f(x,y)$ 在点 $P(x,y)$ 处分别沿平行于 x 轴和 y 轴方向上的变化率.但是,在 xOy 平面上,从点 $P(x,y)$ 可以引出不同方向的射线(有向半直线),是否可以定义并计算 $z=f(x,y)$ 沿某一指定方向上的变化率,本节就来讨论这个问题.引入方向导数的概念,以及与之密切相关的梯度的概念.

一、方向导数

1. 实例及方向导数的概念

一块长方形的金属板,四个顶点的坐标分别为 $(1,1),(5,1),(1,3)$ 和 $(5,3)$. 在坐标原点处有一个火焰,它使金属板受热.假定板上任意点处的温度与该点到原点的距离成正比.在 $(3,2)$ 处有一只蚂蚁,问这只蚂蚁应沿什么方向爬行才能最快到达凉快的地点?

分析 根据生活经验,蚂蚁应沿单位距离上温度变化最剧烈(由热到冷变化)的方向爬行才能最快到达凉快的地方.而如何找到这个方向呢? 转化为数学模型,此问题就是研究函数 $z=f(x,y)$ 从一点 P 沿哪个方向函数的变化率最大(或最小)的问题.这就要首先研究函数 $z=f(x,y)$ 在一点 P 沿任一给定方向的变化率问题.

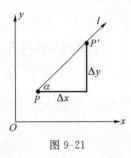

图 9-21

设函数 $z=f(x,y)$ 在点 $P(x,y)$ 的某一邻域 $U(P)$ 内有定义.自 P 引射线 l,设 $P'(x+\Delta x,y+\Delta y)$ 为 l 上的另一点且 $P'\in U(P)$,如图 9-21 所示.

考虑函数的增量 $f(x+\Delta x,y+\Delta y)-f(x,y)$ 与 P,P' 两点间的距离 $\rho=\sqrt{(\Delta x)^2+(\Delta y)^2}$ 的比值 $\dfrac{f(x+\Delta x,y+\Delta y)-f(x,y)}{\rho}$,这个比值表示函数沿方向 l 函数在 PP' 段上的平均变化率,利用极限思想,当 P' 沿着 l 趋于 P 时,即 $\rho\rightarrow0$,若这个比的极限存在,此极限就表示在 P 点沿给定方向 l 上函数的变化率.因此有下面的定义.

定义 1　设函数 $z = f(x,y)$ 在点 $P(x,y)$ 的某一邻域 $U(P)$ 内有定义. 自 P 引射线 l，设 $P'(x+\Delta x, y+\Delta y)$ 为 l 上的另一点且 $P' \in U(P)$，若极限

$$\lim_{\rho \to 0} \frac{f(x+\Delta x, y+\Delta y) - f(x,y)}{\rho}$$

存在，则称此极限为函数 $f(x,y)$ 在点 P 沿方向 l 的**方向导数**，记作 $\frac{\partial f}{\partial l}|_P$，即

$$\frac{\partial f}{\partial l}|_P = \lim_{\rho \to 0} \frac{f(x+\Delta x, y+\Delta y) - f(x,y)}{\rho}.$$

从定义 1 可知，当函数 $f(x,y)$ 在点 $P(x,y)$ 的偏导数 f_x, f_y 存在时，则函数 $f(x,y)$ 在点 P 沿着 x 轴正向 $\boldsymbol{e}_1 = (1,0)$ 的方向导数为

$$\frac{\partial f}{\partial l}|_P = \lim_{\rho \to 0} \frac{f(x+\Delta x, y+\Delta y) - f(x,y)}{\rho} = \lim_{\Delta x \to 0^+} \frac{f(x+\Delta x, y) - f(x,y)}{\Delta x} = \frac{\partial f}{\partial x}|_P,$$

同理，在点 P 沿着 y 轴正向 $\boldsymbol{e}_2 = (0,1)$ 的方向导数存在且为 $\frac{\partial f}{\partial y}|_P$.

函数 $f(x,y)$ 在点 P 沿 x 轴反向 $\boldsymbol{e}'_1 = (-1,0)$ 的方向导数为

$$\frac{\partial f}{\partial l}|_P = \lim_{\rho \to 0} \frac{f(x+\Delta x, y+\Delta y) - f(x,y)}{\rho} = \lim_{\Delta x \to 0^-} \frac{f(x+\Delta x, y) - f(x,y)}{-\Delta x} = -\frac{\partial f}{\partial x}|_P,$$

同理，在点 P 沿 y 轴反向 $\boldsymbol{e}'_2 = (0,-1)$ 的方向导数存在且为 $-\frac{\partial f}{\partial y}|_P$.

例 1　设函数 $z = f(x,y) = \sqrt{x^2 + y^2}$，问函数在原点 $(0,0)$ 处沿任一方向 l 的方向导数是否存在，若存在求出其值.

解　因为

$$\frac{\partial f}{\partial l}|_{(0,0)} = \lim_{\rho \to 0} \frac{f(0+\Delta x, 0+\Delta y) - f(0,0)}{\rho}$$

$$= \lim_{\substack{\Delta x \to 0 \\ \Delta y \to 0}} \frac{\sqrt{(\Delta x)^2 + (\Delta y)^2}}{\sqrt{(\Delta x)^2 + (\Delta y)^2}} = 1,$$

所以，所给函数在点 $(0,0)$ 处沿任一方向 l 的方向导数都存在，且

$$\frac{\partial f}{\partial l}|_{(0,0)} = 1.$$

2. 方向导数的计算

关于方向导数 $\frac{\partial f}{\partial l}$ 的存在性及计算，有如下定理.

定理 1　如果函数 $z = f(x,y)$ 在点 $P(x,y)$ 可微分，则函数在该点沿任一方向 l 的方向导数都存在，且有

$$\frac{\partial f}{\partial l} = \frac{\partial f}{\partial x} \cos \alpha + \frac{\partial f}{\partial y} \sin \alpha \left(\text{或} \frac{\partial f}{\partial l} = \frac{\partial f}{\partial x} \cos \alpha + \frac{\partial f}{\partial y} \cos \beta \right),$$

其中 α 为 x 轴正向到方向 l 的转角（$\cos \alpha, \cos \beta$ 为方向 l 的两个方向余弦，$l^0 = (\cos \alpha, \cos \beta)$ 是与 l 同方向的单位向量）.

证　因为函数 $z = f(x,y)$ 在点 $P(x,y)$ 可微，所以函数的增量可以表示为

$$f(x+\Delta x, y+\Delta y) - f(x,y) = \frac{\partial f}{\partial x} \Delta x + \frac{\partial f}{\partial y} \Delta y + o(\rho).$$

等式两边分别除以 ρ，得

$$\frac{f(x+\Delta x,y+\Delta y)-f(x,y)}{\rho}=\frac{\partial f}{\partial x}\cdot\frac{\Delta x}{\rho}+\frac{\partial f}{\partial y}\cdot\frac{\Delta y}{\rho}+\frac{o(\rho)}{\rho}$$

$$=\frac{\partial f}{\partial x}\cos\alpha+\frac{\partial f}{\partial y}\sin\alpha+\frac{o(\rho)}{\rho},$$

所以 $\lim\limits_{\rho\to 0}\dfrac{f(x+\Delta x,y+\Delta y)-f(x,y)}{\rho}=\dfrac{\partial f}{\partial x}\cos\alpha+\dfrac{\partial f}{\partial y}\sin\alpha.$

需要注意的是,函数在一点可微并不是在该点方向导数存在的必要条件,以至于即使函数在一点沿任一方向 l 的方向导数都存在,函数在该点的偏导数也不一定存在. 如例 1 中函数 $z=\sqrt{x^2+y^2}$,在 $(0,0)$ 处沿任一方向 l 的方向导数 $\dfrac{\partial z}{\partial l}\Big|_{(0,0)}=1$,但偏导数 $\dfrac{\partial z}{\partial x}\Big|_{(0,0)}$,$\dfrac{\partial z}{\partial y}\Big|_{(0,0)}$ 都不存在.

推广　对于三元函数 $u=f(x,y,z)$ 来说,它在空间一点 $P(x,y,z)$ 沿着方向 l(设方向 l 的方向角为 α,β,γ)的方向导数,同样可以类似地定义为

$$\frac{\partial f}{\partial l}=\lim_{\rho\to 0}\frac{f(x+\Delta x,y+\Delta y,z+\Delta z)-f(x,y,z)}{\rho},$$

其中 $\rho=\sqrt{(\Delta x)^2+(\Delta y)^2+(\Delta z)^2}$,$\Delta x=\rho\cos\alpha$,$\Delta y=\rho\cos\beta$,$\Delta z=\rho\cos\gamma$.

同样可以证明,若函数在 P 点处可微分,则函数在该点沿着方向 l 的方向导数为

$$\frac{\partial f}{\partial l}=\frac{\partial f}{\partial x}\cos\alpha+\frac{\partial f}{\partial y}\cos\beta+\frac{\partial f}{\partial z}\cos\gamma.$$

例 2　求函数 $z=xe^{2y}$ 在点 $P(1,0)$ 处沿点 $P(1,0)$ 到点 $Q(2,-1)$ 方向的方向导数.

解　这里方向 l 即向量 $\overrightarrow{PQ}=(1,-1)$,故 l 的方向余弦为

$$\cos\alpha=\frac{1}{\sqrt{1+(-1)^2}}=\frac{1}{\sqrt 2},\quad\cos\beta=\frac{-1}{\sqrt{1+(-1)^2}}=-\frac{1}{\sqrt 2}.$$

又

$$\frac{\partial z}{\partial x}\Big|_P=e^{2y}\big|_P=1,\quad\frac{\partial z}{\partial y}\Big|_P=2xe^{2y}\big|_P=2,$$

于是

$$\frac{\partial z}{\partial l}\Big|_P=1\times\frac{1}{\sqrt 2}+2\times\left(-\frac{1}{\sqrt 2}\right)=-\frac{\sqrt 2}{2}.$$

例 3　求函数 $f(x,y,z)=e^{xyz}+x^2+y^2$ 在点 $M(1,1,1)$ 沿曲线 $x=t,y=2t^2-1,z=t^3$ 在 M 处的切线方向(沿 t 增大的方向)的方向导数.

解　当 $x=y=z=1$ 时,有 $t=1$,且 $x'(1)=1,y'(1)=4,z'(1)=3$,于是该切线在点 M 的方向向量为 $(1,4,3)$,方向余弦为

$$\cos\alpha=\frac{1}{\sqrt{1^2+4^2+3^2}}=\frac{1}{\sqrt{26}},\quad\cos\beta=\frac{4}{\sqrt{26}},\quad\cos\gamma=\frac{3}{\sqrt{26}},$$

又 $\dfrac{\partial f}{\partial x}\Big|_M=(yze^{xyz}+2x)\big|_M=e+2,\quad\dfrac{\partial f}{\partial y}\Big|_M=e+2,\quad\dfrac{\partial f}{\partial z}\Big|_M=e,$

于是 $\dfrac{\partial f}{\partial l}\Big|_M=(e+2)\times\dfrac{1}{\sqrt{26}}+(e+2)\times\dfrac{4}{\sqrt{26}}+e\times\dfrac{3}{\sqrt{26}}=\dfrac{2}{\sqrt{26}}(4e+5).$

二、梯度

1. 梯度的概念

下面讨论若函数 $z=f(x,y)$ 在 P 点沿各个方向的方向导数都存在,那么沿 P 的什么方向

上方向导数取得最大值的问题. 先看一个具体的例子.

例 4　设由原点到点 (x,y) 的向径为 $\boldsymbol{r}$，x 轴正向到 $\boldsymbol{r}$ 的转角为 t，x 轴正向到点 (x,y) 引出的射线 l 的转角为 α，求 $\dfrac{\partial r}{\partial l}$，其中 $r=|\boldsymbol{r}|=\sqrt{x^2+y^2}\,(r\neq 0)$，并指出何方向上 $\dfrac{\partial r}{\partial l}$ 取得最大值.

解　先求函数 $r=\sqrt{x^2+y^2}$ 沿给定方向 l 的方向导数.

因为
$$\frac{\partial r}{\partial x}=\frac{x}{\sqrt{x^2+y^2}}=\frac{x}{r}=\cos t,$$

$$\frac{\partial r}{\partial y}=\frac{y}{\sqrt{x^2+y^2}}=\frac{y}{r}=\sin t,$$

所以
$$\frac{\partial r}{\partial l}=\frac{\partial r}{\partial x}\cos\alpha+\frac{\partial r}{\partial y}\sin\alpha=\cos t\cos\alpha+\sin t\sin\alpha=\cos(\alpha-t).$$

显然，当 $\alpha=t$ 时，即在 (x,y) 点沿向径本身方向上 $\dfrac{\partial r}{\partial l}$ 取得最大值.

同时又可得到，当 $\alpha=t\pm\dfrac{\pi}{2}$ 时，$\dfrac{\partial r}{\partial l}=0$，即 r 沿着与向径垂直方向的方向导数为零.

定义 2　设函数 $z=f(x,y)$ 在平面区域 D 内具有一阶连续偏导数，则对于每一点 $P(x,y)\in D$，都可定出一个向量

$$\frac{\partial f}{\partial x}\boldsymbol{i}+\frac{\partial f}{\partial y}\boldsymbol{j},$$

该向量称为函数 $z=f(x,y)$ 在点 $P(x,y)$ 的**梯度**，记作 $\mathbf{grad}\,f(x,y)$ 或 $\nabla f(x,y)$，即

$$\mathbf{grad}\,f(x,y)=\nabla f(x,y)=\frac{\partial f}{\partial x}\boldsymbol{i}+\frac{\partial f}{\partial y}\boldsymbol{j}.$$

其中 $\nabla=\dfrac{\partial}{\partial x}\boldsymbol{i}+\dfrac{\partial}{\partial y}\boldsymbol{j}$ 称为（二维）向量微分算子或 Nabla 算子，$\nabla f=\dfrac{\partial f}{\partial x}\boldsymbol{i}+\dfrac{\partial f}{\partial y}\boldsymbol{j}$.

一般地，若设 $\boldsymbol{l}^0=\cos\alpha\boldsymbol{i}+\cos\beta\boldsymbol{j}$ 是与方向 l 同方向的单位向量，则由方向导数的计算公式可知

$$\frac{\partial f}{\partial l}=\frac{\partial f}{\partial x}\cos\alpha+\frac{\partial f}{\partial y}\cos\beta=\left(\frac{\partial f}{\partial x},\frac{\partial f}{\partial y}\right)\cdot(\cos\alpha,\cos\beta)$$
$$=\mathbf{grad}\,f(x,y)\cdot\boldsymbol{l}^0$$
$$=|\mathbf{grad}\,f(x,y)|\cos\theta.$$

这里 $\theta=(\mathbf{grad}\,f(x,y),\boldsymbol{l}^0)$.

这一等式指出了函数在一点的梯度与函数在该点方向导数的关系. 特别地，我们得到：

(1) 当方向 l 与梯度的方向一致时，$\theta=0$，从而 $\cos\theta=1$，因此 $\dfrac{\partial f}{\partial l}\Big|_P$ 有最大值，且最大值为 $|\mathbf{grad}\,f(x,y)|$. 即沿梯度方向的方向导数达到最大值，也就是说，梯度的方向是函数 $f(x,y)$ 在这点增长最快的方向.

函数在某点的梯度是这样一个向量，它的方向与取得最大方向导数的方向一致，而它的模为方向导数的最大值. 而梯度的模为 $|\mathbf{grad}\,f(x,y)|=\sqrt{\left(\dfrac{\partial f}{\partial x}\right)^2+\left(\dfrac{\partial f}{\partial y}\right)^2}.$

(2) 当方向 l 与梯度的方向相反时，$\theta=\pi$，从而 $\cos\theta=-1$，因此 $\dfrac{\partial f}{\partial l}\Big|_P$ 有最小值，最小值为 $-|\mathbf{grad}\,f(x,y)|$. 就是在这点沿此方向函数 $f(x,y)$ 减小最快.

(3) 当方向 l 与梯度的方向正交时,$\theta=\dfrac{\pi}{2}$,从而 $\cos\theta=0$,因此 $\dfrac{\partial f}{\partial l}\big|_P=0$.

由以上的分析,在本节一开始提出的实际问题中,蚂蚁应该沿梯度的反方向爬行,就能最快到达凉快的地方.蚂蚁虽然不懂梯度,但能够凭借敏锐的感觉,沿正确的方向逃跑.

推广 设函数 $u=f(x,y,z)$ 在空间区域 G 内具有一阶连续偏导数,则对于每一点 $P(x,y,z)\in G$,都可定出一个向量

$$\frac{\partial f}{\partial x}\boldsymbol{i}+\frac{\partial f}{\partial y}\boldsymbol{j}+\frac{\partial f}{\partial z}\boldsymbol{k},$$

此向量称为函数 $u=f(x,y,z)$ 在点 $P(x,y,z)$ 的梯度,记作 $\mathbf{grad}\,f(x,y,z)$ 或 $\nabla f(x,y,z)$,即

$$\mathbf{grad}\,f(x,y,z)=\frac{\partial f}{\partial x}\boldsymbol{i}+\frac{\partial f}{\partial y}\boldsymbol{j}+\frac{\partial f}{\partial z}\boldsymbol{k}.$$

经过与二元函数的情形完全类似的讨论可知,三元函数的梯度也是这样一个向量,它的方向与取得最大方向导数的方向一致,而它的模为方向导数的最大值.

例 5 求函数 $u=x^2+2y^2+3z^2+3x-2y$ 在点 $(1,1,0)$ 处的梯度,在该点沿方向 $l=\boldsymbol{i}+\boldsymbol{j}+\boldsymbol{k}$ 的方向导数及在该点的最大方向导数.

解 由于 $\mathbf{grad}\,u(x,y,z)=\left(\dfrac{\partial u}{\partial x},\dfrac{\partial u}{\partial y},\dfrac{\partial u}{\partial z}\right)$

$$=(2x+3,4y-2,6z),$$

所以 $\mathbf{grad}\,u(1,1,0)=(5,2,0)$.

于是,所求最大方向导数为 $|\mathbf{grad}\,u(1,1,2)|=\sqrt{29}$.

又由于 $\boldsymbol{l}^0=\left(\dfrac{1}{\sqrt{3}},\dfrac{1}{\sqrt{3}},\dfrac{1}{\sqrt{3}}\right)$,所以

$$\frac{\partial f}{\partial l}\Big|_{(1,1,0)}=\mathbf{grad}\,u(1,1,0)\cdot\boldsymbol{l}^0=5\times\frac{1}{\sqrt{3}}+2\times\frac{1}{\sqrt{3}}+0\times\frac{1}{\sqrt{3}}=\frac{7}{\sqrt{3}}.$$

由向量运算与微分运算性质,可得梯度运算满足以下运算性质:设函数 u,v 可微,α,β 为常数,则

(1) $\mathbf{grad}(\alpha u+\beta v)=\alpha\mathbf{grad}\,u+\beta\mathbf{grad}\,v$;

(2) $\mathbf{grad}(uv)=u\mathbf{grad}\,v+v\mathbf{grad}\,u$;

(3) $\mathbf{grad}\left(\dfrac{u}{v}\right)=\dfrac{v\mathbf{grad}\,u-u\mathbf{grad}\,v}{v^2}\,(v\neq0)$;

(4) $\mathbf{grad}\,f(u)=f'(u)\mathbf{grad}\,u$.

请读者练习证明以上性质.

2*. 等值线简介

一般地,二元函数 $z=f(x,y)$ 在几何上表示空间的一张曲面.在实际问题中,常用在平面上描绘等值线的方法对二元函数 $z=f(x,y)$ 作直观描述.

设曲面 $z=f(x,y)$,它被平面 $z=c$(c 为常数)所截得的曲线 L 的方程为

$$\begin{cases}z=f(x,y)\\z=c\end{cases},$$

这条曲线 L 在 xOy 面上的投影是一条平面曲线 L^*,它在 xOy 面直角坐标系中的方程为

$$f(x,y)=c.$$

对于曲线 L^* 上的所有点,函数 $z=f(x,y)$ 的函数值都是 c,因此称平面曲线 L^* 为函数

$z=f(x,y)$ 的**等值线**.

当按等间距 c 画出一族等值线 $f(x,y)=c$ 时,在等值线相互贴近的地方,曲面较陡峭;在等值线相互分开的地方,曲面较平缓,如图 9-22 所示.若已知一个函数的若干等值线,在空间上将这些等值线提升到所对应的 z 轴上的高度 c,则函数的图形就可以大致得到了.

例 6　图 9-23 所示是某山区的等值线图.$f(x,y)$ 是图上每一点 (x,y) 的函数.$f(x,y)$ 的值是点 (x,y) 在海平面上的高度.在春天解冻期,山上的融雪使流向山下峡谷的溪水上涨.证明在任一点的溪流的流向总是与在该点的等值线垂直.

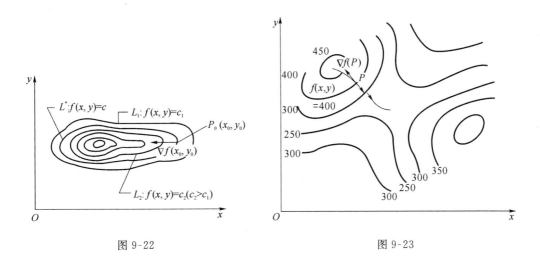

图 9-22　　　　　　　　　　　　　　　图 9-23

证　首先证明下面的事实:对于等值线 $f(x,y)=c$ 上的任意一点 $P(x,y)$,$f(x,y)$ 在 P 点的梯度 $\mathbf{grad}f(x,y)$ 垂直于过 P 点的等值线.即向量 $\mathbf{grad}f(x,y)$ 垂直于曲线 $f(x,y)=c$ 在 P 点的切线.

令 $x=x(t)$,$y=y(t)$,则等高线 $f(x,y)=c$ 可以看成是参数 t 的函数,即 $f[x(t),y(t)]=c$,等式两端对 t 求导,有

$$\frac{\partial f}{\partial x}\frac{\mathrm{d}x}{\mathrm{d}t}+\frac{\partial f}{\partial y}\frac{\mathrm{d}y}{\mathrm{d}t}=\mathbf{grad}f(x,y)\cdot\left(\frac{\mathrm{d}x}{\mathrm{d}t},\frac{\mathrm{d}y}{\mathrm{d}t}\right)=0,$$

其中向量 $\left(\dfrac{\mathrm{d}x}{\mathrm{d}t},\dfrac{\mathrm{d}y}{\mathrm{d}t}\right)$ 为等值线在 P 点的切向量.上式表明向量 $\mathbf{grad}f(x,y)$ 与曲线 $f(x,y)=c$ 在 P 点的切线垂直.

又因山间的溪水总是向着高度下降最快的方向流动(俗话说水往低处流),即溪流是沿 $-\mathbf{grad}f(x,y)$ 的方向流动,因此任一点的溪流流向总与过该点的等值线垂直.

总结上例的结论有:函数在一点的梯度垂直于等值线在该点的切线向量,它的指向为从数值较低的等值线指向数值较高的等值线.从而在一族等值线的任何一点,沿其法线方向函数值变化最快.这与我们查看地形图(等值线图)时的常识一致.

根据上述结果,如果考虑一山丘的地形图,用 $f(x,y)$ 表示坐标 (x,y) 点的海拔高度,则通过与等值线垂直的方式,可以画出一条最陡的上升路径,如图 9-24 所示.

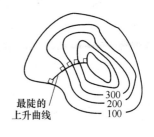

图 9-24

类似地,引入曲面

$$f(x,y,z)=c$$

为函数 $u=f(x,y,z)$ 的**等值面**,则此函数在点 $P(x,y,z)$ 的梯度与过点 P 的等值面 $f(x,y,z)=c$ 在该点的切平面垂直,方向从数值较低的等值面指向数值较高的等值面,梯度的模等于函数在这个方向上的方向导数.

例 7 设某金属板上电压的分布为

$$V=50-x^2-4y^2,$$

(1) 在点 $(1,-2)$ 处,沿哪个方向电压升高得最快?

(2) 沿哪个方向电压下降得最快?

(3) 上升或下降的速率各是多少?

(4) 求出一条路径,使质点从 $(1,-2)$ 出发沿这条路径运动时,电压升高得最快.

解 (1) 因为 $\mathbf{grad}V=(V_x,V_y)=(-2x,-8y)$,所以 $\mathbf{grad}V(1,-2)=(-2,16)$. 于是,在点 $(1,-2)$ 处,沿 $-2\boldsymbol{i}+16\boldsymbol{j}$ 的方向电压升高最快;

(2) 沿 $2\boldsymbol{i}-16\boldsymbol{j}$ 的方向电压下降最快;

(3) 上升或下降的速率均为 $|\mathbf{grad}V(1,-2)|=\sqrt{(-2)^2+16^2}=\sqrt{260}$;

(4) 所求路径在各点处的方向必须与梯度方向一致,若设质点运动路径的参数方程是 $x=x(t)$,$y=y(t)$(取 t 增加的方向),则它的切向量为 $(x'(t),y'(t))$. 为使此方向与 $\mathbf{grad}V$ 的方向相同,需有

$$x'(t)=-2x(t),y'(t)=-8y(t).$$

解得

$$x(t)=c_1\mathrm{e}^{-2t},y(t)=c_2\mathrm{e}^{-8t}.$$

由于 $x(0)=1,y(0)=-2$,所以 $c_1=1,c_2=-2$,即 $x(t)=\mathrm{e}^{-2t},y(t)=-2\mathrm{e}^{-8t}$,将其化为显方程,得所求路径为

$$y=-2x^4.$$

三* 、场的简介

如果平面或空间区域 G 里的每一点,都对应着某个物理量的一个确定的值,就称在区域 G 内确定了该物理量的一个场. 若场中每一点对应的物理量是数量,就称这个场为**数量场**,例如温度场、密度场都是数量场;若场中每一点对应的物理量是向量,就称这个场为**向量场**,例如力场、速度场、梯度场都是向量场.

若场中每一点对应的量不随时间的变化而变化,则称该场为稳定场;否则,称为不稳定场. 下面所讨论的都是稳定场.

一个区域 G 上的数量场可用一个(数量)函数 $u=f(M)$,$M\in G$ 来确定. 为了直观研究数量 u 在场中的分布情况,可以利用等值线(面)的概念. 例如,地形图上的等高线,地面气象图上的等温线、等压线都是平面数量场中的等值线.

一个区域 G 上的向量场可用一个向量值函数 $\boldsymbol{F}(M)$,$M\in G$ 来确定,而

$$\boldsymbol{F}(M)=P(M)\boldsymbol{i}+Q(M)\boldsymbol{j}+R(M)\boldsymbol{k},$$

其中 $P(M),Q(M),R(M)$ 是点 M 的(数量)函数.

习　题　七

1. 求函数 $z=x^2+y^2$ 在点 $(1,2)$ 处沿从点 $(1,2)$ 到点 $(2,2+\sqrt{3})$ 方向的方向导数.

2. 求函数 $f(x,y,z)=xy+yz+zx$ 在点 $(1,1,2)$ 处沿方向 l 的方向导数,其中 l 的三个方向角分别为 $60°,45°,60°$.

3. (1) 求函数 $f(x,y,z)=x^2+y^2-xyz$ 在点 $M(1,2,2)$ 处沿点 M 的向径方向上的方向导数.

(2) 在点 $P(1,2)$ 处,求函数 $z=\ln(x+y)$ 沿抛物线 $y^2=4x$ 在该点处的切线方向上的方向导数.

(3) 求函数 $z=1-\left(\dfrac{x^2}{a^2}+\dfrac{y^2}{b^2}\right)$ 在点 $\left(\dfrac{a}{\sqrt{2}},\dfrac{b}{\sqrt{2}}\right)$ 处沿曲线 $\dfrac{x^2}{a^2}+\dfrac{y^2}{b^2}=1$ 在该点的内法线方向上的方向导数.

(4) 求函数 $u=(x+2y+3z)^2$ 在点 $P(1,-1,1)$ 处沿球面 $x^2+y^2+z^2=1$ 在点 $M\left(\dfrac{2}{3},\dfrac{2}{3},-\dfrac{1}{3}\right)$ 处的内法线方向上的方向导数.

4. 求函数 $f(x,y)=x^2-xy+y^2$ 在点 $(1,1)$ 处最大的方向导数.

5. 设 $f(x,y,z)=x^3+2y^2+3z^2+xy+3x-2y-6z$,求 $\mathbf{grad}\,f(0,0,0)$ 及 $\mathbf{grad}\,f(1,1,1)$.

6. 函数 $f(x,y,z)=x^3-xy^2-z$ 在点 $P(1,1,0)$ 处沿什么方向的方向导数最大,沿什么方向的方向导数最小? 最大、最小方向导数分别是多少?

7. 求函数 $u=u(x,y,z)$ 在任意点处沿函数 $v=v(x,y,z)$ 在该点的梯度方向上的方向导数.

第八节　多元函数的极、最值及其求法

在实际问题中,我们会遇到大量的求多元函数的最大值、最小值问题.与一元函数讨论的极、最值情况类似,在本节中,我们以二元函数为例,先来讨论多元函数的极值及其求法,进一步讨论多元函数的最值问题.

一、二元函数极值的概念

定义 1　设函数 $z=f(x,y)$ 的定义域为 D,$P(x_0,y_0)$ 为 D 的内点,若存在 $P(x_0,y_0)$ 的某个邻域 $U(P)\subset D$,使得对于该邻域内异于 $P(x_0,y_0)$ 的点 (x,y) 都有
$$f(x,y)<f(x_0,y_0),$$
则称函数在点 (x_0,y_0) 有**极大值** $f(x_0,y_0)$;若都有
$$f(x,y)>f(x_0,y_0),$$
则称函数在点 (x_0,y_0) 有**极小值** $f(x_0,y_0)$.极大值、极小值统称为**极值**.使函数取得极值的点统称为**极值点**.

例如,函数 $z=2x^2+3y^2$ 在 $(0,0)$ 处有极小值,如图 9-25 所示.这是因为在 $(0,0)$ 的任何邻

域对于异于$(0,0)$的点(x,y)都有

$$z(x,y)=2x^2+3y^2>0=z(0,0).$$

同理,函数$z=-\sqrt{x^2+y^2}$在$(0,0)$处有极大值,如图9-26所示.函数$z=xy$在$(0,0)$处无极值,如图9-27所示.这是因为在$(0,0)$的任一邻域内函数$z=xy$既有大于0的值,也有小于0的值,而$z=(xy)|_{(0,0)}=0$.

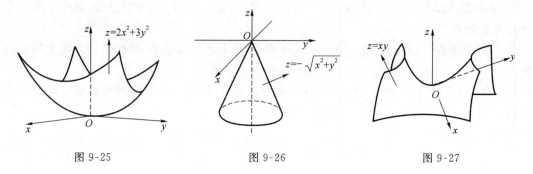

图9-25　　　　　　　　图9-26　　　　　　　　图9-27

以上关于二元函数的极值概念,可直接推广至n元函数.

至于如何寻找二元函数的极值点,也有类似于一元函数的结论,可以利用偏导数来解决.

定理1(必要条件)　设函数$z=f(x,y)$在点(x_0,y_0)具有偏导数,且在点(x_0,y_0)处有极值,则它在该点的偏导数必为零,即

$$f_x(x_0,y_0)=0,f_y(x_0,y_0)=0.$$

证　不妨设$z=f(x,y)$在点(x_0,y_0)处有极大值,由极大值的定义,在点(x_0,y_0)的某邻域内对异于(x_0,y_0)的点(x,y),都有

$$f(x,y)<f(x_0,y_0),$$

特别地,在该邻域内取$y=y_0$而$x\neq x_0$的点,也应满足

$$f(x,y_0)<f(x_0,y_0),$$

这表明对于一元可导函数$f(x,y_0)$在点$x=x_0$处取得极值,于是根据一元可导函数取得极值的必要条件,有

$$f_x(x_0,y_0)=0.$$

同理可证

$$f_y(x_0,y_0)=0.$$

从几何上看,这时若曲面$z=f(x,y)$在点(x_0,y_0,z_0)处有切平面,则切平面方程

$$z-z_0=f_x(x_0,y_0)(x-x_0)+f_y(x_0,y_0)(y-y_0),$$

就是$z-z_0=0$,即$z=z_0$,这时切平面平行于xOy坐标面.

定义2　使函数$z=f(x,y)$的两个偏导数同时为零的点称为函数的**驻点**.

由定理1可知,具有偏导数的函数的极值点必定是驻点.但函数的驻点不一定是极值点.或者说函数$z=f(x,y)$在点(x_0,y_0)的两个偏导数为零,并不是函数在该点有极值的充分条件.例如,上面提到的马鞍面$z=xy$,在$(0,0)$处有$z_x(0,0)=y|_{(0,0)}=0,z_y(0,0)=x|_{(0,0)}=0$,但$(0,0)$不是函数的极值点.

那么,怎样判断一个驻点是否是极值点呢? 下面的定理回答了这个问题.

定理2(充分条件)　设函数$z=f(x,y)$在点(x_0,y_0)的某邻域内具有二阶连续偏导数,又$f_x(x_0,y_0)=0,f_y(x_0,y_0)=0$,记

$$f_{xx}(x_0,y_0)=A, f_{xy}(x_0,y_0)=B, f_{yy}(x_0,y_0)=C, \Delta=\begin{vmatrix} A & B \\ B & C \end{vmatrix},$$

则当

(1) $\Delta>0$ 时，函数在点 (x_0,y_0) 有极值，且当 $A<0$ 时有极大值，当 $A>0$ 时有极小值；

(2) $\Delta<0$ 时，函数在点 (x_0,y_0) 没有极值；

(3) $\Delta=0$ 时，此判别法失效，需另作讨论.

因此，将具有二阶连续偏导数的函数 $z=f(x,y)$ 极值的求法总结如下：

第 1 步　求函数的定义域，在定义域内求得函数的一切驻点；即解方程组

$$f_x(x_0,y_0)=0, f_y(x_0,y_0)=0,$$

求得定义域内的一切实数解；

第 2 步　对于每一个驻点 (x_0,y_0)，求出二阶偏导数的值 A,B 和 C；

第 3 步　定出 $\Delta=AC-B^2$ 的符号，按定理 2 的结论判定 $f(x_0,y_0)$ 是否是极值，是极大值还是极小值.

例 1　求函数 $z=x^2-xy+y^2+9x-6y+20$ 的极值.

解　函数的定义域为整个平面，且在定义域内有二阶连续偏导数.

由于 $z_x=2x-y+9, z_y=2y-x-6$，令

$$\begin{cases} z_x=2x-y+9=0 \\ z_y=2y-x-6=0 \end{cases},$$

解得 $x=-4, y=1$，即得驻点 $(-4,1)$.

又在驻点 $(-4,1)$ 处，

$$A=z_{xx}|_{(-4,1)}=2, B=z_{xy}|_{(-4,1)}=-1, C=z_{yy}|_{(-4,1)}=2,$$

从而 $\Delta=\begin{vmatrix} 2 & -1 \\ -1 & 2 \end{vmatrix}=2\times 2-(-1)^2=3>0$，且 $A>0$，因此所给函数在 $(-4,1)$ 处取得极小值，极小值为 $z=(-4)^2-(-4)\times 1+1^2+9\times(-4)-6\times 1+20=-1$.

例 2　求函数 $z=x^2-3x^2y+y^3$ 的驻点，并判别这些驻点是否是极值点.

解　令 $\begin{cases} z_x=2x-6xy=0 \\ z_y=3y^2-3x^2=0 \end{cases}$，解得驻点为 $(0,0)$，$\left(\dfrac{1}{3},\dfrac{1}{3}\right)$，$\left(-\dfrac{1}{3},\dfrac{1}{3}\right)$.

又 $z_{xx}=2-6y=0, z_{xy}=-6x, z_{yy}=6y$.

由于在 $\left(\dfrac{1}{3},\dfrac{1}{3}\right)$ 点，有 $\Delta=\begin{vmatrix} 0 & -2 \\ -2 & 2 \end{vmatrix}=-4<0$，在 $\left(-\dfrac{1}{3},\dfrac{1}{3}\right)$ 点，$\Delta=\begin{vmatrix} 0 & 2 \\ 2 & 2 \end{vmatrix}=-4<0$，

所以，上述两点都不是极值点.

在 $(0,0)$ 点，由于

$$\Delta=\begin{vmatrix} 2 & 0 \\ 0 & 0 \end{vmatrix}=0,$$

不能用定理 2 判定. 为了确定 $(0,0)$ 点是否为极值点，直接考察函数在 $(0,0)$ 点附近的变化情况.

在 $(0,0)$ 点充分小的邻域内，沿直线 $x=0$，有 $f(0,y)=y^3$，而 $f(0,0)=0$，可见在 $(0,0)$ 点的该邻域内既有正值又有负值，因此 $(0,0)$ 点不是函数的极值点.

一般地，判断驻点 (x_0,y_0) 不是函数的极值点，可以过点 (x_0,y_0) 作直线（或曲线），若在其中一条或几条直线（或曲线）上靠近点 (x_0,y_0) 充分小的邻域内函数值变号，就可以判定点 $(x_0,$

y_0)不是极值点.

另外,若函数在个别点处的偏导数不存在,这些点也可能是函数的极值点. 例如,函数 $z=\sqrt{x^2+y^2}$ 在点$(0,0)$处的偏导数不存在,但该函数在点$(0,0)$处却具有极小值. 因此,在考虑函数的极值问题时,除了考虑函数的驻点外,如果有偏导数不存在的点,则对这些点也应当考虑.

二、二元函数的最值

1. 二元函数在闭区域上的最值

与一元函数相类似,可以利用函数的极值来求函数的最值.

在本章第一节中我们已经指出,若 $f(x,y)$ 在有界闭区域 D 上连续,则 $f(x,y)$ 在 D 上必能取得最大值和最小值. 这些最值点既可能在 D 的内部,也可能在 D 的边界上. 我们假定,函数在 D 上不仅连续,在 D 内可微分且只有有限个驻点,这时如果函数在 D 的内部取得最值,那么这个最值也是函数的极值. 因此,在上述假定下,求函数的最大值和最小值的一般方法是:将函数 $f(x,y)$ 在 D 内部的所有驻点处的函数值与在 D 的边界上的最值相比较,其中最大者就是函数的最大值,最小者就是函数的最小值.

例3 求函数 $z=x^2+2x^2y+y^2$ 在闭区域 $D=\{(x,y)\,|\,x^2+y^2\leqslant 1\}$ 上的最值.

解 先求函数在区域内部的驻点. 令
$$\begin{cases} z_x=2x(1+2y)=0 \\ z_y=2(x^2+y)=0 \end{cases},$$

得区域内部的驻点:$M_1(0,0)$,$M_2\left(\dfrac{1}{\sqrt{2}},-\dfrac{1}{2}\right)$,$M_3\left(-\dfrac{1}{\sqrt{2}},-\dfrac{1}{2}\right)$且

$$z(M_1)=0,z(M_2)=z(M_3)=\frac{1}{4}.$$

再求函数在边界 $x^2+y^2=1$ 上的最值.

将 $x^2=1-y^2$ 代入函数表达式,得一元函数
$$z_1=1+2y-2y^3,\ -1\leqslant y\leqslant 1.$$

下面求一元函数 $z_1=y^2+y-y^3$ 在闭区间$[-1,1]$上的最值.

令 $z'_1=2-6y^2=0$,得 $y=\pm\dfrac{1}{\sqrt{3}}$,且

$$z_1\left(\frac{1}{\sqrt{3}}\right)=1+\frac{4\sqrt{3}}{9},\quad z_1\left(-\frac{1}{\sqrt{3}}\right)=1-\frac{4\sqrt{3}}{9},$$

又在区间端点上的值为 $z_1(-1)=z_1(1)=1$. 比较知,函数在边界 $x^2+y^2=1$ 上的最大值为 $1+\dfrac{4\sqrt{3}}{9}$,最小值为 $1-\dfrac{4\sqrt{3}}{9}$.

将这两个值与区域内部驻点值 $z(M_1)=0,z(M_2)=z(M_3)=\dfrac{1}{4}$ 比较,得函数在 D 上的最大值为 $1+\dfrac{4\sqrt{3}}{9}$,最小值为 0.

一般来说,求函数 $f(x,y)$ 在 D 的边界上的最大值和最小值往往比较复杂.

例4 在以 $O(0,0)$,$A(1,0)$,$B(0,1)$为顶点的三角形所围的闭区域上求一点,使它到三

个顶点的距离的平方和为最大.

分析　此为几何应用问题,首先建立目标函数,从而问题可以化为求目标函数在三角形所围的闭区域上的最值问题.

解　如图 9-28 所示,在 $\triangle OAB$ 所围闭区域内取一点 $P(x,y)$,它到三个顶点的距离的平方和为(即目标函数)

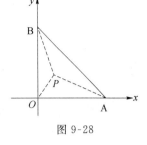

图 9-28

$$z=x^2+y^2+(x-1)^2+y^2+x^2+(y-1)^2=3x^2+3y^2-2x-2y+2.$$

令 $\begin{cases} z_x=6x-2=0 \\ z_y=6y-2=0 \end{cases}$,解得 $\triangle OAB$ 内部唯一驻点 $\left(\dfrac{1}{3},\dfrac{1}{3}\right)$,

且 $z\left(\dfrac{1}{3},\dfrac{1}{3}\right)=\dfrac{4}{3}$.

下面求在三角形各条边(即闭区域的边界)上的最值.

(1) 在边界 OA 上,由于 $y=0$,得一元函数 $f_1(x)=3x^2-2x+2,0\leqslant x\leqslant 1$,所以化为一元函数 $f_1(x)$ 在闭区间 $[0,1]$ 上的最值问题.

令 $\dfrac{\mathrm{d}f_1(x)}{\mathrm{d}x}=6x-2=0$,得 $x=\dfrac{1}{3}$,且 $f_1\left(\dfrac{1}{3}\right)=\dfrac{5}{3}$,又在 OA 端点处 $f_1(0)=2,f_1(1)=3$.

(2) 在边界 OB 上,由于 $x=0$,得一元函数 $f_2(y)=3y^2-2y+2,0\leqslant y\leqslant 1$.

令 $\dfrac{\mathrm{d}f_2(y)}{\mathrm{d}y}=6y-2=0$,得 $y=\dfrac{1}{3}$,且 $f_2\left(\dfrac{1}{3}\right)=\dfrac{5}{3}$,又在 OB 端点处 $f_2(0)=2,f_2(1)=3$.

(3) 在边界 AB 上,由于 $x+y=1$,将 $y=1-x$ 代入函数表达式,得 $f_3(x)=6x^2-6x+3$,$0\leqslant x\leqslant 1$.

令 $\dfrac{\mathrm{d}f_3(x)}{\mathrm{d}x}=12x-6=0$,得 $x=\dfrac{1}{2}$,且 $f_3\left(\dfrac{1}{2}\right)=\dfrac{3}{2}$.

比较以上所得的各个函数值,可得在 $(1,0)$ 或 $(0,1)$ 点到三个顶点的距离平方和为最大,且最大值为 3.

2. 实际问题中函数的最值

在通常遇到的实际问题中,往往根据问题的性质,知道函数 $f(x,y)$ 的最值一定存在且在定义域 D 的内部取得,而函数在 D 内只有一个驻点,那么可以肯定该驻点处的函数值就是所求的函数的最值.

例 5　某建筑开发商,要在开发的住宅顶层设计一个容量为 V_0(立方米)的长方体封闭储水箱,试问水箱长、宽、高等于多少米时所用材料最省?

解　设水箱的长、宽、高分别为 x,y,z 米,则 $xyz=V_0$,且水箱的表面积为 $S=2(xy+yz+xz)$.将 $z=\dfrac{V_0}{xy}$ 代入函数,得

$$S=2\left(xy+\frac{V_0}{x}+\frac{V_0}{y}\right),x,y>0.$$

因此,所用材料最省就化为求目标函数 $S=2\left(xy+\dfrac{V_0}{x}+\dfrac{V_0}{y}\right)$,在区域 $x>0,y>0$ 的最小值问题.令

$$S_x=2\left(y-\frac{V_0}{x^2}\right)=0, \quad S_y=2\left(x-\frac{V_0}{y^2}\right)=0,$$

解得唯一驻点 $x=y=\sqrt[3]{V_0}$.

由于此实际问题的最小值一定存在,且最小值一定在区域 $\{(x,y)\,|\,x,y>0\}$ 内部取得,因此 $x=y=\sqrt[3]{V_0}$ 就是所求函数的最小值点,此时 $z=\sqrt[3]{V_0}$,于是,当水箱长、宽、高都为 $\sqrt[3]{V_0}$ 时所用材料最省.

此结论表明,在体积一定的长方体中,立方体的表面积最小.

例 6 设 q_1 为商品 A 的需求量,q_2 为商品 B 的需求量,其需求函数分别为
$$q_1=16-2p_1+4p_2,\ q_2=20+4p_1-10p_2,$$
总成本函数为 $C=3q_1+2q_2$,p_1,p_2 为商品 A 和 B 的价格,问 p_1,p_2 取何值时可使利润最大.

解 总收益函数为
$$R=p_1q_1+p_2q_2=p_1(16-2p_1+4p_2)+p_2(20+4p_1-10p_2),$$
于是,总利润函数(目标函数)为
$$L=R-C=(p_1-3)q_1+(p_2-2)q_2$$
$$=(p_1-3)(16-2p_1+4p_2)+(p_2-2)(20+4p_1-10p_2),$$
问题归结为求总利润函数在区域 $p_1>0,p_2>0$ 上的最大值点. 令
$$\frac{\partial L}{\partial p_1}=14-4p_1+8p_2=0,\qquad \frac{\partial L}{\partial p_2}=28+8p_1-20p_2=0,$$
得区域内唯一驻点 $p_1=\dfrac{32}{2}$,$p_2=14$.

由于此实际问题的最大值存在且一定在区域内部取得,所以当价格 $p_1=\dfrac{32}{2}$,$p_2=14$ 时,利润最大,此时的 A、B 产品的需求量分别为 $q_1=9$,$q_2=6$.

三、条件极值与拉格朗日乘数法

1. 拉格朗日乘数法

在上面所讨论的极值问题中,我们发现许多问题对函数的自变量还有附加条件,例如,本节例 5 中求表面积函数 $S=2(xy+yz+xz)$ 的最小值,自变量 x,y,z 就需要满足 $xyz=V_0$ 这个附加条件. 这种对自变量除定义域外还有其他附加条件的极值问题称为**条件极值**. 相对于条件极值,我们将对于函数的自变量,除了定义域外,并无其他条件的极值问题称为无条件极值或简单极值问题.

即使是同一个目标函数,条件极值与无条件极值的结果一般是不同的. 例如函数 $z=x^2+y^2$ 的无条件极小值在 $(0,0)$ 处取得,且极小值为零. 但如果在条件 $x+y-1=0$ 的条件下求函数 $z=x^2+y^2$ 的极小值结果就不同了,易求得此条件极小值在点 $\left(\dfrac{1}{2},\dfrac{1}{2}\right)$ 处取得,且极小值为 $\dfrac{1}{2}$. 这个条件极值从几何角度分析就是曲面 $z=x^2+y^2$ 与平面 $x+y-1=0$ 的交线的纵坐标的极小值.

一般地,求多元函数的条件极值问题叙述为:求函数 $u=f(x_1,x_2,\cdots,x_n)$ 在条件 $g_i(x_1,x_2,\cdots,x_n)=0,i=1,2,\cdots,m(m<n)$ 下的极值,其中 $f(x_1,x_2,\cdots,x_n)$ 称为目标函数,$g_i(x_1,x_2,\cdots,x_n)=0,i=1,2,\cdots,m(m<n)$ 称为约束条件.

求条件极值一般有两种方法,一是把条件极值化为无条件极值. 例如,求函数 $z=x^2+y^2$ 在 $x+y-1=0$ 条件下的极值,可先从约束条件 $x+y-1=0$ 中解出 $y=1-x$ 代入 $z=x^2+y^2$ 中,使问题化为无条件极值,然后利用无条件极值的方法解决. 但在很多情形下,将条件极值化

为无条件极值并不总是简单的.因此我们需要寻求更直接的求条件极值的方法,而不必将问题化到无条件极值,这就是下面讨论的第二种方法,称为拉格朗日乘数法.

我们以求二元函数 $z=f(x,y)$ 在条件 $\varphi(x,y)=0$ 下的极值问题为例来讨论这种方法.先来讨论此函数在条件 $\varphi(x,y)=0$ 下取得极值的必要条件.

若函数 $z=f(x,y)$ 在 (x_0,y_0) 取得所求的极值,则 (x_0,y_0) 应满足

$$\varphi(x_0,y_0)=0.$$

假定在 (x_0,y_0) 的某一邻域内,$f(x,y)$ 与 $\varphi(x,y)$ 均有连续的一阶偏导数,且 $\varphi_y(x_0,y_0)\neq0$.由隐函数存在定理可知,方程 $\varphi(x,y)=0$ 确定一个单值可导且具有连续导数的函数 $y=\psi(x)$,将其代入 $z=f(x,y)$,得到变量 x 的一元函数

$$z=f(x,\psi(x)).$$

于是,函数 $z=f(x,y)$ 在 (x_0,y_0) 取得所求的极值,也就相当于 $z=f(x,\psi(x))$ 在 $x=x_0$ 取得极值.由一元可导函数取得极值的必要条件,$x=x_0$ 是函数 $z=f(x,\psi(x))$ 的驻点,即 x_0 满足

$$\frac{\mathrm{d}z}{\mathrm{d}x}\Big|_{x=x_0}=f_x(x_0,y_0)+f_y(x_0,y_0)\frac{\mathrm{d}y}{\mathrm{d}x}\Big|_{x=x_0}=0,$$

而由 $\varphi(x,y)=0$ 用隐函数求导公式,有

$$\frac{\mathrm{d}y}{\mathrm{d}x}\Big|_{x=x_0}=-\frac{\varphi_x(x_0,y_0)}{\varphi_y(x_0,y_0)}.$$

从而有

$$f_x(x_0,y_0)-f_y(x_0,y_0)\frac{\varphi_x(x_0,y_0)}{\varphi_y(x_0,y_0)}=0.$$

即 $\varphi(x_0,y_0)=0$, $f_x(x_0,y_0)-f_y(x_0,y_0)\dfrac{\varphi_x(x_0,y_0)}{\varphi_y(x_0,y_0)}=0$ 两式就是函数 $z=f(x,y)$ 在条件 $\varphi(x,y)=0$ 下在 (x_0,y_0) 取得极值的必要条件.

为方便记忆,设 $\dfrac{f_y(x_0,y_0)}{\varphi_y(x_0,y_0)}=-\lambda$,上述必要条件就变为

$$\begin{cases}f_x(x_0,y_0)+\lambda\varphi_x(x_0,y_0)=0\\f_y(x_0,y_0)+\lambda\varphi_y(x_0,y_0)=0.\\\varphi(x_0,y_0)=0\end{cases}$$

容易看出,上式中的式子正是函数

$$L(x,y,\lambda)=f(x,y)+\lambda\varphi(x,y)$$

在 (x_0,y_0,λ) 取得极值的必要条件,即

$$L_x(x_0,y_0)=0,L_y(x_0,y_0)=0,L_\lambda(x_0,y_0)=0,$$

函数 $L(x,y)$ 称为**拉格朗日函数**,参数 λ 称为**拉格朗日乘数**.

归纳以上讨论,我们得到以下方法,称为**拉格朗日乘数法**:

要找函数 $z=f(x,y)$ 在附加条件 $\varphi(x,y)=0$ 下的可能极值点,可以先构造拉格朗日函数

$$L(x,y,\lambda)=f(x,y)+\lambda\varphi(x,y).$$

再求其对各个变量的一阶偏导数,并使之为零:

$$\begin{cases}L_x=f_x(x,y)+\lambda\varphi_x(x,y)=0\\L_y=f_y(x,y)+\lambda\varphi_y(x,y)=0.\\L_\lambda=\varphi(x,y)=0\end{cases}$$

由这个方程组解出 x,y 及 λ,则其中 (x,y) 就是函数 $f(x,y)$ 在附加条件 $\varphi(x,y)=0$ 下的可能

极值点.

至于如何确定所得的点是否是极值点，严格说需要另行判定. 但在实际问题中往往可以根据问题本身的实际意义直接判断.

例 7　公司策划通过电视、网络两种媒体做广告以增加销售量. 根据以往经验，已知销售收入 R（万元）与电视广告费 x（万元）、网络广告费 y（万元）之间有如下关系：

$$R(x,y) = 15 + 14x + 32y - 8xy - 2x^2 - 10y^2 \quad (x \geqslant 0, y \geqslant 0).$$

（1）在广告费用不限的情况下，求最佳广告策略；

（2）如果提供广告总费用 1.5 万元，求相应最佳广告策略.

解　（1）若广告费用不限，则为无条件极值的问题.

令

$$R_x = 14 - 8y - 4x = 0, R_y = 32 - 8x - 20y = 0,$$

解得 $x = 1.5, y = 1$ 为唯一驻点，由实际意义知最大值一定存在，而 $R(1.5,1) = 41.5$.

当 $x = 0$ 时，$R_1(y) = 15 + 32y - 10y^2$　$(y \geqslant 0)$，解得驻点 $y = 1.6$，且 $R(0,1.6) = 40.6$.

当 $y = 0$ 时，$R_2(x) = 15 + 14x - 2x^2$　$(x \geqslant 0)$，解得驻点 $x = 3.5$，且 $R(3.5,0) = 39.5$.

比较得 $(1.5,1)$ 为函数的最大值点. 即最佳广告策略为电视广告费 1.5 万元、网络广告费 1 万元.

（2）问题化为求目标函数 $R(x,y)$ 在 $x + y = 1.5$ 条件下的最大值. 应用拉格朗日乘数法. 设

$$L(x,y,\lambda) = 15 + 14x + 32y - 8xy - 2x^2 - 10y^2 + \lambda(x + y - 1.5)$$

令

$$\begin{cases} L_x = 14 - 8y - 4x + \lambda = 0 \\ L_y = 32 - 8x - 20y + \lambda = 0, \\ L_\lambda = x + y - 1.5 = 0 \end{cases}$$

解得：$x = 0, y = 1.5$. 由实际意义知最大值一定存在，故 $x = 0, y = 1.5$ 为所求.

即在广告费用有限的条件下，将全部费用用于网络广告是最佳选择.

例 8　日常生活中，人们常常遇到如何分配定量的钱来购买某几种物品的问题，以购买两种为例. 由于资金有限，若购买其中一种物品较多，则势必要少买（甚至不能再买）另一种物品，这样就不能令人满意，那么，如何使用有限的资金，才能达到最满意的效果呢？经济学家试图借助"效用函数"来解决这一问题. 所谓"效用函数"，就是用数学函数描述人们购买两种不同商品各 x,y 单位时满意程度的量. 这个函数常见的形式有 $U(x,y) = x + y, U(x,y) = \ln x + \ln y$ 等. 而当效用函数达到最大值时，人们购物分配的方案最佳.

设某同学有 200 元钱，他决定用来购买两类物品：参考书及生活用品，设他想购买 x 本书，y 件生活用品，平均每本书 10 元，每件生活用品 8 元，问他如何分配这 200 元钱，才能达到最满意的效果？

解　这是一个条件极值问题，若选效用函数为 $U(x,y) = \ln x + \ln y$，即为求 $U(x,y) = \ln x + \ln y$ 在条件 $10x + 8y = 200$ 下的最大值. 应用拉格朗日乘数法.

设 $L(x,y,\lambda) = \ln x + \ln y + \lambda(10x + 8y - 200)$，令

$$\begin{cases} L_x = \dfrac{1}{x} + 10\lambda = 0 \\ L_y = \dfrac{1}{y} + 8\lambda = 0, \\ 10x + 8y - 200 = 0 \end{cases}$$

解得 $x=10,y=12.5$ 为所求最大值点. 又根据 x,y 的实际意义, 取 $x=10,y=12$, 即 10 本书, 12 件生活用品, 这位同学最满意.

2. 拉格朗日乘数法的推广

拉格朗日乘数法还可以很方便地推广到自变量多于两个而条件多于一个的情况. 例如, 要求函数 $u=f(x,y,z,t)$, 在附加条件 $\varphi(x,y,z,t)=0$, $\psi(x,y,z,t)=0$ 下的极值, 可以先构造拉格朗日函数

$$L(x,y,z,t,\lambda_1,\lambda_2)=f(x,y,z,t)+\lambda_1\varphi(x,y,z,t)+\lambda_2\psi(x,y,z,t),$$

求其对各个变量的一阶偏导数, 并使之为零, 这样求解得出的 (x,y,z,t) 就是函数 $u=f(x,y,z,t)$ 在附加条件 $\varphi(x,y,z,t)=0$, $\psi(x,y,z,t)=0$ 下的可能极值点.

四*、多元函数微分学在经济上的应用

1. 交叉弹性

在一元函数的微分学中, 我们利用导数的概念, 建立了经济学上边际和弹性的概念, 来表示某经济量的变化率和相对变化率. 在实际的经济活动中, 还要考虑其他各种因素的影响, 例如, 某产品的市场营销人员在开发市场时, 除了关心自己品牌的价格变化, 还要考虑其他产品的价格情况, 以确定自己的营销策略. 例如某品牌 A 的销售量 Q_A 除了与本身的价格 P_A 直接相关外, 还受品牌 B 的价格 P_B 的影响, 即 Q_A 是 P_A 与 P_B 的函数

$$Q_A=f(P_A,P_B).$$

Q_A 对 P_A 及 P_B 的边际函数 $\dfrac{\partial Q_A}{\partial P_A}$ 和 $\dfrac{\partial Q_A}{\partial P_B}$ 反映的是 Q_A 对于 P_A 及 P_B 的变化率; 其弹性

$$\frac{\dfrac{\partial Q_A}{\partial P_A}}{\dfrac{Q_A}{P_A}} \text{和} \frac{\dfrac{\partial Q_A}{\partial P_B}}{\dfrac{Q_A}{P_B}}$$

分别称为 Q_A 对 P_A 的弹性和 Q_A 对 P_B 的交叉弹性, 记为 $\dfrac{EQ_A}{EP_A}$ 和 $\dfrac{EQ_A}{EP_B}$. 交叉弹性能反映两种品牌的相关性, 当交叉弹性大于零时, 两种品牌互为替代品(一种品牌的销售量与另一种品牌的价格之间呈同方向变动, 如两种质量、功能相近的手机), 且一般来说, 两种商品之间的功能替代性越强, 交叉弹性的值就越大. 当交叉弹性小于零时, 两品牌为互补品(一种品牌的销售量与另一种品牌的价格之间呈反方向变动, 如汽车和汽油), 且一般情况下, 功能互补性越强的商品交叉弹性系数的绝对值越大. 当交叉弹性等于零时, 两种商品为相互独立的商品(一种品牌的销售量并不随另一种品牌的价格变动而发生变动).

例如某种数码相机的销售量 Q_A 除与自身的价格 P_A 有关外, 还与某彩色打印机的价格 P_B 有关, 经长时间的市场调查得到它们的关系是

$$Q_A=120+\frac{250}{P_A}-10P_B-P_B{}^2.$$

于是 Q_A 对 P_A 的弹性

$$\frac{EQ_A}{EP_A}=\frac{\partial Q_A}{\partial P_A}\cdot\frac{P_A}{Q_A}=-\frac{250}{P_A^2}\cdot\frac{P_A}{120+\dfrac{250}{P_A}-10P_B-P_B^2},$$

Q_A 对 P_B 的交叉弹性

$$\frac{EQ_A}{EP_B} = \frac{\partial Q_A}{\partial P_B} \cdot \frac{P_B}{Q_A} + = -(10 + 2P_B) \cdot \frac{P_B}{120 + \frac{250}{P_A} - 10P_B - P_B^2}.$$

当 $P_A = 50, P_B = 5$ 时, $\frac{EQ_A}{EP_A} = -\frac{1}{10}, \frac{EQ_A}{EP_B} = -2.$ 因此,此数码相机与打印机为互补商品.

一般地,若函数 $z = f(x, y)$ 在 (x, y) 处偏导数存在且 x, y, z 均不为 0,固定 y 不变,称因变量 z 的相对改变量 $\frac{\Delta_x z}{z}$ 与自变量 x 的相对改变量 $\frac{\Delta x}{x}$ 之比

$$\frac{\frac{\Delta_x z}{z}}{\frac{\Delta x}{x}} = \frac{\frac{f(x + \Delta x, y) - f(x, y)}{f(x, y)}}{\frac{\Delta x}{x}}$$

为函数 $f(x, y)$ 对 x 从 x 到 $x + \Delta x$ 两点间的弹性. 当 $\Delta x \to 0$ 时的极限称为 $f(x, y)$ 在 (x, y) 处对 x 的弹性,记为 η_x 或 $\frac{Ez}{Ex}$, 即

$$\eta_x = \frac{Ez}{Ex} = \lim_{\Delta x \to 0} \frac{\frac{\Delta_x z}{z}}{\frac{\Delta x}{x}} = \frac{\partial z}{\partial x} \cdot \frac{x}{z}.$$

类似可定义 $f(x, y)$ 在 (x, y) 处对 y 的弹性

$$\eta_y = \frac{Ez}{Ey} = \lim_{\Delta y \to 0} \frac{\frac{\Delta_y z}{z}}{\frac{\Delta y}{x}} = \frac{\partial z}{\partial y} \cdot \frac{y}{z}.$$

2. 拉格朗日乘数的经济学解释

拉格朗日乘数法是一种寻找变量受一个或多个条件所限制的多元函数的极值的方法. 在最优化问题中,这种方法被广泛运用于经济学中,是一种约束条件下的优化分析方法之一.

拉格朗日乘数法的重要特征是引入了拉格朗日乘数 λ. 这一新的变量(设约束条件只有一个)不仅为条件极值的求解过程提供了工具,而且拉格朗日乘数具有明显的经济学含义,并在生产者经营决策中具有重要的实践意义.

例如,在资源有限条件下收益函数的最优解是通过建立拉格朗日函数的途径而求得的. 这一函数的基本结构是在原目标函数之后加入了新的一项,即原约束条件与拉格朗日乘数的乘积. 其结果,每当约束条件放宽一个单位,如购买生产要素的资金总额增加一个单位,拉格朗日函数的最优值将相应地增加 λ 个单位. 这表明,拉格朗日乘数近似地反映资源变动一个单位所导致的目标函数的变化情况. 其变动幅度取决于 λ 的绝对值. 因而,可以解释为追加一个单位生产资源所创造的收益. 这一结论表明,拉格朗日乘数恰好与经济学分析中边际收益的概念相吻合.

拉格朗日乘数法所提供的这一信息在经济分析中具有极其重要的理论意义和实用价值. 首先它为生产者经营决策提供了客观依据. 拉格朗日乘数向决策者揭示了企业内部现有生产资源的利用效率. 实际上,λ 指出了生产要素的边际生产力,从而可以帮助决策者确定企业是否应该购买更多的生产资源. 其次,拉格朗日乘数还有助于研究有限资源在不同地区、部门或产业之间的经济合理分配.

例 9 某公司拟用甲、乙两厂生产同一种产品,甲厂产量为 x,乙厂产量为 y,其总成本函

数为 $C=x^2+3y^2-xy$.

（1）求该公司在生产产量为 30 单位时使总成本最低的产量组合；

（2）解释在用拉格朗日乘数法求解下 λ 的经济意义.

解

（1）此问题化为目标函数为 $C=x^2+3y^2-xy$，约束条件为 $x+y=30$ 的最值问题.

于是，构造拉格朗日函数，可得
$$L(x,y,\lambda)=x^2+3y^2-xy+\lambda(x+y-30),$$

解方程组
$$\begin{cases} L_x=2x-y+\lambda=0 \\ L_y=6y-x+\lambda=0, \\ L_\lambda=x+y-30=0 \end{cases}$$

由此解得
$$\begin{cases} x=21 \\ y=9 \\ \lambda=33 \end{cases}.$$

于是，当甲厂生产 21 单位，乙厂生产 9 单位时总成本最低.

（2）一般来说，任何拉格朗日函数 λ 都表明约束条件增减一个单位时对原始目标函数的边际影响. 如在本题中，λ 可视为总产量为 30 个单位时的边际生产成本，它表明如果该公司原先产量为 29 单位，而现在增至 30 单位，则其总成本将增加 33 单位.

这种边际关系对企业估价放宽某个约束条件可能得到的效益是十分重要的. 在此例中，每增加一个单位的生产资源其总成本将增加 33 单位. 在其他条件不变的情况下，如果该生产者能够以低于 33 的代价获得更多的生产资源，生产者的纯收益将会增加，从而生产资源投入量的增加或者生产规模的扩大将是经济合理的.

习　题　八

1. 判断下列论述是否正确，并说明理由：

（1）只有偏导数都存在的二元函数才有极值；

（2）二元函数的可疑极值点是定义域内的驻点或偏导数不存在的点；

（3）对于二元函数 $f(x,y)$，若 $f_x(x_0,y_0)=f_y(x_0,y_0)=0$，则 (x_0,y_0) 一定是函数的极值点；

（4）如果在过点 (x_0,y_0) 的一切直线上，$f(x,y)$ 均在该点取得极小值，则该点一定是 $f(x,y)$ 的极小值点；

（5）如果二元函数 $z=f(x,y)$ 在点 (x_0,y_0) 取得极值，则一元函数 $z=f(x,y_0)$ 及 $z=f(x_0,y)$ 在点 (x_0,y_0) 也取得极值.

（6）用拉格朗日乘数法求条件极值时，要先确定目标函数和约束条件，然后构造拉格朗日函数，问题就转化为求该拉格朗日函数的可疑极值点问题.

2. 求下列函数的极值：

（1）$f(x,y)=2x-x^2-y^2$；　　　　　　　（2）$f(x,y)=x^4+y^4-x^2-2xy-y^2$；

(3) $f(x,y)=e^x(x+2y+y^2)$;　　　　　　(4) $f(x,y)=1-(x^2+y^2)^{\frac{3}{2}}$.

3. (1) 在半径为 3 的半球内,以半球的底面为一个侧面,求内接长方体的最大体积.

(2) 设函数 $z=z(x,y)$ 由方程 $x^2+4y^2+z^2-2x-8y-4z+5=0$ 确定,求 z 的最大值与最小值.

4. (1) 求函数 $z=xy(4-x-y)$ 在 $x=1,y=0,x+y=6$ 所围成的闭区域上的最值;

(2) 求 $z=x^3+y^2$ 在区域 $x^2+y^2\leqslant 1$ 上的最大值与最小值.

5. 求函数 $z=xy$ 在 $x+y=1$ 下的极大值.

6. 在周长为 $2a$ 的条件下,求面积最大的矩形.

7. 把一个正数 a 分为三个正整数之和,且使它的乘积最大,求这三个数.

8. 要制造一个容积为 $4\ m^3$ 的长方体无盖水箱,当水箱的长、宽、高各为多少时,所用材料最省.

9. 内接于椭球面 $\dfrac{x^2}{a^2}+\dfrac{y^2}{b^2}+\dfrac{z^2}{c^2}=1$ 的长方体（各侧面平行于坐标面）的长、宽、高各等于多少时体积最大.

10. 设有椭圆 $\begin{cases} x^2+y^2=2 \\ x+y+z=1 \end{cases}$,求

(1) 此椭圆上纵坐标 z 的最大值与最小值;

(2) 此椭圆的短半轴与长半轴.

11. 设 $a_1,a_2,\cdots,a_n$ 是 n 个正数,用条件极值证明不等式

$$\sqrt[n]{a_1a_2\cdots a_n}\leqslant\frac{a_1+a_2+\cdots+a_n}{n}.$$

总 习 题 九

一、单项选择题

(1) 极限 $\lim\limits_{\substack{x\to 2 \\ y\to 0}}\dfrac{\sin(xy)\cos(xy)}{y}=($ 　　).

(A) 2　　　　　(B) -2　　　　　(C) 1　　　　　(D) -1

(2) 设 $f(x,y)=\begin{cases}(x^2+y^2)\sin\dfrac{1}{x^2+y^2}, & (x,y)\neq(0,0) \\ 0, & (x,y)=(0,0)\end{cases}$,则 $f_x(0,0)=($ 　　).

(A) 2　　　　　(B) 1　　　　　(C) 0　　　　　(D) 不存在

(3) 函数 $z=f(x,y)$ 的两个一阶偏导数在点 $P(x_0,y_0)$ 存在是函数 $z=f(x,y)$ 在该点可微的(　)条件.

(A) 充分　　　　(B) 必要　　　　(C) 充要　　　　(D) 无关

(4) 设函数 $z=f(x,y)$ 的全微分为 $dz=xdx+ydy$,则点 $(0,0)($ 　　).

(A) 不是 $f(x,y)$ 的连续点　　　　　(B) 不是 $f(x,y)$ 的极值点

(C) 是 $f(x,y)$ 的极大值点　　　　　(D) 是 $f(x,y)$ 的极小值点

(5) 设曲面 $z=f(x,y)$ 与平面 $y=y_0$ 的交线在点 $(x_0,y_0,f(x_0,y_0))$ 处的切线与 x 轴正向所成的角为 $\frac{\pi}{6}$，则（　　）.

(A) $f_x(x_0,y_0)=\cos\dfrac{\pi}{6}=\dfrac{\sqrt{3}}{2}$　　　　(B) $f_y(x_0,y_0)=\cos\left(\dfrac{\pi}{2}-\dfrac{\pi}{6}\right)=\dfrac{1}{2}$

(C) $f_x(x_0,y_0)=\tan\dfrac{\pi}{6}=\dfrac{\sqrt{3}}{3}$　　　　(D) $f_y(x_0,y_0)=\tan\left(\dfrac{\pi}{2}-\dfrac{\pi}{6}\right)=\sqrt{3}$

(6) 设函数 $z=f(x,y)$ 在点 $(0,0)$ 的某邻域内有定义，且 $f_x(0,0)=3$，$f_y(0,0)=-1$，则（　　）.

(A) $dz|_{(0,0)}=3dx-dy$

(B) 曲面 $f(x,y)$ 在点 $(0,0,f(0,0))$ 的一个法向量为 $(3,-1,1)$

(C) 曲线 $\begin{cases} z=f(x,y) \\ y=0 \end{cases}$ 在点 $(0,0,f(0,0))$ 的一个切向量为 $(1,0,3)$

(D) 曲线 $\begin{cases} z=f(x,y) \\ y=0 \end{cases}$ 在点 $(0,0,f(0,0))$ 的一个切向量为 $(3,0,1)$

二、填空题

(1) 若函数 $f(x+y,x-y)=x^2-y^2$，则 $f_x(x,y)+f_y(x,y)=$ _____

(2) 函数 $f(x,y)$ 在 $(0,0)$ 的某个邻域内连续，且

$$\lim_{(x,y)\to(0,0)}\frac{f(x,y)-xy}{(x^2+y^2)^2}=1,$$

则点 $(0,0)$ _____（是,不是）$f(x,y)$ 的极值点.

(3) 函数 $f(x,y)=\begin{cases} 1, & xy=0 \\ 0, & xy\neq0 \end{cases}$ 在 $(0,0)$ 点 _____（连续,不连续）.

(4) 函数 $u=\dfrac{1}{\sqrt{x^2+y^2+z^2}}$ 在点 $(1,-1,0)$ 处最大方向导数为 _____.

(5) 函数 $z=(x^2+y^2-2x-2y)^2+1$ 在圆域 $D:x^2+y^2-2x-2y\leqslant0$ 上的最小值为 _____，最大值为 _____.

(6) 若函数 $z=f(x,y)$ 满足 $\dfrac{\partial^2 z}{\partial x\partial y}=1$，且当 $x=0$ 时，$z=\sin y$，当 $y=0$ 时，$z=\sin x$，则 $z=$ _____.

三、解答与证明题

1. 求下列函数的极限：

(1) $\lim\limits_{\substack{x\to\infty \\ y\to a}}\left(1+\dfrac{1}{x}\right)^{\frac{y^2}{x^2+y^2}}$；　　　　(2) $\lim\limits_{\substack{x\to0 \\ y\to0}}(1+\sin xy)^{\frac{1}{xy}}$；

(3) $\lim\limits_{(x,y)\to(0,0)}\dfrac{2-\sqrt{xy+4}}{xy}$；　　　　(4) $\lim\limits_{(x,y)\to(0,0)}\dfrac{xy^2}{x^2+y^4}$.

2. 设

$$f(x,y)=\begin{cases} (x+y)\sin\dfrac{1}{x}, & x\neq0 \\ 0, & x=0 \end{cases},$$

讨论 $f(x,y)$ 在点 $(0,0)$ 处的连续性.

3. 设 $u=f(x^2-y^2,\mathrm{e}^{xy})$,其中 f 具有二阶连续偏导数,求 $\dfrac{\partial u}{\partial x},\dfrac{\partial^2 u}{\partial x \partial y}$.

4. 若函数 $z=z(x,y)$ 由方程 $z^3-3xyz=1$ 确定,求 $\dfrac{\partial^2 z}{\partial x \partial y}$.

5. 设函数

$$f(x,y)=\begin{cases} \dfrac{x^2 y^2}{(x^2+y^2)^{3/2}}, & x^2+y^2\neq 0, \\ 0, & x^2+y^2=0 \end{cases},$$

证明 $f(x,y)$ 在点 $(0,0)$ 处连续且偏导数存在,但在点 $(0,0)$ 处函数不可微.

6. 若函数 $z=z(x,y)$ 由方程 $F(x+y,x+z,y+z)=0$ 确定,其中 F 有一阶连续偏导数,求 $\mathrm{d}z$.

7. 证明由方程 $u=y+x\varphi(u)$ 确定的函数 $u=u(x,y)$ 满足方程

$$\frac{\partial^2 u}{\partial x^2}=\frac{\partial}{\partial y}\left[\varphi^2(u)\frac{\partial u}{\partial y}\right].$$

8. 设 $z=f(2x-y)+g(x,xy)$,其中函数 $f(u)$ 具有二阶导数,$g(u,v)$ 具有二阶连续偏导数,求 $\dfrac{\partial^2 z}{\partial x^2},\dfrac{\partial^2 z}{\partial y^2}$ 及 $\dfrac{\partial^2 z}{\partial x \partial y}$.

9. 若函数 $z=z(x,y)$ 具有二阶连续偏导数,以 $u=xy,v=\dfrac{x}{y}$ 为自变量,改写方程

$$x^2 \frac{\partial^2 z}{\partial x^2}-y^2 \frac{\partial^2 z}{\partial y^2}=0.$$

10. 设函数 $x=x(u,v),y=y(u,v)$ 在点 (u,v) 的某个邻域内连续且有连续的偏导数,又 $\dfrac{\partial(x,y)}{\partial(u,v)}\neq 0$.

(1) 证明方程组 $\begin{cases} x=x(u,v) \\ y=y(u,v) \end{cases}$ 在点 (x,y,u,v) 的某个邻域内唯一确定一组单值连续且具有连续偏导数的反函数 $u=u(x,y),v=v(x,y)$;

(2) 求反函数 $u=u(x,y),v=v(x,y)$ 对 x,y 的偏导数;

(3) 证明 $\dfrac{\partial(x,y)}{\partial(u,v)}\cdot\dfrac{\partial(u,v)}{\partial(x,y)}=1$.

11. 求抛物面 $z=\dfrac{1}{4}(x^2+y^2)$ 上的点,使此点处的切平面过曲线 $x=t^2,y=t,z=3(t-1)$ 在点 $(1,1,0)$ 处的切线.

12. 求函数 $u=x^2+y^2+z^2$ 在椭球面 $\dfrac{x^2}{a^2}+\dfrac{y^2}{b^2}+\dfrac{z^2}{c^2}=1$ 上点 $M_0(x_0,y_0,z_0)$ 处沿指向外侧的法向量方向上的方向导数.

13. 求函数 $f(x,y)=x^3-y^3+3x^2+3y^2-9x$ 的极值.

14. 求平面 $\dfrac{x}{3}+\dfrac{y}{4}+\dfrac{z}{5}=1$ 与柱面 $x^2+y^2=1$ 的交线上与 xOy 平面距离最短的点.

15. 在第一卦线的椭球面 $\dfrac{x^2}{a^2}+\dfrac{y^2}{b^2}+\dfrac{z^2}{c^2}=1$ 上求一点,使得该点的切平面与三个坐标面围成的四面体体积最小,并求出最小值.

16. 求函数 $u = \ln x + \ln y + 3\ln z$ 在球面 $x^2 + y^2 + z^2 = 5r^2 (x, y, z > 0)$ 上的最大值,并由此证明对任意正数 l, m, n 不等式 $lmn^3 \leqslant 27\left(\dfrac{l+m+n}{5}\right)^5$ 成立.

17. 设有一小山,取它的底面所在的平面为 xOy 面,其底部所占的闭区域为 $D = \{(x, y) \mid x^2 + y^2 - xy \leqslant 75\}$,小山的高度函数为 $h = f(x, y) = 75 - x^2 - y^2 + xy$.

(1) 设 $M(x_0, y_0) \in D$,问 $f(x, y)$ 在该点沿平面上什么方向的方向导数最大,若记此方向导数的最大值为 $g(x_0, y_0)$,试写出 $g(x_0, y_0)$ 的表达式;

(2) 现欲利用此小山开展攀岩活动,为此需要在山脚下找一上山坡度最大的点作为攀岩的起点.也就是说,要在 D 的边界线 $x^2 + y^2 - xy = 75$ 上找出 (1) 中的 $g(x, y)$ 达到最大值的点.试确定攀岩的位置.

18. 某厂家生产的一种产品同时在两个市场销售,售价分别为 p_1, p_2,销售量分别为 q_1,q_2,需求函数分别为 $q_1 = 24 - 0.2p_1$,$q_2 = 10 - 0.05p_2$,总成本函数为
$$C = 35 + 40(q_1 + q_2).$$
问厂家应如何确定两个市场的售价,才能使其获得的总利润最大?最大总利润是多少?

第十章 重 积 分

对面积、体积、质量等几何量或物理量的计算导出了定积分的概念. 我们知道,当遇到对连续分布的量求和的时候,一般要采用积分. 例如可以利用定积分计算质量分布不均匀的线段的质量,但定积分只能计算分布在区间上的几何量和其他整体量,要计算分布在平面区域、空间区域上的整体量,如要计算一个有界的质量分布不均匀的平面薄片(其厚度忽略不计)或者空间立体的质量就不能用定积分来计算. 这就要求我们继续探讨连续分布在平面区域(或空间)上的量(质量)求和的问题. 把闭区间上的一元函数的定积分概念加以推广,就得到平面有界闭区域上的二元函数的二重积分和空间有界闭区域上的三元函数的三重积分. 重积分是多元函数的积分问题,和定积分一样,都是利用和式的极限定义,因此重积分与定积分有着密切的联系. 本章与下一章的曲线积分、曲面积分构成多元函数积分学. 将看到,这些积分的计算最终都要化归为定积分.

本章中将由实际问题抽象出二重积分和三重积分的概念,简要叙述其性质,并讨论二重积分和三重积分的计算及应用.

第一节 二重积分的概念与性质

一、二重积分的概念

1. 引例

问题 1 求曲顶柱体的体积

设有一立体 Ω,它的底是 xOy 面上的闭区域 D,它的侧面是以 D 的边界曲线为准线而母线平行于 z 轴的柱面,它的顶是曲面 $z=f(x,y)$,其中 $f(x,y)\geqslant 0$ 且在 D 上连续(图 10-1). 这种立体称为**曲顶柱体**. 下面来讨论如何定义并计算上述曲顶柱体 Ω 的体积 V.

分析 我们知道,曲顶柱体当点 (x,y) 在区域 D 上变动时,高度 $f(x,y)$ 是个变动的,因此它的体积不能直接用平顶柱体的体积公式

$$体积＝底面积\times高$$

来计算. 回忆平面上求曲边梯形的面积时所遇到的问题,这里是类似的,因此可以完全用类似的思想方法,即采用"分割,近似,求和,取极限"四步来解决目前的新问题.

解决方法 (1)分割:首先,将区域 D 分成 n 个小区域,分别记为

$$\Delta\sigma_1,\Delta\sigma_2,\cdots,\Delta\sigma_n.$$

设小区域 $\Delta\sigma_i(i=1,2,\cdots,n)$ 的面积仍记为 $\Delta\sigma_i$. 以每个小区域 $\Delta\sigma_i$ 为底,相应地将原来的曲顶

柱体 Ω 分为 n 个小曲顶柱体 $\Delta\Omega_i$(图 10-2).

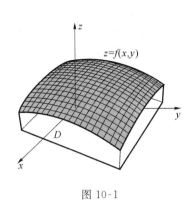 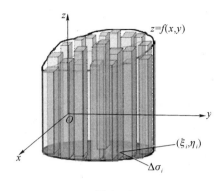

图 10-1 图 10-2

（2）近似：在每个小区域 $\Delta\sigma_i$ 中任取点(ξ_i,η_i)，以 $f(\xi_i,\eta_i)$ 为高而底为 $\Delta\sigma_i$ 的平顶柱体的体积 $f(\xi_i,\eta_i)\Delta\sigma_i$ $(i=1,2,\cdots,n)$作为小曲顶柱体 $\Delta\Omega_i$ 体积的近似值.

（3）求和：将这 n 个平顶柱体体积求和即得曲顶柱体体积 Ω 的近似值

$$V=\sum_{i=1}^{n}\Delta\Omega_i\approx\sum_{i=1}^{n}f(\xi_i,\eta_i)\Delta\sigma_i.$$

（4）取极限：若将区域 D 无限细分，即分割成的这些小区域 $\Delta\sigma_i$ 的直径都越来越小时，由于 $f(x,y)$ 连续，对同一个小闭区域来说，$f(x,y)$ 的变化很小，因此这些小平顶柱体体积的和与曲顶柱体的体积也可以越来越接近. 利用极限的思想，令这 n 个小闭区域的直径中的最大值（记作 λ）趋于零，取上述和的极限，所得的极限便是所求曲顶柱体的体积 V，即

$$V=\lim_{\lambda\to0}\sum_{i=1}^{n}f(\xi_i,\eta_i)\Delta\sigma_i.$$

问题 2 求平面薄片的质量

设有一平面薄片位于 xOy 面上的有界闭区域 D 上，它的面密度为 $\rho(x,y),\rho(x,y)>0$ 且在 D 上连续. 求该薄片的质量 M.

分析

若平面薄片是均匀的，即面密度是常数，则薄片的质量可用公式

质量＝面密度×面积

计算. 现在面密度 $\rho(x,y)$ 是变量，薄片的质量就不能直接用上式来计算. 但是上面用来处理曲顶柱体体积的方法完全适用于本问题. 简洁叙述解法如下：

先对区域 D 做分割，分割出的小区域为 $\Delta\sigma_i(i=1,2,\cdots,n)$，由于 $\rho(x,y)$ 连续，把薄片分成小区域后，只要小区域 $\Delta\sigma_i$ 的直径很小，这些小区域块就可以近似地看作均匀薄片. 在 $\Delta\sigma_i$ 上任取一点(ξ_i,η_i)，则

$$\rho(\xi_i,\eta_i)\Delta\sigma_i\quad(i=1,2,\cdots,n)$$

就是第 i 个小块的质量的近似值（图 10-3）. 再通过求和，取极限，便得到平面薄片的质量为

$$M=\lim_{\lambda\to0}\sum_{i=1}^{n}\rho(\xi_i,\eta_i)\Delta\sigma_i,$$

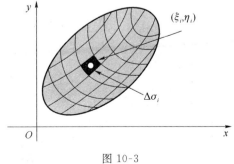

图 10-3

这里 λ 是 n 个小闭区域的直径中的最大值.

结论 虽然上面两个问题的实际意义不同,但所求量都归结为同一形式(某二元函数在平面区域 D 上)的和式极限.在物理、力学、几何和工程技术中,有许多物理量或几何量都可归结为这种形式的和式极限.因此我们要一般地研究这种和的极限,就要抽去这些具体问题的具体意义,得到一个更广泛、更抽象的数学概念——二重积分.

2. 二重积分的概念

定义 1 设 $f(x,y)$ 是有界闭区域 D 上的有界函数.将闭区域 D 任意分成 n 个小闭区域 $\Delta\sigma_1,\Delta\sigma_2,\cdots,\Delta\sigma_n$,其中 $\Delta\sigma_i$ 表示第 i 个小闭区域,也表示它的面积.在每个 $\Delta\sigma_i$ 上任取一点 (ξ_i,η_i),作乘积 $f(\xi_i,\eta_i)\Delta\sigma_i(i=1,2,\cdots,n)$,并作和 $\sum_{i=1}^{n}f(\xi_i,\eta_i)\Delta\sigma_i$.若当各小闭区域的直径中的最大值 λ 趋于零时,上述和的极限存在,则称此极限为函数 $f(x,y)$ 在闭区域 D 上的**二重积分**,记作 $\iint\limits_{D}f(x,y)\mathrm{d}\sigma$,即

$$\iint\limits_{D}f(x,y)\mathrm{d}\sigma = \lim_{\lambda\to0}\sum_{i=1}^{n}f(\xi_i,\eta_i)\Delta\sigma_i.$$

其中 $f(x,y)$ 称为**被积函数**,$f(x,y)\mathrm{d}\sigma$ 称为**被积表达式**,$\mathrm{d}\sigma$ 称为**面积元素**,x 与 y 称为**积分变量**,D 称为**积分区域**,$\sum_{i=1}^{n}f(\xi_i,\eta_i)\Delta\sigma_i$ 称为**积分和**.

若 $f(x,y)$ 在区域 D 上的二重积分存在,又称 $f(x,y)$ 在 D 上可积.

于是,由二重积分的定义,问题 1 中曲顶柱体的体积是函数 $f(x,y)$ 在 D 上的二重积分 $V=\iint\limits_{D}f(x,y)\mathrm{d}\sigma$,问题 2 中平面薄片的质量是它的面密度 $\rho(x,y)$ 在薄片所占的闭区域 D 上的二重积分 $M=\iint\limits_{D}\rho(x,y)\mathrm{d}\sigma$.

关于二重积分,还应注意以下几点.

(1) 若二重积分 $\iint\limits_{D}f(x,y)\mathrm{d}\sigma$ 存在,即和式极限 $\lim_{\lambda\to0}\sum_{i=1}^{n}f(\xi_i,\eta_i)\Delta\sigma_i$ 存在,其值与区域 D 的分割方法以及点 (ξ_i,η_i) 的取法无关,因此,在直角坐标系中可以用两组平行于坐标轴的直线分割区域 D,这样除了包含边界的一些小区域外,其余的小区域都是矩形区域.设矩形区域的边长为 Δx 和 Δy,则小区域的面积 $\Delta\sigma=\Delta x\Delta y$,所以,在直角坐标系中,有时面积元素 $\mathrm{d}\sigma$ 也记作 $\mathrm{d}x\mathrm{d}y$,从而把二重积分记作

$$\iint\limits_{D}f(x,y)\mathrm{d}x\mathrm{d}y,$$

其中 $\mathrm{d}x\mathrm{d}y$ 称为直角坐标系中的面积元素,如图 10-4 所示.

(2) 若二重积分 $\iint\limits_{D}f(x,y)\mathrm{d}\sigma$ 存在,积分值与被积函数 $f(x,y)$ 及积分区域 D 有关,而与积分变量记号无关,即

$$\iint\limits_{D}f(x,y)\mathrm{d}x\mathrm{d}y = \iint\limits_{D}f(u,v)\mathrm{d}u\mathrm{d}v.$$

(3) 对于二重积分的存在性,有如下结论:

定理 1(二重积分的存在定理) 设 $f(x,y)$ 在闭区域 D

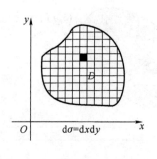

图 10-4

上连续，则 $\iint\limits_{D} f(x,y)\mathrm{d}\sigma$ 必存在.

3. 二重积分的几何意义

由问题 1 的结论，当 $f(x,y)\geqslant 0\ ((x,y)\in D)$ 时，二重积分 $\iint\limits_{D} f(x,y)\mathrm{d}\sigma$ 在数值上等于以 $z=f(x,y)$ 为曲顶，以区域 D 为底且以 D 的边界曲线为准线，母线平行于 z 轴的曲顶柱体体积.

当 $f(x,y)\leqslant 0\ ((x,y)\in D)$ 时，二重积分 $\iint\limits_{D} f(x,y)\mathrm{d}\sigma$ 表示以 $z=f(x,y)$ 为顶，以区域 D 为底的曲顶柱体体积的负值.

一般地，如果 $f(x,y)$ 在 D 的若干部分区域是正的，而在其他部分区域是负的，我们可以把 xOy 面上方的柱体体积取为正，xOy 面下方的柱体体积取为负，则 $\iint\limits_{D} f(x,y)\mathrm{d}\sigma$ 就等于这些部分区域上的柱体体积的代数和.

特别地，当 $f(x,y)\equiv 1$ 时，$\iint\limits_{D} f(x,y)\mathrm{d}\sigma$ 可简记为 $\iint\limits_{D}\mathrm{d}\sigma$. 其几何意义就是高为 1、底面积为 D 的平顶柱体的体积. 因此积分值 $\iint\limits_{D}\mathrm{d}\sigma$ 等于积分区域 D 的面积.

例 1　用二重积分表示下列曲面所围成空间区域的体积.

(1) 由平面 $x=0,y=0,z=0$ 及平面 $x+y+z=1$ 所围成的闭区域；

(2) 由两抛物面 $z=x^2+y^2$ 及 $z=2-x^2-y^2$ 所围成的闭区域.

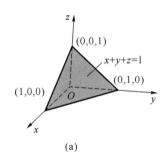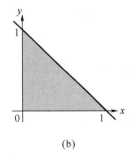

(a)　　　　　　　　　　　(b)

图 10-5

解　(1) 所给各平面围成的空间区域如图 10-5(a) 所示. 此空间区域可视为以平面 $x+y+z=1$ 为顶，以空间区域在 xOy 面上的投影区域 D 为底的曲顶柱体(四面体)，其中 $D=\{(x,y)\mid x+y\leqslant 1,x\geqslant 0,y\geqslant 0\}$，如图 10-5(b) 所示，于是所求空间区域的体积为

$$V=\iint\limits_{D}(1-x-y)\mathrm{d}x\mathrm{d}y.$$

(2) 所给曲面围成的空间区域如图 10-6 所示. 由方程组 $z=x^2+y^2,z=2-x^2-y^2$ 消去 z 得到两曲面的交线 $x^2+y^2=1,z=1$，所以该空间区域在 xOy 面上的投影区域为

$$D=\{(x,y)\mid x^2+y^2\leqslant 1\}.$$

空间区域的体积可以视为分别以 $z=2-x^2-y^2$ 及 $z=x^2+y^2$ 为顶，均以 D 为底的两个曲顶柱体体积的差，于是

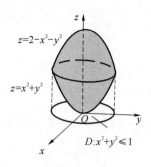

图 10-6

$$V = \iint\limits_{D}(2 - x^2 - y^2)\mathrm{d}x\mathrm{d}y - \iint\limits_{D}(x^2 + y^2)\mathrm{d}x\mathrm{d}y.$$

例 2 设 D 为 xOy 平面上的圆域 $x^2 + y^2 \leqslant R^2$,利用二重积分的几何意义,求 $\iint\limits_{D}\sqrt{R^2 - x^2 - y^2}\mathrm{d}\sigma$ 之值.

解 被积函数 $z = f(x,y) = \sqrt{R^2 - x^2 - y^2}$ 为上半球面,其在 xOy 面上的投影区域为 $D = \{(x,y) \mid x^2 + y^2 \leqslant R^2\}$,于是由二重积分的几何意义,$\iint\limits_{D}\sqrt{R^2 - x^2 - y^2}\mathrm{d}\sigma$ 表示以上半球面 $z = \sqrt{R^2 - x^2 - y^2}$ 为曲顶,底为区域 D 的曲顶柱体(即上半球体)的体积,所以

$$\iint\limits_{D}\sqrt{R^2 - x^2 - y^2}\mathrm{d}\sigma = \frac{2}{3}\pi R^3.$$

二、二重积分的性质

以下假设所讨论的二重积分都存在.

比较定积分与二重积分的定义可知,二重积分与定积分是具有相同结构形式的和式极限,因此两者有类似的性质,叙述如下:

性质 1 $\iint\limits_{D}kf(x,y)\mathrm{d}\sigma = k\iint\limits_{D}f(x,y)\mathrm{d}\sigma$,其中 k 为常数.

性质 2 $\iint\limits_{D}[f(x,y) \pm g(x,y)]\mathrm{d}\sigma = \iint\limits_{D}f(x,y)\mathrm{d}\sigma \pm \iint\limits_{D}g(x,y)\mathrm{d}\sigma.$

结合性质 1 与性质 2,就得到二重积分的线性性质,

$$\iint\limits_{D}[\alpha f(x,y) \pm \beta g(x,y)]\mathrm{d}\sigma = \alpha\iint\limits_{D}f(x,y)\mathrm{d}\sigma \pm \beta\iint\limits_{D}g(x,y)\mathrm{d}\sigma,$$

其中 α,β 为常数.

性质 3 若闭区域 D 被分割为两个不相重叠的闭区域 D_1 与 D_2,则有

$$\iint\limits_{D}f(x,y)\mathrm{d}\sigma = \iint\limits_{D_1}f(x,y)\mathrm{d}\sigma + \iint\limits_{D_2}f(x,y)\mathrm{d}\sigma.$$

这个性质称为二重积分对于积分区域具有可加性.

性质 4 若在 D 上,$f(x,y) \leqslant g(x,y)$,则有不等式

$$\iint\limits_{D}f(x,y)\mathrm{d}\sigma \leqslant \iint\limits_{D}g(x,y)\mathrm{d}\sigma.$$

证 由于在 D 上，$f(x,y) \leqslant g(x,y)$，所以对于 $f(x,y)$ 与 $g(x,y)$ 的积分和有

$$\sum_{i=1}^{n} f(\xi_i, \eta_i) \Delta\sigma_i \leqslant \sum_{i=1}^{n} g(\xi_i, \eta_i) \Delta\sigma_i,$$

令 $\lambda \to 0$，$\lambda = \max\limits_{1 \leqslant i \leqslant n} \{\Delta\sigma_i$ 的直径$\}$，根据二重积分的定义即得不等式.

特别地，由于

$$-|f(x,y)| \leqslant f(x,y) \leqslant |f(x,y)|,$$

由性质 4 和性质 1，有

$$-\iint_D |f(x,y)| \, d\sigma \leqslant \iint_D f(x,y) \, d\sigma \leqslant \iint_D |f(x,y)| \, d\sigma,$$

于是，又有不等式

$$\left| \iint_D f(x,y) \, d\sigma \right| \leqslant \iint_D |f(x,y)| \, d\sigma.$$

性质 5 设 M, m 分别是 $f(x,y)$ 在闭区域 D 上的最大值和最小值，σ 是 D 的面积，则有

$$m\sigma \leqslant \iint_D f(x,y) \, d\sigma \leqslant M\sigma.$$

证 因为 $m \leqslant f(x,y) \leqslant M$，由性质 4，有

$$\iint_D m \, d\sigma \leqslant \iint_D f(x,y) \, d\sigma \leqslant \iint_D M \, d\sigma,$$

又由性质 1，

$$\iint_D m \, d\sigma = m\sigma, \quad \iint_D M \, d\sigma = M\sigma,$$

于是

$$m\sigma \leqslant \iint_D f(x,y) \, d\sigma \leqslant M\sigma.$$

此性质称为估值定理，可用来估计二重积分的值所在的范围.

性质 6（二重积分的中值定理） 设函数 $f(x,y)$ 在有界闭区域 D 上连续，σ 是 D 的面积，则 $\exists (\xi, \eta) \in D$，使得

$$\iint_D f(x,y) \, d\sigma = f(\xi, \eta)\sigma.$$

证 显然 $\sigma \neq 0$. 把性质 5 中不等式各除以 σ，有

$$m \leqslant \frac{1}{\sigma} \iint_D f(x,y) \, d\sigma \leqslant M.$$

此不等式表明，定值 $\dfrac{1}{\sigma} \iint\limits_D f(x,y) \, d\sigma$ 是介于函数 $f(x,y)$ 的最大值 M 和最小值 m 之间的. 根据闭区域上连续函数的介值定理，$\exists (\xi, \eta) \in D$，使得

$$\frac{1}{\sigma} \iint_D f(x,y) \, d\sigma = f(\xi, \eta).$$

即 $\iint\limits_D f(x,y) \, d\sigma = f(\xi, \eta)\sigma$，证毕.

性质 7 设闭区域 D 可以分为关于 x 轴（或 y 轴）对称的两块区域 D_1 和 D_2. 若函数 $f(x,y)$ 关于 y（或 x）为偶函数，即 $f(x,-y) = f(x,y)$（或 $f(-x,y) = f(x,y)$），则

$$\iint_D f(x,y) \, d\sigma = 2 \iint_{D_1} f(x,y) \, d\sigma = 2 \iint_{D_2} f(x,y) \, d\sigma.$$

若函数 $f(x,y)$ 关于 y(或 x)为奇函数,即 $f(x,-y)=-f(x,y)$(或 $f(-x,y)=-f(x,y)$),则 $\iint\limits_D f(x,y)\mathrm{d}\sigma=0$.

例 3 比较积分 $\iint\limits_D (x+y)^2\mathrm{d}x\mathrm{d}y$ 与 $\iint\limits_D (x+y)^3\mathrm{d}x\mathrm{d}y$ 的大小,其中 $D:(x-2)^2+(y-1)^2\leqslant 2$.

解 此积分区域 D 在 $x+y=1$ 上方(图 10-7),因此,在积分区域内有:$x+y\geqslant 1$,于是 $(x+y)^2\leqslant (x+y)^3$,由性质 4,

$$\iint\limits_D (x+y)^2\mathrm{d}x\mathrm{d}y\leqslant \iint\limits_D (x+y)^3\mathrm{d}x\mathrm{d}y.$$

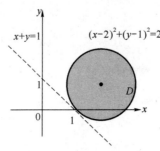

图 10-7

例 4 不计算积分,估计积分 $\iint\limits_D (x^2+4y^2+9)\mathrm{d}x\mathrm{d}y$ 的值,其中 $D:x^2+y^2\leqslant 4$.

解 由二重积分的性质 5,只需找到被积函数的最大最小值,即可估计积分的值.

因 $0\leqslant x^2+y^2\leqslant 4$,所以 $9\leqslant x^2+4y^2+9\leqslant 4-y^2+4y^2+9$,而 $-2\leqslant y\leqslant 2$,于是

$$9\leqslant x^2+4y^2+9\leqslant 4-y^2+4y^2+9=4+3y^2+9\leqslant 4+12+9=25,$$

即 $9\leqslant x^2+4y^2+9\leqslant 25$,由性质 5,

$$9\cdot\pi\cdot 2^2\leqslant \iint\limits_D (x^2+4y^2+9)\mathrm{d}x\mathrm{d}y\leqslant 25\cdot\pi\cdot 2^2$$

或

$$36\pi\leqslant \iint\limits_D (x^2+4y^2+9)\mathrm{d}x\mathrm{d}y\leqslant 100\pi.$$

一般地,由性质 5,估计二重积分的值的问题转化为求被积函数在闭区域 D 上的最值问题,因此可采用上一章相应方法解决.

例 5 利用重积分的对称性,计算积分 $\iint\limits_D y\mathrm{d}x\mathrm{d}y$,其中 $D:x^2+y^2\leqslant 2x$.

解 积分区域 D 如图 10-8 所示.D 可分为 D_1 和 D_2,D_1 和 D_2 关于 x 轴对称.又被积函数是 y 的奇函数,由性质 7,得 $\iint\limits_D y\mathrm{d}x\mathrm{d}y=0$.

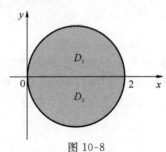

图 10-8

习 题 一

1.(1) 若 $f(x,y)$ 是连续函数,则二重积分 $\iint\limits_{D} f(x,y)\mathrm{d}x\mathrm{d}y$ 的几何意义是:以曲面 $z = f(x,y)$ 为顶,以区域 D 为底的曲顶柱体的体积.此叙述是否正确,并说明理由.

(2) 若 $f(x,y)$ 在有界闭区域 D 中连续,且 $f(x,y) \geqslant 0$,$\iint\limits_{D} f(x,y)\mathrm{d}\sigma = 0$,则在 D 上 $f(x,y) \equiv 0$.此命题是否正确,并说明理由.

2.下列等式是否成立,并说明理由,其中 D 为圆域 $x^2 + y^2 \leqslant 1$,D_1 为 D 的第一象限的部分:

(1) $\iint\limits_{D} x\ln(x^2 + y^2)\mathrm{d}\sigma = 0$;

(2) $\iint\limits_{D} \sqrt{1 - x^2 - y^2}\,\mathrm{d}x\mathrm{d}y = 4\iint\limits_{D_1} \sqrt{1 - x^2 - y^2}\,\mathrm{d}x\mathrm{d}y$;

(3) $\iint\limits_{D} xy\,\mathrm{d}x\mathrm{d}y = 4\iint\limits_{D_1} xy\,\mathrm{d}x\mathrm{d}y$;

(4) $\iint\limits_{D} |xy|\,\mathrm{d}x\mathrm{d}y = 4\iint\limits_{D_1} xy\,\mathrm{d}x\mathrm{d}y$.

3.根据二重积分的性质,比较下列积分的大小:

(1) $\iint\limits_{D} (x+y)^2\mathrm{d}x\mathrm{d}y$ 与 $\iint\limits_{D} (x+y)^3\mathrm{d}x\mathrm{d}y$,其中 D 是由 x 轴、y 轴与直线 $x+y = 1$ 所围成;

(2) $\iint\limits_{D} \ln(x+y)\mathrm{d}x\mathrm{d}y$ 与 $\iint\limits_{D} [\ln(x+y)]^2\mathrm{d}x\mathrm{d}y$,其中 D 是三角形区域,三顶点分别为 $(1,0)$,$(1,1)$,$(2,0)$;

(3) $\iint\limits_{D} \ln(x+y)\mathrm{d}x\mathrm{d}y$ 与 $\iint\limits_{D} [\ln(x+y)]^2\mathrm{d}x\mathrm{d}y$,其中 $D = \{(x,y) \mid 3 \leqslant x \leqslant 5, 0 \leqslant y \leqslant 1\}$;

(4) $\iint\limits_{D} (x+y)^3\mathrm{d}x\mathrm{d}y$ 与 $\iint\limits_{D} [\sin(x+y)]^3\mathrm{d}x\mathrm{d}y$,其中 D 由 $x = 0, y = 0, x+y = \dfrac{1}{2}, x+y = 1$ 围成.

4.估计下列二重积分的值:

(1) $\iint\limits_{D} \dfrac{\mathrm{d}x\mathrm{d}y}{\sqrt{x^2 + y^2 + 2xy + 16}}$,其中 $D = \{(x,y) \mid 0 \leqslant x \leqslant 1, 0 \leqslant y \leqslant 2\}$;

(2) $\iint\limits_{D} \sin^2 x \sin^2 y\,\mathrm{d}x\mathrm{d}y$,其中 $D = \{(x,y) \mid 0 \leqslant x \leqslant \pi, 0 \leqslant y \leqslant \pi\}$.

5.确定下列积分的符号:

(1) $\iint\limits_{|x|+|y| \leqslant 1} \ln(x^2 + y^2)\mathrm{d}x\mathrm{d}y$;

(2) $\iint\limits_{1 \leqslant x^2 + y^2 \leqslant 4} \sqrt[3]{x^2 + y^2 - 1}\,\mathrm{d}x\mathrm{d}y$;

(3) $\displaystyle\iint\limits_{x^2+y^2\leqslant 1}(x+y)\mathrm{d}x\mathrm{d}y$;　　　　　(4) $\displaystyle\iint\limits_{\substack{-1\leqslant x\leqslant 1\\-1\leqslant y\leqslant 1}}[\sin(xy^2)+\sin(x^2y)]\mathrm{d}x\mathrm{d}y$.

6. 下列二重积分表示怎样的空间立体的体积，试作出空间立体的图形：

(1) $\displaystyle\iint\limits_{x^2+y^2\leqslant 1}(x^2+y^2+1)\mathrm{d}x\mathrm{d}y$;

(2) $\displaystyle\iint\limits_{1\leqslant x^2+y^2\leqslant 4}\sqrt{4-x^2-y^2}\mathrm{d}x\mathrm{d}y$;

(3) $\displaystyle\iint\limits_{D}\sqrt{x^2+y^2}\mathrm{d}x\mathrm{d}y$，其中 D 为圆域 $x^2+y^2\leqslant 1$ 在第一象限的部分；

(4) $\displaystyle\iint\limits_{x^2+y^2\leqslant 1}(2-x^2-y^2)\mathrm{d}x\mathrm{d}y$;

(5) $\displaystyle\iint\limits_{x^2+y^2\leqslant 1}(1-\sqrt{x^2+y^2})\mathrm{d}x\mathrm{d}y$.

第二节　二重积分的计算法

由定义直接计算二重积分，对少数特别简单的被积函数和积分区域来说是可行的，但对一般的函数和区域来说就是相当困难的. 为此本节研究计算二重积分的方法，将二重积分化为二次积分，即逐次计算两个定积分. 由于二重积分的积分区域是各类平面区域，所以积分区域的恰当表示和积分顺序的合理选择是保证二重积分计算过程简洁正确的关键. 根据积分区域和被积函数的具体情况，有些二重积分用直角坐标方便，有些用极坐标方便. 下面分别加以讨论.

一、直角坐标系下二重积分的计算

二重积分化为二次积分的公式

从二重积分的几何意义来讨论二重积分 $\displaystyle\iint\limits_{D}f(x,y)\mathrm{d}\sigma$ 的计算方法.

设 $f(x,y)\geqslant 0$，且积分区域 D 可以用不等式

$$\varphi_1(x)\leqslant y\leqslant\varphi_2(x),\quad a\leqslant x\leqslant b$$

来表示（图 10-9），其中函数 $\varphi_1(x),\varphi_2(x)$ 在区间 $[a,b]$ 上连续.

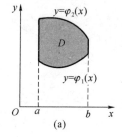 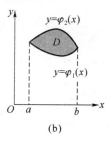

图 10-9

我们知道二重积分 $\iint\limits_{D} f(x,y)\mathrm{d}\sigma$ 的值几何上解释为以 D 为底,以曲面 $z=f(x,y)$ 为顶的曲顶柱体的体积.而这个立体的体积亦可以用"平行截面面积为已知的立体的体积"的计算方法来求出.

为此,先计算截面面积,如图 10-10 所示.在区间 $[a,b]$ 上任意取定一点 x_0,作平行于 yOz 面的平面.这平面截曲顶柱体所得截面是一个以区间 $[\varphi_1(x_0),\varphi_2(x_0)]$ 为底,曲线 $z=f(x_0,y)$ 为曲边的曲边梯形(图 10-10 中阴影部分),将这截面的面积视为曲边梯形的面积,因此,此截面的面积为

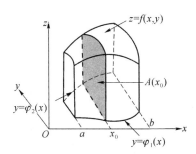

图 10-10

$$A(x_0) = \int_{\varphi_1(x_0)}^{\varphi_2(x_0)} f(x_0,y)\mathrm{d}y.$$

因为 x_0 是在区间 $[a,b]$ 上任意变动的,所以可一般地化为:过区间 $[a,b]$ 上任一点 x 且平行于 yOz 面的截曲顶柱体所得的截面的面积为

$$A(x) = \int_{\varphi_1(x)}^{\varphi_2(x)} f(x,y)\mathrm{d}y,$$

于是,应用计算平行截面面积为已知的立体体积的方法,得曲顶柱体体积为

$$V = \int_a^b A(x)\mathrm{d}x = \int_a^b \left[\int_{\varphi_1(x)}^{\varphi_2(x)} f(x,y)\mathrm{d}y\right]\mathrm{d}x.$$

从而有等式

$$\iint\limits_{D} f(x,y)\mathrm{d}\sigma = \int_a^b \left[\int_{\varphi_1(x)}^{\varphi_2(x)} f(x,y)\mathrm{d}y\right]\mathrm{d}x.$$

也可以写成

$$\iint\limits_{D} f(x,y)\mathrm{d}\sigma = \int_a^b \mathrm{d}x \int_{\varphi_1(x)}^{\varphi_2(x)} f(x,y)\mathrm{d}y.$$

这个公式表明二重积分可化为两个定积分来计算,上式右端首先将被积函数 $f(x,y)$ 中的 x 暂时视为常数,对 y 求定积分 $\int_{\varphi_1(x)}^{\varphi_2(x)} f(x,y)\mathrm{d}y$,此定积分计算后得到 x 的函数,再将这个 x 的函数对 x 在区间 $[a,b]$ 上求定积分,因此称为**先对 y,后对 x 的二次积分.**

可以证明这种计算方法带有普遍性.即

(1)如果积分域 D 可用如下的一组不等式来表示: $D=\{(x,y)\,|\,a\leqslant x\leqslant b,\varphi_1(x)\leqslant y\leqslant\varphi_2(x)\}$,如图 10-11 所示,区域 D 的特点是:穿过 D 内部且平行于 y 轴的直线与 D 的边界相交不多于两点.则二重积分 $\iint\limits_{D} f(x,y)\mathrm{d}\sigma$ 可按下面的公式计算

$$\iint\limits_{D} f(x,y)\mathrm{d}\sigma = \int_a^b \mathrm{d}x \int_{\varphi_1(x)}^{\varphi_2(x)} f(x,y)\mathrm{d}y.$$

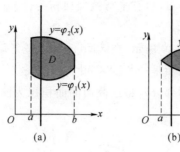

图 10-11

(2) 同理,如果积分域 D 可以用不等式组表示为:$D = \{(x,y) \mid c \leqslant y \leqslant d, \varphi_1(y) \leqslant x \leqslant \varphi_2(y)\}$,如图 10-12 所示,区域 D 的特点是:穿过 D 内部且平行于 x 轴的直线与 D 的边界相交不多于两点. 则二重积分可按如下的公式计算

$$\iint\limits_{D} f(x,y)\mathrm{d}\sigma = \int_c^d \mathrm{d}y \int_{\varphi_1(y)}^{\varphi_2(y)} f(x,y)\mathrm{d}x,$$

称为**先对 x 后对 y 的二次积分**.

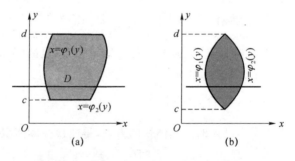

图 10-12

(3) 若积分区域 D 较复杂,如图 10-13 所示,有一部分区域上,穿过 D 内部且平行于 y 轴的直线与 D 的边界相交多于两点;又有一部分区域上,穿过 D 内部且平行于 x 轴的直线与 D 的边界相交多于两点. 对于这种情况,可以把 D 分成几部分(如 D_1,D_2,D_3),利用二重积分对积分区域的可加性,在这几部分区域上分别积分,而每个积分都是(1)或(2) 中的情况. 即

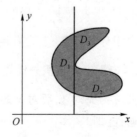

图 10-13

$$\iint\limits_{D} f(x,y)\mathrm{d}\sigma = \iint\limits_{D_1} f(x,y)\mathrm{d}\sigma + \iint\limits_{D_2} f(x,y)\mathrm{d}\sigma + \iint\limits_{D_3} f(x,y)\mathrm{d}\sigma.$$

注: 利用二次积分公式计算二重积分时,应根据积分区域和积分函数的特点,确定使得计算较方便的积分次序.

例1 计算 $\iint\limits_{D} xy\mathrm{d}\sigma$,其中 D 是由直线 $y=1$,$x=2$ 及 $y=x$ 所围成的闭区域.

解 (1)首先画出积分区域 D 的图形,如图 10-14 所示,求出曲线的交点.

三角形区域 D 的三个顶点分别为 $(1,1)(2,1)(2,2)$.

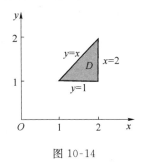

图 10-14

(2)确定合适的积分顺序,将二重积分化为二次积分,并计算.

法一 所给积分区域 D 可表示为
$$1\leqslant x\leqslant 2,\quad 1\leqslant y\leqslant x,$$
于是

$$\iint\limits_{D} xy\mathrm{d}\sigma = \int_{1}^{2}\mathrm{d}x\int_{1}^{x} xy\mathrm{d}y = \int_{1}^{2} x\frac{y^2}{2}\bigg|_{1}^{x}\mathrm{d}x$$
$$= \int_{1}^{2}\left(\frac{x^3}{2}-\frac{x}{2}\right)\mathrm{d}x = \frac{9}{8}.$$

法二 所给积分区域 D 可表示为
$$1\leqslant y\leqslant 2,y\leqslant x\leqslant 2,$$
于是

$$\iint\limits_{D} xy\mathrm{d}\sigma = \int_{1}^{2}\mathrm{d}y\int_{y}^{2} xy\mathrm{d}x = \int_{1}^{2} y\frac{x^2}{2}\bigg|_{y}^{2}\mathrm{d}y$$
$$= \int_{1}^{2}\left(2y-\frac{y^3}{2}\right)\mathrm{d}y = \frac{9}{8}.$$

例2 计算 $\iint\limits_{D} xy\mathrm{d}\sigma$,其中 D 是由抛物线 $y^2=x$ 及直线 $y=x-2$ 所围成的闭区域.

解 画出积分区域 D 的图形,如图 10-15(a)所示,易得两曲线的交点为 $(1,-1)$,$(4,2)$.

法一 区域 D 可用不等式表示为
$$y^2\leqslant x\leqslant y+2,-1\leqslant y<2.$$
于是,将二重积分化为先对 x 后对 y 的二次积分,
$$\iint\limits_{D} xy\mathrm{d}\sigma = \int_{-1}^{2}\mathrm{d}y\int_{y^2}^{y+2} xy\mathrm{d}x = \int_{-1}^{2} y\frac{x^2}{2}\bigg|_{y^2}^{y+2}\mathrm{d}y$$
$$= \frac{1}{2}\int_{-1}^{2}\left[y(y+2)^2-y^5\right]\mathrm{d}y$$
$$= \frac{45}{8}.$$

法二 将二重积分化为先对 y 后对 x 的二次积分,这时将区域 D 分成区域 D_1 及 D_2,如

图 10-15(b)所示.

$$D_1 : 0 \leqslant x \leqslant 1, \quad -\sqrt{x} \leqslant y \leqslant \sqrt{x};$$

$$D_2 : 1 \leqslant x \leqslant 4, \quad x-2 \leqslant y \leqslant \sqrt{x}.$$

根据二重积分的性质

$$\iint\limits_{D} xy\,\mathrm{d}\sigma = \iint\limits_{D_1} xy\,\mathrm{d}\sigma + \iint\limits_{D_2} xy\,\mathrm{d}\sigma$$

$$= \int_0^1 \mathrm{d}x \int_{-\sqrt{x}}^{\sqrt{x}} xy\,\mathrm{d}y + \int_1^4 \mathrm{d}x \int_{x-2}^{\sqrt{x}} xy\,\mathrm{d}y$$

$$= \int_0^1 x\frac{y^2}{2}\bigg|_{-\sqrt{x}}^{\sqrt{x}}\,\mathrm{d}x + \int_1^4 x\frac{y^2}{2}\bigg|_{x-2}^{\sqrt{x}}\,\mathrm{d}x$$

$$= \int_1^4 \left[\frac{x^2}{2} - \frac{x(x-2)^2}{2}\right]\mathrm{d}x = \frac{45}{8}.$$

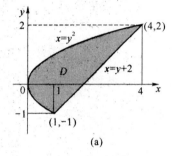 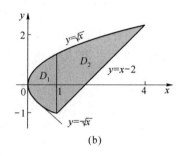

(a)   (b)

图 10-15

例 3 计算 $I = \iint\limits_{D} \dfrac{\sin x}{x}\,\mathrm{d}\sigma$, 其中 D 是由直线 $y=x$ 及抛物线 $y=x^2$ 所围成的区域.

解 积分区域 D 如图 10-16 所示.

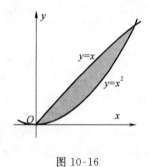

图 10-16

直线 $y=x$ 及抛物线 $y=x^2$ 的交点为 $(0,0)$ 及 $(1,1)$. 选择先对 y 后对 x 的二次积分,区域 D 可表示为

$$0 \leqslant x \leqslant 1, \quad x^2 \leqslant y \leqslant x.$$

于是

$$I = \int_0^1 dx \int_{x^2}^x \frac{\sin x}{x} dy = \int_0^1 (x - x^2) \frac{\sin x}{x} dx$$

$$= \int_0^1 \sin x dx - \int_0^1 x \sin x dx$$

$$= 1 - \sin 1.$$

注意,如果选择先对 x 后对 y 的二次积分,则有

$$I = \int_0^1 dy \int_y^{\sqrt{y}} \frac{\sin x}{x} dx.$$

由于 $\frac{\sin x}{x}$ 的原函数不能用初等函数表示,因此它的积分难以进一步求出.

由此可见,在化二重积分为二次积分时,为了计算简便,需要选择适当的二次积分的次序. 这时,既要考虑积分区域 D 的形状(如例 2),又要考虑被积函数 $f(x,y)$ 的特性(如例 3).

例 4 计算 $\int_0^1 f(x) dx$,其中 $f(x) = \int_x^1 e^{-y^2} dy$.

解 $\int_0^1 f(x) dx = \int_0^1 dx \int_x^1 e^{-y^2} dy$,所以问题化为计算二重积分 $\int_0^1 dx \int_x^1 e^{-y^2} dy$.

因为 e^{-y^2} 对 y 的积分不能积出,所以这个二次积分需要交换积分次序.

积分区域 D 用不等式表示为(图 10-17).

$$D: 0 \leqslant x \leqslant 1, \quad x \leqslant y \leqslant 1.$$

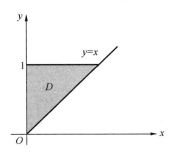

图 10-17

又可表示为 $D: 0 \leqslant y \leqslant 1, 0 \leqslant x \leqslant y$. 于是

$$\int_0^1 dx \int_x^1 e^{-y^2} dy = \int_0^1 dy \int_0^y e^{-y^2} dx = \int_0^1 y e^{-y^2} dy$$

$$= \frac{1}{2} \left(1 - \frac{1}{e} \right).$$

一般地,可以用以下方法交换二次积分的顺序

(1) 对于给定的二次积分

$$\int_a^b dx \int_{\varphi_1(x)}^{\varphi_2(x)} f(x,y) dy,$$

根据所给积分限确定积分区域

$$D: a \leqslant x \leqslant b, \quad \varphi_1(x) \leqslant y \leqslant \varphi_2(x),$$

并画出积分区域的简图.

(2) 根据积分区域的形状,用新的积分次序确定变量的变化范围(即积分限),例如

$$D: c \leqslant y \leqslant d, \quad \psi_1(y) \leqslant x \leqslant \psi_2(y).$$

(3) 写出新的积分次序下的二次积分

$$\int_c^d \mathrm{d}y \int_{\psi_1(y)}^{\psi_2(y)} f(x,y)\mathrm{d}x.$$

例 5 证明等式

$$\int_0^a \mathrm{d}y \int_0^y \mathrm{e}^{b(x-a)} f(x)\mathrm{d}x = \int_0^a (a-x)\mathrm{e}^{b(x-a)} f(x)\mathrm{d}x,$$

其中 a,b 均为常数，且 $a>0$.

证 用交换积分次序的方法证明.

由等式的左端的二次积分，得积分区域 D

$$0\leqslant y\leqslant a,\quad 0\leqslant x\leqslant y,$$

画出积分区域 D，如图 10-18 所示.

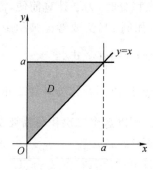

图 10-18

新积分次序下，积分区域 D 可用不等式表示为

$$0\leqslant x\leqslant a,\quad x\leqslant y\leqslant a,$$

于是

$$\int_0^a \mathrm{d}y \int_0^y \mathrm{e}^{b(x-a)} f(x)\mathrm{d}x = \int_0^a \mathrm{d}x \int_x^a \mathrm{e}^{b(x-a)} f(x)\mathrm{d}y$$

$$= \int_0^a \mathrm{e}^{b(x-a)} f(x)\mathrm{d}x \int_x^a \mathrm{d}y$$

$$= \int_0^a (a-x)\mathrm{e}^{b(x-a)} f(x)\mathrm{d}x.$$

计算二重积分时，要注意利用对称性（第一节性质 7）简化积分的计算.

例 6 计算二重积分 $\iint\limits_D \dfrac{x^2}{x^2+y^2}\sin(xy^2)\mathrm{d}x\mathrm{d}y$，积分区域 D 是由曲线 $y=x^2$ 与 $y=1$ 所围成的闭区域.

解 显然积分区域 D 关于 y 轴对称.

又被积函数 $\dfrac{x^2}{x^2+y^2}\sin(xy^2)$ 关于 x 是奇函数，于是

$$\iint\limits_D \frac{x^2}{x^2+y^2}\sin(xy^2)\mathrm{d}x\mathrm{d}y = 0.$$

例 7 计算二重积分 $\iint\limits_D x^2 y^2 \mathrm{d}x\mathrm{d}y$，其中积分区域 D：$|x|+|y|\leqslant 1$.

解 积分区域 D 如图 10-19 所示，显然 D 关于 x,y 轴均对称.

又被积函数 $x^2 y^2$ 关于变量 x,y 均是偶函数. 设 D_1 为区域 D 在第一象限的部分，于是

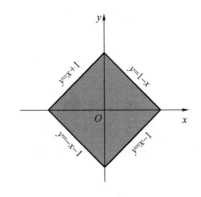

图 10-19

$$\iint\limits_{D} x^2 y^2 \mathrm{d}x\mathrm{d}y = 4\iint\limits_{D_1} x^2 y^2 \mathrm{d}x\mathrm{d}y$$

$$= 4\int_0^1 \mathrm{d}x \int_0^{1-x} x^2 y^2 \mathrm{d}y$$

$$= \frac{4}{3}\int_0^1 x^2 (1-x)^3 \mathrm{d}x = \frac{1}{45}.$$

例 8　求两个旋转抛物面 $z = 2 - x^2 - y^2$ 与 $z = x^2 + y^2$ 围成的立体的体积.

解　由第一节例 1 知,

$$V = 2\iint\limits_{D}(1 - x^2 - y^2)\mathrm{d}x\mathrm{d}y,$$

其中 $D: x^2 + y^2 \leqslant 1$.

由于 D 关于 x 轴、y 轴对称,被积函数又是 x、y 的偶函数,由积分对称性得

$$V = 8\iint\limits_{D_1}(1 - x^2 - y^2)\mathrm{d}x\mathrm{d}y, D_1 \text{ 是 } D \text{ 在第一象限的部分}$$

$$= 8\int_0^1 \mathrm{d}x \int_0^{\sqrt{1-x^2}}(1 - x^2 - y^2)\mathrm{d}y$$

$$= \frac{16}{3}\int_0^1 (1 - x^2)^{\frac{3}{2}}\mathrm{d}x \quad (\text{令 } x = \sin\theta)$$

$$= \frac{16}{3}\int_0^{\frac{\pi}{2}} \cos^4\theta\mathrm{d}\theta = \pi.$$

二、极坐标系下二重积分的计算

1. 直角坐标下的二重积分化为极坐标下二重积分

有些二重积分,积分区域 D 的边界曲线用极坐标方程来表示比较方便,如圆或扇形区域的边界,或被积函数用极坐标变量 r,θ 表达比较简单. 这时,我们就可以考虑利用极坐标来计算二重积分 $\iint\limits_{D} f(x,y)\mathrm{d}\sigma$,下面来研究计算方法.

假定从极点 O 出发且穿过闭区域 D 内部的射线与 D 的边界曲线相交不多过两点,函数 $f(x,y)$ 在 D 上连续. 用以极点为中心的一族同心圆:$r =$ 常数,以及从极点出发的一族射线: $\theta =$ 常数,把 D 分成 n 个小闭区域(图 10-20). 设其中一个典型小闭区域 $\Delta\sigma$($\Delta\sigma$ 同时也表示小

闭区域的面积）是由半径分别为 r 与 $r+\Delta r$ 的同心圆和极角分别为 θ 与 $\theta+\Delta\theta$ 的射线分割出的，则

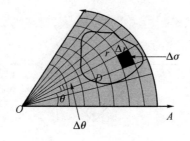

图 10-20

$$\Delta\sigma=\frac{1}{2}(r+\Delta r)^2\Delta\theta-\frac{1}{2}r^2\Delta\theta=\frac{1}{2}(2r+\Delta r)\Delta r\Delta\theta$$

$$=\frac{r+(r+\Delta r)}{2}\Delta r\Delta\theta$$

$$\approx r\Delta r\Delta\theta.$$

于是，根据微元法得到极坐标系下的**面积微元**为

$$\Delta\sigma=r\mathrm{d}r\mathrm{d}\theta.$$

而直角坐标与极坐标的关系为 $x=r\cos\theta,y=r\sin\theta$，从而得到二重积分从直角坐标变换为极坐标的变换公式

$$\iint\limits_{D}f(x,y)\mathrm{d}\sigma=\iint\limits_{D}f(r\cos\theta,r\sin\theta)r\mathrm{d}r\mathrm{d}\theta.$$

2. 极坐标下的二重积分化为二次积分

极坐标系中的二重积分，同样可以化为二次积分来计算．

设积分区域 D 可以用不等式

$$\alpha\leqslant\theta\leqslant\beta,\quad r_1(\theta)\leqslant r\leqslant r_2(\theta)$$

来表示（图 10-21），其中函数 $r_1(\theta),r_2(\theta)$ 在区间 $[\alpha,\beta]$ 上连续．

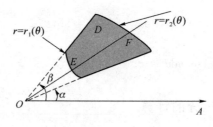

图 10-21

先在区间 $[\alpha,\beta]$ 上任意取定一个 θ 值．对应于这个 θ 值，D 上的点（图 10-21 中这些点在线段 EF 上）的极径从 $r_1(\theta)$ 变到 $r_2(\theta)$．又 θ 是在 $[\alpha,\beta]$ 上任意取定的，所以 θ 的变化范围是区间 $[\alpha,\beta]$．这样，极坐标系中的二重积分化为二次积分为

$$\iint\limits_{D}f(x,y)\mathrm{d}\sigma=\iint\limits_{D}f(r\cos\theta,r\sin\theta)r\mathrm{d}r\mathrm{d}\theta$$

$$=\int_{\alpha}^{\beta}\mathrm{d}\theta\int_{r_1(\theta)}^{r_2(\theta)}f(r\cos\theta,r\sin\theta)r\mathrm{d}r.$$

再考虑两种特殊情况. 若积分区域 D 是如图 10-22 所示的曲边扇形,那么可以把它看作图 10-23 中当 $r_1(\theta)\equiv0,r_2(\theta)=r(\theta)$ 时的特例.

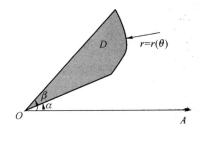

图 10-22

这时闭区域 D 可用不等式

$$\alpha\leqslant\theta\leqslant\beta,\quad 0\leqslant r\leqslant r(\theta)$$

来表示,则

$$\iint\limits_{D}f(r\cos\theta,r\sin\theta)r\mathrm{d}r\mathrm{d}\theta=\int_{\alpha}^{\beta}\mathrm{d}\theta\int_{0}^{r(\theta)}f(r\cos\theta,r\sin\theta)r\mathrm{d}r.$$

若积分区域 D 如图 10-23 所示,极点在 D 的内部,那么就可以把它看作图 10-24 中当 $\alpha=0,\beta=2\pi$ 时的特例.

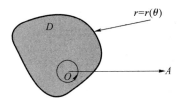

图 10-23

这时闭区域 D 可用不等式

$$0\leqslant\theta\leqslant2\pi,0\leqslant r\leqslant r(\theta)$$

来表示,则

$$\iint\limits_{D}f(r\cos\theta,r\sin\theta)r\mathrm{d}r\mathrm{d}\theta=\int_{0}^{2\pi}\mathrm{d}\theta\int_{0}^{r(\theta)}f(r\cos\theta,r\sin\theta)r\mathrm{d}r.$$

由二重积分的性质,闭区域 D 的面积 σ 可以表示为 $\sigma=\iint\limits_{D}\mathrm{d}\sigma$. 在极坐标中,面积元素 $\mathrm{d}\sigma=r\mathrm{d}r\mathrm{d}\theta$,上式成为

$$\sigma=\iint\limits_{D}r\mathrm{d}r\mathrm{d}\theta.$$

如果闭区域如图 10-21 所示,则有

$$\sigma=\iint\limits_{D}r\mathrm{d}r\mathrm{d}\theta=\int_{\alpha}^{\beta}\mathrm{d}\theta\int_{r_1(\theta)}^{r_2(\theta)}r\mathrm{d}r=\frac{1}{2}\int_{\alpha}^{\beta}\left[r_2^2(\theta)-r_1^2(\theta)\right]\mathrm{d}\theta.$$

若闭区域 D 如图 10-22 所示,则

$$\sigma=\int_{\alpha}^{\beta}\mathrm{d}\theta\int_{0}^{r(\theta)}r\mathrm{d}r=\frac{1}{2}\int_{\alpha}^{\beta}r^2(\theta)\mathrm{d}\theta.$$

例9 计算 $I = \iint\limits_{D}(x-y)^2\mathrm{d}x\mathrm{d}y$，其中 D 为圆域 $x^2+y^2\leqslant1$.

解 在极坐标下，

$$I = 8\iint\limits_{\substack{x^2+y^2\leqslant1\\x,y\geqslant0}}x^2\mathrm{d}x\mathrm{d}y = 8\int_0^1 r\mathrm{d}r\int_0^{\frac{\pi}{2}}r^2\cos^2\theta\mathrm{d}\theta = 8\int_0^1 r^3\mathrm{d}r\int_0^{\frac{\pi}{2}}\cos^2\theta\mathrm{d}\theta = \frac{\pi}{2}.$$

例10 计算 $I = \iint\limits_{D}\mathrm{e}^{-x^2-y^2}\mathrm{d}x\mathrm{d}y$，其中 D 为圆域 $x^2+y^2\leqslant a^2$.

解 若用直角坐标来计算，这个二重积分难以求出.

现选用极坐标计算，此时 D 表示为：$0\leqslant r\leqslant a,0\leqslant\theta\leqslant2\pi$，于是有

$$I = \iint\limits_{D}\mathrm{e}^{-r^2}r\mathrm{d}r\mathrm{d}\theta = \int_0^{2\pi}\mathrm{d}\theta\int_0^a\mathrm{e}^{-r^2}r\mathrm{d}r$$

$$= \int_0^{2\pi}-\frac{1}{2}\mathrm{e}^{-r^2}\Big|_0^a\mathrm{d}\theta = \pi(1-\mathrm{e}^{-a^2}).$$

注意 这里引出一个计算重要积分 $\int_0^{+\infty}\mathrm{e}^{-x^2}\mathrm{d}x$ 的方法.

设 $A = \int_0^{+\infty}\mathrm{e}^{-x^2}\mathrm{d}x$，显然有

$$A^2 = \int_0^{+\infty}\mathrm{e}^{-x^2}\mathrm{d}x\int_0^{+\infty}\mathrm{e}^{-y^2}\mathrm{d}y$$

$$= \int_0^{+\infty}\int_0^{+\infty}\mathrm{e}^{-x^2-y^2}\mathrm{d}x\mathrm{d}y$$

$$= \iint\limits_{\substack{x\geqslant0\\y\geqslant0}}\mathrm{e}^{-(x^2+y^2)}\mathrm{d}x\mathrm{d}y$$

$$= \lim_{r\to+\infty}\int_0^{\frac{\pi}{2}}\mathrm{d}\theta\int_0^r\mathrm{e}^{-\rho^2}\rho\mathrm{d}\rho$$

$$= \lim_{r\to+\infty}\frac{\pi}{4}(1-\mathrm{e}^{-r^2}) = \frac{\pi}{4}.$$

从而有 $\int_0^{+\infty}\mathrm{e}^{-x^2}\mathrm{d}x = \frac{\sqrt{\pi}}{2}$.

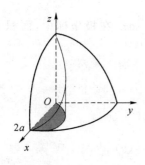

图 10-24

例11 求球体 $x^2+y^2+z^2\leqslant4a^2$ 被圆柱面 $x^2+y^2=2ax$（$a>0$）所截得的(含在圆柱面内的部分)立体的体积.

解 图 10-24 所示为所求立体在第一卦限的图形，由对称性

$$V = 4\iint\limits_{D}\sqrt{4a^2-x^2-y^2}\mathrm{d}\sigma,$$

其中 D 为半圆域，由 $y=\sqrt{2ax-x^2}$ 及 x 轴所围. D 在极坐标系下可表示为 $0\leqslant r\leqslant2a\cos\theta,0\leqslant\theta\leqslant\frac{\pi}{2}$，于是

$$V = 4\iint\limits_{D} \sqrt{4a^2 - r^2}\, r \mathrm{d}r \mathrm{d}\theta$$

$$= 4\int_0^{\frac{\pi}{2}} \mathrm{d}\theta \int_0^{2a\cos\theta} \sqrt{4a^2 - r^2}\, r \mathrm{d}r$$

$$= \frac{32}{3}a^3 \int_0^{\frac{\pi}{2}} (1 - \sin^2\theta)\, \mathrm{d}\theta$$

$$= \frac{32}{3}a^3 \left(\frac{\pi}{2} - \frac{2}{3} \right).$$

例 12 求由双纽线 $(x^2 + y^2)^2 = 2a^2(x^2 - y^2)$ 和 $x^2 + y^2 \geqslant a^2$ 所围成的区域 D 的面积.

解 如图 10-25 所示,根据图形的对称性,区域 D 的面积是区域 D_1 面积的 4 倍.

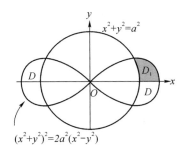

图 10-25

在极坐标系下,双纽线 $(x^2 + y^2)^2 = 2a^2(x^2 - y^2)$ 的方程为 $r = a\sqrt{2\cos 2\theta}$,圆 $x^2 + y^2 = a^2$ 的方程为 $r = a$. 解方程组 $r = a\sqrt{2\cos 2\theta}$,$r = a$ 得第一象限内的交点为 $\left(a, \dfrac{\pi}{6}\right)$. 因此,$D$ 的面积为

$$\sigma = 4\iint\limits_{D_1} \mathrm{d}\sigma,$$

其中 $D_1 : a \leqslant r \leqslant a\sqrt{2\cos 2\theta}, 0 \leqslant \theta \leqslant \dfrac{\pi}{6}$. 于是

$$\sigma = 4\iint\limits_{D_1} r \mathrm{d}r \mathrm{d}\theta = 4\int_0^{\frac{\pi}{6}} \mathrm{d}\theta \int_a^{a\sqrt{2\cos 2\theta}} r\, \mathrm{d}r$$

$$= a^2 \left(\sqrt{3} - \frac{\pi}{3} \right).$$

小结

总之,计算二重积分可按以下步骤进行:

(1) 画出积分域 D 的草图;

(2) 根据被积函数的特点及积分区域 D 的情况,选择适当的坐标系;

选择坐标系的原则是:被积函数、积分区域 D 在该坐标系下的表示式要比较简单. 例如,被积函数为 $f(x^2 + y^2)$ 型,则在极坐标系下可化简为 $f(r^2)$,而圆形域、环形域以及扇形域等多选择极坐标系.

(3) 根据积分域和被积函数的特点,选择适当的积分次序;

积分次序选得是否恰当将直接影响计算的繁简程度. 一般说来,在极坐标系下计算二重积分时,我们总是采用先对 r 后对 θ 的积分次序. 在直角坐标系下计算二重积分的积分次序可有两种选择，即：先对 y 后对 x 及先对 x 后对 y 两种，选取的原则一是要求尽可能把积分域不分块或少分块；二是应使被积函数容易积分．值得注意的是，有时由于积分次序选得不当，可使积分积不出来，这时应交换二次积分的顺序来计算（若二次积分含有 $\int \dfrac{\sin x}{x}\mathrm{d}x, \int \mathrm{e}^{\frac{1}{x}}\mathrm{d}x, \cdots$ 等积分时，一般要通过交换积分次序使其后积分）．

（4）当坐标系及积分次序选好以后，可将积分域 D 用不等式组正确写出，然后将二重积分化为二次积分，定好上下限（注意：上限一定要大于下限）再进行两次定积分的计算．

注意 无论选用哪种坐标系，如果区域 D 比较复杂，不能简单地用一个不等式组表示，这时往往需要将 D 分成若干块，利用积分对区域的可加性，对每一小块用上述方法计算，求和即可．

最后，要强调的是在二重积分中面积元 $\mathrm{d}\sigma \geqslant 0$，在计算中体现在化成二次定积分时应确保上限不小于下限．

习 题 二

1. 在直角坐标系下计算下列二重积分：

（1）$\displaystyle\iint\limits_{D} xy\mathrm{d}x\mathrm{d}y$，其中 D 是由 $x=2, y=1$ 及 $y=x$ 所围成的有界闭区域；

（2）$\displaystyle\iint\limits_{D} \dfrac{x^2}{y^2}\mathrm{d}x\mathrm{d}y$，其中 D 是由 $x=2, y=x$ 及 $xy=1$ 所围成的有界闭区域；

（3）$\displaystyle\iint\limits_{D} xy\mathrm{d}x\mathrm{d}y$，其中 D 是由 $y=x-2$ 及 $y^2=x$ 所围成的有界闭区域；

（4）$\displaystyle\iint\limits_{D} \mathrm{e}^x y^2\mathrm{d}x\mathrm{d}y$，其中 $D=\{(x,y) \mid 0\leqslant x\leqslant 1, 0\leqslant y\leqslant 1\}$；

（5）$\displaystyle\iint\limits_{D} \mathrm{e}^{x+y}\mathrm{d}x\mathrm{d}y$，其中 $D=\{(x,y) \mid |x|+|y|\leqslant 1\}$；

（6）$\displaystyle\iint\limits_{D} (y^2+3x-6y+9)\mathrm{d}x\mathrm{d}y$，其中 $D=\{(x,y) \mid x^2+y^2\leqslant R^2\}$；

（7）$\displaystyle\iint\limits_{D} \sqrt{|y-x^2|}\mathrm{d}x\mathrm{d}y$，其中 $D=\{(x,y) \mid |x|\leqslant 1, 0\leqslant y\leqslant 2\}$；

（8）$\displaystyle\iint\limits_{D} \mathrm{e}^{\max(x^2,y^2)}\mathrm{d}x\mathrm{d}y$，其中 $D=\{(x,y) \mid 0\leqslant x\leqslant 1, 0\leqslant y\leqslant 1\}$．

2. 计算下列二重积分：

（1）$\displaystyle\iint\limits_{D} \mathrm{e}^{-x^2}\mathrm{d}x\mathrm{d}y$，其中 D 是由 $x=1, y=0$ 及 $y=x$ 所围成的有界闭区域；

（2）$\displaystyle\iint\limits_{D} x\sin\dfrac{y}{x}\mathrm{d}x\mathrm{d}y$，其中 D 是由 $y=x, y=0, x=1$ 所围成的有界闭区域；

（3）$\displaystyle\iint\limits_{D} \sin(xy^2)\mathrm{d}x\mathrm{d}y$，其中 D 是由 $y=|x|$ 与 $y=1$ 所围成的有界闭区域；

（4）$\displaystyle\iint\limits_{D} x^2 y^2\mathrm{d}x\mathrm{d}y$，其中 $D: |x|+|y|\leqslant 1$．

3. 在直角坐标系下,交换下列二次积分的次序:

(1) $\int_0^1 dx \int_{x^2}^x f(x,y)dy$;

(2) $\int_0^1 dy \int_y^{2-y} f(x,y)dx$;

(3) $\int_1^2 dy \int_{\frac{1}{y}}^y f(x,y)dx$;

(4) $\int_0^1 dy \int_{\arcsin y}^{\pi-\arcsin y} f(x,y)dx$;

(5) $\int_0^1 dx \int_0^x f(x,y)dy + \int_1^2 dx \int_0^{2-x} f(x,y)dy$;

(6) $\int_0^a dx \int_0^x f(y)dy$.

4. 证明 $\iint\limits_D f(x)g(y)dxdy = \int_a^b f(x)dx \cdot \int_c^d g(y)dy$,其中 $D = \{(x,y) \mid a \leqslant x \leqslant b,$

$c \leqslant y \leqslant d\}$. 并利用此结果计算 $\iint\limits_D \dfrac{x e^{x^2}}{1+y}dxdy$,其中 $D = \{(x,y) \mid -1 \leqslant x \leqslant 0, 0 \leqslant y \leqslant 1\}$.

5. 证明公式 $\int_a^b dx \int_a^x f(y)dy = \int_a^b f(y)(b-y)dy$.

6. 将 $\iint\limits_D f(x,y)dxdy$ 化为极坐标系下的二次积分,其中积分区域 D 为

(1) $x^2 + y^2 \leqslant a^2$;   (2) $a^2 \leqslant x^2 + y^2 \leqslant b^2$;

(3) $x^2 + y^2 \leqslant ax$;   (4) $-y \leqslant x \leqslant y, \ 0 \leqslant y \leqslant 1$;

(5) $\begin{cases} (x-2)^2 + y^2 \leqslant 4 \\ (x-a)^2 + y^2 \geqslant a^2 \end{cases}$,其中 $0 < a < 2$;   (6) $\begin{cases} 4x \leqslant x^2 + y^2 \leqslant 8x \\ x \leqslant y \leqslant 2x \end{cases}$.

7. 利用极坐标计算下列二重积分:

(1) $\iint\limits_D e^{x^2+y^2}dxdy$,其中 $D: x^2 + y^2 \leqslant R^2$;

(2) $\iint\limits_D \sin\sqrt{x^2+y^2}dxdy$,其中 $D: \pi^2 \leqslant x^2 + y^2 \leqslant 4\pi^2$;

(3) $\iint\limits_D \sqrt{x^2+y^2}dxdy$,其中 $D: x^2 + y^2 \leqslant 4, (x-1)^2 + y^2 \geqslant 1, x \geqslant 0, y \geqslant 0$;

(4) $\iint\limits_D \dfrac{1-x^2-y^2}{1+x^2+y^2}dxdy$,其中 $D: x^2 + y^2 \leqslant 1, x \geqslant 0, y \geqslant 0$;

(5) $\iint\limits_D xydxdy$,其中 $D: x^2 + y^2 \leqslant 2x, x^2 + y^2 \leqslant 2y$;

(6) $\iint\limits_D \ln(1+x^2+y^2)dxdy$,其中 D 是由圆周 $x^2 + y^2 = 1$ 及坐标轴所围成的在第一象限内的闭区域;

(7) $\iint\limits_D \dfrac{x+y}{x^2+y^2}dxdy$,其中 $D: x^2 + y^2 \leqslant 1, x+y \geqslant 1$;

(8) $\iint\limits_D \dfrac{y}{(a^2+x^2+y^2)^{\frac{3}{2}}}dxdy$,其中 $D: 0 \leqslant x \leqslant a, 0 \leqslant y \leqslant a$.

8. 将下列积分化为极坐标系下的二次积分:

(1) $\int_0^R \mathrm{d}x \int_0^{\sqrt{R^2-x^2}} f(\sqrt{x^2+y^2})\mathrm{d}y$;

(2) $\int_0^{2R} \mathrm{d}y \int_0^{\sqrt{2Ry-y^2}} f(x,y)\mathrm{d}x$.

9. 求下列空间立体的体积:

(1) 上半球面 $x^2+y^2+z^2=R^2$ 与 xOy 面所围成的立体;

(2) 由两个抛物面 $z=x^2+y^2$ 与 $z=4-(x^2+y^2)$ 所围成的立体;

(3) 两个圆柱面 $x^2+y^2=R^2$,$x^2+z^2=R^2$ 相交部分所围成的立体;

(4) 由锥面 $z=\sqrt{x^2+y^2}$ 与平面 $z=0$ 及圆柱面 $x^2+y^2=1$ 所围成的立体;

(5) 球体 $x^2+y^2+z^2 \leqslant R^2$ 与 $x^2+y^2+z^2 \leqslant 2Rz$ 的公共部分;

(6) 满足 $z \geqslant x^2+y^2$ 及 $x^2+y^2+z^2 \leqslant 2z$ 的立体.

10. 函数 $f(x,y)$ 在区域 D 上连续,且满足 $f(x,y)=xy+\iint\limits_{D} f(x,y)\mathrm{d}x\mathrm{d}y$,其中 D 是由抛物线 $y=x^2$ 与两直线 $x=1$ 和 $y=0$ 所围成的区域,求 $f(x,y)$.

11. 下面的计算过程是否正确,若不正确求出正确的结果:

$$V=2\iint\limits_{x^2+y^2 \leqslant x} \sqrt{1-x^2-y^2}\,\mathrm{d}x\mathrm{d}y = 2\int_{-\frac{\pi}{2}}^{\frac{\pi}{2}} \mathrm{d}\theta \int_0^{\cos\theta} \sqrt{1-r^2}\,r\mathrm{d}r$$

$$=2\int_{-\frac{\pi}{2}}^{\frac{\pi}{2}} \left(-\frac{1}{2}\right)\frac{1}{\frac{1}{2}+1}(1-r^2)^{\frac{1}{2}+1}\Bigg|_0^{\cos\theta}\,\mathrm{d}\theta$$

$$=-\frac{2}{3}\int_{-\frac{\pi}{2}}^{\frac{\pi}{2}} \left[(\sin^2\theta)^{\frac{3}{2}}-1\right]\mathrm{d}\theta$$

$$=-\frac{2}{3}\int_{-\frac{\pi}{2}}^{\frac{\pi}{2}} (\sin^3\theta-1)\mathrm{d}\theta = \frac{2}{3}\pi.$$

12. 求由心形线 $\rho=a(1+\cos\theta)$ 和圆 $\rho=a$ 所围区域(不含极点的部分)的面积.

13. 某城市受地理限制呈直角三角形分布,斜边临一条河. 由于交通关系,城市发展不太均衡,这一点可以从税收状况反映出来. 若以两直角边为坐标轴建立直角坐标系,则位于 x 轴和 y 轴上的城市长度分别为 16 km 和 12 km,且税收情况与地理位置的关系大体为

$$R(x,y)=20x+10y\,(\text{万元/km}^2),$$

试计算该城市总税收收入.

14. 若函数 $f(x)$ 连续,且 $f(0)=1$,设函数 $F(t)=\iint\limits_{x^2+y^2 \leqslant t^2} f(x^2+y^2)\mathrm{d}x\mathrm{d}y$,求 $F''(0)$.

15* . (反常二重积分) 设 D 是坐标面 xOy 上的无界区域,$f(x,y)$ 在 D 上连续.任取一系列有界闭区域满足 $D_1 \subset D_2 \subset \cdots \subset D_n \subset \cdots \subset D$. 且当 $n \to \infty$ 时,D_n 扩张为 D. 如果极限 $\lim\limits_{n\to\infty}\iint\limits_{D_n} f(x,y)\mathrm{d}\sigma$ 存在,称极限值为在**无界区域 D 上的反常二重积分**,记为

$$\iint\limits_{D} f(x,y)\mathrm{d}\sigma = \lim\limits_{n\to\infty}\iint\limits_{D_n} f(x,y)\mathrm{d}\sigma.$$

讨论计算反常二重积分

$$\iint\limits_{D} \frac{\mathrm{d}x\mathrm{d}y}{(1+x^2+y^2)^\alpha}, \quad \alpha \neq 1,$$

其中 D 是整个 xOy 平面.

第三节　三重积分的概念及直角坐标系下的计算法

本节通过对空间 $Oxyz$ 中质量分布不均匀的有界立体 Ω 质量的计算引入三重积分的概念,我们将会看到三重积分的概念、基本性质以及计算方法都完全可以类似于二重积分建立起来.

一、三重积分的概念

1. 引例

问题　设在空间直角坐标系 $Oxyz$ 中有一非均匀密度的空间物体 Ω,其密度为 $\mu(x,y,z)$,且 $\mu(x,y,z)$ 在 Ω 上连续,求此物体的质量.

分析　上节用"分割、近似、求和、取极限"的方法,求出了非均匀平面薄片的质量,并由此抽象出了二重积分的概念. 也完全可以利用这种方法来解决上面提出的问题.

解决方法　（1）分割：将此物体所占的空间区域 Ω 任意分割成 n 个小区域,记为 $\Delta V_1,\Delta V_2,\cdots,\Delta V_n,\Delta V_i(i=1,2,\cdots n)$ 表示第 i 个小区域的体积.

（2）近似：在每个小区域 ΔV_i 上任意取一点 (ξ_i,η_i,ζ_i),当小区域 ΔV_i 很小时,由于 $\mu(x,y,z)$ 在 Ω 上连续,小区域 ΔV_i 的质量 ΔM_i 可近似为 $\Delta M_i \approx \mu(\xi_i,\eta_i,\zeta_i)\Delta V_i$.

（3）求和：因此物体 Ω 的质量就近似为 $M \approx \sum_{i=1}^{n}\mu(\xi_i,\eta_i,\zeta_i)\Delta V_i$,且当 Ω 分割得越来越细时,此和式也越来越接近物体的质量.

（4）取极限：当小区域 ΔV_i 无限缩小,即小区域直径的最大者 $\lambda = \max\limits_{1\leqslant i \leqslant n}\{\Delta V_i$ 的直径$\} \to 0$ 时的极限,就是物体 Ω 质量的精确值,即

$$M = \lim_{\lambda \to 0}\sum_{i=1}^{n}\mu(\xi_i,\eta_i,\zeta_i)\Delta V_i.$$

实际问题中的很多其他问题也归结为这样一类和式极限. 例如求电荷体密度为 $\mu(x,y,z)$ 的物体总的带电量等,这里不再赘述,请读者完成.

由此抽象出三重积分的概念.

2. 三重积分的概念

定义 1　设 $f(x,y,z)$ 是空间有界闭域 Ω 上的有界函数,把区域 Ω 任意分成 n 个小区域 $\Delta V_1,\Delta V_2,\cdots,\Delta V_n$,其体积分别为 $\Delta V_i(i=1,2,\cdots,n)$,在每个小区域上任取一点 $P_i(\xi_i,\eta_i,\zeta_i)$,作和式 $I_n = \sum_{i=1}^{n}f(\xi_i,\eta_i,\zeta_i)\Delta V_i$,令 $\lambda = \max\limits_{1\leqslant i \leqslant n}\{\Delta V_i$ 的直径$\}$,当 λ 趋于零时,和式 I_n 的极限存在,则称此极限值为函数 $f(x,y,z)$ 在区域 Ω 上的**三重积分**,记作 $\iiint\limits_{\Omega}f(x,y,z)\mathrm{d}V$. 即

$$\iiint\limits_{\Omega}f(x,y,z)\mathrm{d}V = \lim_{\lambda \to 0}\sum_{i=1}^{n}f(\xi_i,\eta_i,\zeta_i)\Delta V_i,$$

函数 $f(x,y,z)$ 称为**被积函数**,Ω 称为**积分区域**,dV 称为**体积元素**.此时也称函数 $f(x,y,z)$ 在区域 Ω 上可积.

在直角坐标系中,若用平行于坐标面的平面来划分 Ω,那么除了包含 Ω 的边界点的一些不规则小闭区域外,得到的典型小闭区域 ΔV 的边长为 $\Delta x,\Delta y,\Delta z$,则 $\Delta V=\Delta x\Delta y\Delta z$.因此在直角坐标系中,有时也把体积元素 dV 记作 $dxdydz$,而把三重积分记作

$$\iiint\limits_{\Omega} f(x,y,z)dxdydz,$$

其中 $dxdydz$ 称为**直角坐标系中的体积元素**.

特别地,若 $f(x,y,z)\equiv 1$,则 $\iiint\limits_{\Omega}dxdydz$ 即为空间立体 Ω 的体积.

关于三重积分的存在性,可以证明当函数 $f(x,y,z)$ 在闭区域 Ω 中连续时,函数 $f(x,y,z)$ 在区域 Ω 上可积.

由上面的定义可知,若 $\mu(x,y,z)$ 表示某物体在点 (x,y,z) 处的密度,Ω 是该物体所占有的空间闭区域,$\mu(x,y,z)$ 在 Ω 上连续,则该物体的质量 M 为

$$M=\iiint\limits_{\Omega}\mu(x,y,z)dxdydz.$$

3. 三重积分的性质

三重积分的性质与二重积分的性质完全类似,这里仅叙述如下,并假设所涉三重积分均存在.

性质 1 $\iiint\limits_{\Omega}kf(x,y,z)dV=k\iiint\limits_{\Omega}f(x,y,z)dV$,其中 k 为常数.

性质 2 $\iiint\limits_{\Omega}[f(x,y,z)\pm g(x,y,z)]dV=\iiint\limits_{\Omega}f(x,y,z)dV\pm\iiint\limits_{\Omega}g(x,y,z)dV.$

结合性质 1 与性质 2,就得到三重积分的线性性质

$$\iiint\limits_{\Omega}[\alpha f(x,y,z)\pm\beta g(x,y,z)]dV=\alpha\iiint\limits_{\Omega}f(x,y,z)dV\pm\beta\iiint\limits_{\Omega}g(x,y,z)dV,$$

其中 α,β 为常数.

性质 3(三重积分对积分区域的可加性) 若闭区域 Ω 被分割为两个不相重叠的闭区域 Ω_1 与 Ω_2,记为 $\Omega=\Omega_1+\Omega_2$,则有

$$\iiint\limits_{\Omega}f(x,y,z)dV=\iiint\limits_{\Omega_1}f(x,y,z)dV+\iiint\limits_{\Omega_2}f(x,y,z)dV.$$

性质 4 若在 Ω 上有 $f(x,y,z)\leqslant g(x,y,z)$,则有不等式

$$\iiint\limits_{\Omega}f(x,y,z)dV\leqslant\iiint\limits_{\Omega}g(x,y,z)dV.$$

性质 5 若 $f(x,y,z)$ 在 Ω 上可积,则 $|f(x,y,z)|$ 在 Ω 上亦可积,且

$$\left|\iiint\limits_{\Omega}f(x,y,z)dV\right|\leqslant\iiint\limits_{\Omega}|f(x,y,z)|dV.$$

性质 6 设 M,m 分别是 $f(x,y,z)$ 在有界闭区域 Ω 的最大值和最小值,V 是 Ω 的体积,则有

$$mV\leqslant\iiint\limits_{\Omega}f(x,y,z)dV\leqslant MV.$$

性质 7(三重积分的中值定理) 设函数 $f(x,y,z)$ 在有界闭区域 Ω 上连续,V 是 Ω 的体积,则 $\exists(\xi,\eta,\zeta)\in\Omega$,使得

$$\iiint\limits_{\Omega}f(x,y,z)\mathrm{d}V=f(\xi,\eta,\zeta)V.$$

二、三重积分在直角坐标系下的计算

我们已经学习了定积分与二重积分的计算,三重积分可以化为二重积分和定积分来计算,并最终化归为三个定积分来计算(称为三次积分).计算中的步骤与二重积分类似,仍有两个主要步骤:第一步是选择坐标系,三重积分中常用的坐标系有三种:直角坐标系、柱面坐标系与球面坐标系.选择坐标系的原则也是根据积分区域的边界及被积函数来确定的.第二步是选择积分次序,此时选择的可能性比二重积分更多一些,其中还包括可先作定积分再作二重积分,也可以反过来.下面首先来介绍在直角坐标系下化三重积分为三次积分的具体方法.

1.“先一后二”法

设闭区域 Ω 是由母线平行于 z 轴的柱面及曲面 S_1、S_2 所围成,且穿过 Ω 内部的直线与闭区域 Ω 的边界曲面 S_1、S_2 相交不多于两点.将闭区域 Ω 投影到 xOy 面上,得一平面闭区域 D,设 S_1、S_2 的方程分别为 $z=z_1(x,y),z=z_2(x,y)(z_1(x,y)\leqslant z_2(x,y))$,且均为 D 上的连续函数,如图 10-26 所示.

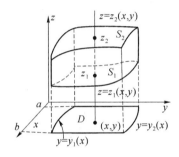

图 10-26

这时可先将 x,y 看作定值,因而 $f(x,y,z)$ 只看作 z 的函数,而 z 在区间 $[z_1(x,y),z_2(x,y)]$ 上变化,对变量 z 积分,积分的结果是 x,y 的函数,记为 $F(x,y)$,即

$$F(x,y)=\int_{z_1(x,y)}^{z_2(x,y)}f(x,y,z)\mathrm{d}z.$$

然后再计算 $F(x,y)$ 在闭区域 D 上的二重积分,即

$$\iiint\limits_{\Omega}f(x,y,z)\mathrm{d}V=\iint\limits_{D}F(x,y)\mathrm{d}\sigma=\iint\limits_{D}\left[\int_{z_1(x,y)}^{z_2(x,y)}f(x,y,z)\mathrm{d}z\right]\mathrm{d}\sigma. \tag{10-1}$$

这种先确定二重积分的积分区域 D,再确定定积分的积分限的方法亦可称为坐标面投影法.

若闭区域 D 可用不等式

$$a\leqslant x\leqslant b,\quad y_1(x)\leqslant y\leqslant y_2(x)$$

来表示.进一步将这个二重积分化为二次积分,于是得到三重积分化为三次积分的一个计算公式:

$$\iiint\limits_{\Omega} f(x,y,z)\mathrm{d}V = \int_a^b \mathrm{d}x \int_{y_1(x)}^{y_2(x)} \left[\int_{z_1(x,y)}^{z_2(x,y)} f(x,y,z)\mathrm{d}z \right] \mathrm{d}y.$$

通常记为

$$\iiint\limits_{\Omega} f(x,y,z)\mathrm{d}V = \int_a^b \mathrm{d}x \int_{y_1(x)}^{y_2(x)} \mathrm{d}y \int_{z_1(x,y)}^{z_2(x,y)} f(x,y,z)\mathrm{d}z.$$

上面公式的右端称为**先对 z,再对 y,最后对 x 的三次积分**.进一步从里到外计算三个定积分,并注意内层积分所得是外层积分的被积函数,即可求出三重积分的值.

即若积分区域 Ω 可表示为:$\begin{cases} a \leqslant x \leqslant b \\ y_1(x) \leqslant y \leqslant y_2(x) \\ z_1(x,y) \leqslant z \leqslant z_2(x,y) \end{cases}$,则

$$\iiint\limits_{\Omega} f(x,y,z)\mathrm{d}V = \int_a^b \mathrm{d}x \int_{y_1(x)}^{y_2(x)} \mathrm{d}y \int_{z_1(x,y)}^{z_2(x,y)} f(x,y,z)\mathrm{d}z.$$

最后,上式右端由里向外计算三个定积分,即得到三重积分 $\iiint\limits_{\Omega} f(x,y,z)\mathrm{d}V$ 的值.

若在(10-1)式中计算二重积分时采用先对 x 再对 y 顺序的二次积分,则三重积分 $\iiint\limits_{\Omega} f(x,y,z)\mathrm{d}V$ 可化为 **先对 z,再对 x,最后对 y 的三次积分**.

由于上面的三次积分是先计算一个定积分再计算一个二重积分而得到,因此这种方法常称为"**先一后二**"法.

若平行于 x 轴或 y 轴且穿过闭区域 Ω 的直线与 Ω 的边界曲面相交不多于两点,也可把闭区域 Ω 投影到 yOz 面或 zOx 面上,这样便可把三重积分化为按其他顺序的三次积分.

如果平行于坐标轴且穿过闭区域 Ω 内部的直线与边界曲面的交点多于两个,也可像处理二重积分那样,把 Ω 分成若干部分,利用对积分区域的可加性,使 Ω 上的三重积分化为各部分闭区域上的三重积分的和.

例1 计算三重积分 $\iiint\limits_{\Omega} xyz\,\mathrm{d}x\mathrm{d}y\mathrm{d}z$,其中积分区域 Ω:$1 \leqslant x \leqslant 2, 1 \leqslant y \leqslant 2, 1 \leqslant z \leqslant 2$.

解 积分区域 Ω 如图 10-27 所示.

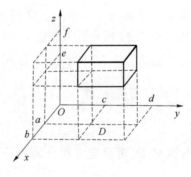

如图 10-27

由于积分区域 Ω 用不等式表示为 $1 \leqslant x \leqslant 2, 1 \leqslant y \leqslant 2, 1 \leqslant z \leqslant 2$,所以

$$\iiint\limits_{\Omega} xyz\,\mathrm{d}x\mathrm{d}y\mathrm{d}z = \int_1^2 \mathrm{d}x \int_1^2 \mathrm{d}y \int_1^2 xyz\,\mathrm{d}z$$

$$= \int_1^2 x\mathrm{d}x \int_1^2 y\frac{z^2}{2}\Big|_1^2\,\mathrm{d}y = \frac{3}{2}\int_1^2 x\mathrm{d}x\int_1^2 y\mathrm{d}y = \frac{27}{8}.$$

一般地,若 Ω 为: $a\leqslant x\leqslant b, c\leqslant y\leqslant d, e\leqslant z\leqslant f$, 将 $\iiint\limits_{\Omega} f(x,y,z)\mathrm{d}V$ 化为三次积分为

$$\iiint\limits_{\Omega} f(x,y,z)\mathrm{d}V = \int_a^b \mathrm{d}x\int_c^d \mathrm{d}y\int_e^f f(x,y,z)\mathrm{d}z.$$

特别地,当 $f(x,y,z)=g(x)w(y)v(z)$ 时,

$$\iiint\limits_{\Omega} f(x,y,z)\mathrm{d}V = \int_a^b \mathrm{d}x\int_c^d \mathrm{d}y\int_e^f g(x)w(y)v(z)\mathrm{d}z$$

$$= \int_a^b g(x)\mathrm{d}x\int_c^d w(y)\mathrm{d}y\int_e^f v(z)\mathrm{d}z.$$

上面的三次积分的积分限都是常数,且被积函数可分离,因此各积分可以独立计算.

例 2 计算三重积分 $\iiint\limits_{\Omega} x\mathrm{d}V$,其中 Ω 是由平面 $x+y+z=1$ 及三个坐标面所围成的闭区域.

解 闭区域 Ω 如图 10-28 所示,将 Ω 投影到 xOy 面上,得投影区域 $D: 0\leqslant x\leqslant 1$, $0\leqslant y\leqslant 1-x$. 在 D 内任取一点 (x,y),过此点作平行于 z 轴的直线,该直线穿过闭区域 Ω,从曲面 $z=0$ 穿入,从曲面 $z=1-x-y$ 穿出,于是

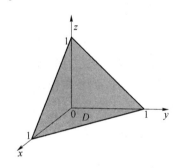

图 10-28

$$\iiint\limits_{\Omega} x\mathrm{d}V = \iint\limits_{D}\Big[\int_0^{1-x-y} x\mathrm{d}z\Big]\mathrm{d}\sigma = \int_0^1 \mathrm{d}x\int_0^{1-x} \mathrm{d}y\int_0^{1-x-y} x\mathrm{d}z$$

$$= \int_0^1 \mathrm{d}x\int_0^{1-x} x(1-x-y)\mathrm{d}y$$

$$= \int_0^1 \Big[x(1-x)^2 - \frac{1}{2}x(1-x)^2\Big]\mathrm{d}x$$

$$= \frac{1}{2}\int_0^1 (x-2x^2+x^3)\mathrm{d}x = \frac{1}{24}.$$

请读者思考,本题是否可以将闭区域向其他坐标面投影,从而化为其他顺序的三次积分计算?并请读者练习.

例 3 化三重积分 $I = \iiint\limits_{\Omega} f(x,y,z)\mathrm{d}x\mathrm{d}y\mathrm{d}z$ 为三次积分,其中积分区域 Ω 为由曲面

$z = x^2 + 2y^2$ 及 $z = 2 - x^2$ 所围成的闭区域.

解 如图 10-29 所示，显然积分闭区域 Ω 向 xOy 面上投影比较方便. 由 $\begin{cases} z = x^2 + 2y^2 \\ z = 2 - x^2 \end{cases}$，消

去变量 z，得两曲面的交线在 xOy 面上的投影区域 $D : x^2 + y^2 \leqslant 1$.

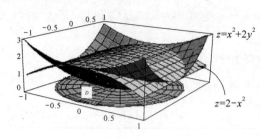

图 10-29

在 D 内任取一点 (x, y)，过此点作平行于 z 轴的直线，该直线穿过闭区域 Ω，从曲面 $z = x^2 + 2y^2$ 穿入，从曲面 $z = 2 - x^2$ 穿出，所以

$$I = \iiint\limits_{\Omega} f(x, y, z) \mathrm{d}x\mathrm{d}y\mathrm{d}z = \iint\limits_{D} \left[\int_{x^2 + 2y^2}^{2 - x^2} f(x, y, z) \mathrm{d}z \right] \mathrm{d}\sigma,$$

再将二重积分化为二次积分，其中 $D : -1 \leqslant x \leqslant 1, -\sqrt{1 - x^2} \leqslant y \leqslant \sqrt{1 - x^2}$. 于是，三重积分化

为三次积分为

$$I = \int_{-1}^{1} \mathrm{d}x \int_{-\sqrt{1 - x^2}}^{\sqrt{1 - x^2}} \mathrm{d}y \int_{x^2 + 2y^2}^{2 - x^2} f(x, y, z) \mathrm{d}z.$$

2. "先二后一"法

设积分区域 Ω 夹在平面 $z = c$ 及 $z = d$ 之间，任取 $z \in [c, d]$，过点 $(0, 0, z)$ 作垂直于 z 轴的平面，它截割区域 Ω 得平面区域 $D(z)$. 先在 $D(z)$ 上作二重积分，得 z 的一元函数，再在 $[c, d]$上对 z 作定积分. 由此得三重积分的计算公式

$$I = \iiint\limits_{\Omega} f(x, y, z) \mathrm{d}x\mathrm{d}y\mathrm{d}z = \int_{c}^{d} \mathrm{d}z \iint\limits_{D(z)} f(x, y, z) \mathrm{d}x\mathrm{d}y.$$

与此类似，可以先把立体投影到 x 轴或者 y 轴，得到三重积分计算公式.

这种先确定定积分的积分限，再确定二重积分的积分区域 D 的方法亦可称为**轴截面法**.

若 $D(z)$ 可以表示为

$$D(z) = \{ (x, y, z) \mid x_1(z) \leqslant x \leqslant x_2(z), y_1(x, z) \leqslant y \leqslant y_2(x, z) \},$$

则式子可写成三次积分的形式

$$I = \iiint\limits_{\Omega} f(x, y, z) \mathrm{d}x\mathrm{d}y\mathrm{d}z = \int_{c}^{d} \mathrm{d}z \int_{x_1(z)}^{x_2(z)} \mathrm{d}x \int_{y_1(x, z)}^{y_2(x, z)} f(x, y, z) \mathrm{d}y.$$

由于上面的三次积分是先计算一个二重积分再计算一个定积分而得到，因此这种方法常称为**"先二后一"法**.

例 4 计算三重积分 $\iiint\limits_{\Omega} z^2 \mathrm{d}x\mathrm{d}y\mathrm{d}z$，其中 Ω 是由椭球面 $\dfrac{x^2}{a^2} + \dfrac{y^2}{b^2} + \dfrac{z^2}{c^2} = 1$ 所围成的空间闭

区域.

分析 计算一个三重积分也可以化为先计算一个二重积分，再计算一个定积分的方法，即

"先二后一"法. 具体做法是将空间闭区域 Ω 向某坐标轴投影, 例如向 z 轴投影, 设 $c_1 \leqslant z \leqslant c_2$.

在 c_1, c_2 之间任取一 z, 将 z 视为常数, 这样 $z =$ 常数的平面截闭区域 Ω 得到一个平面闭区域, 设为 D_z(图 10-30), 则有

$$\iiint\limits_{\Omega} f(x,y,z)\mathrm{d}V = \int_{c_1}^{c_2} \mathrm{d}z \iint\limits_{D_z} f(x,y,z)\mathrm{d}x\mathrm{d}y.$$

进而再将其中的二重积分化为二次积分计算. 用这种方法计算所给三重积分比较方便.

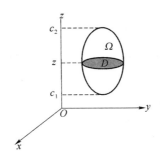

图 10-30

解 空间闭区域 Ω 如图 10-31 所示. 将 Ω 向 z 轴投影, 则 $-c \leqslant z \leqslant c$. 在 $-c, c$ 上任取一 z, 视 z 为常数, 平面 $z =$ 常数截闭区域 Ω 所得平面区域 D_z: $\dfrac{x^2}{a^2} + \dfrac{y^2}{b^2} \leqslant 1 - \dfrac{z^2}{c^2}$, 区域 D_z 的面积为 $\pi ab\left(1 - \dfrac{z^2}{c^2}\right)$.

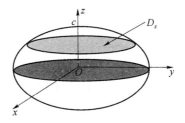

图 10-31

于是

$$\iiint\limits_{\Omega} z^2 \mathrm{d}x\mathrm{d}y\mathrm{d}z = \int_{-c}^{c} \mathrm{d}z \iint\limits_{D_z} z^2 \mathrm{d}x\mathrm{d}y$$

$$= \int_{-c}^{c} z^2 \mathrm{d}z \iint\limits_{D_z} \mathrm{d}x\mathrm{d}y \quad \left(\text{其中}\iint\limits_{D_z}\mathrm{d}x\mathrm{d}y \text{恰为} D_z \text{的面积}\right)$$

$$= \pi ab \int_{-c}^{c} \left(1 - \frac{z^2}{c^2}\right) z^2 \mathrm{d}z$$

$$= \frac{4}{15} \pi abc^3.$$

计算三重积分时, 选用哪种方法取决于积分区域的特点及被积函数的具体形式, 由此例可见, 若被积函数只是一个坐标的函数, 则用"先二后一"法计算较为简便. 此时先把积分区域 Ω 投影到相应的坐标轴上, 在截面上的二重积分有时可用几何公式直接得出.

习　题　三

1. 将三重积分 $\iiint\limits_{\Omega} f(x,y,z)\mathrm{d}V$ 化为先对 z 后对 y 再对 x 的累次积分,其中积分域 Ω 为:

(1) 平面 $x=0,y=0,z=1$ 及 $z=x+y$ 所围成;

(2) 椭圆抛物面 $z=3x^2+y^2$ 及抛物柱面 $z=1-x^2$ 所围成的区域;

(3) 上半球体 $x^2+y^2+z^2=1,z\geqslant0$;

(4) 双曲抛物面 $z=xy$ 及平面 $x+y=1,z=0$ 所围成的空间区域.

2. 设某物体占有空间闭区域 $\Omega=\{(x,y,z)\,|\,0\leqslant x\leqslant1,0\leqslant y\leqslant1,0\leqslant z\leqslant1\}$,物体的体密度为 $f(x,y,z)=x+y+z$,试计算该物体的质量.

3. 计算下列三重积分:

(1) $\iiint\limits_{\Omega}\dfrac{1}{(x+y+z+1)^3}\mathrm{d}V$,$\Omega$ 是由平面 $x=0,y=0,z=0$ 及 $x+y+z=1$ 所围成的四面体;

(2) $\iiint\limits_{\Omega}xy\,\mathrm{d}x\mathrm{d}y\mathrm{d}z$,$\Omega$ 是双曲抛物面 $z=xy$ 及平面 $x+y=1,z=0$ 所围成的空间区域;

(3) $\iiint\limits_{\Omega}xy\,\mathrm{d}x\mathrm{d}y\mathrm{d}z$,$\Omega$ 是由柱面 $x^2+y^2=1$ 及平面 $x=0,y=0,z=0,z=1$ 所围成的空间区域在第一卦限的部分;

(4) $\iiint\limits_{\Omega}x^2z\,\mathrm{d}x\mathrm{d}y\mathrm{d}z$,$\Omega$ 是由抛物面 $y=x^2$ 及平面 $y=1,z=0,z=y$ 所围成的空间区域;

(5) $\iiint\limits_{\Omega}\dfrac{xy}{\sqrt{z}}\mathrm{d}x\mathrm{d}y\mathrm{d}z$,$\Omega$ 是由锥面 $z^2=x^2+y^2$ 及平面 $z=1$ 围成的空间区域在第一象限的部分;

(6) $\iiint\limits_{\Omega}\cos z^2\,\mathrm{d}x\mathrm{d}y\mathrm{d}z$,$\Omega$ 是由锥面 $z=x^2+y^2$ 及平面 $z=2$ 围成的空间区域.

4. 利用对称性,说明下列等式是否成立,为什么?

设 $\Omega:x^2+y^2+z^2\leqslant R^2$,$\Omega_1:x^2+y^2+z^2\leqslant R^2,z\geqslant0$,

$\Omega_2:x^2+y^2+z^2\leqslant R^2,z\geqslant0,x\geqslant0,y\geqslant0$,则

(1) $\iiint\limits_{\Omega}x\,\mathrm{d}V=0,\iiint\limits_{\Omega}z\,\mathrm{d}V=0$;

(2) $\iiint\limits_{\Omega}x\,\mathrm{d}V=4\iiint\limits_{\Omega_2}x\,\mathrm{d}V,\iiint\limits_{\Omega}z\,\mathrm{d}V=2\iiint\limits_{\Omega_1}z\,\mathrm{d}V=4\iiint\limits_{\Omega_2}z\,\mathrm{d}V$;

(3) $\iiint\limits_{\Omega_1}xy\,\mathrm{d}V=\iiint\limits_{\Omega_1}yz\,\mathrm{d}V=\iiint\limits_{\Omega_1}zx\,\mathrm{d}V=0$.

5. 利用对称性计算积分 $I=\iiint\limits_{\Omega}\dfrac{z\ln(x^2+y^2+z^2+1)}{x^2+y^2+z^2+1}\mathrm{d}x\mathrm{d}y\mathrm{d}z$,其中 $\Omega:x^2+y^2+z^2\leqslant1$.

6. 计算 $I = \iiint\limits_{\Omega} z \mathrm{d}V$，其中 Ω 是 $x^2 + y^2 + z^2 \leqslant a^2, z \geqslant 0$ 所围成的区域.

7. 计算 $I = \iiint\limits_{\Omega} (x^2 + y^2) \mathrm{d}V$，其中

（1）Ω 是由曲线 $y = \sqrt{2z}$ 绕 z 轴旋转得到的曲面和平面 $z = 2, z = 8$ 所围成的区域；

（2）Ω 是由上半球面 $z = \sqrt{a^2 - x^2 - y^2}$ 和锥面 $z = \sqrt{x^2 + y^2} - a (a > 0)$ 所围成的区域.

8. 计算 $I = \iiint\limits_{\Omega} \dfrac{\sin \pi z}{\sqrt{x^2 + y^2}} \mathrm{d}x \mathrm{d}y \mathrm{d}z$，其中 Ω 是由锥面 $z = \dfrac{2}{\sqrt{3}} \sqrt{x^2 + y^2}$ 和柱面 $x^2 + y^2 = \dfrac{1}{3}$ 以及平面 $z = 2$ 所围成的区域.

第四节　三重积分在柱面坐标及球面坐标下的计算

一、柱面坐标下三重积分的计算

先看一个例子.

例 1 求两曲面 $z = x^2 + y^2$ 与 $z = 2 - x^2 - y^2$ 所围空间立体（图 10-32）的体积.

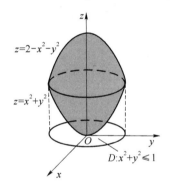

图 10-32

解 在方程组 $\begin{cases} z = x^2 + y^2 \\ z = 2 - x^2 - y^2 \end{cases}$ 中，消去 z，得两曲面的交线在 xOy 面上的投影曲线 $x^2 + y^2 = 1$，所以此空间立体在 xOy 面上的投影区域为 $D: x^2 + y^2 \leqslant 1$. 在 D 内任取一点 (x, y)，过此点平行于 z 轴的直线从曲面 $z = x^2 + y^2$ 穿入，从曲面 $z = 2 - x^2 - y^2$ 穿出，于是

$$V = \iiint\limits_{\Omega} \mathrm{d}x \mathrm{d}y \mathrm{d}z = \iint\limits_{D} \left[\int_{x^2+y^2}^{2-x^2-y^2} \mathrm{d}z \right] \mathrm{d}\sigma = 2 \iint\limits_{D} (1 - x^2 - y^2) \mathrm{d}\sigma.$$

此二重积分由于积分区域和被积函数的特点，用极坐标计算较方便. 从而

$$V = 2 \iint\limits_{D} (1 - x^2 - y^2) \mathrm{d}\sigma = 2 \int_0^{2\pi} \mathrm{d}\theta \int_0^1 (1 - r^2) r \mathrm{d}r$$

$$= 2\pi \left(r^2 - \frac{1}{2} r^4 \right) \Big|_0^1 = \pi,$$

或写为

$$V = \iiint\limits_{\Omega} \mathrm{d}x\mathrm{d}y\mathrm{d}z = \iint\limits_{D}\left[\int_{x^2+y^2}^{2-x^2-y^2} \mathrm{d}z\right]\mathrm{d}\sigma = \int_0^{2\pi} \mathrm{d}\theta\int_0^1 r\mathrm{d}r\int_{r^2}^{2-r^2} \mathrm{d}z.$$

该题在计算了对 z 的定积分得到一个二元函数之后引入了极坐标,从而使后面的二重积分的计算更为简便.纵观整个计算过程,可以认为将空间中点的直角坐标 x,y,z 用 r,θ,z 来表示.这里 r,θ,z 构成的空间点的坐标(r,θ,z)就是下面将定义的柱面坐标,而这种计算三重积分的方法通常称为三重积分的柱面坐标计算法.

1. 柱面坐标系

设 $M(x,y,z)$ 为空间内一点,并设点 M 在 xOy 面上的投影 P 的极坐标为 r,θ,则这样的三个数(r,θ,z)就称为 M 点的柱面坐标(图 10-33),这里规定 r,θ,z 的变化范围为

$$0 \leqslant r < +\infty$$
$$0 \leqslant \theta \leqslant 2\pi$$
$$-\infty < z < +\infty.$$

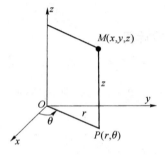

图 10-33

三组坐标面分别为(图 10-34)

$r=$ 常数,即以 z 轴为轴的圆柱面;

$\theta=$ 常数,即过 z 轴的半平面;

$z=$ 常数,即与 xOy 面平行的平面.

显然,点 M 的直角坐标与柱面坐标的关系为

$$\begin{cases} x = r\cos\theta \\ y = r\sin\theta \\ z = z \end{cases}.$$

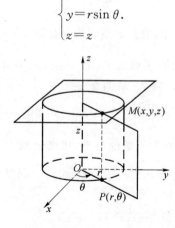

图 10-34

2. 利用柱面坐标计算三重积分

（1）首先将直角坐标系下的三重积分化为柱面坐标系下的三重积分

即要把三重积分 $\iiint\limits_{\Omega} f(x,y,z)\mathrm{d}V$ 中的变量变换为柱面坐标. 为此,用三组坐标面 $r=$ 常数, $\theta=$ 常数, $z=$ 常数把 Ω 分成许多小闭区域,除了含 Ω 的边界点的一些不规则小闭区域外,这种小闭区域都是柱体. 考虑由 r,θ,z 各取得微小增量 $\mathrm{d}r,\mathrm{d}\theta,\mathrm{d}z$ 所成的柱体的体积,如图 10-35 所示.

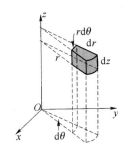

图 10-35

这个体积等于高与底面积的乘积. 现在高为 $\mathrm{d}z$,底面积在不计高阶无穷小时为 $r\mathrm{d}\theta\mathrm{d}r$（即极坐标系中的面积元素）,于是得

$$\mathrm{d}V = r\mathrm{d}r\mathrm{d}\theta\mathrm{d}z,$$

这就是**柱面坐标系中的体积元素**. 从而

$$\iiint\limits_{\Omega} f(x,y,z)\mathrm{d}x\mathrm{d}y\mathrm{d}z = \iiint\limits_{\Omega} f(r\cos\theta, r\sin\theta, z)r\mathrm{d}r\mathrm{d}\theta\mathrm{d}z.$$

上式就是把三重积分的变量从直角坐标变换为柱面坐标的公式.

（2）将柱面坐标下的三重积分化为三次积分

得到柱面坐标下的三重积分后,进一步再将三重积分化为三次积分. 其中三次积分的积分限是根据 r,θ,z 在积分区域 Ω 中的变化范围来确定的. 确定的方法是:将 Ω 向某个面投影,比如 xOy 面（即是柱面坐标中的 $z=0$ 面）,设投影区域为 D,在 D 中任取一点平行于 z 轴作直线穿此积分区域 Ω,并将穿进穿出的曲面方程改写为柱面坐标下的方程,则得到变量 z 的变化范围,如 $\phi_1(r,\theta)\leqslant z\leqslant\phi_2(r,\theta)$,再根据投影区域 D 写出 r,θ 的变化范围,如 $\alpha\leqslant\theta\leqslant\beta,\varphi_1(\theta)\leqslant r\leqslant\varphi_2(\theta)$. 从而,积分区域 Ω 可表示为:

$$\begin{cases} \alpha\leqslant\theta\leqslant\beta \\ \varphi_1(\theta)\leqslant r\leqslant\varphi_2(\theta) \\ \phi_1(r,\theta)\leqslant z\leqslant\phi_2(r,\theta) \end{cases},$$

于是

$$\iiint\limits_{\Omega} f(x,y,z)\mathrm{d}V = \int_{\alpha}^{\beta}\mathrm{d}\theta\int_{\varphi_1(\theta)}^{\varphi_2(\theta)}r\mathrm{d}r\int_{\phi_1(r,\theta)}^{\phi_2(r,\theta)}f(r\cos\theta, r\sin\theta, z)\mathrm{d}z.$$

事实上,当三重积分化为式（10-1）的形式时,如果其中的二重积分适合用极坐标计算,那么此三重积分就适合用柱面坐标计算.

例 2　计算 $\iiint\limits_{\Omega} z\mathrm{d}x\mathrm{d}y\mathrm{d}z$, Ω 是球面 $x^2+y^2+z^2=4$ 与抛物面 $x^2+y^2=3z$ 所围区域（图 10-36）.

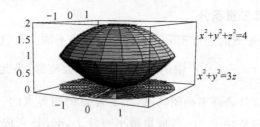

图 10-36

解 上面两个曲面用柱面坐标表示为

$$r^2 + z^2 = 4, \quad r^2 = 3z.$$

它们的交线是

$$\begin{cases} z = 1 \\ r = \sqrt{3} \end{cases}.$$

因此，Ω 在 (r, θ) 面上的投影为一个圆域：$0 \leqslant r \leqslant \sqrt{3}$（在 $z = 0$ 平面上），区域 Ω 可表示为

$$0 \leqslant \theta \leqslant 2\pi, \quad 0 \leqslant r \leqslant \sqrt{3}, \quad \frac{r^2}{3} \leqslant z \leqslant \sqrt{4 - r^2}.$$

于是

$$\iiint\limits_{\Omega} z \, \mathrm{d}x \mathrm{d}y \mathrm{d}z = \int_0^{2\pi} \mathrm{d}\theta \int_0^{\sqrt{3}} r \mathrm{d}r \int_{\frac{r^2}{3}}^{\sqrt{4-r^2}} z \mathrm{d}z$$

$$= 2\pi \int_0^{\sqrt{3}} \frac{1}{2} r \left[(4 - r^2) - \frac{r^4}{9} \right] \mathrm{d}r = \frac{13}{4} \pi.$$

例3 计算 $I = \iiint\limits_{\Omega} z \sqrt{x^2 + y^2} \mathrm{d}V$，其中 Ω 是由曲面 $y = 0$，$y = \sqrt{2x - x^2}$ 与 $z = 0$，$z = a (a > 0)$ 所围成的区域.

解 积分区域如图 10-37 所示.

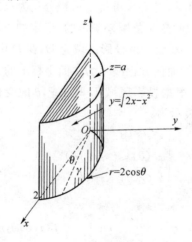

图 10-37

曲面 $y = \sqrt{2x - x^2}$ 的柱面坐标方程为 $r = 2\cos\theta$. Ω 在 $z = 0$ 面上的投影为一个半圆域：$0 \leqslant \theta \leqslant \frac{\pi}{2}$，$0 \leqslant r \leqslant 2\cos\theta$. 则区域 Ω 可表示为

$$0 \leqslant \theta \leqslant \frac{\pi}{2}, \quad 0 \leqslant r \leqslant 2\cos\theta, \quad 0 \leqslant z \leqslant a,$$

于是

$$I = \int_0^{\frac{\pi}{2}} d\theta \int_0^{2\cos\theta} r^2 dr \int_0^a z dz$$

$$= \frac{a^2}{2} \int_0^{\frac{\pi}{2}} \frac{8}{3} \cos^3\theta d\theta = \frac{8}{9} a^2.$$

二、球面坐标下三重积分的计算

1. 球面坐标系

设 $M(x,y,z)$ 为空间内一点,则点 M 也可用这样三个有次序的数 r,φ,θ 来确定,其中 r 为原点 O 与点 M 间的距离,φ 为有向线段 $\overrightarrow{OM}$ 与 z 轴正向所夹的角,θ 为从 z 轴正向来看是自 x 轴按逆时针方向转到有向线段 $\overrightarrow{OP}$ 的角,这里 P 为点 M 在 xOy 面上的投影,如图 10-38 所示. 这样的三个数叫作点 M 的**球面坐标**,记为 (r,φ,θ). 这里 r,φ,θ 的变化范围为

$$0 \leqslant r < +\infty$$
$$0 \leqslant \varphi \leqslant \pi \quad .$$
$$0 \leqslant \theta \leqslant 2\pi$$

三组坐标面分别为

$r = $ 常数,即以原点为心的球面;

$\varphi = $ 常数,即以原点为顶点,z 轴为轴的圆锥面;

$\theta = $ 常数,即过 z 轴的半平面(图 10-39).

设点 M 在 xOy 面上的投影为 P,点 P 在 x 轴上的投影为 A,则 $OA = x,AP = y,PM = z$. 又 $OP = r\sin\varphi, z = r\cos\varphi$. 因此,点 M 的直角坐标与球面坐标的关系为

$$\begin{cases} x = OP\cos\theta = r\sin\varphi\cos\theta \\ y = OP\sin\theta = r\sin\varphi\sin\theta \\ z = r\cos\varphi \end{cases}.$$

且满足 $x^2 + y^2 + z^2 = r^2$.

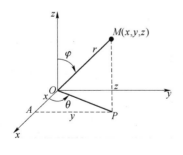

图 10-38

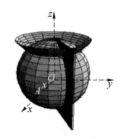

图 10-39

2. 利用球面坐标计算三重积分

(1) 首先将直角坐标系下的三重积分化为球面坐标系下的三重积分.

为了把三重积分中的变量从直角坐标变换为球面坐标,用三组坐标面 $r = $ 常数,$\varphi = $ 常数,$\theta = $ 常数把积分区域 Ω 分成小闭区域. 考虑 r,φ,θ 各取得微小增量 $dr,d\varphi,d\theta$ 所成的六面体,将

其视为长方体,如图 10-40 所示,其经线方向的长为 $r\mathrm{d}\varphi$,纬线方向的宽为 $r\sin\varphi\mathrm{d}\theta$,向径方向的高为 $\mathrm{d}r$,于是得

$$\mathrm{d}V = r^2\sin\varphi\mathrm{d}r\mathrm{d}\varphi\mathrm{d}\theta,$$

这就是**球面坐标系中的体积元素**.

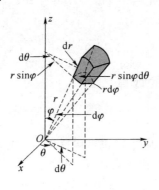

图 10-40

从而有

$$I = \iiint\limits_{\Omega} f(x,y,z)\mathrm{d}x\mathrm{d}y\mathrm{d}z = \iiint\limits_{\Omega} F(r,\varphi,\theta)r^2\sin\varphi\mathrm{d}r\mathrm{d}\varphi\mathrm{d}\theta,$$

其中 $F(r,\varphi,\theta)=f(r\sin\varphi\cos\theta,r\sin\varphi\sin\theta,r\cos\varphi)$.上式就是把直角坐标系下三重积分化为**球面坐标系下三重积分的公式**.

(2)将球面坐标系下的三重积分化为三次积分

就是将球面坐标系下的三重积分,化为分别对变量 r,φ 及 θ 的三次积分.例如,若积分区域 Ω 可表示为:$\begin{cases}\alpha\leqslant\theta\leqslant\beta\\\varphi_1(\theta)\leqslant\varphi\leqslant\varphi_2(\theta)\\r_1(\varphi,\theta)\leqslant r\leqslant r_2(\varphi,\theta)\end{cases}$ (即积分区域 Ω 夹在两个半平面 $\theta=\alpha$ 和 $\theta=\beta$ 之间,Ω 中点的球坐标 θ 的最小值是 α,最大值是 β,那么积分区间为 $[\alpha,\beta]$,再确定 φ 的积分限,此积分限是 θ 的函数,最后确定 r 的积分限,它是 θ、φ 的二元函数),则

$$I = \int_{\alpha}^{\beta}\mathrm{d}\theta\int_{\varphi_1(\theta)}^{\varphi_2(\theta)}\sin\varphi\mathrm{d}\varphi\int_{r_1(\varphi,\theta)}^{r_2(\varphi,\theta)} f(r\sin\varphi\cos\theta,r\sin\varphi\sin\theta,r\cos\varphi)r^2\mathrm{d}r.$$

在应用球坐标时,通常 φ 的积分限为常数,r 的积分限仅与 φ 有关.此时空间区域 Ω 是曲顶锥体.中心在原点的半球体可视为 $\varphi=\dfrac{\pi}{2}$ 的球顶锥体,$\varphi=\pi$ 的球顶锥体就是球体.

特别地,若积分区域 Ω 的边界曲面是一个包围原点在内的闭曲面,其球面坐标方程为 $r=r(\varphi,\theta)$,则

$$I = \int_0^{2\pi}\mathrm{d}\theta\int_0^{\pi}\mathrm{d}\varphi\int_0^{r(\varphi,\theta)} F(r,\varphi,\theta)r^2\sin\varphi\mathrm{d}r.$$

当积分区域 Ω 为球面 $r=a$ 所围成时,则

$$I = \int_0^{2\pi}\mathrm{d}\theta\int_0^{\pi}\mathrm{d}\varphi\int_0^{a} F(r,\varphi,\theta)r^2\sin\varphi\mathrm{d}r.$$

当被积函数为 1 时,球体的体积为

$$\int_0^{2\pi}\mathrm{d}\theta\int_0^{\pi}\sin\varphi\mathrm{d}\varphi\int_0^{a} r^2\mathrm{d}r = 2\pi\cdot2\cdot\frac{a^3}{3} = \frac{4}{3}\pi a^3.$$

这就是我们熟悉的球体体积公式.

例 4 计算三重积分 $I = \iiint\limits_{\Omega} \sqrt{x^2 + y^2 + z^2}\,\mathrm{d}x\mathrm{d}y\mathrm{d}z$，其中 Ω 是由锥面 $z = \sqrt{x^2 + y^2}$ 和球面 $x^2 + y^2 + z^2 = R^2$ 所围成的闭区域.

解 闭区域 Ω 如图 10-41 所示.

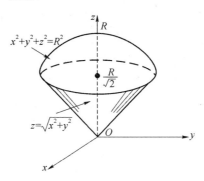

图 10-41

锥面 $z = \sqrt{x^2 + y^2}$ 与球面 $x^2 + y^2 + z^2 = R^2$ 的交线为

$$\begin{cases} x^2 + y^2 + z^2 = R^2 \\ z = \sqrt{x^2 + y^2} \end{cases}$$

或

$$\begin{cases} x^2 + y^2 = \dfrac{R^2}{2} \\ z = \dfrac{R}{\sqrt{2}} \end{cases}.$$

锥面 $z = \sqrt{x^2 + y^2}$ 与 z 轴正向的夹角为 φ，则 $\tan\varphi = \dfrac{\dfrac{R}{\sqrt{2}}}{\dfrac{R}{\sqrt{2}}} = 1$，从而 $\varphi = \dfrac{\pi}{4}$，于是域 Ω 可表示为

$$0 \leqslant \theta \leqslant 2\pi, \quad 0 \leqslant \varphi \leqslant \frac{\pi}{4}, \quad 0 \leqslant r \leqslant R,$$

所以

$$I = \iiint\limits_{\Omega} \sqrt{x^2 + y^2 + z^2}\,\mathrm{d}x\mathrm{d}y\mathrm{d}z = \iiint\limits_{\Omega} r \cdot r^2 \sin\varphi \,\mathrm{d}r\mathrm{d}\theta\mathrm{d}\varphi$$

$$= \int_0^{2\pi} \mathrm{d}\theta \int_0^{\frac{\pi}{4}} \sin\varphi\,\mathrm{d}\varphi \int_0^R r^3 \,\mathrm{d}r = \frac{\pi R^4}{4}\left(2 - \sqrt{2}\right).$$

此例亦可以在柱坐标系下计算，三重积分化为三次积分为

$$I = \int_0^{2\pi} \mathrm{d}\theta \int_0^{\frac{R}{\sqrt{2}}} r\,\mathrm{d}r \int_r^{\sqrt{R^2 - r^2}} \sqrt{r^2 + z^2}\,\mathrm{d}z.$$

由以上的例题可见，当积分区域的边界曲面为球面及圆锥面，而被积函数含有 x, y, z 的平方和或乘积时，常用球面坐标计算.

小结

最后，总结一下三重积分的计算步骤：

(1) 画积分区域 Ω 的简图；

(2) 根据被积函数及积分区域的特点,选择合适的坐标系(正确利用对称性简化计算);

(3) 把三重积分化为相应坐标系下的三次积分形式;

(4) 计算三个定积分.

其中选择合适的坐标系的一般原则如下:

(1) 当区域 Ω 的边界曲面由平面、抛物面等围成时,常用直角坐标系;

(2) 当区域 Ω 的边界曲面由圆柱面、圆锥面、旋转抛物面等围成(在某坐标面的投影为圆、扇形等),又被积函数含有 x^2+y^2 或 x,y,z 之乘积时,常用柱面坐标系;

(3) 当区域 Ω 的边界曲面由球面及圆锥面等围成,被积函数含有 x,y,z 的平方和或乘积时常用球面坐标系.

习　题　四

1.将下列三重积分化为柱面坐标系下的三次积分:

(1) $\iiint\limits_{\Omega} f(x,y,z)\mathrm{d}V$,其中 Ω 是由半圆柱面 $x^2+y^2=1(x>0)$,平面 $x=0,z=0,z=a$ $(a>0)$ 所围成的闭区域;

(2) $\iiint\limits_{\Omega} f(\sqrt{x^2+y^2})\mathrm{d}V$,其中 Ω 为球体 $x^2+y^2+z^2\leqslant 1$ 在第一卦限内的部分;

(3) $\iiint\limits_{\Omega} f(x,y,z)\mathrm{d}V$,其中 Ω 是由锥面 $z=\sqrt{x^2+y^2}$ 与平面 $z=a(a>0)$ 所围成;

(4) $\iiint\limits_{\Omega} f(x^2+y^2+z^2)\mathrm{d}V$,其中 Ω 为半球体 $x^2+y^2+z^2\leqslant 2z,z\geqslant 1$.

2. 利用柱面坐标计算下列三重积分:

(1) $\iiint\limits_{\Omega} \dfrac{1}{1+x^2+y^2}\mathrm{d}V$,$\Omega$ 为锥面 $x^2+y^2=z^2(z>0)$ 及平面 $z=1$ 所围成的区域;

(2) $\iiint\limits_{\Omega} z\mathrm{d}V$,$\Omega$ 为球面 $x^2+y^2+z^2=3$ 与旋转抛物面 $x^2+y^2=2z$ 所围成的立体;

(3) $\iiint\limits_{\Omega} z\mathrm{d}V$,$\Omega$ 为球面 $z=\sqrt{1-x^2-y^2}$ 与锥面 $z=\sqrt{x^2+y^2}$ 所围成的立体;

(4) $\iiint\limits_{\Omega} (x^2+y^2+z)\mathrm{d}V$,$\Omega$ 由 $\begin{cases} y^2=2z \\ x=0 \end{cases}$ 绕 z 轴旋转一周而成的曲面与平面 $z=2$ 所围成的立体;

(5) $\iiint\limits_{\Omega} z\sqrt{x^2+y^2}\mathrm{d}V$,$\Omega$ 是由圆柱面 $x^2+y^2=2x$ 和平面 $z=0,z=a\ (a>0)$ 围成的立体的第一象限部分;

(6) $\iiint\limits_{\Omega} \dfrac{xy}{\sqrt{z}}\mathrm{d}x\mathrm{d}y\mathrm{d}z$,$\Omega$ 是由锥面 $z^2=x^2+y^2$ 及平面 $z=1$ 围成的空间区域在第一象限的部分;

(7) $\iiint\limits_{\Omega} (x^2+y^2+z^2)\mathrm{d}V$,$\Omega$ 由旋转抛物面 $z=x^2+y^2$ 及平面 $z=1$ 围成;

(8) $\iiint\limits_{\Omega} (x^2 + y^2)\mathrm{d}V$, Ω 由曲面 $z = \sqrt{x^2 + y^2}$ 及 $z = 2 - x^2 - y^2$ 围成.

3. 利用柱面坐标下的三重积分,求两曲面 $z = x^2 + y^2$ 与 $z = 2 - \sqrt{x^2 + y^2}$ 所围成立体的体积.

4. 将 $\iiint\limits_{\Omega} f(x,y,z)\mathrm{d}V$ 在三种坐标系下分别化为三次积分,其中 Ω 为 $z \geqslant \sqrt{x^2 + y^2}$ 与 $x^2 + y^2 + z^2 \leqslant 2$ 所围区域.

5. 计算 $I = \iiint\limits_{\Omega} (x^2 + y^2 + z^2)\mathrm{d}x\mathrm{d}y\mathrm{d}z$,其中 Ω 是由球面 $x^2 + y^2 + z^2 = 1$ 所围的区域.

6. 利用球面坐标计算 $\iiint\limits_{\Omega} \sqrt{x^2 + y^2 + z^2}\mathrm{d}x\mathrm{d}y\mathrm{d}z$,其中 Ω 是由球面 $x^2 + y^2 + z^2 = z$ 所围的区域.

7. 计算 $I = \iiint\limits_{\Omega} \mathrm{e}^{|x|}\mathrm{d}x\mathrm{d}y\mathrm{d}z$,其中 Ω 由不等式 $x^2 + y^2 + z^2 \leqslant 1$ 确定.

8. 计算 $I = \iiint\limits_{\Omega} (x^3 + y^3 + z^3)\mathrm{d}x\mathrm{d}y\mathrm{d}z$,其中 Ω 是由球面 $x^2 + y^2 + z^2 = 2z$ 和锥面 $z = \sqrt{x^2 + y^2}$ 所围的区域.

9. 若 $f(u)$ 可微,且 $f(0) = 0$,$f'(0) = 1$,求极限 $\lim\limits_{t \to 0^+} \dfrac{1}{\pi t^4} \iiint\limits_{\Omega} f(\sqrt{x^2 + y^2 + z^2})\mathrm{d}V$,其中 Ω 是由 $x^2 + y^2 + z^2 \leqslant 4z$,$x \geqslant 0$,$y \geqslant 0$ 所确定的区域.

10. 球体 $x^2 + y^2 + z^2 \leqslant 4z$ 被曲面 $z = 4 - x^2 - y^2$ 分成两部分,求两部分体积的比值.

11. 计算 $I = \iiint\limits_{\Omega} (x + z)\mathrm{d}x\mathrm{d}y\mathrm{d}z$,其中 Ω 是由曲面 $z = \sqrt{x^2 + y^2}$ 和 $z = \sqrt{1 - x^2 - y^2}$ 所围的区域.

12. 设 $f(x)$ 连续且恒大于零,$F(t) = \dfrac{\iiint\limits_{\Omega(t)} f(x^2 + y^2 + z^2)\mathrm{d}V}{\iint\limits_{D(t)} f(x^2 + y^2)\mathrm{d}\sigma}$,$G(t) = \dfrac{\iint\limits_{D(t)} f(x^2 + y^2)\mathrm{d}\sigma}{\int_{-t}^{t} f(x^2)\mathrm{d}x}$,

其中 $V(t) = \{(x,y,z) \mid x^2 + y^2 + z^2 \leqslant t^2\}$,$D(t) = \{(x,y) \mid x^2 + y^2 \leqslant t^2\}$:

(1) 讨论 $F(t)$ 在 $(0, +\infty)$ 的单调性;

(2) 证明:当 $t > 0$ 时,$F(t) > \dfrac{2}{\pi} G(t)$.

第五节 重积分的应用

在定积分的应用中我们看到,有许多求总量的问题可以用定积分的微元法来处理.这种微元法也可推广到重积分的应用中;如果所要计算的某个量 U 对于闭区域 D(或空间区域 Ω)具有可加性,即当闭区域 D(或 Ω)分成许多小闭区域时,所求量 U 相应地分成许多部分量,且 U 等于部分量之和.并且在闭区域 D(或 Ω)内任取一个直径很小的闭区域 $\mathrm{d}\sigma$(或 $\mathrm{d}V$)时,相应的部分量可近似地表示为 $f(x,y)\mathrm{d}\sigma$(或 $f(x,y,z)\mathrm{d}V$)的形式,其中 (x,y) 在 $\mathrm{d}\sigma$ 内(或 (x,y,z) 在

dV 内）. 这个 $f(x,y)$dσ（或 $f(x,y,z)$dV）称为所求量 U 的微元, 记作 dU, 以它为被积表达式, 在闭区域 D（或 Ω）上积分：

$$U = \iint_D \mathrm{d}U = \iint_D f(x,y)\mathrm{d}\sigma \quad (\text{或 } U = \iiint_\Omega \mathrm{d}U = \iiint_\Omega f(x,y,z)\mathrm{d}V),$$

这就是所求量的积分表达式.

本节就利用重积分的微元法讨论重积分在几何及简单的物理问题中的应用.

一、曲面的面积

设曲面 S 的方程为 $z = f(x,y)$, D 为曲面 S 在 xOy 面上的投影区域, 又设函数 $f(x,y)$ 在 D 上具有连续偏导数 $f_x(x,y)$ 和 $f_y(x,y)$, 因而在曲面上的每一点处都存在切平面和法线. 下面讨论如何计算曲面 S 的面积 A.

显然, 曲面的面积 A 对于闭区域 D 具有可加性, 利用微元法只需求面积微元 dA 的表达式.

在闭区域 D 上任取一直径很小的闭区域 dσ（这小闭区域的面积也记作 dσ）. 在 dσ 上取一点 $P(x,y)$, 对应地曲面 S 上有一点 $M(x,y,f(x,y))$, 点 M 在 xOy 面上的投影点即为 P. 点 M 处曲面 S 的切平面设为 T, 如图 10-42 所示.

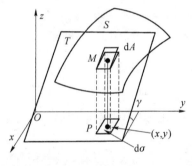

图 10-42

以小闭区域 dσ 的边界为准线作母线平行于 z 轴的柱面, 这柱面在曲面 S 上截下一小片曲面, 在切平面 T 上截下一小片平面. 由于 dσ 的直径很小, 切平面 T 上的那一小片平面的面积 dA 可以近似代替相应的那小片曲面的面积（图 10-43）. 设点 M 处曲面 S 上的法线（指向朝上）与 z 轴所成的角为 γ, 则

$$\mathrm{d}A = \frac{\mathrm{d}\sigma}{\cos\gamma},$$

而

$$\cos\gamma = \frac{1}{\sqrt{1 + f_x^2(x,y) + f_y^2(x,y)}},$$

所以

$$\mathrm{d}A = \sqrt{1 + f_x^2(x,y) + f_y^2(x,y)}\,\mathrm{d}\sigma.$$

这就是曲面 S 的面积元素, 以它为被积表达式在闭区域 D 上积分, 得

$$A = \iint_D \sqrt{1 + f_x^2(x,y) + f_y^2(x,y)}\,\mathrm{d}\sigma.$$

上式也可写成

$$A = \iint_D \sqrt{1 + \left(\frac{\partial z}{\partial x}\right)^2 + \left(\frac{\partial z}{\partial y}\right)^2}\,\mathrm{d}x\mathrm{d}y.$$

这就是**计算曲面面积的公式**. 其中, 被积式 $\sqrt{1 + f_x^2(x,y) + f_y^2(x,y)}\,\mathrm{d}\sigma$ 称为曲面面积元素, 记

为 $dS=\sqrt{1+f_x^2(x,y)+f_y^2(x,y)}\,d\sigma.$

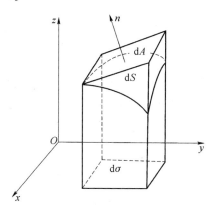

图 10-43

若设曲面的方程为 $x=g(y,z)$ 或 $y=h(z,x)$,可分别把曲面投影到 yOz 面上(投影区域记作 D_{yz})或 zOx 面上(投影区域记作 D_{zx}),类似地得

$$A=\iint_{D_{yz}}\sqrt{1+\left(\frac{\partial x}{\partial y}\right)^2+\left(\frac{\partial x}{\partial z}\right)^2}\,dydz,$$

或

$$A=\iint_{D_{zx}}\sqrt{1+\left(\frac{\partial y}{\partial z}\right)^2+\left(\frac{\partial y}{\partial x}\right)^2}\,dzdx.$$

例 1 求抛物面 $z=x^2+y^2$ 在平面 $z=1$ 下方的曲面面积.

解 请读者自行画出曲面的图形.抛物面 $z=x^2+y^2$ 在平面 $z=1$ 下方的曲面在 xOy 面上的投影区域为 $D:x^2+y^2\leqslant 1.$

因为 $\dfrac{\partial z}{\partial x}=2x,\dfrac{\partial z}{\partial y}=2y,$ 于是

$$\begin{aligned}
A&=\iint_{D}\sqrt{1+\left(\frac{\partial z}{\partial x}\right)^2+\left(\frac{\partial z}{\partial y}\right)^2}\,dxdy\\
&=\iint_{D}\sqrt{1+4x^2+4y^2}\,dxdy\\
&=\int_0^{2\pi}d\theta\int_0^1\sqrt{1+4r^2}\,rdr\\
&=\frac{5\sqrt{5}-1}{6}\pi.
\end{aligned}$$

例 2 设在海湾中,海潮的高潮与低潮之间的差是 2 米.一个小岛的陆地高度变化可用函数 $z=30\left(1-\dfrac{x^2+y^2}{10^6}\right)$ 来描述(单位为米).并设水平面 $z=0$ 对应于低潮的位置,求高潮和低潮时小岛露出水面的面积之比.

解 本题归结为当 $z=0$ 及 $z=2$ 时,曲面 $z=30\left(1-\dfrac{x^2+y^2}{10^6}\right)$ 的面积问题.

由于 $\dfrac{\partial z}{\partial x}=-\dfrac{6x}{10^5},\dfrac{\partial z}{\partial y}=-\dfrac{6y}{10^5},$ 从而 $\sqrt{1+\left(\dfrac{\partial z}{\partial x}\right)^2+\left(\dfrac{\partial z}{\partial y}\right)^2}=\sqrt{1+\dfrac{36(x^2+y^2)}{10^{10}}},$ 当低潮时,

$z=0$,有 $0=30\left(1-\dfrac{x^2+y^2}{10^6}\right)$,所以这时曲面在 xOy 面上的投影区域为

$$D_0 : x^2+y^2 \leqslant 10^6.$$

高潮时,$z=2$,有 $2=30\left(1-\dfrac{x^2+y^2}{10^6}\right)$,故

$$D_2 : x^2+y^2 \leqslant 10^6\left(1-\dfrac{1}{15}\right)=10^6 \cdot \dfrac{14}{15}.$$

根据曲面面积的公式,低潮时小岛的面积为

$$A_1 = \iint\limits_{D_0} \sqrt{1+\left(\dfrac{\partial z}{\partial x}\right)^2+\left(\dfrac{\partial z}{\partial y}\right)^2}\,\mathrm{d}x\mathrm{d}y$$

$$= \iint\limits_{D_0} \sqrt{1+\dfrac{36(x^2+y^2)}{10^{10}}}\,\mathrm{d}x\mathrm{d}y$$

$$= \int_0^{2\pi}\mathrm{d}\theta \int_0^{10^3} \sqrt{1+\dfrac{36r^2}{10^{10}}}\,r\mathrm{d}r$$

$$= 2\pi \cdot \dfrac{10^{10}}{72}\int_0^{10^3} \sqrt{1+\dfrac{36r^2}{10^{10}}}\,\mathrm{d}\left(1+\dfrac{36r^2}{10^{10}}\right)$$

$$= \pi \cdot \dfrac{10^{10}}{36} \cdot \dfrac{2}{3} \cdot \left(1+\dfrac{36r^2}{10^{10}}\right)^{\frac{3}{2}} \Bigg|_0^{10^3}$$

$$\approx \dfrac{10^4}{54}\pi \cdot 5\,404.857;$$

同理可得,高潮时小岛的面积为

$$A_2 = \int_0^{2\pi}\mathrm{d}\theta \int_0^{10^3\sqrt{\frac{14}{15}}} \sqrt{1+\dfrac{36r^2}{10^{10}}}\,r\mathrm{d}r \approx \dfrac{10^4}{54}\pi \cdot 5\,044.231\,3,$$

于是,所求面积之比为 $\dfrac{A_2}{A_1}\approx 0.933\,3.$

二 * 、平面薄片对质点的引力

设有一平面薄片,占有 xOy 平面上的闭区域 D,且面密度为 $\mu(x,y)$,假定 $\mu(x,y)$ 在 D 上连续.现在要计算该薄片对位于 z 轴上点 $M_0(0,0,a)(a>0)$ 处的单位质量的点的引力.

应用元素法来求引力 $F=(F_x,F_y,F_z)$.在闭区域 D 上任取一直径很小的闭区域 $\mathrm{d}\sigma$(这小闭区域的面积也记作 $\mathrm{d}\sigma$),(x,y) 是 $\mathrm{d}\sigma$ 上的一个点.薄片中相应于 $\mathrm{d}\sigma$ 的部分的质量近似等于 $\mu(x,y)\mathrm{d}\sigma$,这部分质量可近似看作集中在点 (x,y) 上,于是按两质点间的引力公式可得薄片中相应于 $\mathrm{d}\sigma$ 的部分对该质点的引力的大小近似地为 $G\dfrac{\mu(x,y)\mathrm{d}\sigma}{r^2}$,引力的方向与 $(x,y,0-a)$ 一致,其中 $r=\sqrt{x^2+y^2+a^2}$,G 为引力常数.于是薄片对该质点的引力在三个坐标轴上的投影 F_x,F_y,F_z 的元素:

$$\mathrm{d}F_x = G\dfrac{\mu(x,y)x\mathrm{d}\sigma}{r^3},$$

$$\mathrm{d}F_y = G\dfrac{\mu(x,y)y\mathrm{d}\sigma}{r^3},$$

$$\mathrm{d}F_z = -aG\dfrac{\mu(x,y)\mathrm{d}\sigma}{r^3}.$$

以这些元素为被积表达式,在闭区域 D 上积分,便得

$$F_x = G \iint\limits_{D} \frac{\mu(x,y)x}{(x^2+y^2+a^2)^{\frac{3}{2}}} \mathrm{d}\sigma,$$

$$F_y = G \iint\limits_{D} \frac{\mu(x,y)y}{(x^2+y^2+a^2)^{\frac{3}{2}}} \mathrm{d}\sigma,$$

$$F_z = -aG \iint\limits_{D} \frac{\mu(x,y)}{(x^2+y^2+a^2)^{\frac{3}{2}}} \mathrm{d}\sigma.$$

例 3 求面密度为常量、半径为 R 的均匀圆形薄片:$x^2+y^2 \leqslant R^2$,$z=0$ 对位于 z 轴上的点 $M_0(0,0,a)$ 处的单位质点的引力($a>0$),如图 10-44 所示.

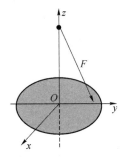

图 10-44

解 由积分区域的对称性知,$F_x = F_y = 0$;

$$F_z = -aG \iint\limits_{D} \frac{\mu(x,y)x}{(x^2+y^2+a^2)^{\frac{3}{2}}} \mathrm{d}\sigma$$

$$= -aG\mu \iint\limits_{D} \frac{1}{(x^2+y^2+a^2)^{\frac{3}{2}}} \mathrm{d}\sigma$$

$$= -aG\mu \int_0^{2\pi} \mathrm{d}\theta \int_0^R \frac{1}{(r^2+a^2)^{\frac{3}{2}}} r\mathrm{d}r$$

$$= 2\pi Ga\mu \left(\frac{1}{\sqrt{R^2+a^2}} - \frac{1}{a} \right),$$

所求引力为

$$\left(0,0,2\pi Ga\rho \left(\frac{1}{\sqrt{R^2+a^2}} - \frac{1}{a} \right) \right).$$

三、其他实例

例 4（火山喷发后的高度变化） 一火山的形状可以用曲面 $z=he^{\frac{-\sqrt{x^2+y^2}}{4h}}$($z>0$)来表示,其中 h 为山的高度.在一次喷发后,有体积为 V 的熔岩附在山上,使它具有和原来一样的形状.求火山高度变化的百分比.

解 以 V_0 记火山喷发前的体积,V_1 记火山喷发后的体积,h_1 为火山喷发后的高度.于是 $V=V_1-V_0$,所求为 $\dfrac{h_1-h}{h}$.

先计算火山喷发前的体积 $V_0 = \iint\limits_{D} he^{\frac{-\sqrt{x^2+y^2}}{4h}} \mathrm{d}x\mathrm{d}y$. 由于火山的底很大,将其视为无限大,用

极坐标计算,有

$$V_0 = \int_0^{2\pi} d\theta \int_0^{+\infty} h e^{\frac{-r}{4h}} r dr = 2\pi h \cdot (-4h) \left(r e^{\frac{-r}{4h}} \Big|_0^{+\infty} - \int_0^{+\infty} e^{\frac{-r}{4h}} dr \right)$$

$$= 8\pi h^2 \cdot (-4h) e^{\frac{-r}{4h}} \Big|_0^{+\infty} = 32\pi h^3.$$

于是

$$V_1 = 32\pi h_1^3, \quad V = V_1 - V_0 = 32\pi(h_1^3 - h^3),$$

$$h_1 = \left(h^3 + \frac{V}{32\pi} \right)^{\frac{1}{3}},$$

从而

$$\frac{h_1 - h}{h} = \frac{1}{h} \left(h^3 + \frac{V}{32\pi} \right)^{\frac{1}{3}} - 1.$$

例 5(飓风的能量有多大) 在一个简化的飓风模型中,假定速度只取单纯的圆周方向,其大小为 $v(r,z) = \Omega r e^{-\frac{z}{h} - \frac{r}{a}}$,其中 r,z 是柱坐标的两个坐标变量,Ω, h, a 为常量. 以海平面飓风中心作为坐标原点,若大气密度 $\rho(z) = \rho_0 e^{-\frac{z}{h}}$,求运动的全部能量. 并问哪一个位置速度具有最大值?

解 求动能 E.

因为 $E = \frac{1}{2} m v^2$,动能微元 $dE = \frac{1}{2} v^2 \Delta m = \frac{1}{2} v^2 \rho dV$,于是

$$E = \frac{1}{2} \iiint_V \rho_0 e^{-\frac{z}{h}} (\Omega r e^{-\frac{z}{h} - \frac{r}{a}})^2 dV.$$

因为飓风活动空间很大,在用柱面坐标计算时,可视 z 由 $0 \to +\infty$,r 由 $0 \to +\infty$. 所以

$$E = \frac{1}{2} \iiint_V \rho_0 e^{-\frac{z}{h}} (\Omega r e^{-\frac{z}{h} - \frac{r}{a}})^2 dV$$

$$= \frac{1}{2} \rho_0 \Omega^2 e^{-\frac{z}{h}} (r e^{-\frac{z}{h} - \frac{r}{a}})^2 \int_0^{2\pi} d\theta \int_0^{+\infty} r^2 e^{-\frac{2r}{a}} r dr \int_0^{+\infty} e^{-\frac{3z}{h}} dz,$$

其中 $\int_0^{+\infty} r3 e^{-\frac{2r}{a}} dr$ 用分部积分法计算得 $\frac{3}{8} a^4$,

$$\int_0^{+\infty} e^{-\frac{3z}{h}} dz = -\frac{h}{3} e^{-\frac{3z}{h}} \Big|_0^{+\infty} = \frac{h}{3}.$$

从而

$$E = \frac{1}{2} \rho_0 \Omega^2 \cdot 2\pi \cdot \frac{3}{8} a^4 \cdot \frac{h}{3} = \frac{h\rho_0\pi}{8} \Omega^2 a^4.$$

下面计算何处速度最大. 问题为求 $v(r,z) = \Omega r e^{-\frac{z}{h} - \frac{r}{a}}$ 的最大值点.

令

$$\frac{\partial v}{\partial z} = \Omega r \left(-\frac{1}{h} \right) e^{-\frac{z}{h} - \frac{r}{a}} = 0, \quad \frac{\partial v}{\partial r} = \Omega \left[e^{-\frac{z}{h} - \frac{r}{a}} + r \left(-\frac{1}{a} \right) e^{-\frac{z}{h} - \frac{r}{a}} \right] = 0,$$

解得 $r = 0, r = a$. 当 $r = 0$ 时,$v = 0$,显然不是最大值(实际上是最小值).

当 $r = a$ 时,$v(a,z) = \Omega a e^{-\frac{z}{h} - 1}$,它是 z 的单调下降函数. 故 $r = a, z = 0$ 处速度最大. 即在海平面上风眼边缘速度最大,这与实际经验相符合.

习 题 五

1. 求平面 $2x-2y+z=0$ 被柱面 $x^2+y^2=4$ 截下的有限部分的面积.

2. 求锥面 $z=\sqrt{x^2+y^2}$ 被柱面 $z^2=2x$ 所割下部分的曲面面积.

3. 求球面 $x^2+y^2+z^2=a^2$ 含在柱面 $x^2+y^2=ax(a>0)$ 内部的面积.

4. 求球面 $x^2+y^2+z^2=3(z\geqslant0)$ 和抛物面 $x^2+y^2=2z$ 所围区域的边界曲面面积.

5*. 设有一平面薄片,占有 xOy 平面上的闭区域 D,且面密度为 $\mu(x,y)$,假定 $\mu(x,y)$ 在 D 上连续. 在 xOy 面上点 $P_0(x_0,y_0)$ 处有一质量为 m 的质点,求薄片对该点的引力.

6*. 设有一质量连续分布的空间立体 Ω,且体密度为 $\mu(x,y,z)$. 在立体外部的一点 $P_0(x_0,y_0,z_0)$ 处有一质量为 m 的质点,求空间立体对该点的引力.

总 习 题 十

一、单项选择题

1. 结论( )是正确的,其中所述积分区域均为有界闭区域,二元函数均为连续函数.

(A) 若 $D_1\subset D$,则 $\iint\limits_{D_1}f(x,y)d\sigma\leqslant\iint\limits_{D}f(x,y)d\sigma$

(B) 若 $f(x,y)\leqslant g(x,y)$,则 $\iint\limits_{D}f(x,y)d\sigma\leqslant\iint\limits_{D}g(x,y)d\sigma$

(C) 若 $f(x,y)\leqslant g(x,y)$,$D_1\subset D$,则 $\iint\limits_{D_1}f(x,y)d\sigma\leqslant\iint\limits_{D}g(x,y)d\sigma$

(D) $\iint\limits_{D}f(x,y)d\sigma\leqslant\iint\limits_{D}g(x,y)d\sigma$ 恒成立

2. 设有平面闭区域 $D:-a\leqslant x\leqslant a,x\leqslant y\leqslant a,D_1:0\leqslant x\leqslant a,x\leqslant y\leqslant a$,则 $\iint\limits_{D}(xy+\cos x\sin y)$

$d\sigma=(\quad)$.

(A) $2\iint\limits_{D_1}\cos x\sin yd\sigma$ 　　　　　(B) $2\iint\limits_{D_1}xyd\sigma$

(C) $4\iint\limits_{D_1}(xy+\cos x\sin y)d\sigma$ 　　　(D) 0

3. $\int_0^1dy\int_{-y}^yf(x,y)dx$ 化为极坐标的二次积分为( ).

(A) $\int_0^1d\theta\int_{-r\sin\theta}^{r\sin\theta}f(r\cos\theta,r\sin\theta)rdr$ 　　　(B) $\int_{\frac{\pi}{4}}^{\frac{3\pi}{4}}d\theta\int_0^{\sin\theta}f(r\cos\theta,r\sin\theta)rdr$

(C) $\int_{\frac{\pi}{4}}^{\frac{3\pi}{4}}d\theta\int_0^{\frac{1}{\sin\theta}}f(r\cos\theta,r\sin\theta)rdr$ 　　(D) $\int_{\frac{\pi}{4}}^{\frac{3\pi}{4}}d\theta\int_0^{\frac{1}{\cos\theta}}f(r\cos\theta,r\sin\theta)rdr$

4. 若闭区域 $D:|x|+|y-1|\leqslant1$,则 $\iint\limits_{D}d\sigma=(\quad)$.

(A) 0   (B) 1   (C) -1 (D) 2

5. 若 Ω 是由 $z^2 = x^2 + y^2$ 与 $z = -1$ 围成的空间闭区域,则三重积分 $\iiint\limits_{\Omega}(x^2 + y^2 + z^2)\mathrm{d}V$ 可化为三次积分(　　　).

(A) $\int_0^{2\pi}\mathrm{d}\theta\int_0^1 r\mathrm{d}r\int_0^r (r^2 + z^2)\mathrm{d}z$ (B) $\int_0^{2\pi}\mathrm{d}\theta\int_0^1 r\mathrm{d}r\int_r^{-1} (r^2 + z^2)\mathrm{d}z$

(C) $\int_0^{2\pi}\mathrm{d}\theta\int_0^1 r\mathrm{d}r\int_{-1}^r (r^2 + z^2)\mathrm{d}z$ (D) $\int_0^{2\pi}\mathrm{d}\theta\int_0^1 r\mathrm{d}r\int_r^0 (r^2 + z^2)\mathrm{d}z$

6. 若区域 Ω 是球体 $x^2 + y^2 + z^2 \leqslant a^2 (a > 0)$,$\Omega_1$ 是 Ω 位于第一卦限的部分,则 $\iiint\limits_{\Omega}f(x^2 + y^2 + z^2)\mathrm{d}V = (\quad\quad)$.

(A) $4\iiint\limits_{\Omega_1}f(x^2 + y^2 + z^2)\mathrm{d}V$ (B) $4\iiint\limits_{\Omega_1}f(a^2)\mathrm{d}V$

(C) $8\iiint\limits_{\Omega_1}f(x^2 + y^2 + z^2)\mathrm{d}V$ (D) $8\iiint\limits_{\Omega_1}f(a^2)\mathrm{d}V$

二、填空题

1. 若有界闭区域 D 由 $x = 0, y = 0, x + y = 1$ 所围,$f(x,y)$ 在 D 上连续,$\iint\limits_{D}f(x,y)\mathrm{d}\sigma = 1$,则在 D 上至少存在一点 (ξ, η),使 $f(\xi, \eta) = $ _____.

2. 二次积分 $\int_0^{\frac{\pi}{4}}\mathrm{d}\theta\int_0^{\frac{1}{\cos\theta}}r\mathrm{d}r = $ _____.

3. 若函数 $f(y)$ 连续,则 $\int_0^{\frac{\pi}{2}}\mathrm{d}x\int_0^{\cos x}f(y)\sin x\mathrm{d}y$ 写为定积分为_____.

4. 若区域 D:$|y| \leqslant x \leqslant 1$,则二重积分 $I_1 = \iint\limits_{D}xy^2\mathrm{d}\sigma, I_2 = \iint\limits_{D}yx^2\mathrm{d}\sigma, I_3 = \iint\limits_{D}(x^2y^2 - 1)\mathrm{d}\sigma$ 的大小关系是_____.

5. 若函数 $f(x)$ 连续,空间区域 Ω 由平面 $x + y + z = 1$ 与三个坐标面围成,则 $\iiint\limits_{\Omega}f(x)\mathrm{d}V$ 写为定积分为_____.

6. 球体 $x^2 + y^2 + z^2 \leqslant 4$ 位于平面 $z = \sqrt{3}$ 下方的那部分体积为_____.

三、计算与证明题

1. 计算下列二重积分:

(1) $\iint\limits_{D}(x + y)\mathrm{d}\sigma$,其中 D 由直线 $x + y = 0, x + y = 1$ 和 $x = 1$ 所围成;

(2) $\iint\limits_{D}xy\mathrm{d}\sigma$,其中 D 在圆周 $x^2 + y^2 = 2x$ 的内部,$x^2 + y^2 = 1$ 的外部,并在 x 轴上方的有界闭区域;

(3) $\iint\limits_{D}\sin(x^2 + y^2)\mathrm{d}\sigma$,其中 D 是由圆周 $x^2 + y^2 = \pi$ 所围成的有界闭区域;

(4) $\iint\limits_{D}(|x| + y)\mathrm{d}\sigma$,其中 $D = \{(x,y) \mid |x| + |y| \leqslant 1\}$;

(5) $\iint\limits_{D}(\sqrt{x^2+y^2}+y)\mathrm{d}\sigma$,其中 D 是由圆周 $x^2+y^2=4$ 和 $(x+1)^2+y^2=1$ 所围成的有界闭区域.

2. 将 $\iint\limits_{D}f(x,y)\mathrm{d}\sigma$ 表为极坐标系下的二次积分,其中 $D:x^2+y^2\leqslant ay,x^2+y^2\leqslant ax(a>0)$ 的公共部分.

3. 试交换二次积分 $\int_0^1\mathrm{d}x\int_{\frac{x}{2}}^{x}f(x,y)\mathrm{d}y+\int_1^2\mathrm{d}x\int_{\frac{x}{2}}^{1}f(x,y)\mathrm{d}y$ 的积分次序.

4. 证明 $\int_a^b\mathrm{d}x\int_a^x(x-y)^{n-1}f(y)\mathrm{d}y=\dfrac{1}{n}\int_a^b f(y)(b-y)^n\mathrm{d}y$,其中 $f(y)$ 为连续函数.

5. 计算 $\iint\limits_{D}x[1+yf(x^2+y^2)]\mathrm{d}\sigma$,其中 D 由曲线 $y=x^3$ 及直线 $x=-1$ 和 $y=1$ 围成,$f(u)$ 为连续函数.

6. 设函数 $f(x,y)$ 在有界闭区域 D 上连续,$D=\{(x,y)\mid(x-x_0)^2+(y-y_0)^2\leqslant r^2\}$,求极限 $\lim\limits_{r\to 0^+}\dfrac{1}{\pi r^2}\iint\limits_{D}f(x,y)\mathrm{d}\sigma$.

7. 计算下列三重积分:

(1) $\iiint\limits_{\Omega}(x+y+z)\mathrm{d}x\mathrm{d}y\mathrm{d}z$,$\Omega$ 由平面 $x+y+z=1$ 及三个坐标面围成;

(2) $\iiint\limits_{\Omega}\mathrm{e}^{|z|}\mathrm{d}x\mathrm{d}y\mathrm{d}z$,其中 $\Omega:x^2+y^2+z^2\leqslant 1$;

(3) $\iiint\limits_{\Omega}y\mathrm{d}x\mathrm{d}y\mathrm{d}z$,其中 Ω 由 xOy 面上区域 $0\leqslant y\leqslant 1-x^2$ 绕 y 轴旋转一周而成;

(4) $\iiint\limits_{\Omega}(x^2+y^2)\mathrm{d}x\mathrm{d}y\mathrm{d}z$,其中 Ω 是曲线 $y^2=2z,x=0$ 绕 z 轴旋转一周而成的曲面与两平面 $z=2,z=8$ 所围的立体;

(5) $\iiint\limits_{\Omega}\dfrac{xy}{\sqrt{z}}\mathrm{d}x\mathrm{d}y\mathrm{d}z$,其中 Ω 是锥面 $z=2\sqrt{x^2+y^2}$ 与平面 $z=2$ 所围成的锥体在第一卦限中的部分.

8. 将累次积分 $\int_0^1\mathrm{d}x\int_{-\sqrt{1-x^2}}^{\sqrt{1-x^2}}\mathrm{d}y\int_0^a z\sqrt{x^2+y^2}\mathrm{d}z$ 化为柱面坐标积分的累次积分并求积分值.

9. 化三次积分 $\int_0^a\mathrm{d}x\int_0^x\mathrm{d}y\int_0^y f(z)\mathrm{d}z$ 为定积分.

10. 设 f 为可微函数,$F(x)=\iiint\limits_{\Omega}f(x^2+y^2+z^2)\mathrm{d}x\mathrm{d}y\mathrm{d}z$,其中 $\Omega:x^2+y^2+z^2\leqslant t^2$,求 $F'(t)$.

11. 若 f 是 $[0,1]$ 上连续的单调增函数,证明:$\dfrac{\int_0^a xf(x)\mathrm{d}x}{\int_0^a f(x)\mathrm{d}x}\geqslant\dfrac{1}{2}a(a>0)$.

12. 求极限:

(1) $\lim\limits_{x\to 0}\dfrac{\int_0^x\left[\int_0^{u^2}\arctan(1+t)\mathrm{d}t\right]\mathrm{d}u}{x(1-\cos x)}$;

(2) $\lim\limits_{u \to +\infty} \dfrac{1}{2\pi} \displaystyle\int_0^u \mathrm{d}z \iint\limits_{D} \dfrac{\sin\left(z\sqrt{x^2+y^2}\right)}{\sqrt{x^2+y^2}} \mathrm{d}x\mathrm{d}y$，其中 $D:1 \leqslant x^2+y^2 \leqslant 4$；

(3) $\lim\limits_{t \to 0} \iint\limits_{D} \ln(x^2+y^2)\mathrm{d}\sigma$，其中 $D:t^2 \leqslant x^2+y^2 \leqslant 1$.

13. 设 $f(x,y)$ 的一阶偏导数连续，求二重积分 $\displaystyle\iint\limits_{D} \dfrac{1}{\sqrt{x^2+y^2}}\left(y\dfrac{\partial f}{\partial x} - x\dfrac{\partial f}{\partial y}\right)\mathrm{d}\sigma$，其中 $D: x^2+y^2 \leqslant R^2$.

14. 设 $f(x)$ 在 $[0,+\infty)$ 上连续，且满足方程 $f(t) = \mathrm{e}^{4\pi t^2} + \displaystyle\iint\limits_{x^2+y^2 \leqslant 4t^2} f\left(\dfrac{1}{2}\sqrt{x^2+y^2}\right)\mathrm{d}x\mathrm{d}y$，求 $f(t)$.

15. (1) 设 $f(x)$ 在 $[0,1]$ 上连续，且 $\displaystyle\int_0^1 f(x)\mathrm{d}x = A$，证明 $\displaystyle\int_0^1 \mathrm{d}x \int_x^1 f(x)f(y)\mathrm{d}y = \dfrac{A^2}{2}$；

(2) 设 $f(x)$ 为连续函数，证明 $\displaystyle\int_0^a \mathrm{d}x \int_0^x \mathrm{d}y \int_0^y f(z)\mathrm{d}z = \dfrac{1}{2}\int_0^a (a-z)^2 f(z)\mathrm{d}z$.

16. 计算 $\displaystyle\iiint\limits_{\Omega} (mx^2+ny^2+pz^2)\mathrm{d}x\mathrm{d}y\mathrm{d}z$，其中 $\Omega: x^2+y^2+z^2 \leqslant a^2$，$m$、$n$、$p$ 为常数.

17. 设 $F(t) = \displaystyle\iiint\limits_{\Omega_t} f(x^2+y^2+z^2)\mathrm{d}V$，其中 $\Omega_t = \{(x,y,z) \mid x^2+y^2+z^2 \leqslant t^2\}$，$f$ 为连续函数，求 $F'(t)$.

18. 证明：曲面 $z = x^2+y^2+a(a>0)$ 上任意点处的切平面与曲面 $z = x^2+y^2$ 所围成的空间区域的体积是一常数.

19. 若函数 $f(x)$ 在闭区间 $[0,t]$ 上连续，设函数 $F(t) = \displaystyle\int_0^t \mathrm{d}z \int_0^z \mathrm{d}y \int_0^y (y-z)^2 f(x)\mathrm{d}x$，证明 $\dfrac{\mathrm{d}F}{\mathrm{d}t} = \dfrac{1}{3}\displaystyle\int_0^t (t-x)^3 f(x)\mathrm{d}x$.

20. 若 $f(t)$ 有连续的导函数，且满足 $f(t) = 2\displaystyle\iint\limits_{x^2+y^2 \leqslant t^2} (x^2+y^2)f(\sqrt{x^2+y^2})\mathrm{d}x\mathrm{d}y + 1$，求函数 $f(t)$.

第十一章 曲线积分与曲面积分

在学习重积分的基础上,本章我们继续对积分概念做进一步的推广,介绍曲线积分和曲面积分.曲线积分和曲面积分就是以曲线段、有界曲面为积分区域的积分问题.曲线积分和曲面积分各分为两类.第一类曲线积分和第一类曲面积分是数值函数的积分,它们与定积分和重积分的概念本质是相同的,只是积分域不同而已.第二类曲线积分和第二类曲面积分的物理背景是变力沿曲线做功和流体通过曲面流量的计算问题,这是向量函数的积分,它们不同于第一类曲线(曲面)积分,其积分值与积分曲线的方向以及积分曲面的侧有关.

本章仍从实际问题出发引入曲线积分和曲面积分的概念,介绍曲线、曲面积分的计算方法和应用,并建立曲线积分与二重积分、曲面积分与三重积分、曲线积分与曲面积分之间的联系——格林(Green)公式、高斯(Gauss)公式和斯托克斯(Stokes)公式.在格林公式的基础上,讨论第二类平面曲线积分与积分路径无关的条件.

第一节 对弧长的曲线积分

一、对弧长的曲线积分的概念与性质

1. 引例

问题 如何求非匀质金属曲线形构件的质量.

在设计曲线形构件时,为了合理使用材料,需根据构件各部分受力情况,把构件上各点处的粗细程度设计得不完全一样.化为数学模型,即可以视曲线形构件是非匀质的,并假设这构件所占的位置在 xOy 面内的一段曲线弧 L 上,它的端点是 A,B,在 L 上任一点 (x,y) 处,其线密度为 $\rho(x,y)$(设 $\rho(x,y)$ 连续).现要计算此构件的质量 M.

分析 如果构件是均质的,即线密度为常量,则此构件的质量 M 就等于它的线密度 ρ 与其曲线弧弧长 s 的乘积,$M=\rho s$.

但由于曲线弧非匀质,因此不能直接用上述方法来计算质量.利用上一章处理类似问题的方法,在曲线弧 L 上插入分点 $M_1,M_2,\cdots,M_{n-1}$,将 L 分成 n 个小弧段,如图 11-1 所示,取其中任一小段构件 $\overset{\frown}{M_{i-1}M_i}$ 来分析.

在线密度 $\rho(x,y)$ 连续变化的条件下,只要这小弧段很短,就可以将这一小弧段近似看为匀质的,并用小弧段上任一点 (ξ_i,η_i) 处的线密度代替这小段上其他各点处的线密度,

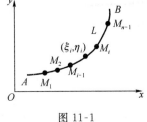

图 11-1

从而此小段构件的质量近似为

$$M_i \approx \rho(\xi_i, \eta_i)\Delta s_i,$$

其中 Δs_i 表示弧段 $\widehat{M_{i-1}M_i}$ 的长度. 于是整个曲线形构件的质量近似为

$$M \approx \sum_{i=1}^{n} \rho(\xi_i, \eta_i)\Delta s_i,$$

对曲线弧 L 分割地越细致,则所求质量的近似程度越好. 利用极限的思想,若用 λ 表示 n 个小弧段的最大长度. 上式右端和式当 $\lambda \to 0$ 时的极限,就是此构件质量的精确值,即

$$M = \lim_{\lambda \to 0} \sum_{i=1}^{n} \rho(\xi_i, \eta_i)\Delta s_i.$$

结论 此实际问题归结为一种新类型的和式极限 $\lim\limits_{\lambda \to 0} \sum\limits_{i=1}^{n} \rho(\xi_i, \eta_i)\Delta s_i$. 抛去和式极限的物理意义,抽象出第一类曲线积分的数学概念.

2. 对弧长的曲线积分的概念及性质

定义 1 设 L 为 xOy 面内的一条光滑曲线弧,函数 $f(x,y)$ 在 L 上有界. 在 L 上任意插入一点列 $M_1, M_2, \cdots, M_{n-1}$ 把 L 分成 n 个小段. 设第 i 个小段的长度为 Δs_i,又 (ξ_i, η_i) 为第 i 个小段上任意取定的一点,作乘积 $f(\xi_i, \eta_i)\Delta s_i (i=1,2,\cdots,n)$,并作和 $\sum\limits_{i=1}^{n} \rho(\xi_i, \eta_i)\Delta s_i$,如果各小段弧的长度的最大值 $\lambda \to 0$ 时,此和的极限总存在,则称此极限为函数 $f(x,y)$ 在曲线弧 L 上**对弧长的曲线积分**或**第一类曲线积分**,记作 $\int_L f(x,y)\mathrm{d}s$,即

$$\int_L f(x,y)\mathrm{d}s = \lim_{\lambda \to 0} \sum_{i=1}^{n} f(\xi_i, \eta_i)\Delta s_i,$$

其中 $f(x,y)$ 称为**被积函数**,L 称为**积分弧段**,$f(x,y)\mathrm{d}s$ 为被积分式,$\mathrm{d}s$ 为弧长元素,即弧微分,$\sum\limits_{i=1}^{n} f(\xi_i, \eta_i)\Delta s_i$ 称为**积分和**.

于是,上述非匀质曲线形构件的质量 M 就是线密度函数 $\rho(x,y)$ 对弧长的曲线积分,即

$$M = \int_L \rho(x,y)\mathrm{d}s.$$

当被积函数 $f(x,y) = 1$ 时,$\int_L \mathrm{d}s$ 表示积分曲线 L 的长度.

关于对弧长的曲线积分,还需注意以下几点:

(1) 被积函数 $f(x,y)$ 的值取在曲线上,也就是说曲线积分的值取决于被积函数与给定的曲线 L. 与积分曲线 L 的方向无关,即

$$\int_{\widehat{AB}} \rho(x,y)\mathrm{d}s = \int_{\widehat{BA}} \rho(x,y)\mathrm{d}s.$$

(2) $\mathrm{d}s$ 是弧长元素,因此在计算中要保证其非负性. 这体现在下面计算对弧长的曲线积分,将其化为定积分确定积分限时,应使上限不小于下限.

(3) 可以证明,当 $f(x,y)$ 在光滑曲线弧 L 上连续时,对弧长的曲线积分 $\int_L f(x,y)\mathrm{d}s$ 存在. 以后总假定 $f(x,y)$ 在 L 上是连续的.

(4) 上述定义可以类似地推广到积分弧段为三维空间中曲线弧 Γ 的情形,即函数 $f(x,y,z)$ 在曲线弧 Γ 上对弧长的曲线积分

$$\int_\Gamma f(x,y,z)\mathrm{d}s = \lim_{\lambda \to 0}\sum_{i=1}^{n} f(\xi_i,\eta_i,\zeta_i)\Delta s_i.$$

（5）若 L（或 Γ）是分段光滑的曲线弧，我们规定函数在 L（或 Γ）上的曲线积分等于函数在各光滑曲线弧段上的曲线积分之和.例如,设 L 可分成两段光滑曲线弧 L_1 及 L_2（记作 $L=L_1+L_2$）,则

$$\int_L f(x,y)\mathrm{d}s = \int_{L_1} f(x,y)\mathrm{d}s + \int_{L_2} f(x,y)\mathrm{d}s,$$

称为曲线积分对积分弧的可加性.

（6）若 L 是闭曲线,那么函数 $f(x,y)$ 在闭曲线 L 上对弧长的曲线积分又常记为 $\oint_L f(x,y)\mathrm{d}s$.

（7）由对弧长的曲线积分的定义,它有如下线性性质

$$\int_L [\alpha f(x,y)\pm\beta g(x,y)]\mathrm{d}s = \alpha\int_L f(x,y)\mathrm{d}s \pm \beta\int_L g(x,y)\mathrm{d}s,$$

其中 α,β 为常数.

（8）由对弧长的曲线积分的定义,当积分曲线 L 具有对称性,且被积函数具有奇偶性时,对弧长的曲线积分与重积分有相同的对称性质.即：

当 L 为平面曲线时,$\int_L \rho(x,y)\mathrm{d}s$ 和 $\iint_D f(x,y)\mathrm{d}\sigma$ 有相同的性质：

① 若 L 关于 x（或 y）对称,$f(x,y)$ 为 y（或 x）的奇函数,则 $\int_L \rho(x,y)\mathrm{d}s = 0$；

② 若 L 关于 x（或 y）对称,$f(x,y)$ 为 y（或 x）的偶函数,则 $\int_L \rho(x,y)\mathrm{d}s = 2\int_{L_1}\rho(x,y)\mathrm{d}s$,其中 L 由 L_1 和 L_2 连接而成,且 L_1 与 L_2 关于 x（或 y）轴对称.

当 Γ 为空间曲线时,$\int_\Gamma f(x,y,z)\mathrm{d}s$ 和 $\iiint_\Omega f(x,y,z)\mathrm{d}V$ 有相同的性质：

① 若 Γ 关于坐标面 xOy（或面 yOz,或面 zOx）对称,$f(x,y,z)$ 为 z（或 x,或 y）的奇函数,则 $\int_\Gamma f(x,y,z)\mathrm{d}s = 0$；

② 若 Γ 关于坐标面 xOy（或面 yOz,或面 zOx）对称,$f(x,y,z)$ 为 z（或 x,或 y）的偶函数,则 $\int_\Gamma f(x,y,z)\mathrm{d}s = 2\int_{\Gamma_1} f(x,y,z)\mathrm{d}s$,其中 Γ 由 Γ_1 和 Γ_2 连接而成,且 Γ_1 与 Γ_2 关于面 xOy（或面 yOz,或面 zOx）对称.

其他性质也与重积分类似,这里不再赘述.

二、对弧长的曲线积分的计算法

对弧长的曲线积分可以化为定积分计算,具体计算方法由以下定理给出.

定理 1　设 $f(x,y)$ 在曲线弧 L 上有定义且连续,L 的参数方程为

$$\begin{cases} x=\varphi(t) \\ y=\psi(t) \end{cases} \quad (\alpha \leqslant t \leqslant \beta),$$

其中 $\varphi(t),\psi(t)$ 在 $[\alpha,\beta]$ 上具有一阶连续导数,且 $\varphi'^2(t)+\psi'^2(t)\neq 0$,则曲线积分 $\int_L f(x,y)\mathrm{d}s$ 存在,且

$$\int_L f(x,y)\mathrm{d}s = \int_\alpha^\beta f[\varphi(t),\psi(t)]\sqrt{\varphi'^2(t)+\psi'^2(t)}\mathrm{d}t \quad (\alpha < \beta).$$

证* 假定当参数 t 由 α 变至 β 时,L 上的点 $M(x,y)$ 依点 A 至点 B 的方向描出曲线 L. 在 L 上取一列点

$$A = M_0, M_1, M_2, \cdots, M_n = B,$$

它们对应于一列单调增加的参数值

$$\alpha = t_0, t_1, t_2, \cdots, t_n = \beta,$$

根据对弧长的曲线积分的定义,有

$$\int_L f(x,y)\mathrm{d}s = \lim_{\lambda \to 0} \sum_{i=1}^n f(\xi_i,\eta_i)\Delta s_i.$$

设点 (ξ_i,η_i) 对应于参数值 τ_i,即 $\xi_i = \varphi(\tau_i),\eta_i = \psi(\tau_i)$,这里 $t_{i-1} \leqslant \tau_i \leqslant t_i$. 由于

$$\Delta s_i = \int_{t_{i-1}}^{t_i} \sqrt{\varphi'^2(t)+\psi'^2(t)}\mathrm{d}t,$$

应用积分中值定理,有

$$\Delta s_i = \sqrt{\varphi'^2(\tau_i')+\psi'^2(\tau_i')}\Delta t_i,$$

其中 $\Delta t_i = t_i - t_{i-1}$, $t_{i-1} \leqslant \tau_i' \leqslant t_i$. 于是

$$\int_L f(x,y)\mathrm{d}s = \lim_{\lambda \to 0} \sum_{i=1}^n f[\varphi(\tau_i),\psi(\tau_i)]\sqrt{\varphi'^2(\tau_i')+\psi'^2(\tau_i')}\Delta t_i.$$

由于函数 $\sqrt{\varphi'^2(t)+\psi'^2(t)}$ 在闭区间 $[\alpha,\beta]$ 上连续,我们可以把上式中的 τ_i' 换成 τ_i,从而

$$\int_L f(x,y)\mathrm{d}s = \lim_{\lambda \to 0} \sum_{i=1}^n f[\varphi(\tau_i),\psi(\tau_i)]\sqrt{\varphi'^2(\tau_i)+\psi'^2(\tau_i)}\Delta t_i.$$

上式右端的和的极限,就是函数 $f[\varphi(t),\psi(t)]\sqrt{\varphi'^2(t)+\psi'^2(t)}$ 在闭区间 $[\alpha,\beta]$ 上的定积分,由于这个函数在 $[\alpha,\beta]$ 上连续,所以这个定积分是存在的,因此上式左端的曲线积分 $\int_L f(x,y)\mathrm{d}s$ 也存在,且有

$$\int_L f(x,y)\mathrm{d}s = \int_\alpha^\beta f[\varphi(t),\psi(t)]\sqrt{\varphi'^2(t)+\psi'^2(t)}\mathrm{d}t \quad (\alpha < \beta), \quad 证毕.$$

上面的计算公式表明:

(1) 在计算对弧长的曲线积分 $\int_L f(x,y)\mathrm{d}s$ 时,若积分弧段 L 为参数方程形式 $\begin{cases} x = \varphi(t) \\ y = \psi(t) \end{cases}$ $(\alpha \leqslant t \leqslant \beta)$,则只要将被积函数的变量 x,y,依次换成 $\varphi(t),\psi(t)$,而将弧长微元 $\mathrm{d}s = \sqrt{\varphi'^2(t)+\psi'^2(t)}\mathrm{d}t$ 代入,然后从 α 到 β 作定积分就行了. 这里必须注意,定积分的下限 α 一定要小于上限 β. 这是因为,从上述推导中可以看出,由于小弧段的长度 Δs_i 总是正的,从而 $\Delta t_i > 0$,所以定积分的上限 β 必须不小于下限 α.

(2) 若曲线 L 由显方程

$$y = \psi(x),\ a \leqslant x \leqslant b$$

给出,则可以把这种情形看作是特殊的参数方程

$$\begin{cases} x = x \\ y = \psi(x) \end{cases} \quad (a \leqslant x \leqslant b)$$

的情形,于是有

$$\int_L f(x,y)\mathrm{d}s = \int_a^b f[x,\psi(x)]\sqrt{1+\psi'^2(x)}\mathrm{d}x \quad (a < b).$$

若曲线 L 由显方程

$$x = \varphi(y), \quad c \leqslant y \leqslant d$$

给出,同理有

$$\int_L f(x, y)\mathrm{d}s = \int_c^d f[\varphi(y), y]\sqrt{1 + \varphi'^2(y)}\,\mathrm{d}y \quad (c < d).$$

(3) **推广**　若空间曲线弧 Γ 由参数方程

$$\begin{cases} x = \varphi(t) \\ y = \psi(t) \quad (\alpha \leqslant t \leqslant \beta) \\ z = \omega(t) \end{cases}$$

给出,有

$$\int_\Gamma f(x, y, z)\mathrm{d}s = \int_\alpha^\beta f[\varphi(t), \psi(t), \omega(t)]\sqrt{\varphi'^2(t) + \psi'^2(t) + \omega'^2(t)}\,\mathrm{d}t \quad (\alpha < \beta).$$

例 1　求 $\displaystyle\int_L x\mathrm{d}s$,其中 L 是 $x^2 + y^2 = R^2$ 的上半圆弧部分.

解　所给积分为对弧长的曲线积分.

按对弧长的曲线积分的计算公式,积分曲线 $L: x^2 + y^2 = R^2$ 的参数方程为:

$$\begin{cases} x = R\cos t \\ y = R\sin t \end{cases} \quad (0 \leqslant t \leqslant \pi).$$

从而 $\mathrm{d}s = \sqrt{x'^2 + y'^2}\,\mathrm{d}t = \sqrt{(-R\sin t)^2 + (R\cos t)^2}\,\mathrm{d}t = R\mathrm{d}t$,于是

$$\int_L x\mathrm{d}s = \int_0^\pi R\cos t \cdot R\mathrm{d}t = 0.$$

例 2　计算曲线积分 $I = \displaystyle\oint_L (x + y)\mathrm{d}s$,其中 L 为连接 $O(0,0)$、$A(1,0)$、$B(0,1)$ 的闭曲线 $OABO$.

解　L 由直线段 OA、AB、BO 组成,用对弧长曲线积分的性质分别计算在各直线段上的积分,相加即可.

直线段 OA 的方程为 $y = 0, 0 \leqslant x \leqslant 1, \mathrm{d}s = \mathrm{d}x$;

直线段 AB 的方程为 $y = 1 - x, 0 \leqslant x \leqslant 1, \mathrm{d}s = \sqrt{1 + y'^2}\,\mathrm{d}x = \sqrt{2}\,\mathrm{d}x$;

直线段 BO 的方程为 $x = 0, 0 \leqslant y \leqslant 1, \mathrm{d}s = \mathrm{d}y$;

于是

$$\begin{aligned} I &= \int_{OA} (x + y)\mathrm{d}s + \int_{AB} (x + y)\mathrm{d}s + \int_{BO} (x + y)\mathrm{d}s \\ &= \int_0^1 (x + 0)\mathrm{d}x + \int_0^1 (x + 1 - x)\sqrt{2}\,\mathrm{d}x + \int_0^1 (0 + y)\mathrm{d}y \\ &= 1 + \sqrt{2}. \end{aligned}$$

例 3　求 $I = \displaystyle\int_L y\mathrm{d}s$,其中 $L: y^2 = 4x$ 从 $(1, 2)$ 到 $(1, -2)$ 的一段,如图 11-2 所示.

解　由计算公式,曲线方程为 $x = \dfrac{y^2}{4}, -2 \leqslant y \leqslant 2$,于是

$$I = \int_{-2}^2 y\sqrt{1 + x'^2}\,\mathrm{d}y = \int_{-2}^2 y\sqrt{1 + \left(\frac{y}{2}\right)^2}\,\mathrm{d}y = 0.$$

例 4　求 $I = \displaystyle\int_\Gamma (x^2 + y^2)\mathrm{d}s$,其中 Γ 为螺旋线 $x = a\cos\theta, y = a\sin\theta$, $z = k\theta$ 在 $0 \leqslant \theta \leqslant 2\pi$ 的一段 $(a, k > 0)$.

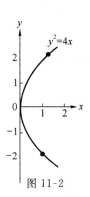

图 11-2

解 由计算公式,$\mathrm{d}s = \sqrt{x'^2 + y'^2 + z'^2}\,\mathrm{d}\theta = \sqrt{a^2 + k^2}\,\mathrm{d}\theta$,于是

$$I = \int_0^{2\pi} \left[(a\cos\theta)^2 + (a\sin\theta)^2\right] \sqrt{a^2 + k^2}\,\mathrm{d}\theta$$

$$= a^2 \sqrt{a^2 + k^2} \int_0^{2\pi} \mathrm{d}\theta$$

$$= 2\pi a^2 \sqrt{a^2 + k^2}.$$

综上,可以总结出应用计算公式的三个基本步骤:计算弧长元素 $\mathrm{d}s$,变换被积函数,确定积分限.事实上,这些步骤不仅适用于第一类曲线积分,而且后面介绍的第二类曲线积分以及曲面积分的计算也类似.这里特别指出的是,由于被积函数中的变量 x,y(或 x,y,z)是积分曲线 L(或 Γ)上的点的坐标,因此它们满足 L(或 Γ)的曲线方程.这是用 L(或 Γ)的曲线方程化简被积函数的根据.这一点对后面的第二类曲线积分以及曲面积分都适用.

习 题 一

1. 判断下列命题的正误,并说明理由:

(1) 设 $I = \int_{\widehat{AB}} xy\,\mathrm{d}s$,$\widehat{AB}$ 为圆周 $x^2 + y^2 = a^2$ 的劣弧,其中两端点为 $A(0,a)$,$B\left(\dfrac{a}{2}, \dfrac{\sqrt{3}}{2}a\right)$,

则有 $I = \int_0^{\frac{a}{2}} x \sqrt{a^2 - x^2} \cdot \dfrac{a}{\sqrt{a^2 - x^2}}\,\mathrm{d}x = \dfrac{1}{8}a^3$;或 $I = \int_a^{\frac{\sqrt{3}}{2}a} y \sqrt{a^2 - y^2} \cdot \dfrac{a}{\sqrt{a^2 - y^2}}\,\mathrm{d}y = -\dfrac{1}{8}a^3$.

(2) 当 $f(x,y) = 1$ 时,$\int_L f(x,y)\,\mathrm{d}s$ 的值等于曲线 L 的弧长.

(3) 若 $f(x,y) \geqslant 0$,$\int_L f(x,y)\,\mathrm{d}s$ 的值等于以曲线 L 为准线,母线平行于 z 轴的柱面上 $0 \leqslant z \leqslant f(x,y)$ 的那一部分柱面的面积(图 11-3).

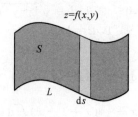

图 11-3

2. 计算下列对弧长的曲线积分:

(1) $\oint_L (x^2 + y^2)\,\mathrm{d}s$,其中 L 为圆周 $x = a\cos t, y = a\sin t \ (0 \leqslant t \leqslant 2\pi)$;

(2) $\int_L (x + y)\,\mathrm{d}s$,其中 L 为连接 $(1,0)$ 及 $(0,1)$ 两点的直线段;

(3) $\int_L y\,\mathrm{d}s$,其中 L 为 $y^2 = 4x$ 上从 $(1,2)$ 至 $(0,0)$ 的弧;

(4) $\int_L 2x^2 y\,\mathrm{d}s$,其中 L 为 $y = |x|$ 上对应 $0 \leqslant y \leqslant 1$ 的一段;

(5) $\int_L \sqrt{x^2 + y^2}\,\mathrm{d}s$,其中 L 为圆周 $x^2 + y^2 = x$;

(6) $\oint_L e^{\sqrt{x^2+y^2}} ds$，其中 L 为 $x^2+y^2=a^2$，直线 $y=x$ 及 x 轴在第一象限内所围成的扇形的整个边界；

(7) $\int_\Gamma (xy+z^2)ds$，其中 Γ 为从点 $(0,0,0)$ 到点 $(1,2,-2)$ 的直线段；

(8) $\oint_\Gamma (1+6xyz)ds$，其中 Γ 为位于第一卦限平面 $x+y+z=1$ 的边界；

(9) $\int_L |y|ds$，其中 L 为右半圆：$x^2+y^2=R^2(x \geqslant 0)$；

(10) $\oint_L xy ds$，其中 L 是由抛物线 $y=x^2$ 和直线 $y=0$ 及 $x=1$ 围成的平面图形的边界线；

(11) $\int_\Gamma z ds$，Γ 为圆锥截线 $\begin{cases} x=t\cos t \\ y=t\sin t \quad (0 \leqslant t \leqslant t_0); \\ z=t \end{cases}$

(12) $\oint_L (5xy+2x^2+3y^2)ds$，其中 L 是椭圆 $\dfrac{x^2}{3}+\dfrac{y^2}{2}=1$ 的一周，周长为 a.

3. 求螺旋线 $L: x=a\cos t, y=a\sin t, z=ht, 0 \leqslant t \leqslant 2\pi$ 的质量，其线密度为

$$\mu(x,y,z)=x^2+y^2+z^2.$$

4. 利用第 1 题 (3) 的结论，求圆柱面 $x^2+y^2=a^2$ 被圆柱面 $x^2+z^2=a^2$ 所围部分的面积.

5. 证明若在曲线 L 上函数 $f(x,y) \equiv C$，则 $\int_L f(x,y)g(x,y)ds = C \int_L g(x,y)ds$.

6. 若曲线 L 为极坐标方程 $\rho=\rho(\theta)(\alpha \leqslant \theta \leqslant \beta)$，且 $\rho(\theta)$ 有连续导数，证明

$$\int_L f(x,y)ds = \int_\alpha^\beta f[\rho(\theta)\cos\theta, \rho(\theta)\sin\theta]\sqrt{\rho^2(\theta)+\rho'^2(\theta)}d\theta.$$

7. 给定平面曲线 $L: x^2+(y-\sqrt{r^2-1})^2=r^2$，计算 $\int_L (x-y)^2 ds$.

8. 计算 $\int_L y ds$，其中 L 为心形线 $\rho=a(1+\cos\theta)$ 的下半部分.

第二节　对坐标的曲线积分

一、对坐标的曲线积分的概念与性质

1. 引例

问题　如何求变力沿曲线所做的功

设一个质点在 xOy 面内从点 A 沿着光滑曲线弧 L 移动到点 B. 在移动过程中，这质点受到力

$$\boldsymbol{F}(x,y)=P(x,y)\boldsymbol{i}+Q(x,y)\boldsymbol{j}$$

的作用，其中函数 $P(x,y),Q(x,y)$ 在 L 上连续. 现要计算在上述移动过程中变力 $\boldsymbol{F}(x,y)$ 所做的功.

分析　我们知道，如果力 $\boldsymbol{F}$ 是常力，且质点从 A 沿直线移动到 B（注意是有方向的），那么

常力 F 所做的功 W 等于两个向量 F 与 $\overrightarrow{AB}$ 的点积,即

$$W = F \cdot \overrightarrow{AB}.$$

现在 $F(x,y)$ 是变力,且质点沿曲线 L 从 A 移动到 B(注意这时可以认为曲线 L 是有向曲线弧,方向是从起点 A 到终点 B),因此功 W 不能直接按以上公式计算.利用上节中用来处理构件质量的方法,来处理此处提出的新问题.

先在曲线弧 L 上插入 $n-1$ 个分点 $M_1(x_1,y_1),\cdots,M_{n-1}(x_{n-1},y_{n-1})$,将曲线弧 L 分成 n 个小弧段(记 $M_0=A,M_n=B$),取其中一个有向小弧段 $\overset{\frown}{M_{i-1}M_i}$ 来分析:

由于 $\overset{\frown}{M_{i-1}M_i}$ 光滑而且很短,可以用有向线段

$$\overrightarrow{M_{i-1}M_i} = (\Delta x_i)\boldsymbol{i} + (\Delta y_i)\boldsymbol{j}$$

来近似代替,其中 $\Delta x_i = x_i - x_{i-1}$,$\Delta y_i = y_i - y_{i-1}$,如图 11-4 所示,注意 $\Delta x_i,\Delta y_i$ 恰是有向线段 $\overrightarrow{M_{i-1}M_i}$ 分别在 x 轴、y 轴上的投影.

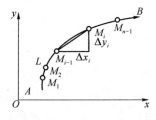

图 11-4

又由于函数 $P(x,y),Q(x,y)$ 在 L 上连续,可以用 $\overset{\frown}{M_{i-1}M_i}$ 上任意取定的一点 (ξ_i,η_i) 处的力

$$F(\xi_i,\eta_i) = P(\xi_i,\eta_i)\boldsymbol{i} + Q(\xi_i,\eta_i)\boldsymbol{j}$$

来近似代替这小弧段上各点处的力,如图 11-5 所示.

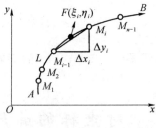

图 11-5

这样,变力 $F(x,y)$ 沿有向小曲线弧段 $\overset{\frown}{M_{i-1}M_i}$ 所做的功 ΔW_i 可以认为近似地等于常力 $F(\xi_i,\eta_i)$ 沿有向线段 $\overrightarrow{M_{i-1}M_i}$ 所做的功,

$$\Delta W_i \approx F(\xi_i,\eta_i) \cdot \overrightarrow{M_{i-1}M_i},$$

即 $\Delta W_i \approx P(\xi_i,\eta_i)\Delta x_i + Q(\xi_i,\eta_i)\Delta y_i$.

于是,变力 $F(x,y)$ 沿有向曲线弧 L 从 A 到 B 所做的功近似为

$$W = \sum_{i=1}^{n} \Delta W_i \approx \sum_{i=1}^{n} [P(\xi_i,\eta_i)\Delta x_i + Q(\xi_i,\eta_i)\Delta y_i].$$

对有向曲线弧的这种分割做得越细,则近似的误差越小.利用极限的思想,用 λ 表示 n 个小弧段的最大长度,令 $\lambda \to 0$ 取上述和的极限,则此极限就是变力 F 沿有向曲线弧所做的功,即

$$W = \lim_{\lambda \to 0} \sum_{i=1}^{n} [P(\xi_i,\eta_i)\Delta x_i + Q(\xi_i,\eta_i)\Delta y_i].$$

上式中 $\lim\limits_{\lambda\to 0}\sum\limits_{i=1}^{n}P(\xi_i,\eta_i)\Delta x_i$ 及 $\lim\limits_{\lambda\to 0}\sum\limits_{i=1}^{n}Q(\xi_i,\eta_i)\Delta y_i$ 又构成了一种新类型的和式极限,和式中的各项是力 $\boldsymbol{F}$ 的分量在弧段 $\widehat{M_{i-1}M_i}$ 上某点的函数值与有向弧段 $\widehat{M_{i-1}M_i}$ 在相应坐标轴上投影的乘积.这是它与对弧长的曲线积分的不同之处.由此引入对坐标的曲线积分的定义.

2. 对坐标的曲线积分的概念

定义 1　设 L 为 xOy 面内从点 A 到点 B 的一条有向光滑曲线弧,函数 $P(x,y),Q(x,y)$ 在 L 上有界.在 L 上沿 L 的方向任意插入一点列 $M_1(x_1,y_1),\cdots,M_{n-1}(x_{n-1},y_{n-1})$ 把 L 分成 n 个小弧段

$$\widehat{M_{i-1}M_i}\ (i=1,2,\cdots,n;M_0=A,M_n=B).$$

设 $\Delta x_i=x_i-x_{i-1},\Delta y_i=y_i-y_{i-1}$,点 (ξ_i,η_i) 为 $\widehat{M_{i-1}M_i}$ 上任意取定的点.如果当各小弧段长度的最大值 $\lambda\to 0$ 时,$\lim\limits_{\lambda\to 0}\sum\limits_{i=1}^{n}P(\xi_i,\eta_i)\Delta x_i$ 的极限总存在,则称此极限为函数 $P(x,y)$ 在有向曲线弧 L 上**对坐标 x 的曲线积分**,记为 $\int_L P(x,y)\mathrm{d}x$.类似地,如果 $\lim\limits_{\lambda\to 0}\sum\limits_{i=1}^{n}Q(\xi_i,\eta_i)\Delta y_i$ 总存在,则称此极限为函数 $Q(x,y)$ 在有向曲线弧 L 上**对坐标 y 的曲线积分**,记为 $\int_L Q(x,y)\mathrm{d}y$. 即

$$\int_L P(x,y)\mathrm{d}x=\lim_{\lambda\to 0}\sum_{i=1}^{n}P(\xi_i,\eta_i)\Delta x_i,$$

$$\int_L Q(x,y)\mathrm{d}y=\lim_{\lambda\to 0}\sum_{i=1}^{n}Q(\xi_i,\eta_i)\Delta y_i,$$

其中 $P(x,y),Q(x,y)$ 叫作**被积函数**,L 叫作**积分弧段**.以上两个积分也统称为**对坐标的曲线积分**或**第二类曲线积分**.

由上述定义知,本节开始时讨论的功可以表达成对坐标的曲线积分

$$W=\int_L P(x,y)\mathrm{d}x+\int_L Q(x,y)\mathrm{d}y.$$

注意到,这时同时有对坐标 x 及 y 的曲线积分.为简便起见,可将这种合并的形式简写成

$$\int_L P(x,y)\mathrm{d}x+Q(x,y)\mathrm{d}y.$$

推广　上述定义可以类似地推广到积分弧段为空间有向曲线弧 Γ 的情形:

$$\int_\Gamma P(x,y,z)\mathrm{d}x=\lim_{\lambda\to 0}\sum_{i=1}^{n}P(\xi_i,\eta_i,\zeta_i)\Delta x_i,$$

$$\int_\Gamma Q(x,y,z)\mathrm{d}y=\lim_{\lambda\to 0}\sum_{i=1}^{n}Q(\xi_i,\eta_i,\zeta_i)\Delta y_i,$$

$$\int_\Gamma R(x,y,z)\mathrm{d}z=\lim_{\lambda\to 0}\sum_{i=1}^{n}R(\xi_i,\eta_i,\zeta_i)\Delta z_i.$$

类似地,把

$$\int_\Gamma P(x,y,z)\mathrm{d}x+\int_\Gamma Q(x,y,z)\mathrm{d}y+\int_\Gamma R(x,y,z)\mathrm{d}z$$

简写成

$$\int_\Gamma P(x,y,z)\mathrm{d}x+Q(x,y,z)\mathrm{d}y+R(x,y,z)\mathrm{d}z.$$

3. 对坐标的曲线积分存在的条件及性质

定理 1(第二类曲线积分存在的条件) 当 $P(x,y),Q(x,y)$ 在有向光滑曲线弧 L 上连续时,对坐标的曲线积分 $\int_L P(x,y)\mathrm{d}x$ 及 $\int_L Q(x,y)\mathrm{d}y$ 都存在.

以后总假定 $P(x,y),Q(x,y)$ 在 L 上连续.

如果 L(或 Γ)是分段光滑的,我们规定函数在有向曲线弧 L(或 Γ)上对坐标的曲线积分等于在光滑的各段上对坐标的积分之和. 例如若 L 分成两段光滑曲线弧 L_1 和 L_2(记为 $L=L_1+L_2$),则

$$\int_L P\mathrm{d}x + Q\mathrm{d}y = \int_{L_1} P\mathrm{d}x + Q\mathrm{d}y + \int_{L_2} P\mathrm{d}x + Q\mathrm{d}y \quad (可加性).$$

根据上述曲线积分的定义,可以导出对坐标的曲线积分有如下性质:

(1) $\int_L \alpha P\mathrm{d}x + \beta Q\mathrm{d}y = \alpha \int_L P\mathrm{d}x + \beta \int_L Q\mathrm{d}y$,其中 α,β 是常数;

(2) 有向性:设 L 是有向曲线弧,$-L$ 是与 L 方向相反的有向曲线弧,则

$$\int_{-L} P(x,y)\mathrm{d}x = -\int_L P(x,y)\mathrm{d}x,$$

$$\int_{-L} Q(x,y)\mathrm{d}y = -\int_L Q(x,y)\mathrm{d}y.$$

这是由于把 L 分成 n 个小段,相应地 $-L$ 也分成 n 个小段. 对于每一个小弧段来说,当曲线弧的方向改变时,有向弧段在坐标轴上的投影的绝对值不变但要改变符号,因此以上两式成立.

性质(2)表明,当积分弧段的方向改变时,对坐标的曲线积分要改变符号. 因此关于对坐标的曲线积分,我们必须特别注意积分弧段的方向.

二、对坐标的曲线积分的计算法

与对弧长的曲线积分的计算类似,对坐标的曲线积分也可以化为定积分计算,具体方法由下面定理给出.

定理 2 设 $P(x,y),Q(x,y)$ 在有向曲线弧 L 上有定义且连续,L 的参数方程为

$$\begin{cases} x=\varphi(t) \\ y=\psi(t) \end{cases},$$

当参数 t 单调地由 α 变到 β 时,点 $M(x,y)$ 从 L 的起点 A 沿 L 运动到终点 B,$\varphi(t),\psi(t)$ 在以 α 及 β 为端点的闭区间上具有一阶连续导数,且 $\varphi'^2(t)+\psi'^2(t)\neq0$,则曲线积分 $\int_L P(x,y)\mathrm{d}x + Q(x,y)\mathrm{d}y$ 存在,且

$$\int_L P(x,y)\mathrm{d}x + Q(x,y)\mathrm{d}y = \int_\alpha^\beta \{P[\varphi(t),\psi(t)]\varphi'(t) + Q[\varphi(t),\psi(t)]\psi'(t)\}\mathrm{d}t.$$

上公式表明,在计算对坐标的曲线积分

$$\int_L P(x,y)\mathrm{d}x + Q(x,y)\mathrm{d}y$$

时,只要将 x,y 依次换为 $\varphi(t),\psi(t)$,而将 $\mathrm{d}x,\mathrm{d}y$ 视为函数 x,y 的微分,即将 $\mathrm{d}x=\varphi'(t)\mathrm{d}t$,$\mathrm{d}y=\psi'(t)\mathrm{d}t$ 代入积分表达式,然后从 L 的起点所对应的参数值 α 到 L 的终点所对应的参数值 β 作定积分就行了. 这里须注意,下限 α 对应于 L 的起点 A,上限 β 对应于 L 的终点 B,因此 α 不一定小于 β,这与对弧长的曲线积分的计算不同.

如果 L 由显方程 $y=\psi(x)$ 或 $x=\varphi(y)$ 给出,则可以看作参数方程的特殊情形,例如,当 L 由 $y=\psi(x)$ 给出时,计算公式就成为

$$\int_L P(x,y)\mathrm{d}x + Q(x,y)\mathrm{d}y = \int_a^b \{P[x,\psi(x)] + Q[x,\psi(x)]\psi'(x)\}\mathrm{d}x,$$

这里下限 a 对应于 L 的起点,上限 b 对应于 L 的终点.

上面的计算方法也可以推广到空间有向曲线 Γ 上对坐标的曲线积分的计算,例如,若空间有向曲线 Γ 由参数方程

$$x=\varphi(t), \quad y=\psi(t), \quad z=\omega(t)$$

给出,则有

$$\int_\Gamma P(x,y,z)\mathrm{d}x + Q(x,y,z)\mathrm{d}y + R(x,y,z)\mathrm{d}z$$

$$= \int_\alpha^\beta \{P[\varphi(t),\psi(t),\omega(t)]\varphi'(t) + Q[\varphi(t),\psi(t),\omega(t)]\psi'(t) +$$

$$R[\varphi(t),\psi(t),\omega(t)]\omega'(t)\}\mathrm{d}t,$$

这里下限 α 对应于 Γ 的起点,上限 β 对应于 Γ 的终点.

例 1 计算 $\int_L xy\mathrm{d}x + (y-x)\mathrm{d}y$,其中 L 是连接自点 $O(0,0)$ 到点 $A(1,1)$ 的如下曲线段:

(1) $L:y=x$;(2)$L:y=x^2$;(3) $L:y=\sqrt{x}$;(4) 折线 OBA,其中 B 点的坐标为$(1,0)$,如图 11-6 所示.

解 所给积分为对坐标的曲线积分,分别按计算公式计算如下:

(1) 因为 $L:y=x,0\leqslant x\leqslant 1$,且 0 对应 L 的起点,1 对应 L 的终点,而 $\mathrm{d}y=\mathrm{d}x$,于是,将曲线积分化为定积分为

$$\int_L xy\mathrm{d}x + (y-x)\mathrm{d}y = \int_0^1 [x\cdot x + (x-x)]\mathrm{d}x$$

$$= \int_0^1 x^2\mathrm{d}x = \frac{1}{3};$$

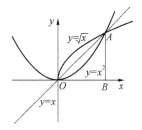

图 11-6

(2) 因为 $L:y=x^2,0\leqslant x\leqslant 1$,且 0 对应 L 的起点,1 对应 L 的终点,而 $\mathrm{d}y=2x\mathrm{d}x$,于是

$$\int_L xy\mathrm{d}x + (y-x)\mathrm{d}y = \int_0^1 [x\cdot x^2 + (x^2-x)\cdot 2x]\mathrm{d}x$$

$$= \int_0^1 (3x^3 - 2x^2)\mathrm{d}x$$

$$= \frac{1}{12};$$

(3) 因为 $L:y=\sqrt{x},0\leqslant x\leqslant 1$,且 0 对应 L 的起点,1 对应 L 的终点,而 $\mathrm{d}y=\frac{1}{2}x^{-\frac{1}{2}}\mathrm{d}x$,于是

$$\int_L xy\mathrm{d}x + (y-x)\mathrm{d}y = \int_0^1 [x\cdot x^{\frac{1}{2}} + \left(x^{\frac{1}{2}}-x\right)\cdot \frac{1}{2}x^{-\frac{1}{2}}]\mathrm{d}x$$

$$= \int_0^1 \left(x^{\frac{3}{2}} + \frac{1}{2} - \frac{1}{2}x^{\frac{1}{2}}\right)\mathrm{d}x$$

$$= \frac{17}{30};$$

(4) 在直线段 OB 上，$y=0$，$\mathrm{d}y=0$，x 沿所给方向从 0 变化到 1；在直线段 BA 上，$x=1$，$\mathrm{d}x=0$，y 沿所给方向从 0 变化到 1，于是

$$
\begin{aligned}
\int_L xy\mathrm{d}x+(y-x)\mathrm{d}y &= \int_{OB} xy\mathrm{d}x+(y-x)\mathrm{d}y+\int_{BA} xy\mathrm{d}x+(y-x)\mathrm{d}y\\
&= \int_0^1 [x\cdot 0+(0-x)\cdot 0]\mathrm{d}x+\int_0^1 [1\cdot y\cdot 0+(y-1)]\mathrm{d}y\\
&= \int_0^1 (y-1)\mathrm{d}y=-\frac{1}{2}.
\end{aligned}
$$

在此例的计算中，对(1)、(2)、(3)也可以化成对变量 y 的定积分，请读者练习.(4)中 L 是折线，平行于 x 轴的直线段化成对变量 x 的定积分(此时 $\mathrm{d}y=0$)，平行于 y 轴的直线段化成对 y 的定积分(此时 $\mathrm{d}x=0$).

另外，观察最后计算的结果，我们发现虽然各个曲线积分的被积函数相同，积分路径的起点和终点也相同，但沿不同路径得出的积分值并不相等.这表明，一般地，曲线积分的值不仅与被积函数有关，还与积分路径有关.

例 2 计算 $\int_L (x^2+2xy)\mathrm{d}y$，其中 L 是逆时针方向沿上半椭圆的曲线段

$$
\frac{x^2}{a^2}+\frac{y^2}{b^2}=1(y\geqslant 0).
$$

解 所求积分为对坐标 y 的曲线积分.利用椭圆的参数方程计算.

L 的参数方程为 $\begin{cases} x=a\cos t\\ y=b\sin t \end{cases} (0\leqslant t\leqslant\pi)$，且参数 t 沿曲线所给方向由 0 变化到 π，而

$$
\mathrm{d}y=b\cos t\mathrm{d}t,
$$

于是

$$
\begin{aligned}
\int_L (x^2+2xy)\mathrm{d}y &= \int_0^\pi (a^2\cos^2 t+2ab\cos t\sin t)b\cos t\mathrm{d}t\\
&= \int_0^\pi (a^2 b\cos^3 t+2ab^2\cos^2 t\sin t)\mathrm{d}t\\
&= a^2 b\int_0^\pi (1-\sin^2 t)\mathrm{d}\sin t+2ab^2\int_0^\pi (-\cos^2 t)\mathrm{d}\cos t\\
&= 0+2ab^2\frac{-\cos^3 t}{3}\Big|_0^\pi=\frac{4}{3}ab^2.
\end{aligned}
$$

例 3 计算 $I=\oint_L |y|\mathrm{d}x+|x|\mathrm{d}y$，$L$ 为连接 $A(1,0)$，$B(0,1)$，$C(-1,0)$ 的折线，方向为逆时针方向.

解

$$
\begin{aligned}
I &= \int_{AB} |y|\mathrm{d}x+|x|\mathrm{d}y+\int_{BC} |y|\mathrm{d}x+|x|\mathrm{d}y+\int_{CA} |y|\mathrm{d}x+|x|\mathrm{d}y\\
&= \int_{AB} y\mathrm{d}x+x\mathrm{d}y+\int_{BC} y\mathrm{d}x-x\mathrm{d}y+\int_{CA} 0\mathrm{d}x+|x|\mathrm{d}y\\
&= \int_1^0 [(1-x)+x(-1)]\mathrm{d}x+\int_0^{-1}[(x+1)-x]\mathrm{d}x+\int_{-1}^1 0\mathrm{d}x\\
&= -1.
\end{aligned}
$$

小结

(1) 在计算曲线积分时,首先要注意两类曲线积分概念上的区别.对弧长的曲线积分中曲线是没有方向的,而对坐标的曲线积分中曲线是有方向的.

(2) 两类曲线积分都是化为定积分计算.对弧长的曲线积分是把弧长微元 $\mathrm{d}s$ 的公式代入被积表达式,并注意积分上限应大于积分下限;对坐标的曲线积分下限的参数值是对应曲线的起点,上限对应终点,而 $\mathrm{d}x,\mathrm{d}y$ 看成是函数 x,y 的微分.

(3) 曲线积分还有其他的计算方法(如利用积分与路径无关,格林公式等),将在后面研究.

例 4　求积分 $\int_{\Gamma} x^2\mathrm{d}x + 3zy^2\mathrm{d}y - x^2y\mathrm{d}z$,其中 Γ 为空间直线从 $O(0,0,0)$ 到 $P(3,2,1)$ 的一段.

解　直线 Γ 的参数方程为

$$\begin{cases} x=3t \\ y=2t, \\ z=t \end{cases}$$

起点 O 对应于 $t=0$,终点 P 对应于 $t=1$,于是

$$\int_{L} x^2\mathrm{d}x + 3zy^2\mathrm{d}y - x^2y\mathrm{d}z$$

$$= \int_0^1 \left[(3t)^2 \cdot 3 + 3 \cdot t \cdot (2t)^2 \cdot 2 - (3t)^2 \cdot 2t \right]\mathrm{d}t$$

$$= \int_0^1 (27t^2 + 6t^3)\mathrm{d}t = \frac{21}{2}.$$

例 5　计算 $\int_{L} 2xy\mathrm{d}x + x^2\mathrm{d}y$,其中 L(图 11-7)是

(1) $y = x^2$ 上从 $O(0,0)$ 到 $B(1,1)$ 的一段弧;

(2) $x = y^2$ 上从 $O(0,0)$ 到 $B(1,1)$ 的一段弧;

(3) 有向折线 OAB,三点依次为 $O(0,0),A(1,0),B(1,1)$.

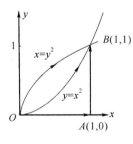

图 11-7

解　(1) $L:y=x^2$,x 沿曲线方向由 0 变化到 1,于是

$$\int_{L} 2xy\mathrm{d}x + x^2\mathrm{d}y = \int_0^1 (2x \cdot x^2 + x^2 \cdot 2x)\mathrm{d}x$$

$$= 4\int_0^1 x^3\mathrm{d}x = 1;$$

(2) $L:x=y^2$,y 沿曲线方向由 0 变化到 1,于是

$$\int_L 2xy\,dx + x^2\,dy = \int_0^1 (2y^2 \cdot y \cdot 2y + y^4)\,dy$$

$$= 5\int_0^1 y^4\,dx = 1;$$

(3) $\quad \int_L 2xy\,dx + x^2\,dy = \int_{OA} 2xy\,dx + x^2\,dy + \int_{AB} 2xy\,dx + x^2\,dy$

$$= \int_0^1 (2x \cdot 0 + x^2 \cdot 0)\,dx + \int_0^1 (2y \cdot 0 + 1)\,dy = 1.$$

我们注意到,虽然一般地曲线积分与路径有关,但在此例中,沿 3 条不同的路径,曲线积分的值都相等. 那么,是否此积分对任意从 $(0,0)$ 到 $(1,1)$ 的路径,曲线积分的值都相等呢? 也就是,某些函数 $P(x,y)$ 和 $Q(x,y)$ 的组合线积分值只与路径的起点和终点有关,而与连接起点和终点的路径无关. 这个问题在理论和应用上都很重要,将在下一节中讨论.

三、两类曲线积分之间的联系

对弧长的曲线积分与对坐标的曲线积分的定义是完全不同的,但由于都是沿曲线的积分,两者之间又有密切的关系. 下面将两类积分分别化为定积分来寻找这两类曲线积分之间的关系.

设平面有向曲线弧 L 的起点为 A,终点为 B. 点 M 是曲线弧 L 上的动点,取 $\overparen{AM}=t$,以 t 为参数,设 L 的参数方程为

$$\begin{cases} x = x(t) \\ y = y(t) \end{cases} (0 \leqslant t \leqslant l).$$

函数 $x(t),y(t)$ 在以 0 及 l 为端点的闭区间上具有一阶连续导数,且 $x'^2(t)+y'^2(t)\neq 0$. 又函数 $P(x,y),Q(x,y)$ 在 L 上连续. 于是,由对坐标的曲线积分计算公式有

$$\int_L P(x,y)\,dx + Q(x,y)\,dy$$

$$= \int_0^l \{P[x(t),y(t)]x'(t) + Q[x(t),y(t)]y'(t)\}\,dt. \tag{11-1}$$

又有向曲线弧 L 的切向量(沿 t 增加的方向)的方向余弦为

$$\cos \alpha = \frac{dx}{dt},$$

$$\cos \beta = \frac{dy}{dt},$$

且 $\left(\dfrac{dx}{dt}\right)^2 + \left(\dfrac{dy}{dt}\right)^2 = 1$,或 $x'^2(t)+y'^2(t)=1$. 所以

$$\int_0^l \{P[x(t),y(t)]x'(t) + Q[x(t),y(t)]y'(t)\}\,dt$$

$$= \int_0^l \{P[x(t),y(t)]\cos \alpha + Q[x(t),y(t)]\cos \beta\}\,dt, \tag{11-2}$$

另一方面,由对弧长的曲线积分的计算公式可得

$$\int_L [P(x,y)\cos \alpha + Q(x,y)\cos \beta]\,ds$$

$$= \int_0^l \{P[x(t),y(t)]\cos \alpha + Q[x(t),y(t)]\cos \beta\}\sqrt{x'^2(t)+y'^2(t)}\,dt$$

$$= \int_0^l \{P[x(t), y(t)]\cos \alpha + Q[x(t), y(t)]\cos \beta\} \mathrm{d}t. \tag{11-3}$$

比较(11-1)、(11-2)和(11-3)三式,可得平面有向曲线上两类曲线积分之间的关系:

$$\int_L P\mathrm{d}x + Q\mathrm{d}y = \int_L (P\cos \alpha + Q\cos \beta)\mathrm{d}s,$$

其中 α, β 为有向曲线弧 L 上点 (x, y) 处的切向量的方向角.

类似可知,空间曲线 Γ 上的两类曲线积分之间有如下联系:

$$\int_\Gamma P\mathrm{d}x + Q\mathrm{d}y + R\mathrm{d}z = \int_\Gamma (P\cos \alpha + Q\cos \beta + R\cos \gamma)\mathrm{d}s,$$

其中 α, β, γ 为有向曲线弧 Γ 上点 (x, y, z) 处的切向量的方向角.

注:设曲线弧 L 的参数方程为

$$\begin{cases} x = \varphi(t) \\ y = \psi(t) \end{cases},$$

由线性代数中向量知识知,有向曲线弧 L 的切向量为 $\boldsymbol{T} = (\varphi'(t), \psi'(t))$($\boldsymbol{T}$ 的指向为曲线随参数增大的方向),它的方向余弦为

$$\cos \alpha = \frac{\varphi'(t)}{\sqrt{\varphi'^2(t) + \psi'^2(t)}},$$

$$\cos \beta = \frac{\psi'(t)}{\sqrt{\varphi'^2(t) + \psi'^2(t)}}.$$

习　题　二

1. 判断下列命题的正误,并说明理由:

(1) 设曲线弧 L 的方程为 $x = x(y)$ 或 $y = y(x)$,起点、终点分别为 $A(a, c)$、$B(b, d)$,$x(y)$ 与 $y(x)$ 具有一阶连续导数,则

$$\int_L P(x, y)\mathrm{d}x + Q(x, y)\mathrm{d}y = \int_a^b P(x, y(x))\mathrm{d}x + \int_c^d Q(x(y), y)\mathrm{d}y;$$

(2) 设 $I = \int_{\widehat{AB}} y\mathrm{d}x$,$\widehat{AB}$ 为圆周 $x^2 + y^2 = 1$ 的劣弧,两端点为 $A(0, 1)$,$B\left(\dfrac{1}{2}, -\dfrac{\sqrt{3}}{2}\right)$,则

$$I = \int_{\widehat{AB}} y\mathrm{d}x = \int_0^{\frac{1}{2}} \sqrt{1 - x^2}\,\mathrm{d}x;$$

(3) 因为积分 $I = \int_\Gamma (P\cos \alpha + Q\cos \beta + R\cos \gamma)\mathrm{d}s$ 是对弧长的曲线积分,故该积分与 Γ 的方向无关(α, β, γ 是 Γ 上动点切向量的方向角).

2. 计算下列对坐标的曲线积分:

(1) $\displaystyle\int_L (x + y)\mathrm{d}x + (y - x)\mathrm{d}y$,其中 L 为从点 $(1, 1)$ 到点 $(1, 2)$,然后再沿直线到点 $(4, 2)$ 的折线;

(2) $\displaystyle\int_L xy^2\mathrm{d}x$,其中 L 为抛物线 $y^2 = x$ 上从点 $(1, -1)$ 到 $(1, 1)$ 的一段弧;

(3) $\displaystyle\oint_L xy\mathrm{d}x$,其中 L 为圆周 $(x - a)^2 + y^2 = a^2 (a > 0)$ 及 x 轴所围成的在第一象限内的区

域的整个边界(按逆时针方向绕行);

(4) $\oint_L \dfrac{(x+y)\mathrm{d}x-(x-y)\mathrm{d}y}{\sqrt{x^2+y^2}}$,其中 L 为圆周 $x^2+y^2=a^2(a>0)$(逆时针方向);

(5) $\displaystyle\int_\Gamma x^2\mathrm{d}x+z\mathrm{d}y-y\mathrm{d}z$,其中 Γ 为曲线 $x=k\theta,y=a\cos\theta,z=a\sin\theta$ 上从 $\theta=0$ 到 $\theta=\pi$ 的一段弧;

(6) $\displaystyle\int_\Gamma x\mathrm{d}x+y\mathrm{d}y+(x+y-1)\mathrm{d}z$,其中 Γ 为从点 $(1,1,1)$ 到 $(2,3,4)$ 的一段直线;

(7) $\displaystyle\int_\Gamma (x^2+y^2+z^2)\mathrm{d}x$,其中 Γ 为空间螺线 $\begin{cases} x=a\cos t \\ y=a\sin t \quad (0\leqslant t\leqslant 2\pi) \\ z=ht \end{cases}$ 由 $A(a,0,0)$ 到 $B(a,0,2b)$ 的一段;

(8) $\oint_L (x+y)^2\mathrm{d}y$,其中 L 为圆周 $x^2+y^2=2ax(a>0)$(逆时针方向).

3. (1) 设 L 为 xOy 面内直线 $x=a$ 上的一段,证明 $\displaystyle\int_L P(x,y)\mathrm{d}x=0$;

(2) 设 L 为 xOy 面内 x 轴上从点 $(a,0)$ 到 $(b,0)$ 的一段直线,证明
$$\int_L P(x,y)\mathrm{d}x=\int_a^b P(x,0)\mathrm{d}x.$$

4. 设力 $\boldsymbol{F}=xy\boldsymbol{i}+yz\boldsymbol{j}+zx\boldsymbol{k}$ 作用于质点 P 上,且使质点 P 从点 $(3,2,1)$ 移动到点 $(0,0,0)$,求力 $\boldsymbol{F}$ 对质点 P 所做的功.

5. 将对坐标的曲线积分 $\displaystyle\int_L P(x,y)\mathrm{d}x+Q(x,y)\mathrm{d}y$ 化为对弧长的曲线积分,其中 L 为

(1) 在 xOy 面内沿直线从点 $(0,0)$ 到点 $(1,1)$;

(2) 沿抛物线 $y=x^2$ 从点 $(0,0)$ 到点 $(1,1)$.

6. 计算曲线积分 $\oint_L \mathrm{e}^{|x|}\mathrm{d}y$,其中 L 为圆周 $x^2+y^2=1$(逆时针方向).

第三节　格林公式及其应用

格林(Green)公式、高斯(Gauss)公式和斯托克斯(Stokes)公式是多元函数积分学中的三个重要公式.这些公式的产生与电磁学、流体力学以及热学的研究是分不开的.1825 年,英国数学家格林个人出版了一本数学小册子——《数学分析在电磁学中的应用》,该书中包含了他发现的函数在平面区域上的二重积分与沿这个区域的边界上的曲线积分之间的关系.这就是著名的格林公式.

格林公式给出了两种积分之间的关系:
$$\iint\limits_D\left(\frac{\partial Q}{\partial x}-\frac{\partial P}{\partial y}\right)\mathrm{d}x\mathrm{d}y=\oint_L P\mathrm{d}x+Q\mathrm{d}y,$$

其中等式左端是二元函数 $P(x,y),Q(x,y)$ 的偏导数 $\dfrac{\partial Q}{\partial x}-\dfrac{\partial P}{\partial y}$ 在区域 D 上的二重积分;等式右端是 $P(x,y),Q(x,y)$ 在区域边界 L 上的曲线积分.

一、格林(Green)公式

1. 关于平面区域边界曲线的方向

为方便起见,规定下面所讨论的闭曲线都是简单闭曲线,即自身不相交的曲线.

对平面区域 D 的边界曲线 L,我们规定 L 的正向如下:当观察者沿 L 的这个方向行走时, D 内在它近处的那一部分总在它的左侧.例如,如果 D 是单连通区域(图 11-8(a)),其边界曲线为闭路 L,按规定 L 的正向为逆时针方向;如果 D 是由边界曲线 L 及 l_1,l_2 所围成的复连通区域(图 11-8(b)),按规定作为 D 的正向边界, L 的正向是逆时针方向,而 l_1,l_2 的正向是顺时针方向.此时这些边界曲线常称为复合闭路,其正向记为 $L+l_1^-+l_2^-$.

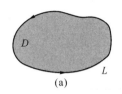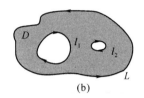

图 11-8

2. 格林公式

定理 1　设闭区域 D 由分段光滑的曲线 L 围成,函数 $P(x,y),Q(x,y)$ 在 D 上具有连续一阶偏导数,则有

$$\iint\limits_{D}\left(\frac{\partial Q}{\partial x}-\frac{\partial P}{\partial y}\right)\mathrm{d}x\mathrm{d}y=\oint_{L}P\,\mathrm{d}x+Q\mathrm{d}y,$$

其中 L 是 D 取正向的边界曲线.上公式叫作**格林公式**.

证[*]　只对 D 为单连通区域时证明.

(1) 先考虑 D 最简单的情况.假设穿过 D 内部且平行坐标轴的直线与 D 的边界曲线 L 的交点恰好为两点,如图 11-9 所示.

下面证明 $-\iint\limits_{D}\dfrac{\partial P}{\partial y}\mathrm{d}x\mathrm{d}y=\oint_{L}P\,\mathrm{d}x.$

设 $D=\{(x,y)\mid\varphi_1(x)\leqslant y\leqslant\varphi_2(x),a\leqslant x\leqslant b\}$.因为 $\dfrac{\partial P}{\partial y}$ 连续,所以由二重积分的计算法有

$$\iint\limits_{D}\frac{\partial P}{\partial y}\mathrm{d}x\mathrm{d}y=\int_a^b\left[\int_{\varphi_1(x)}^{\varphi_2(x)}\frac{\partial P(x,y)}{\partial y}\mathrm{d}y\right]\mathrm{d}x$$

$$=\int_a^b\{P[x,\varphi_2(x)]-P[x,\varphi_1(x)]\}\mathrm{d}x.$$

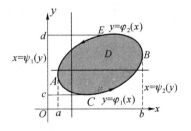

图 11-9

另一方面,有向闭曲线 L 可以分为两部分 AB 弧及 BA 弧,分别记为 L_1,L_2.由对坐标的曲线积分的性质及计算法有

$$\oint_L P\,\mathrm{d}x = \int_{L_1} P(x,y)\,\mathrm{d}x + \int_{L_2} P(x,y)\,\mathrm{d}x$$

$$= \int_a^b P[x,\varphi_1(x)]\,\mathrm{d}x + \int_b^a P[x,\varphi_2(x)]\,\mathrm{d}x$$

$$= \int_a^b \{P[x,\varphi_1(x)] - P[x,\varphi_2(x)]\}\,\mathrm{d}x.$$

因此，

$$-\iint_D \frac{\partial P}{\partial y}\,\mathrm{d}x\mathrm{d}y = \oint_L P\,\mathrm{d}x. \tag{11-4}$$

设 $D = \{(x,y) \,|\, \psi_1(y) \leqslant x \leqslant \psi_2(y), c \leqslant y \leqslant d\}$. 类似地可证

$$\iint_D \frac{\partial Q}{\partial x}\,\mathrm{d}x\mathrm{d}y = \oint_L Q\,\mathrm{d}y. \tag{11-5}$$

合并式（11-4）和（11-5）得公式

$$\iint_D \left(\frac{\partial Q}{\partial x} - \frac{\partial P}{\partial y}\right)\mathrm{d}x\mathrm{d}y = \oint_L P\,\mathrm{d}x + Q\,\mathrm{d}y.$$

（2）再考虑 D 的一般情况.

如果闭区域 D 不满足（1）的条件，那么可以在 D 内引进一条或几条辅助曲线把 D 分成有限个部分闭区域，使得每个部分闭区域都满足上述条件.

例如，就图 11-10 所示的闭区域 D 来说，它的边界曲线 L 为 $\widehat{MNPM}$，引进一条辅助线 ABC，将 D 分成 D_1, D_2, D_3 三部分. 对于 D_1, D_2, D_3 分别应用上面所得公式，有

$$\iint_{D_1} \left(\frac{\partial Q}{\partial x} - \frac{\partial P}{\partial y}\right)\mathrm{d}x\mathrm{d}y = \oint_{\widehat{MCBAM}} P\,\mathrm{d}x + Q\,\mathrm{d}y,$$

$$\iint_{D_3} \left(\frac{\partial Q}{\partial x} - \frac{\partial P}{\partial y}\right)\mathrm{d}x\mathrm{d}y = \oint_{\widehat{ABPA}} P\,\mathrm{d}x + Q\,\mathrm{d}y,$$

$$\iint_{D_2} \left(\frac{\partial Q}{\partial x} - \frac{\partial P}{\partial y}\right)\mathrm{d}x\mathrm{d}y = \oint_{\widehat{BCNB}} P\,\mathrm{d}x + Q\,\mathrm{d}y.$$

以上三个等式相加，注意到相加时沿辅助线的曲线积分相互抵消，于是得

$$\iint_D \left(\frac{\partial Q}{\partial x} - \frac{\partial P}{\partial y}\right)\mathrm{d}x\mathrm{d}y = \oint_L P\,\mathrm{d}x + Q\,\mathrm{d}y.$$

其中 L 的方向对 D 来说是正方向. 一般地，公式对于由分段光滑曲线围出的单连通闭区域都成立. 证毕.

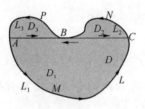

图 11-10

格林公式的证明方法是先就简单的、特殊的情形证明定理的结论正确，然后将复杂的问题分解成简单的问题. 这种方法具有一般性，值得读者体会.

关于格林公式还需要理解以下几方面：

（1）格林公式用于计算时，多是用二重积分计算曲线积分．如果闭路 L 取负向，相应的二重积分值也要加负号．

（2）格林公式的实质：将二元函数偏导数在 D 上的二重积分化成在 D 的边界上的曲线积分．因此在计算上给我们提供了用二重积分计算曲线积分的新方法．为便于记忆，格林公式可写为如下形式：

$$\iint\limits_{D}\begin{vmatrix}\dfrac{\partial}{\partial x}&\dfrac{\partial}{\partial y}\\P&Q\end{vmatrix}\mathrm{d}x\mathrm{d}y=\oint_{L}P\mathrm{d}x+Q\mathrm{d}y.$$

（3）从纯数学的角度看，格林公式可以视为牛顿-莱布尼茨公式在二元函数情形的某种推广．这是因为若将数轴上闭区间的端点视为该区间的边界，则牛顿-莱布尼茨公式表明了一元函数在有界闭区间上的定积分可以用它的原函数在区间边界上的值来表示．而格林公式表明了二元函数在有界闭区域上的二重积分可以用区域边界上的曲线积分值来表示．

（4）在格林公式中若取 $P=-y,Q=x$，即得

$$2\iint\limits_{D}\mathrm{d}x\mathrm{d}y=\oint_{L}x\,\mathrm{d}y-y\mathrm{d}x,$$

或 $A=\dfrac{1}{2}\oint_{L}x\,\mathrm{d}y-y\mathrm{d}x$，其中 A 表示区域 D 的面积．因此平面区域的面积又可以用此平面区域边界上的曲线积分来计算．

例 1　计算 $\oint_{L}(2x-y+4)\mathrm{d}x+(5y+3x-6)\mathrm{d}y$，其中 L 是顶点为 $(0,0)$，$(3,0)$，$(3,2)$ 的三角形顺时针方向的边界．

解　设 L 所围的三角形闭区域为 D，因为 $P=2x-y+4$，$Q=5x+3y-6$，而 $\dfrac{\partial P}{\partial y}=-1$，$\dfrac{\partial Q}{\partial x}=3$，可见一阶偏导数在 D 上连续，满足格林公式的条件，L 为顺时针方向，于是应用格林公式，得

$$\oint_{L}(2x-y+4)\mathrm{d}x+(5y+3x-6)\mathrm{d}y$$

$$=-\iint\limits_{D}\left(\frac{\partial Q}{\partial x}-\frac{\partial P}{\partial y}\right)\mathrm{d}x\mathrm{d}y=-\iint\limits_{D}4\mathrm{d}x\mathrm{d}y$$

$$=-4\times\frac{1}{2}\times3\times2$$

$$=-12.$$

利用格林公式计算曲线积分应注意：

往往 L 为闭曲线，特别是 $\dfrac{\partial Q}{\partial x}-\dfrac{\partial P}{\partial y}$ 较简单时，常采用格林公式计算曲线积分．但要注意 L 的方向为区域 D 的正向边界曲线，且 $\dfrac{\partial P}{\partial y},\dfrac{\partial Q}{\partial x}$ 在 D 上应连续．此例中第一个等式的负号就是由于 L 为顺时针方向的缘故．

例 2　计算曲线积分 $I=\displaystyle\int_{L}(y^2-2xy\sin x^2)\mathrm{d}x+\cos x^2\mathrm{d}y$，其中 L 为圆周 $x^2+y^2=1$ 的

右半部分($x \geqslant 0$),正向为逆时针方向,如图 11-11 所示.

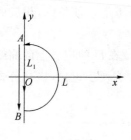

图 11-11

分析 此题积分路径为非闭路径,不能直接利用格林公式. 但由于 $\frac{\partial Q}{\partial x} - \frac{\partial P}{\partial y} = -2y$,较曲线积分的被积函数简单许多,也可以考虑用格林公式计算. 处理方法是设法补上某些曲线段(一般选择平行于坐标轴的直线段),构成能利用格林公式的闭路径,随后再减去补上的这些曲线段上的曲线积分. 当然补上的这些曲线段上的曲线积分本身应易于计算,且使补上后的闭域上的二重积分也要易于计算.

解 设辅助线 L_1 是起点和终点分别为 $A(0,1)$,$B(0,-1)$ 的有向直线段. D 表示右半圆域 $x^2 + y^2 \leqslant 1(x \geqslant 0)$. 注意到区域 D 的边界为 $L + L_1$,方向为逆时针方向,于是由格林公式得

$$\int_{L+L_1} (y^2 - 2xy \sin x^2) \mathrm{d}x + \cos x^2 \mathrm{d}y$$

$$= \iint_D \left[\frac{\partial}{\partial x}(\cos x^2) - \frac{\partial}{\partial y}(y^2 - 2xy \sin x^2) \right] \mathrm{d}x \mathrm{d}y$$

$$= -\iint_D 2y \mathrm{d}x \mathrm{d}y = -2 \iint_D r \sin \theta \cdot r \mathrm{d}r \mathrm{d}\theta$$

$$= -2 \int_{-\frac{\pi}{2}}^{\frac{\pi}{2}} \sin \theta \mathrm{d}\theta \int_0^1 r^2 \mathrm{d}r = 0.$$

再计算曲线积分 $\int_{L_1} (y^2 - 2xy \sin x^2) \mathrm{d}x + \cos x^2 \mathrm{d}y$.

取 y 为参数,由于在 L_1 上 $x \equiv 0$,所以 $\mathrm{d}x = 0$. 又 L_1 的起点和终点 $A(0,1)$,$B(0,-1)$ 分别对应参数值 $y = 1$ 和 $y = -1$. 所以

$$\int_{L_1} (y^2 - 2xy \sin x^2) \mathrm{d}x + \cos x^2 \mathrm{d}y = \int_1^{-1} \cos 0 \mathrm{d}y = -2,$$

于是

$$\int_L (y^2 - 2xy \sin x^2) \mathrm{d}x + \cos x^2 \mathrm{d}y$$

$$= \iint_D \left[\frac{\partial}{\partial x} \cos(x^2) - \frac{\partial}{\partial y}(y^2 - 2xy \sin(x^2)) \right] \mathrm{d}x \mathrm{d}y -$$

$$\int_{L_1} \left[y^2 - 2xy \sin(x^2) \right] \mathrm{d}x + \cos(x^2) \mathrm{d}y$$

$$= 0 - (-2) = 2.$$

例 3 证明 $\oint_L \frac{x \mathrm{d}y - y \mathrm{d}x}{x^2 + y^2} = 0$,其中 L 为一条分段光滑且所围有界闭区域不含原点的任意简单闭曲线,取逆时针方向,如图 11-12 所示.

解 设 L 所围有界闭区域为 D,$P = \frac{-y}{x^2 + y^2}$,$Q = \frac{x}{x^2 + y^2}$,容易验证在 D 上 $\frac{\partial P}{\partial y}$,$\frac{\partial Q}{\partial x}$ 连续,且

$$\frac{\partial P}{\partial y} - \frac{\partial Q}{\partial x} = 0.$$

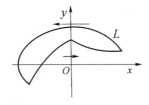

图 11-12

于是,由格林公式得

$$\oint_L \frac{x\,\mathrm{d}y - y\,\mathrm{d}x}{x^2 + y^2} = \iint_D 0\,\mathrm{d}x\mathrm{d}y = 0.$$

注意[*]   请读者思考,若在 D 的内部含有原点,要计算积分 $\oint_L \dfrac{x\,\mathrm{d}y - y\,\mathrm{d}x}{x^2 + y^2}$ 应如何处理?

二、平面上曲线积分与路径无关的条件

本章第二节中在计算曲线积分时,我们已经注意到通常曲线积分的值与路径有关,但对某些曲线积分而言,其积分值仅与积分曲线的起点和终点有关而与具体所经过的路径无关. 一般地,这个问题在数学上就是要研究曲线积分与路径无关的条件. 为了研究这个问题,先要明确什么叫作曲线积分 $\displaystyle\int_L P\,\mathrm{d}x + Q\,\mathrm{d}y$ 与路径无关.

定义 1   设 G 是一个开区域,$P(x, y)$,$Q(x, y)$ 在区域 G 内具有一阶连续偏导数. 如果对于 G 内任意指定的两个点 A,B 以及 G 内从点 A 到点 B 的任意两条曲线 L_1,L_2,如图 11-13 所示,等式

$$\int_{L_1} P\,\mathrm{d}x + Q\,\mathrm{d}y = \int_{L_2} P\,\mathrm{d}x + Q\,\mathrm{d}y$$

恒成立,就称曲线积分 $\displaystyle\int_L P\,\mathrm{d}x + Q\,\mathrm{d}y$ 在 G 内与路径无关.

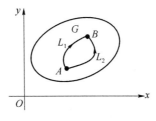

图 11-13

由定义 1,若曲线积分与路径无关,则

$$\int_{L_1} P\,\mathrm{d}x + Q\,\mathrm{d}y = \int_{L_2} P\,\mathrm{d}x + Q\,\mathrm{d}y.$$

换言之

$$\int_{L_1} P\,\mathrm{d}x + Q\,\mathrm{d}y = -\int_{L_2^-} P\,\mathrm{d}x + Q\,\mathrm{d}y,$$

所以

$$\int_{L_1} P\mathrm{d}x + Q\mathrm{d}y + \int_{L_2^-} P\mathrm{d}x + Q\mathrm{d}y = 0,$$

即

$$\oint_{L_1+L_2^-} P\mathrm{d}x + Q\mathrm{d}y = 0,$$

这里 $L_1 + L_2^-$ 是一条有向闭曲线. 因此, 在区域 G 内由曲线积分与路径无关可推得在 G 内沿任意闭曲线的曲线积分为零. 反过来, 如果在区域 G 内沿任意闭曲线积分为零, 也可推得在 G 内曲线积分与路径无关. 由此可得定义 1 的等价定义:

定义 2 若沿 G 内任意闭曲线 L 的曲线积分 $\oint_L P\mathrm{d}x + Q\mathrm{d}y$ 等于零, 则称曲线积分 $\int_L P\mathrm{d}x + Q\mathrm{d}y$ 在 G 内与路径无关.

自然我们提出这样的疑问, 在 G 内满足什么条件曲线积分 $\int_L P\mathrm{d}x + Q\mathrm{d}y$ 就与路径无关呢?

设 G 是单连通区域, L 为 G 内任意一条闭曲线, 若 P、Q 满足格林公式条件, 即 $\dfrac{\partial P}{\partial y}$, $\dfrac{\partial Q}{\partial x}$ 在闭曲线 L 所围出的闭区域 D 上连续, 则应用格林公式有

$$\oint_L P\mathrm{d}x + Q\mathrm{d}y = \iint_D \left(\frac{\partial Q}{\partial x} - \frac{\partial P}{\partial y}\right)\mathrm{d}x\mathrm{d}y,$$

因此只要在 D 上有 $\dfrac{\partial Q}{\partial x} = \dfrac{\partial P}{\partial y}$, 那么上式右端的二重积分等于零, 从而曲线积分也等于零. 由于 L 是 G 内任意的闭曲线, 所以若 $\dfrac{\partial Q}{\partial x} = \dfrac{\partial P}{\partial y}$ 在 G 内成立, 则曲线积分与路径无关. 可以证明这个条件也是曲线积分与路径无关的必要条件. 即有下面的定理:

定理 2 设 G 是一个单连通区域, 函数 $P(x, y)$, $Q(x, y)$ 在 G 内具有一阶连续偏导数, 则曲线积分 $\int_L P\mathrm{d}x + Q\mathrm{d}y$ 在 G 内与路径无关(或沿 G 内任意闭曲线 L 的曲线积分为零)的充要条件是在 G 内恒有

$$\frac{\partial P}{\partial y} = \frac{\partial Q}{\partial x}.$$

若曲线积分 $\int_L P\mathrm{d}x + Q\mathrm{d}y$ 与路径无关, 设 L 的起点 A 的坐标为 (x_1, y_1), 终点 B 的坐标为 (x_2, y_2), 可用记号 $\int_{(x_1,y_1)}^{(x_2,y_2)} P\mathrm{d}x + Q\mathrm{d}y$ 或 $\int_A^B P\mathrm{d}x + Q\mathrm{d}y$ 来表示 $\int_L P\mathrm{d}x + Q\mathrm{d}y$. 此时, 可以选取合适的路径计算其积分值.

例 4 验证以下曲线积分在 xOy 面内与路径无关, 并计算积分值,

$$\int_{(1,2)}^{(3,4)} (6xy^2 - y^3)\mathrm{d}x + (6x^2 y - 3xy^2)\mathrm{d}y.$$

解 因为 $P = 6xy^2 - y^3$, $Q = 6x^2 y - 3xy^2$, 显然 P, Q 在 xOy 面内具有一阶连续偏导数, 且

$$\frac{\partial P}{\partial y} = \frac{\partial Q}{\partial x} = 12xy - 3y^2,$$

所以在 xOy 面内, 此曲线积分与路径无关.

下面计算积分, 选取积分路径为从 $(1,2) \to (3,2) \to (3,4)$ 的路径, 则

$$\int_{(1,2)}^{(3,4)} (6xy^2 - y^3)\mathrm{d}x + (6x^2y - 3xy^2)\mathrm{d}y$$

$$= \int_1^3 (24x - 8)\mathrm{d}x + \int_2^4 (54y - 9y^2)\mathrm{d}y$$

$$= 236.$$

一般地,在利用积分与路径无关计算曲线积分时,常选取平行于坐标轴的折线路径. 例如,若选取 $(x_1, y_1) \to (x_2, y_1) \to (x_2, y_2)$ 的路径,如图 11-14 所示,则

$$\int_{(x_1, y_1)}^{(x_2, y_2)} P(x, y)\mathrm{d}x + Q(x, y)\mathrm{d}y = \int_{x_1}^{x_2} P(x, y_1)\mathrm{d}x + \int_{y_1}^{y_2} Q(x_2, y)\mathrm{d}y$$

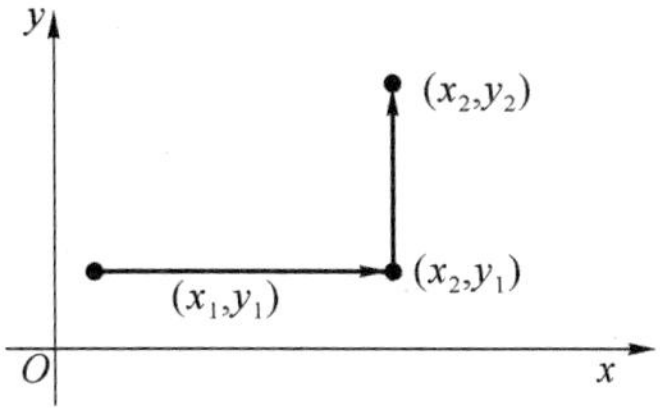

图 11-14

例 5　计算积分 $I = \int_L (x^2 - y\mathrm{e}^y)\mathrm{d}y + (2xy + 3x\sin x)\mathrm{d}x$，$L$ 为摆线 $x = t - \sin t$，$y = 1 - \cos t$ 从点 $O(0,0)$ 到点 $A(\pi, 2)$ 的一段弧.

解　因为 $\dfrac{\partial P}{\partial y} = \dfrac{\partial Q}{\partial x} = 2x$，且显然连续,所以此积分在 xOy 面上与路径无关. 取易于计算的折线 $L': O(0,0) \to B(0,2) \to A(\pi,2)$,于是

$$I = \int_{L'} (x^2 - y\mathrm{e}^y)\mathrm{d}y + (2xy + 3x\sin x)\mathrm{d}x$$

$$= \int_{\overline{OB}} (x^2 - y\mathrm{e}^y)\mathrm{d}y + (2xy + 3x\sin x)\mathrm{d}x + \int_{\overline{BA}} (x^2 - y\mathrm{e}^y)\mathrm{d}y + (2xy + 3x\sin x)\mathrm{d}x$$

$$= \int_0^2 (-y\mathrm{e}^y)\mathrm{d}y + \int_0^\pi (4x + 3x\sin x)\mathrm{d}x$$

$$= 3\pi + 2\pi^2 - \mathrm{e}^2 - 1.$$

小结

对于计算对坐标的曲线积分一般思路如下:

(1) 在计算不是很复杂的情况下,可直接化为定积分计算;

(2) 若积分与路径无关,可选取平行于坐标轴的积分路径,从而简化计算;

(3) 若积分路径是闭路径,一般可考虑用格林公式计算. 若非闭路径也可以做辅助线,使积分路径为闭路径,从而用格林公式计算.

总之,在计算时请读者注意在多种方法中选择较简单的计算方法.

三、原函数和全微分方程

定理 3　设 G 是一个单连通区域,函数 $P(x, y)$，$Q(x, y)$ 在 G 内具有一阶连续偏导数,则 $P(x, y)\mathrm{d}x + Q(x, y)\mathrm{d}y$ 是某函数 $u(x, y)$ 的全微分的充要条件是在 G 内恒有 $\dfrac{\partial P}{\partial y} = \dfrac{\partial Q}{\partial x}$，并且

$$u(x,y) = \int_{(x_0,y_0)}^{(x,y)} P(x,y)\mathrm{d}x + Q(x,y)\mathrm{d}y$$ 是 $P(x,y)\mathrm{d}x + Q(x,y)\mathrm{d}y$ 的一个原函数,其中$(x_0,$ $y_0)$ 为 D 内的任意一点.

证 必要性. 由 $\mathrm{d}u = P(x,y)\mathrm{d}x + Q(x,y)\mathrm{d}y$ 知 $P(x,y) = \dfrac{\partial u}{\partial x}$, $Q(x,y) = \dfrac{\partial u}{\partial y}$. 由于在 D 内 $\dfrac{\partial P}{\partial y}, \dfrac{\partial Q}{\partial x}$ 存在且连续,因而

$$\frac{\partial P}{\partial y} = \frac{\partial^2 u}{\partial x \partial y} = \frac{\partial^2 u}{\partial y \partial x} = \frac{\partial Q}{\partial x}.$$

充分性. 令 $u(x,y) = \displaystyle\int_{(x_0,y_0)}^{(x,y)} P(x,y)\mathrm{d}x + Q(x,y)\mathrm{d}y$,利用积分的可加性,得

$$\begin{aligned}
\Delta_x u &= u(x+\Delta x, y) - u(x,y) \\
&= \int_{(x_0,y_0)}^{(x+\Delta x,y)} P\mathrm{d}x + Q\mathrm{d}y - \int_{(x_0,y_0)}^{(x,y)} P\mathrm{d}x + Q\mathrm{d}y \\
&= \int_{(x,y)}^{(x+\Delta x,y)} P\mathrm{d}x + Q\mathrm{d}y = \int_x^{x+\Delta x} P\mathrm{d}x = P(\xi,y)\Delta x.
\end{aligned}$$

这里 ξ 在 x 和 $x + \Delta x$ 之间. 因此 $\dfrac{\partial u}{\partial x} = \lim\limits_{\Delta x \to 0} \dfrac{\Delta_x u}{\Delta x} = \lim\limits_{\Delta x \to 0} \dfrac{P(\xi,y)\Delta x}{\Delta x} = P(x,y).$

同理可证得 $\dfrac{\partial u}{\partial y} = Q(x,y)$. 由此得 $\mathrm{d}u = P(x,y)\mathrm{d}x + Q(x,y)\mathrm{d}y$. 证毕.

由定理 3 知,若在区域 D 上满足 $\dfrac{\partial P}{\partial y} = \dfrac{\partial Q}{\partial x}$,则存在函数 $u(x,y)$,其全微分为 $\mathrm{d}u = P\mathrm{d}x + Q\mathrm{d}y$,称这一判别法则为**全微分法则**. 把函数 $u(x,y)$ 称为 $P\mathrm{d}x + Q\mathrm{d}y$ 的一个原函数. 由定理 3 的证明可知,$u(x,y) = \displaystyle\int_{(x_0,y_0)}^{(x,y)} P(x,y)\mathrm{d}x + Q(x,y)\mathrm{d}y.$

选积分路径为折线 $P_0(x_0,y_0) \to M(x,y_0) \to P(x,y)$(类比图 11-14),则得

$$\begin{aligned}
u(x,y) &= \int_{\overline{P_0 M}} P\mathrm{d}x + Q\mathrm{d}y + \int_{\overline{MP}} P\mathrm{d}x + Q\mathrm{d}y \\
&= \int_{x_0}^x P(x,y_0)\mathrm{d}x + \int_{y_0}^y Q(x,y)\mathrm{d}y. \quad (\text{曲线积分法})
\end{aligned}$$

$P\mathrm{d}x + Q\mathrm{d}y$ 的全体原函数为 $u(x,y) + C$ (C 为任意常数).

容易证明,若 $v(x,y)$ 为 $P\mathrm{d}x + Q\mathrm{d}y$ 的任一个原函数,则

$$\int_{(x_0,y_0)}^{(x_1,y_1)} P\mathrm{d}x + Q\mathrm{d}y = v(x_1,y_1) - v(x_0,y_0) = v(x,y)\Big|_{(x_0,y_0)}^{(x_1,y_1)},$$

此式可看作牛顿-莱布尼茨公式在曲线积分中的推广.

例 6 验证 $(x^2 + 2xy - y^2)\mathrm{d}x + (x^2 - 2xy - y^2)\mathrm{d}y$ 是全微分,并求原函数.

解 由 $\dfrac{\partial P}{\partial y} = 2x - 2y = \dfrac{\partial Q}{\partial x}$ 知为全微分. 用公式,取 $(x_0,y_0) = (0,0)$,得

$$u(x,y) = \int_0^x x^2 \mathrm{d}x + \int_0^y (x^2 - 2xy - y^2)\mathrm{d}y = \frac{x^3}{3} + x^2 y - xy^2 - \frac{y^3}{3}.$$

全体原函数为 $\dfrac{x^3}{3} + x^2 y - xy^2 - \dfrac{y^3}{3} + C$ (C 为任意常数).

全微分方程是一类重要的微分方程. 若 $P(x,y)\mathrm{d}x + Q(x,y)\mathrm{d}y$ 是某函数 $u(x,y)$ 的全微分,则称一阶微分方程 $P(x,y)\mathrm{d}x + Q(x,y)\mathrm{d}y = 0$ 为**全微分方程**.

由上面的讨论可知,上面的一阶微分方程为全微分方程的充要条件是 $\dfrac{\partial P}{\partial y}=\dfrac{\partial Q}{\partial x}$. 当用这个条件判断出全微分方程后,方程可写作 $\mathrm{d}u(x,y)=0$. 其中,$u(x,y)$ 为 $P\mathrm{d}x+Q\mathrm{d}y$ 的一个原函数,从而得方程的解为 $u(x,y)=C$.

解全微分方程主要是求原函数.求原函数可以用上面介绍的曲线积分的方法,也可以用凑全微分的方法,还有其他方法如偏积分法(又叫不定积分法),用下面的例题说明.

例 7　求方程 $(2x\cos y-y^2\sin x)\mathrm{d}x+(2y\cos x-x^2\sin y)\mathrm{d}y=0$ 的通解.

解　由 $\dfrac{\partial P}{\partial y}=-2x\sin y-2y\sin x=\dfrac{\partial Q}{\partial x}$ 知方程为全微分方程.下面用三种不同的方法求出 $u(x,y)$.

法一(线积分法)　用公式,取 $(x_0,y_0)=(0,0)$,得

$$
\begin{aligned}
u(x,y) &= \int_{(0,0)}^{(x,y)}(2x\cos y-y^2\sin x)\mathrm{d}x+(2y\cos x-x^2\sin y)\mathrm{d}y \\
&= \int_{(0,0)}^{(x,0)}(2x\cos y-y^2\sin x)\mathrm{d}x+(2y\cos x-x^2\sin y)\mathrm{d}y + \\
&\quad \int_{(x,0)}^{(x,y)}(2x\cos y-y^2\sin x)\mathrm{d}x+(2y\cos x-x^2\sin y)\mathrm{d}y \\
&= \int_0^x 2x\mathrm{d}x+\int_0^y(2y\cos x-x^2\sin y)\mathrm{d}y \\
&= x^2+y^2\cos x+x^2\cos y-x^2 \\
&= y^2\cos x+x^2\cos y.
\end{aligned}
$$

法二(偏积分法)　采用一元函数求原函数的方法.要求的函数 $u(x,y)$ 同时满足 $\dfrac{\partial u}{\partial x}=P(x,y)=2x\cos y-y^2\sin x$,$\dfrac{\partial u}{\partial y}=Q(x,y)=2y\cos x-x^2\sin y$. 由

$$\frac{\partial u}{\partial x}=2x\cos y-y^2\sin x$$

得 $u(x,y)=x^2\cos y+y^2\cos x+C(y)$,其中 $C(y)$ 为 y 的任意函数.

从而 $\dfrac{\partial u}{\partial y}=-x^2\sin y+2y\cos x+C'(y)$,故得 $-x^2\sin y+2y\cos x+C'(y)=2y\cos x-x^2\sin y$,$C'(y)=0$,取 $C(y)=C$,得 $u(x,y)=x^2\cos y+y^2\cos x+C$($C$ 为任意常数).

法三(凑全微分法)　$(2x\cos y-y^2\sin x)\mathrm{d}x+(2y\cos x-x^2\sin y)\mathrm{d}y$
$$
\begin{aligned}
&= (2x\cos y\mathrm{d}x-x^2\sin y\mathrm{d}y)+(-y^2\sin x\mathrm{d}x+2y\cos x\mathrm{d}y) \\
&= \mathrm{d}(x^2\cos y)+\mathrm{d}(y^2\cos x)=\mathrm{d}(x^2\cos y+y^2\cos x),
\end{aligned}
$$

知 $u(x,y)=x^2\cos y+y^2\cos x$.

因此,方程的通解为 $x^2\cos y+y^2\cos x=C$.

习　题　三

1. 下列计算是否正确,并说明理由.

(1) L 是圆周 $x^2+y^2=a^2$,方向是顺时针方向,则由格林公式

$$\oint_L - y^2 x\mathrm{d}y + x^2 y\mathrm{d}x = \iint_D (-y^2 - x^2)\mathrm{d}\sigma$$

$$= -\iint_D (x^2 + y^2)\mathrm{d}\sigma$$

$$= -\int_0^{2\pi}\mathrm{d}\varphi\int_0^a \rho^2 \cdot \rho\mathrm{d}\rho = -\frac{1}{2}\pi a^4.$$

(2) L 是圆周 $x^2 + y^2 = a^2$，方向是顺时针方向，则由格林公式

$$\oint_L - y^2 x\mathrm{d}y + x^2 y\mathrm{d}x = -\iint_D (-y^2 - x^2)\mathrm{d}\sigma$$

$$= \iint_D (x^2 + y^2)\mathrm{d}\sigma = \iint_D a^2\mathrm{d}\sigma = \pi a^4.$$

(3) 积分路线 L_1 如图 11-15 所示，它是从 $A(-\pi, -1)$ 到 $B(\pi, -1)$ 的余弦曲线，设 $P\mathrm{d}x + Q\mathrm{d}y = \dfrac{-y\mathrm{d}x + x\mathrm{d}y}{\sqrt{x^2 + y^2}}$，因为 $\dfrac{\partial Q}{\partial x} = \dfrac{\partial P}{\partial y} = \dfrac{y^2 - x^2}{(x^2 + y^2)^2}$，故 $\displaystyle\int_{L_1} P\mathrm{d}x + Q\mathrm{d}y = \int_{L_2} P\mathrm{d}x + Q\mathrm{d}y$，其中 L_2 是从 A 到 B 的直线段.

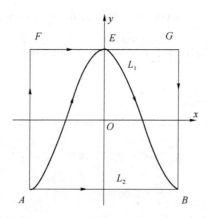

图 11-15

(4) $\displaystyle\oint_{x^2+y^2=R^2} \frac{y\mathrm{d}x - x\mathrm{d}y}{x^2 + y^2} = \oint_{x^2+y^2=R^2} \frac{y\mathrm{d}x - x\mathrm{d}y}{R^2} = \frac{1}{R^2}\oint_{x^2+y^2=R^2} y\mathrm{d}x - x\mathrm{d}y$

$$= \frac{1}{R^2}\iint_{x^2+y^2\leqslant R^2} (-1-1)\mathrm{d}x\mathrm{d}y = -2\pi.$$

2. 利用格林公式，求下列曲线积分：

(1) $\displaystyle\oint_L (x-y)\mathrm{d}x + (2x-y)\mathrm{d}y$，其中 L 为圆周 $(x-1)^2 + (y-2)^2 = 4$ 取逆时针方向；

(2) $\displaystyle\oint_L y^2 x\mathrm{d}y - x^2 y\mathrm{d}x$，其中 L 是圆周 $x^2 + y^2 = a^2$，方向是顺时针方向；

(3) $\displaystyle\int_L (x^3 - e^x\cos y)\mathrm{d}x + (e^x\sin y + 4x)\mathrm{d}y$，其中 L 是右半圆周 $x^2 + (y-1)^2 = 1$ 由 $A(0,2)$ 沿半圆周到 $O(0,0)$ 的路径；

(4) $\displaystyle\int_L (x^2 - y)\mathrm{d}x - (x + \sin^2 y)\mathrm{d}y$，其中 L 是在圆周 $y = \sqrt{2x - x^2}$ 上由点 $(0,0)$ 到点 $(1,1)$ 的一段弧段；

(5) $\int_L (1+ye^x)\mathrm{d}x + (x+e^x)\mathrm{d}y$，其中 L 为椭圆 $\dfrac{x^2}{a^2}+\dfrac{y^2}{b^2}=1(y\geqslant 0)$，由点 $A(a,0)$ 到 $B(-a,0)$.

3. 利用曲线积分计算下列图形的面积：

(1) 椭圆 $x=\cos t, y=2\sin t$；

(2) 抛物线 $(x+y)^2=ax(a>0)$ 与 x 轴所围成（图 11-16）.

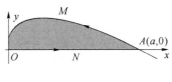

图 11-16

4. 利用格林公式，计算 $\iint\limits_D e^{-y^2}\mathrm{d}x\mathrm{d}y$，其中 D 是以 $O(0,0),A(1,1),B(0,1)$ 为顶点的三角形闭区域（图 11-17）.

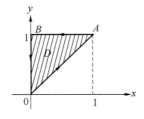

图 11-17

5. 利用曲线积分与路径无关，计算下列曲线积分：

(1) $\int_L (x^2+2xy)\mathrm{d}x + (x^2+y^4)\mathrm{d}y$，其中 L 为由点 $O(0,0)$ 到点 $B(1,1)$ 的曲线弧 $y=\sin\dfrac{\pi x}{2}$；

(2) $\int_L (2x\cos y - y^2\sin x)\mathrm{d}x + (2y\cos x - x^2\sin y)\mathrm{d}y$，其中 L 是抛物线 $y=x^2$ 上从 $(0,0)$ 到 $(1,1)$ 的一段曲线弧；

(3) $I=\int_L x^2 y\mathrm{d}y + xy^2\mathrm{d}x$，其中 L 为由 $A(1,e^{-1})$ 沿曲线 $y=e^{-x^2}$ 至 $B(-1,e^{-1})$ 的一段弧.

6. 若函数 $\varphi(x)$ 有连续导数，且 $\varphi(0)=0$，曲线积分 $\int_L xy^2\mathrm{d}x + y\varphi(x)\mathrm{d}y$ 在 xOy 面内与路径无关，求 $\varphi(x)$，并求积分 $\int_{(0,0)}^{(1,1)} xy^2\mathrm{d}x + y\varphi(x)\mathrm{d}y$.

7. 计算积分 $\int_L (e^x\sin y - my)\mathrm{d}x + (e^x\cos y - m)\mathrm{d}y$，其中 L 为 $A(a,0)$ 到 $O(0,0)$ 的上半圆周 $x^2+y^2=ax$.

8. 计算 $\oint_L \dfrac{x\mathrm{d}y - y\mathrm{d}x}{x^2+y^2}$，其中 L 为

(1) 椭圆 $\dfrac{(x-2)^2}{2}+\dfrac{y^2}{3}=1$，取逆时针方向；

(2) 椭圆 $\dfrac{x^2}{2}+\dfrac{y^2}{3}=1$，取逆时针方向.

9. 计算曲线积分 $\oint_L \dfrac{ax\mathrm{d}y - by\mathrm{d}x}{|x| + |y|}$，其中 L 为正方向 $|x| + |y| \leqslant 2$ 的正向边界.

10. 判断下列表达式是否是全微分. 若是全微分，求出其原函数.

(1) $x^2 y^3 \mathrm{d}x + (x^3 y^2 + y)\mathrm{d}y$；

(2) $(\mathrm{e}^{y^2} + 1)\mathrm{d}x + (2xy\mathrm{e}^{y^2} + \cos y)\mathrm{d}y = 0$；

(3) $\dfrac{x\mathrm{d}y - y\mathrm{d}x}{x^2 + y^2}$，$x > 0$.

11. 判断下列方程是否为全微分方程. 若是全微分方程，求出其通解：

(1) $y^2(x - y)\mathrm{d}x - (x^2 - y^2)\mathrm{d}y = 0$；

(2) $yx^{y-1}\mathrm{d}x + x^y \ln x\mathrm{d}y = 0$；

(3) $\sin(x+y)\mathrm{d}x + [x\cos(x+y)](\mathrm{d}x + \mathrm{d}y) = 0$；

(4) $(x\mathrm{e}^{by} + \mathrm{e}^{ax})\dfrac{\mathrm{d}y}{\mathrm{d}x} + \mathrm{e}^{by} + y\mathrm{e}^{ax} = 0$（$a, b$ 为常数）.

12. 若 $\varphi(x)$ 有一阶连续导数，且 $\varphi(\pi) = 1$，若积分

$$\int_{(1,0)}^{(\pi,\pi)} \left[\sin x - \varphi(x)\right] \frac{y}{x}\mathrm{d}x + \varphi(x)\mathrm{d}y \quad (x \neq 0)$$

与路径无关，试确定 $\varphi(x)$，并求积分值.

13. 证明 $(1 - 2xy - y^2)\mathrm{d}x - (x+y)^2\mathrm{d}y$ 在 xOy 平面内是某个二元函数 $u(x, y)$ 的全微分，求出这个二元函数 $u(x, y)$，并计算 $I = \displaystyle\int_{(0,0)}^{(1,1)}(1 - 2xy - y^2)\mathrm{d}x - (x+y)^2\mathrm{d}y$.

14. 设 $f(u)$ 连续，L 为逐段光滑简单闭曲线，求证

$$\oint_L f(x^2 + y^2)(x\mathrm{d}x + y\mathrm{d}y) = 0.$$

15. 设 D 为平面区域，∂D 为逐段光滑曲线，$f \in C^2(\overline{D})$，求证

$$\oint_{\partial D} \frac{\partial f}{\partial \boldsymbol{n}}\mathrm{d}l = \iint_D \left(\frac{\partial^2 f}{\partial x^2} + \frac{\partial^2 f}{\partial y^2}\right)\mathrm{d}x\mathrm{d}y,$$

其中 $\dfrac{\partial f}{\partial \boldsymbol{n}}$ 是 $f(x, y)$ 沿 ∂D 的外法向 $\boldsymbol{n}$ 上的方向导数.

16. 设 $I = \displaystyle\int_L \frac{1}{y}[1 + y^2 f(xy)]\mathrm{d}x + \frac{x}{y^2}[y^2 f(xy) - 1]\mathrm{d}y$，函数 f 在 $(-\infty, +\infty)$ 上一阶偏导数连续，L 是上半平面内有向逐段光滑的曲线，起于点 (a, b)，止于点 (c, d).

(1) 证明曲线积分 I 与路径 L 无关；

(2) 当 $ab = cd$ 时，求 I 的值.

17*. 计算 $I = \displaystyle\oint_L \frac{y\mathrm{d}x - x\mathrm{d}y}{x^2 + y^2}$，其中 L 是任意一条不过原点的封闭曲线.

第四节　对面积的曲面积分

前面讨论了多种形式的积分，它们都是某种积分和式的极限，只是积分区域不同而已. 下面要介绍的曲面积分是空间曲面上的积分和式的极限. 曲面积分跟曲线积分一样也分为第一类(对面积的)曲面积分与第二类(对坐标的)曲面积分. 本节讨论对面积的曲面积分.

一、对面积的曲面积分

1. 引例

问题　设有非匀质的空间曲面 Σ，在其上任一点 (x,y,z) 的面密度为 $\rho(x,y,z)$，且 $\rho(x,y,z)$ 在 Σ 上连续，求曲面的质量 M.

分析　与求非匀质曲线形物体的质量同样的方法，将曲面 Σ 分割成 n 个小曲面，以 ΔS_i 表示第 i 块小曲面，也表示这块小曲面的面积. 在第 i 块小曲面 ΔS_i 上任取一点 (ξ_i,η_i,ζ_i)，$i=1,2,3,\cdots,n$，于是，第 i 块小曲面的质量 ΔM_i 可用 $\rho(\xi_i,\eta_i,\zeta_i)\Delta S_i$ 近似代替，即 $\Delta M_i=\rho(\xi_i,\eta_i,\zeta_i)\Delta S_i$，将这些小曲面的质量相加就得到曲面 Σ 质量的近似值 $M\approx\sum\limits_{i=1}^{n}\rho(\xi_i,\eta_i,\zeta_i)\Delta S_i$. 若将曲面 Σ 无限细分，将小曲面块 ΔS_i 上任意两点间距离的最大值称为小曲面 ΔS_i 的直径，用 λ 表示 n 小块曲面的直径的最大值，当 $\lambda\to 0$ 时的极限值，就是曲面 Σ 的质量，即

$$M=\lim_{\lambda\to 0}\sum_{i=1}^{n}\rho(\xi_i,\eta_i,\zeta_i)\Delta S_i.$$

这是一个新类型的和式极限，抽去其具体的物理意义，得到对面积的曲面积分的数学概念.

2. 对面积的曲面积分的概念及性质

定义 1　设曲面 Σ 是光滑的，函数 $f(x,y,z)$ 在 Σ 上有界. 把 Σ 任意分成 n 小块 ΔS_i（ΔS_i 同时也代表第 i 小块的面积，$\Delta S_i\geqslant 0$，$i=1,2,3,\cdots,n$，），设 (ξ_i,η_i,ζ_i) 是 ΔS_i 上任意取定的一点，作乘积 $f(\xi_i,\eta_i,\zeta_i)\Delta S_i$，并作和 $\sum\limits_{i=1}^{n}f(\xi_i,\eta_i,\zeta_i)\Delta S_i$. 如果当各小块曲面的直径的最大值 $\lambda\to 0$ 时，这和的极限总存在，则称此极限为函数 $f(x,y,z)$ 在 Σ 上**对面积的曲面积分**或**第一类曲面积分**，记作 $\iint\limits_{\Sigma}f(x,y,z)\mathrm{d}S$，即

$$\iint\limits_{\Sigma}f(x,y,z)\mathrm{d}S=\lim_{\lambda\to 0}\sum_{i=1}^{n}\rho(\xi_i,\eta_i,\zeta_i)\Delta S_i,$$

其中 $f(x,y,z)$ 称为**被积函数**，Σ 称为**积分曲面**，$\mathrm{d}S$ 称为**曲面面积元素**. 值得注意的是，被积函数 $f(x,y,z)$ 取值于给定的空间曲面上，因此实际上它是二元函数；另外面积元素 $\mathrm{d}S$ 是非负的.

定理 1（第一类曲面积分存在的条件）　当 $f(x,y,z)$ 在光滑曲面 Σ 上连续时，对面积的曲面积分存在.

今后总假定 $f(x,y,z)$ 在 Σ 上连续. 根据上述定义，面密度为连续函数 $\rho(x,y,z)$ 的光滑曲面 Σ 的质量 M，可表示为 $\rho(x,y,z)$ 在 Σ 上对面积的曲面积分

$$M=\iint\limits_{\Sigma}f(x,y,z)\mathrm{d}S.$$

当被积函数为 1 时，曲面积分 $\iint\limits_{\Sigma}\mathrm{d}S$ 表示曲面 Σ 的面积. 若 Σ 是闭曲面，常用 $\oiint\limits_{\Sigma}$ 代替 $\iint\limits_{\Sigma}$.

如果 Σ 是分片光滑的，我们规定函数在 Σ 上对面积的曲面积分等于函数在光滑的各片曲面上对面积的曲面积分之和. 例如，设 Σ 可分成两片光滑曲面 Σ_1 及 Σ_2（记作 $\Sigma=\Sigma_1+\Sigma_2$），就

规定

$$\iint\limits_{\Sigma} f(x,y,z)\mathrm{d}S = \iint\limits_{\Sigma_1} f(x,y,z)\mathrm{d}S + \iint\limits_{\Sigma_2} f(x,y,z)\mathrm{d}S.$$

当曲面对称于坐标平面,且被积函数具有相应奇偶性时,对面积的曲面积分具有与三重积分类似的对称性质.

由对面积的曲面积分的定义可知,它具有与对弧长的曲线积分相类似的性质,这里不再赘述.

二、对面积的曲面积分的计算

对面积的曲面积分可以化为二重积分来计算.具体计算方法如下:

(1) 设积分曲面 Σ 由方程 $z=z(x,y)$ 给出,Σ 在 xOy 面上的投影区域为 D_{xy},函数 $z=z(x,y)$ 在 D_{xy} 上具有连续偏导数,被积函数 $f(x,y,z)$ 在 Σ 上连续,则

$$\iint\limits_{\Sigma} f(x,y,z)\mathrm{d}S = \iint\limits_{D_{xy}} f(x,y,z(x,y)) \sqrt{1+z_x^2(x,y)+z_y^2(x,y)}\,\mathrm{d}x\mathrm{d}y.$$

这就是把对面积的曲面积分化为二重积分的公式.此计算公式表明,若曲面 Σ 的方程是 $z=z(x,y)$,在计算时,只要把被积函数的变量 z 换为 $z(x,y)$,$\mathrm{d}S$ 换为曲面的面积微元 $\sqrt{1+z_x^2(x,y)+z_y^2(x,y)}\,\mathrm{d}x\mathrm{d}y$,在 Σ 的投影区域 D_{xy}(在 xOy 面上)作二重积分即可.

例 1　计算 $\iint\limits_{\Sigma}(x+y+z)\mathrm{d}S$,其中 Σ 为上半球面 $z = \sqrt{a^2-x^2-y^2}$.

解　Σ 在 xOy 面的投影区域为 $D_{xy}:x^2+y^2\leqslant a^2\ (z=0)$,

$$\mathrm{d}S = \sqrt{1+z_x^2+z_y^2}\,\mathrm{d}x\mathrm{d}y = \frac{a}{\sqrt{a^2-x^2-y^2}}\mathrm{d}x\mathrm{d}y,$$

于是

$$\iint\limits_{\Sigma}(x+y+z)\mathrm{d}S = \iint\limits_{D_{xy}} \left(x+y+\sqrt{a^2-x^2-y^2}\right)\frac{a}{\sqrt{a^2-x^2-y^2}}\mathrm{d}x\mathrm{d}y$$

$$= a\iint\limits_{D_{xy}} \frac{x}{\sqrt{a^2-x^2-y^2}}\mathrm{d}x\mathrm{d}y + a\iint\limits_{D_{xy}} \frac{y}{\sqrt{a^2-x^2-y^2}}\mathrm{d}x\mathrm{d}y + a\iint\limits_{D_{xy}}\mathrm{d}x\mathrm{d}y.$$

由于前两项积分的被积函数分别是关于 x,y 的奇函数,而 D_{xy} 关于 y 轴与 x 轴对称,故前两项积分为 0,所以

$$\iint\limits_{\Sigma}(x+y+z)\mathrm{d}S = a\iint\limits_{D_{xy}}\mathrm{d}x\mathrm{d}y = a\cdot\pi a^2 = \pi a^3.$$

思考:由于 $\iint\limits_{\Sigma}(x+y+z)\mathrm{d}S = \iint\limits_{\Sigma}x\,\mathrm{d}S + \iint\limits_{\Sigma}y\,\mathrm{d}S + \iint\limits_{\Sigma}z\,\mathrm{d}S$,若直接指出 Σ 关于 yOz 及 xOz 面对称,而前两项积分的被积函数分别关于 x,y 是奇函数,故积分 $\iint\limits_{\Sigma}x\,\mathrm{d}S$ 与 $\iint\limits_{\Sigma}y\,\mathrm{d}S$ 为 0,是否可行?

能否将这种方法一般化,即在对面积的曲面积分的计算时合理的应用对称性来简化计算呢?

积分曲面 Σ 也可以根据具体积分问题向其他坐标面投影.方法如下:

(2) 如果积分曲面 Σ 由方程 $x=x(y,z)$ 给出,则

$$\iint\limits_{\Sigma} f(x,y,z)\mathrm{d}S = \iint\limits_{D_{yz}} f[x(y,z),y,z] \sqrt{1+x_y'^2+x_z'^2}\,\mathrm{d}y\mathrm{d}z,$$

其中 D_{yz} 是积分曲面 Σ 在 yOz 面上的投影区域.

（3）如果积分曲面 Σ 由方程 $y=y(z,x)$ 给出,则

$$\iint\limits_{\Sigma}f(x,y,z)\mathrm{d}S=\iint\limits_{D_{zx}}f[x,y(z,x),z]\sqrt{1+y_x'^2+y_z'^2}\mathrm{d}z\mathrm{d}x,$$

其中 D_{zx} 是积分曲面 Σ 在 zOx 面上的投影区域.

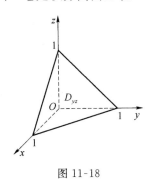

图 11-18

如果曲面 Σ 的函数表达式不是单值的,则要将曲面 Σ 分为几块曲面,使每一块曲面的函数表达式都是单值的.应用公式计算曲面积分应注意:①求 $\mathrm{d}S$ 的表达式;②被积函数中的 x,y,z 是曲面上点的坐标,用 Σ 的方程化简被积函数 $f(x,y,z)$;③求 Σ 在相应坐标面上的投影区域.

例 2　计算 $\iint\limits_{\Sigma}xyz\mathrm{d}S$,其中 Σ 是由平面 $x=0$, $y=0$, $z=0$ 及 $x+y+z=1$ 所围成的四面体的整个边界曲面,如图 11-18 所示.

解　整个边界曲面 Σ 在平面 $x=0,y=0,z=0$ 及 $x+y+z=1$ 上的部分依次记为 $\Sigma_1,\Sigma_2,$ Σ_3 及 Σ_4,于是

$$\iint\limits_{\Sigma}xyz\mathrm{d}S=\iint\limits_{\Sigma_1}xyz\mathrm{d}S+\iint\limits_{\Sigma_2}xyz\mathrm{d}S+\iint\limits_{\Sigma_3}xyz\mathrm{d}S+\iint\limits_{\Sigma_4}xyz\mathrm{d}S,$$

由于在 $\Sigma_1,\Sigma_2,\Sigma_3$ 上,被积函数 $f(x,y,z)=xyz$ 均为零,所以

$$\iint\limits_{\Sigma_1}xyz\mathrm{d}S=\iint\limits_{\Sigma_2}xyz\mathrm{d}S=\iint\limits_{\Sigma_3}xyz\mathrm{d}S=0.$$

在 Σ_4 上,$x=1-y-z$,所以 $\mathrm{d}S=\sqrt{1+x_y'^2+x_z'^2}\mathrm{d}y\mathrm{d}z=\sqrt{3}\mathrm{d}y\mathrm{d}z$,且 Σ_4 在 yOz 面上的投影区域 D_{yz} 由 $y=0,z=0,y+z=1$ 所围成,所以

$$\iint\limits_{\Sigma_4}xyz\mathrm{d}S=\iint\limits_{D_{yz}}(1-y-z)yz\cdot\sqrt{3}\mathrm{d}y\mathrm{d}z$$

$$=\sqrt{3}\int_0^1y\mathrm{d}y\int_0^{1-y}(1-y-z)z\mathrm{d}z$$

$$=\sqrt{3}\int_0^1y\left[(1-y)\frac{z^2}{2}-\frac{z^3}{3}\right]\Big|_0^{1-y}\mathrm{d}y$$

$$=\sqrt{3}\int_0^1\frac{(1-y)^3}{6}\mathrm{d}y$$

$$=\frac{\sqrt{3}}{6}\int_0^1(y-3y^2+3y^3-y^4)\mathrm{d}y=\frac{\sqrt{3}}{120}.$$

于是

$$\iint\limits_{\Sigma}xyz\mathrm{d}S=\iint\limits_{\Sigma_4}xyz\mathrm{d}S=\frac{\sqrt{3}}{120}.$$

在计算 $\iint\limits_{\Sigma_4}xyz\mathrm{d}S$ 时,也可以将 Σ_4 向 xOy 面或 zOx 面上投影,请读者练习.

习 题 四

1. 判别下列命题的正误,并说明理由:

(1) 若 Σ 为球面 $x^2 + y^2 + z^2 = R^2$,则 $\oiint\limits_{\Sigma} \sqrt{x^2 + y^2 + z^2}\,\mathrm{d}S = R\oiint\limits_{\Sigma}\mathrm{d}S = 4\pi R^3$;

(2) 设 Σ 为球面 $x^2 + y^2 + z^2 = R^2$,则 $\oiint\limits_{\Sigma} \sin\dfrac{z}{R^2 + x^2 + y^2}\,\mathrm{d}S = 0$;

(3) 设 Σ 是介于平面 $z = 0$ 及 $z = H$ 之间的圆柱体 $x^2 + y^2 \leqslant R^2$ 的侧面,则因为 Σ 垂直于 xOy 面,故 Σ 投影到 xOy 面的面积为零,所以 $\iint\limits_{\Sigma}\dfrac{\mathrm{d}S}{x^2 + y^2 + z^2} = 0$.

2. 计算下列对面积的曲面积分:

(1) $\iint\limits_{\Sigma}(x^2 + y^2)\,\mathrm{d}S$,其中 Σ 为锥面 $z = \sqrt{x^2 + y^2}$ 被平面 $z = 1$ 所截下的有限部分;

(2) $\iint\limits_{\Sigma}(z + x)\,\mathrm{d}S$,其中 Σ 为球面 $x^2 + y^2 + z^2 = R^2$ 位于平面 $z = a\ (0 < a < R)$ 上部的部分球面(图 11-19);

(3) $\oiint\limits_{\Sigma}x^2 yz\,\mathrm{d}S$,其中 Σ 是由平面 $x = 0, y = 0, z = 0$ 及 $x + y + z = 2$ 所围成的四面体的整个边界曲面;

(4) $\iint\limits_{\Sigma}(z + 2x + \dfrac{4}{3}y)\,\mathrm{d}S$,其中 Σ 为 $\dfrac{x}{2} + \dfrac{y}{3} + \dfrac{z}{4} = 1$ 在第一卦限的部分;

(5) $\oiint\limits_{\Sigma}z^2\,\mathrm{d}S$,其中 Σ 为锥面 $z = \sqrt{x^2 + y^2}$ 与平面 $z = 1$ 所围成立体的整个表面;

(6) $\oiint\limits_{\Sigma}z\,\mathrm{d}S$,其中 Σ 为界于平面 $z = 0$ 及 $z = h$ 之间的圆柱体 $x^2 + y^2 \leqslant R^2$ 的侧面;

(7) $\iint\limits_{\Sigma}\left| y\sqrt{z} \right|\,\mathrm{d}S$,其中 Σ 为曲面 $z = x^2 + y^2\ (z \leqslant 1)$;

(8) $\iint\limits_{\Sigma}(ax + by + cz + d)^2\,\mathrm{d}S$,其中 Σ 为球面 $x^2 + y^2 + z^2 = R^2$.

3. 当 Σ 是 xOy 面内的一个闭区域时,记 Σ 在 xOy 面上的投影区域为 D,证明

$$\iint\limits_{\Sigma}f(x, y, z)\,\mathrm{d}S = \iint\limits_{D}f(x, y, 0)\,\mathrm{d}x\mathrm{d}y.$$

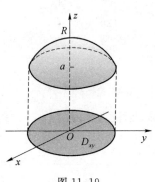

图 11-19

4. 求抛物面 $z = \dfrac{1}{2}(x^2 + y^2), 0 \leqslant z \leqslant 1$ 的质量,设它的面密度 $\rho(x, y, z) = z$.

5. 求上半圆锥面 $z = \sqrt{x^2 + y^2}, z \leqslant h\ (h > 0)$ 的质量,已知圆锥面的密度与该点到原点的距离成正比.

6. 求双曲抛物面 $z = xy$ 被圆柱面 $x^2 + y^2 = a^2$ 截下部分的面积.

7. 计算 $\iint\limits_{\Sigma}(x+y+2z)^2\mathrm{d}S$，$\Sigma$：$\begin{cases}x^2+y^2+z^2=a^2,a>0 \\ z\geqslant 0\end{cases}$.

第五节　对坐标的曲面积分

计算流体通过曲面的流量（即通量）是对坐标的曲面积分的简单物理背景. 描述流量应指明流体从曲面的哪一侧流向另一侧的. 曲面的侧就表示曲面的"方向"，相应的流量就用正负表示. 由一侧流向另一侧的流量记为正，反向流动的流量就记为负.

1. 曲面的方向

我们知道，一张纸片有正反两面，一块桌面也有上下两面，对于经过数学抽象了的平面、球面等也有上下左右和里外之分. 我们常见的曲面是双侧曲面，但单侧曲面是存在的，例如，将一长方形纸条（图 11-20），对其一端扭转 $180°$ 后与另一端黏合在一起，这个曲面称为莫比乌斯（Mobius）带. 对于莫比乌斯带，是无法说清哪里是正面和哪里是反面的. 事实上，用一支铅笔，笔尖在纸面上移动（不越过纸面边界），笔尖始终不离开纸面，但笔尖可以移动到出发位置时的背面. 因此，莫比乌斯带是没有正反面之分的，它只有一个面，这种曲面称为单侧曲面. 设 Σ 为光滑曲面，在 Σ 上任取点 P，在 P 点可作方向相反的两个法向量. 任选定一个法向量 $\boldsymbol{n}$，使 P 点在 Σ 上沿任一条曲线连续变动，其法向量 $\boldsymbol{n}$ 也随之连续变动. 当点 P 不越过曲面边界回到原来位置时，$\boldsymbol{n}$ 的方向仍然和原来的方向一致，这样的曲面称为**双侧曲面**. 本节只讨论双侧曲面，即曲面有两侧，一侧为正面，另一侧为负面. 当曲面是封闭曲面时，常规定其外侧为正侧，内侧为负侧. 因为双侧曲面有正向和负向，所以同一块曲面由于选取正向的不同，在坐标平面上投影的面积就会带来不同的符号.

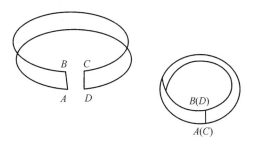

图 11-20

如果曲面 Σ 由 $z=f(x,y)$ 给出，假设 f,f'_x. f'_y 都在 xOy 平面区域上连续，即曲面 Σ 是光滑的，此时，Σ 上每一点的法线方向余弦为

$$\cos\alpha=\frac{-f'_x}{\pm\sqrt{1+(f'_x)^2+(f'_y)^2}},$$

$$\cos\beta=\frac{-f'_y}{\pm\sqrt{1+(f'_x)^2+(f'_y)^2}},$$

$$\cos\gamma=\frac{1}{\pm\sqrt{1+(f'_x)^2+(f'_y)^2}}$$

在方向余弦表达式中选定一个符号(根式前面的符号全部取正或全部取负),也就是在曲面上全部点确定了法线方向,即根式前面符号选择恰好相当于确定了曲面的侧.例如,在方向余弦表达式的根式前的符号全部取正号,此时 $\cos\gamma>0$,它表示曲面的法向量与 z 轴正向的夹角为锐角,法向量指向曲面上方,曲面取的是上侧.反之,如果根式前面取负号,此时 $\cos\gamma<0$,γ 是钝角,表示曲面的法向量指向曲面的下方,曲面取下侧.

2. 第二类曲面积分的概念

设 Σ 是光滑的有界双侧曲面,函数 $P(x,y,z),Q(x,y,z),R(x,y,z)$ 均在 Σ 上有定义,选定 Σ 的一侧,在 Σ 的这一侧作分割 T,把 Σ 分为 n 个小曲面 ΔS_i(ΔS_i 同时又表示该曲面的面积)($i=1,2,\cdots,n$).ΔS_i 在坐标平面 yOz、zOx、xOy 的投影分别是 $\Delta y_i\Delta z_i$,$\Delta z_i\Delta x_i$,$\Delta x_i\Delta y_i$,记 $\lambda(T)$ 为各小块曲面直径的最大值,在 ΔS_i 上任取一点 (ξ_i,η_i,ζ_i),若不论怎样的分割 T 以及如何选取 (ξ_i,η_i,ζ_i),极限

$$\lim_{\lambda(T)\to 0}\sum_{i=1}^{n}\left[P(\xi_i,\eta_i,\zeta_i)\Delta y_i\Delta z_i+Q(\xi_i,\eta_i,\zeta_i)\Delta z_i\Delta x_i+R(\xi_i,\eta_i,\zeta_i)\Delta x_i\Delta y_i\right]$$

恒存在,则称此极限为 P,Q,R 在 Σ 上的对坐标的曲面积分(或第二类曲面积分),记作

$$\iint\limits_{\Sigma}P(x,y,z)\mathrm{d}y\mathrm{d}z+Q(x,y,z)\mathrm{d}z\mathrm{d}x+R(x,y,z)\mathrm{d}x\mathrm{d}y.$$

容易看出,若改变曲面的侧(即改变曲面的方向),曲面的法线方向也要改变为相反的方向,曲面积分要改变符号,即

$$\iint\limits_{\Sigma}P\mathrm{d}y\mathrm{d}z+Q\mathrm{d}z\mathrm{d}x+R\mathrm{d}x\mathrm{d}y=-\iint\limits_{\Sigma^-}P\mathrm{d}y\mathrm{d}z+Q\mathrm{d}z\mathrm{d}x+R\mathrm{d}x\mathrm{d}y,$$

其中 Σ^- 表示曲面 Σ 的另一侧.

值得注意的是,被积函数取值于给定的空间曲面上,因此实际上是二元函数,这与第一类曲面积分一样.但不同的是 $\mathrm{d}x\mathrm{d}y$(或 $\mathrm{d}y\mathrm{d}z$,或 $\mathrm{d}z\mathrm{d}x$)是有向面微分 $\mathrm{d}S$ 在 xOy(或 yOz,或 zOx)坐标平面的投影,这是有正负的.另外,对坐标的曲面积分记号中的 $\mathrm{d}x\mathrm{d}y$,$\mathrm{d}y\mathrm{d}z$ 和 $\mathrm{d}z\mathrm{d}x$ 与二重积分中的面积元的区分,就靠题意是曲面积分还是二重积分而定.

第二类曲面积分是对坐标投影的积分和式的极限,其性质类似于第二类曲线积分,不再列举.

3. 第二类曲面积分的计算

和计算第一类曲面积分类似,第二类曲面积分也要化为二重积分计算.假定 Σ 是光滑有界的双侧曲面,Σ 的方程由 $z=z(x,y)$ 给出,且取曲面的上侧为正(即曲面法向量与 z 轴正向成锐角),D_{xy} 是 Σ 在平面 xOy 的投影,函数 $z(x,y)$ 在 D_{xy} 上有连续偏导数,$R(x,y,z)$ 在 Σ 上连续,则由于

$$\iint\limits_{\Sigma}R(x,y,z)\mathrm{d}x\mathrm{d}y=\lim_{\lambda(T)\to 0}\sum_{i=1}^{n}R(\xi_i,\eta_i,\zeta_i)\Delta x_i\Delta y_i$$

$$=\lim_{\lambda(T)\to 0}\sum_{i=1}^{n}R(\xi_i,\eta_i,z(\xi_i,\eta_i))\Delta x_i\Delta y_i,$$

从而

$$\iint\limits_{\Sigma}R(x,y,z)\mathrm{d}x\mathrm{d}y=\iint\limits_{D_{xy}}R(x,y,z(x,y))\mathrm{d}x\mathrm{d}y.$$

该计算公式中曲面 Σ 取的是上侧,如果取 Σ 下侧,则为

$$\iint\limits_{\Sigma} R(x,y,z)\mathrm{d}x\mathrm{d}y = -\iint\limits_{D_{xy}} R(x,y,z(x,y))\mathrm{d}x\mathrm{d}y.$$

可见,将对坐标的曲面积分化为二重积分时,一要确定曲面 Σ 在相应坐标面上的投影区域 D,二要确定投影的正负,三要用曲面方程化简被积函数,即要遵循"一投(影)、二定(侧)、三消元"的原则.

类似地,若曲面 Σ 由方程 $x=x(y,z)$ 给出,D_{yz} 是 Σ 在平面 yOz 上的投影,函数 $x(y,z)$ 在 D_{yz} 上有连续偏导数,$P(x,y,z)$ 在 Σ 上连续,则

$$\iint\limits_{\Sigma} P(x,y,z)\mathrm{d}y\mathrm{d}z = \pm\iint\limits_{D_{yz}} P(x(y,z),y,z)\mathrm{d}y\mathrm{d}z,$$

在曲面法向量与 x 轴正向成锐角(曲面的前侧)时,取"$+$"号,否则取"$-$"号.

若曲面 Σ 由方程 $y=y(x,z)$ 给出,D_{zx} 是 Σ 在平面 zOx 的投影,函数 $y(x,z)$ 在 D_{zx} 上有连续偏导数,$Q(x,y,z)$ 在 Σ 上连续,则

$$\iint\limits_{\Sigma} Q(x,y,z)\mathrm{d}z\mathrm{d}x = \pm\iint\limits_{D_{zx}} Q(x,y(x,z),z)\mathrm{d}z\mathrm{d}x,$$

在曲面法向量与 y 轴正向成锐角(曲面的右侧)时取"$+$"号,否则取"$-$"号.

应指出,用上述公式计算第二类曲面积分时,要按给定的积分把 Σ 投影到相应的坐标面上,而不能像计算第一类曲面积分那样根据具体情况选择坐标面.

例 1 计算 $(1)\iint\limits_{\Sigma}(x^2+3z^2)\mathrm{d}x\mathrm{d}y$; $(2)\iint\limits_{\Sigma}(x^2+3z^2)\mathrm{d}y\mathrm{d}z$,

其中 Σ 是 $\begin{cases} x^2+y^2+z^2=a^2, a>0 \\ z\geqslant 0 \end{cases}$ 的外侧.

解 (1)曲面在平面 xOy 上的投影区域为平面圆域 $D_{xy}=\{(x,y)\,|\,x^2+y^2\leqslant a^2\}$,又曲面取外侧,而上半球外法线方向与 z 轴夹角小于 $\dfrac{\pi}{2}$,所以

$$\iint\limits_{\Sigma}(x^2+3z^2)\mathrm{d}x\mathrm{d}y = \iint\limits_{D_{xy}} a^2+3(a^2-x^2-y^2)\mathrm{d}x\mathrm{d}y$$

$$= 4a^2\iint\limits_{D_{xy}}\mathrm{d}x\mathrm{d}y - 3\int_0^{2\pi}\mathrm{d}\theta\int_0^a \rho^3\mathrm{d}\rho$$

$$= 4\pi a^4 - \frac{3}{2}\pi a^4 = \frac{5}{2}\pi a^4.$$

(2) 将 Σ 分成两块:$\Sigma_1:\begin{cases} x=\sqrt{a^2-y^2-z^2} \\ z\geqslant 0 \end{cases}$ 和 $\Sigma_2:\begin{cases} x=-\sqrt{a^2-y^2-z^2} \\ z\geqslant 0 \end{cases}$,由于 Σ 取外侧为

正向,因此在 Σ_1 上,外法线方向与 x 轴夹角小于 $\dfrac{\pi}{2}$,即取前侧,在 Σ_2 上,外法线方向与 x 轴夹角大于 $\dfrac{\pi}{2}$,即取后侧,因此有

$$\iint\limits_{\Sigma}(x^2+3z^2)\mathrm{d}y\mathrm{d}z=\iint\limits_{\Sigma_1}(x^2+3z^2)\mathrm{d}y\mathrm{d}z+\iint\limits_{\Sigma_2}(x^2+3z^2)\mathrm{d}y\mathrm{d}z$$

$$=\iint\limits_{\substack{y^2+z^2\leqslant a^2\\z\geqslant0}}\left[(\sqrt{a^2-y^2-z^2})^2+3z^2\right]\mathrm{d}y\mathrm{d}z-$$

$$\iint\limits_{\substack{y^2+z^2\leqslant a^2\\z\geqslant0}}\left[(-\sqrt{a^2-y^2-z^2})^2+3z^2\right]\mathrm{d}y\mathrm{d}z=0.$$

例 2 计算 $\iint\limits_{\Sigma}z\mathrm{d}x\mathrm{d}y+x\mathrm{d}y\mathrm{d}z+y\mathrm{d}z\mathrm{d}x$,其中 Σ 为柱面 $x^2+y^2=1$ 被平面 $z=0$ 和 $z=3$ 所截得的在第一卦限部分的曲面,取曲面的外侧.

解 如图 11-21 所示. 因 Σ 垂直于平面 xOy,故 Σ 在 xOy 面上的投影为 0,这样积分 $\iint\limits_{\Sigma}z\mathrm{d}x\mathrm{d}y=0.$

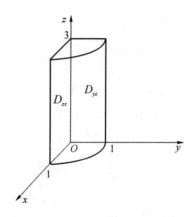

图 11-21

Σ 在 yOz 面上的投影区域为矩形域 $D_{yz}=\{(x,y)\mid 0\leqslant y\leqslant1,0\leqslant z\leqslant3\}$,$\Sigma$ 的方程为 $x=\sqrt{1-y^2}$,Σ 的外侧即前侧,得

$$\iint\limits_{\Sigma}x\mathrm{d}y\mathrm{d}z=\iint\limits_{D_{yz}}\sqrt{1-y^2}\mathrm{d}y\mathrm{d}z$$

$$=\int_0^1\sqrt{1-y^2}\mathrm{d}y\int_0^3\mathrm{d}z$$

$$=3\int_0^1\sqrt{1-y^2}\mathrm{d}y\quad(\text{积分等于单位圆面积的}\frac{1}{4})$$

$$=\frac{3}{4}\pi.$$

当 x 与 y 对换后,曲面 Σ 不变. 由轮换对称性知,$\iint\limits_{\Sigma}y\mathrm{d}z\mathrm{d}x=\iint\limits_{\Sigma}x\mathrm{d}y\mathrm{d}z=\frac{3}{4}\pi.$

所以

$$\iint\limits_{\Sigma}z\mathrm{d}x\mathrm{d}y+x\mathrm{d}y\mathrm{d}z+y\mathrm{d}z\mathrm{d}x=0+\frac{3}{4}\pi+\frac{3}{4}\pi=\frac{3}{2}\pi.$$

4．两类曲面积分的关系

当曲面的侧确定后，可以建立两类曲面积分的关系：

$$\iint\limits_{\Sigma} R(x,y,z)\mathrm{d}x\mathrm{d}y = \iint\limits_{\Sigma} R(x,y,z)\cos\gamma\mathrm{d}S, \tag{11-6}$$

$$\iint\limits_{\Sigma} Q(x,y,z)\mathrm{d}z\mathrm{d}x = \iint\limits_{\Sigma} Q(x,y,z)\cos\beta\mathrm{d}S,$$

$$\iint\limits_{\Sigma} P(x,y,z)\mathrm{d}y\mathrm{d}z = \iint\limits_{\Sigma} P(x,y,z)\cos\alpha\mathrm{d}S,$$

其中 α,β,γ 分别是曲面 Σ 上法线方向与 x 轴、y 轴、z 轴正向的夹角，即曲面 Σ 在点 (x,y,z) 处的法向量的方向角，相应地，$\cos\alpha,\cos\beta,\cos\gamma$ 为单位法向量的方向余弦. 一般地，有

$$\iint\limits_{\Sigma} P\mathrm{d}y\mathrm{d}z + Q\mathrm{d}z\mathrm{d}x + R\mathrm{d}x\mathrm{d}y = \iint\limits_{\Sigma}(P\cos\alpha + Q\cos\beta + R\cos\gamma)\mathrm{d}S.$$

仅以式(11-6)为例加以说明.

事实上，设曲面 Σ 的方程是 $z = z(x,y)$，D_{xy} 是 Σ 在平面 xOy 的投影，则

$$\iint\limits_{\Sigma} R(x,y,z)\mathrm{d}x\mathrm{d}y = \pm\iint\limits_{D_{xy}} R(x,y,z(x,y))\mathrm{d}x\mathrm{d}y,$$

其中"$\pm$"由积分取在曲面 Σ 的上侧($+$)或下侧($-$)而确定.

注意到

$$\cos\gamma = \pm\frac{1}{\sqrt{1+(z'_x)^2+(z'_y)^2}},$$

便有

$$\iint\limits_{\Sigma} R\cos\gamma\mathrm{d}S = \pm\iint\limits_{S}\frac{R}{\sqrt{1+(z'_x)^2+(z'_y)^2}}\mathrm{d}S$$

$$= \pm\iint\limits_{D_{xy}}\frac{R(x,y,z(x,y))}{\sqrt{1+(z'_x)^2+(z'_y)^2}}\sqrt{1+(z'_x)^2+(z'_y)^2}\mathrm{d}x\mathrm{d}y$$

$$= \pm\iint\limits_{D_{xy}} R(x,y,z(x,y))\mathrm{d}x\mathrm{d}y.$$

所以(11-6)式成立.

例3 计算 $\iint\limits_{\Sigma} z^2\mathrm{d}x\mathrm{d}y + yz\,\mathrm{d}z\mathrm{d}x$，其中 Σ 是上半球面 $z = \sqrt{1-x^2-y^2}$ 的上侧.

解 对于取上侧的半球面 Σ，球面上的单位法向量的方向余弦为

$$\cos\alpha = \frac{-z_x}{\sqrt{1+z_x^2+z_y^2}}, \quad \cos\beta\ \frac{-z_y}{\sqrt{1+z_x^2+z_y^2}}, \quad \cos\gamma = \frac{1}{\sqrt{1+z_x^2+z_y^2}},$$

其中 $z_x = \dfrac{-x}{\sqrt{1-x^2-y^2}} = -\dfrac{x}{z}, z_x = -\dfrac{y}{z}$.

因此，由两类曲面积分的关系得，

$$\iint\limits_{\Sigma} z^2\mathrm{d}x\mathrm{d}y + yz\,\mathrm{d}z\mathrm{d}x = \iint\limits_{\Sigma}(z^2\cos\gamma + yz\cos\beta)\mathrm{d}S = \iint\limits_{\Sigma}(z^2\frac{1}{\sqrt{1+z_x^2+z_y^2}} + yz\frac{-z_y}{\sqrt{1+z_x^2+z_y^2}})\mathrm{d}S$$

$$= \iint\limits_{D_{xy}}[(\sqrt{1-x^2-y^2})^2 + y^2)]\mathrm{d}x\mathrm{d}y \quad (\mathrm{d}y\mathrm{d}z = \frac{\cos\beta}{\cos\gamma}\mathrm{d}x\mathrm{d}y)$$

（这里 D_{xy} 为 Σ 在 xOy 平面上的投影区域）

$$= \int_0^{2\pi} \mathrm{d}\theta \int_0^1 (1 - \rho^2 \cos^2\theta)\rho\mathrm{d}\rho = \frac{3\pi}{4}.$$

习 题 五

1. 计算曲面积分 $\iint\limits_{\Sigma} y(x-z)\mathrm{d}y\mathrm{d}z + x^2\mathrm{d}z\mathrm{d}x + (y^2 + xz)\mathrm{d}x\mathrm{d}y$，其中 Σ 是以坐标轴为三邻边的边长为 a 的第一卦限内的正方体外表面，如图 11-22 所示.

2. 计算 $\iint\limits_{\Sigma} xyz\mathrm{d}x\mathrm{d}y$，其中 Σ 是四分之一单位球面 $x^2 + y^2 + z^2 = 1(x \geqslant 0, y \geqslant 0)$，取外侧，如图 11-23 所示.

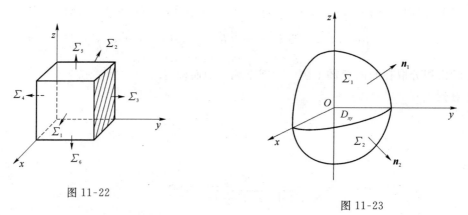

图 11-22

图 11-23

3. 计算 $\iint\limits_{\Sigma} xz\mathrm{d}y\mathrm{d}z + yz\mathrm{d}z\mathrm{d}x + z^2\mathrm{d}x\mathrm{d}y$，其中 Σ 为半球面 $z = \sqrt{R^2 - x^2 - y^2}$，上侧为正.

4. 计算 $\iint\limits_{\Sigma} (x + y + 2z)^2\mathrm{d}x\mathrm{d}y$ 和 $\iint\limits_{\Sigma} (x + y + 2z)^2\mathrm{d}y\mathrm{d}z$，其中 Σ 是 $\begin{cases} x^2 + y^2 + z^2 = a^2, a > 0 \\ z \geqslant 0 \end{cases}$ 的外侧.

5. 计算 $\iint\limits_{\Sigma} x(y-z)\mathrm{d}y\mathrm{d}z + (x-y)\mathrm{d}x\mathrm{d}y$，其中 Σ 为圆柱面 $x^2 + y^2 = 1(0 \leqslant z \leqslant 2)$ 的外侧.

6. 计算 $\iint\limits_{\Sigma} x^2\mathrm{d}y\mathrm{d}z + z\mathrm{d}x\mathrm{d}y$，其中 Σ 为抛物面 $z = x^2 + y^2$ 介入 $z = 0$ 和 $z = 1$ 之间部分的下侧.

7. 设 $\Sigma: x^2 + y^2 + z^2 = a^2$，求 $\oiint\limits_{\Sigma} z\mathrm{d}S$；当取 Σ 外侧为正向，求 $\oiint\limits_{\Sigma} z\mathrm{d}x\mathrm{d}y$.

8. 设 Σ 为锥体 $x^2 + y^2 \leqslant z^2, 0 \leqslant z \leqslant a$ 的全表面，取外侧，流体的密度为 1，流速为 $v = x\boldsymbol{i} + 2y\boldsymbol{j} + 3z\boldsymbol{k}$，求流体通过曲面 Σ 的流量.

第六节　高斯公式和斯托克斯公式

一、高斯(Gauss)公式

我们知道,格林(Green)公式将平面区域上二重积分与区域的边界曲线上的曲线积分建立了联系.类似于此,在三维空间里,空间区域上的三重积分和区域边界曲面上的曲面积分之间也有类似的关系,这就是高斯(Gauss)公式.

定理1　设空间有界闭区域 Ω 由分片光滑的双侧曲面 Σ 所围成,函数 $P(x,y,z)$, $Q(x,y,z)$,$R(x,y,z)$ 在 Ω 上有连续偏导数,则有

$$\iiint\limits_{\Omega}\left(\frac{\partial P}{\partial x}+\frac{\partial Q}{\partial y}+\frac{\partial R}{\partial z}\right)\mathrm{d}x\mathrm{d}y\mathrm{d}z = \oiint\limits_{\Sigma}P\,\mathrm{d}y\mathrm{d}z+Q\,\mathrm{d}z\mathrm{d}x+R\,\mathrm{d}x\mathrm{d}y, \qquad (11\text{-}7)$$

其中 Σ 取外侧.上式就是**高斯(Gauss)公式**.

高斯公式的证明过程对理解与掌握曲面积分、重积分的概念和计算很有益处.这里仅对区域 Ω 为如图 11-24 所示的这种最简单的情形给出证明.

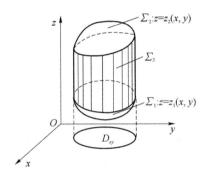

图 11-24

设 D_{xy} 是区域 Ω 在坐标面 xOy 上的投影. 在(11-7)式中若取 $P=Q=0$,则有

$$\iiint\limits_{\Omega}\frac{\partial R}{\partial z}\mathrm{d}x\mathrm{d}y\mathrm{d}z = \oiint\limits_{\Sigma}R\,\mathrm{d}x\mathrm{d}y.$$

下面证明这个结论.

证　先假定穿过 Ω 内部且平行于 z 轴的直线与 Ω 的边界曲面的交点恰好是两个. 或者说先假设 Ω 是一个柱体,并设它在面 xOy 上的投影为 D_{xy},其上、下底面分别是曲面 $\Sigma_2:z=z_2(x,y)$ 与 $\Sigma_1:z=z_1(x,y)$,侧面 Σ_3 是以 D_{xy} 的边界为准线,母线平行于 z 轴的柱面(图 11-24),即 Ω 可以表示成

$$\Omega:\{(x,y,z)\,|\,z_1(x,y)\leqslant z\leqslant z_2(x,y),(x,y)\in D_{xy}\}$$

的形式.

下面通过分别计算三重积分与曲面积分的方法来证明 $\displaystyle\iiint\limits_{\Omega}\frac{\partial R}{\partial z}\mathrm{d}x\mathrm{d}y\mathrm{d}z = \oiint\limits_{\Sigma}R(x,y,z)\mathrm{d}x\mathrm{d}y$ 成立.左端的计算是容易的,事实上

$$\iiint\limits_{\Omega} \frac{\partial R}{\partial z} dx dy dz = \iint\limits_{D_{xy}} \left[\int_{z_1(x,y)}^{z_2(x,y)} \frac{\partial R}{\partial z} dz \right] dx dy = \iint\limits_{D_{xy}} \left[R(x,y,z_2(x,y)) - R(x,y,z_1(x,y)) \right] dx dy.$$

再算右端的曲面积分. 注意到这时取 Σ_1 下侧, Σ_2 取上侧, Σ_3 在 xOy 面上的投影为一条闭曲线, 利用曲面积分的计算公式, 右端为

$$\oiint\limits_{\Sigma} R dx dy = \oiint\limits_{\Sigma_1} R dx dy + \oiint\limits_{\Sigma_2} R dx dy + \oiint\limits_{\Sigma_3} R dx dy$$

$$= -\iint\limits_{D_{xy}} R(x,y,z_1(x,y)) dx dy + \iint\limits_{D_{xy}} R(x,y,z_2(x,y)) dx dy + 0$$

$$= \iint\limits_{D_{xy}} \left[R(x,y,z_2(x,y)) - R(x,y,z_1(x,y)) \right] dx dy.$$

于是, 在上面给定的 Ω 意义下, $\iiint\limits_{\Omega} \dfrac{\partial R}{\partial z} dx dy dz = \oiint\limits_{\Sigma} R(x,y,z) dx dy$ 是成立的.

若穿过 Ω 内部且平行于 x 轴或 y 轴的直线与 Ω 的边界曲面的交点恰好是两个的情况下, 类似的方法可以证明

$$\iiint\limits_{\Omega} \frac{\partial P}{\partial x} dx dy dz = \oiint\limits_{\Sigma} P dy dz,$$

$$\iiint\limits_{\Omega} \frac{\partial Q}{\partial y} dx dy dz = \oiint\limits_{\Sigma} Q dz dx$$

也都成立.

在上面的证明中, 假设了穿过区域 Ω 内部且平行于坐标轴的直线与 Ω 的边界曲面恰好有两个交点, 对不符合上述特点的一般的区域 Ω, 可以像证明格林公式时引进辅助曲线那样引进辅助曲面将其进行分割, 使其成为若干个上述类型的区域. 注意到在引进的辅助曲面上分别对相同的函数作了沿同一曲面、按不同侧的两个曲面积分, 而这两个曲面积分的值是相反数, 利用积分的区域可加性相加时, 它们相互抵消. 因此, 公式(11-7)在整个区域上成立.

在高斯公式(11-7)中, 取 $P = \dfrac{x}{3}$, $Q = \dfrac{y}{3}$, $R = \dfrac{z}{3}$, 则有

$$\iiint\limits_{\Omega} \left(\frac{1}{3} + \frac{1}{3} + \frac{1}{3} \right) dx dy dz = \frac{1}{3} \oiint\limits_{\Sigma} x dy dz + y dz dx + z dx dy,$$

于是得到应用第二类曲面积分计算空间区域体积的公式:

$$V = \iiint\limits_{\Omega} dx dy dz = \frac{1}{3} \oiint\limits_{\Sigma} x dy dz + y dz dx + z dx dy.$$

高斯公式常用于计算闭曲面的曲面积分. 有时可以添加辅助曲面, 使得本来不是闭曲面的积分变为闭曲面积分, 然后利用高斯公式. 当然, 在辅助曲面上的积分计算要十分简单.

高斯公式也可以写成

$$\iiint\limits_{\Omega} \left(\frac{\partial P}{\partial x} + \frac{\partial Q}{\partial y} + \frac{\partial R}{\partial z} \right) dx dy dz = \oiint\limits_{\Sigma} (P\cos\alpha + Q\cos\beta + R\cos\gamma) dS,$$

其中 $(\cos\alpha, \cos\beta, \cos\gamma)$ 为曲面 Σ 在其上点 (x,y,z) 处的单位法向量, 方向与 Σ 的外侧一致.

例 1 计算 $\oiint\limits_{\Sigma} x^3 dy dz + y^3 dz dx + z^3 dx dy$, 其中 Σ 是球面 $x^2 + y^2 + z^2 = R^2$ 的外侧.

解　设球面所围区域为 Ω，则由高斯公式，得

$$\oiint\limits_{\Sigma} x^3\,\mathrm{d}y\mathrm{d}z + y^3\,\mathrm{d}z\mathrm{d}x + z^3\,\mathrm{d}x\mathrm{d}y = \iiint\limits_{\Omega}(3x^2 + 3y^2 + 3z^2)\,\mathrm{d}x\mathrm{d}y\mathrm{d}z$$

$$= 3\int_0^\pi \mathrm{d}\varphi \int_0^{2\pi}\mathrm{d}\theta \int_0^R \rho^2 \cdot \rho^2 \sin\varphi\,\mathrm{d}\rho = \frac{12}{5}\pi R^5.$$

例 2　计算 $\displaystyle\iint\limits_{\Sigma}\frac{ax\,\mathrm{d}y\mathrm{d}z + (z+a)^2\,\mathrm{d}x\mathrm{d}y}{(x^2+y^2+z^2)^{\frac{1}{2}}}$，其中 Σ 是下半球面 $z = -\sqrt{a^2-x^2-y^2}\,(a>0)$，

取上侧.

解　$\displaystyle\iint\limits_{\Sigma}\frac{ax\,\mathrm{d}y\mathrm{d}z + (z+a)^2\,\mathrm{d}x\mathrm{d}y}{(x^2+y^2+z^2)^{\frac{1}{2}}} = \frac{1}{a}\iint\limits_{\Sigma}ax\,\mathrm{d}y\mathrm{d}z + (z+a)^2\,\mathrm{d}x\mathrm{d}y.$

此时，注意到这里的曲面 Σ 不是封闭的，因此不能直接用高斯公式.

为此引入辅助平面 $\Sigma_0:\begin{cases}x^2+y^2\leqslant a^2\\ z=0\end{cases}$，取下侧. 如图 11-25 所示. 这时曲面 $\Sigma+\Sigma_0$ 是一个封

闭的而且取内侧的有向曲面，设其所围的立体为 Ω，则有

$$\iint\limits_{\Sigma}ax\,\mathrm{d}y\mathrm{d}z + (z+a)^2\,\mathrm{d}x\mathrm{d}y = \oiint\limits_{\Sigma+\Sigma_0}ax\,\mathrm{d}y\mathrm{d}z + (z+a)^2\,\mathrm{d}x\mathrm{d}y - \oiint\limits_{\Sigma_0}ax\,\mathrm{d}y\mathrm{d}z + (z+a)^2\,\mathrm{d}x\mathrm{d}y$$

$$= I_1 - I_2.$$

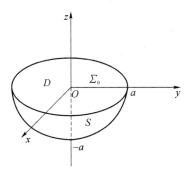

图 11-25

其中，

$$I_1 = \oiint\limits_{\Sigma+\Sigma_0}ax\,\mathrm{d}y\mathrm{d}z + (z+a)^2\,\mathrm{d}x\mathrm{d}y = -\iiint\limits_{\Omega}[a + 2(z+a)]\,\mathrm{d}x\mathrm{d}y\mathrm{d}z$$

$$= -3a\iiint\limits_{\Omega}\mathrm{d}x\mathrm{d}y\mathrm{d}z - 2\iiint\limits_{\Omega}z\,\mathrm{d}x\mathrm{d}y\mathrm{d}z$$

$$= -3a \cdot \frac{2}{3}\pi a^3 - 2\int_{-a}^0 z\,\mathrm{d}z \iint\limits_{x^2+y^2\leqslant a^2-z^2}\mathrm{d}x\mathrm{d}y$$

$$= -2\pi a^4 - 2\int_{-a}^0 z \cdot \pi(a^2 - z^2)\,\mathrm{d}z = -\frac{3}{2}\pi a^4.$$

$$I_2 = \iint\limits_{\Sigma_0}ax\,\mathrm{d}y\mathrm{d}z + (z+a)^2\,\mathrm{d}x\mathrm{d}y = 0 + a^2\iint\limits_{\Sigma_0}\mathrm{d}x\mathrm{d}y = -a^2\iint\limits_{x^2+y^2\leqslant a^2}\mathrm{d}x\mathrm{d}y = -\pi a^4.$$

由此得

$$\iint\limits_{\Sigma} \frac{ax\,\mathrm{d}y\mathrm{d}z + (z+a)^2\,\mathrm{d}x\mathrm{d}y}{(x^2+y^2+z^2)^{\frac{1}{2}}} = \frac{1}{a}(I_1 - I_2) = -\frac{1}{2}\pi a^3.$$

例3 计算 $\iint\limits_{\Sigma}(x^2\cos\alpha + y^2\cos\beta + z^2\cos\gamma)\mathrm{d}S$，其中 Σ 是锥面 $z = \sqrt{x^2+y^2}$（$0 \leqslant z \leqslant h$），取下侧.$(\cos\alpha,\cos\beta,\cos\gamma)$ 是 Σ 在点 (x,y,z) 处的法向量 $\boldsymbol{n}$ 的方向余弦，$\boldsymbol{n}$ 与 Σ 的侧一致.

解 引入辅助面 $\Sigma_0 : \begin{cases} x^2 + y^2 \leqslant h^2 \\ z = h \end{cases}$，取上侧. 则 Σ 和 Σ_0 组成闭合曲面，取外侧，如图 11-26 所示，设其所围的立体为 Ω，则由高斯公式，得

$$\oiint\limits_{\Sigma+\Sigma_0}(x^2\cos\alpha + y^2\cos\beta + z^2\cos\gamma)\mathrm{d}S = 2\iiint\limits_{\Omega}(x+y+z)\mathrm{d}x\mathrm{d}y\mathrm{d}z$$

$$= 2\iiint\limits_{\Omega}z\,\mathrm{d}x\mathrm{d}y\mathrm{d}z \quad (\text{因为 }\Omega\text{ 关于 }yOz\text{ 面和 }zOx\text{ 面对称})$$

$$= 2\int_0^h z\mathrm{d}z\iint\limits_{D_z}\mathrm{d}x\mathrm{d}y \quad (D_z : x^2+y^2 \leqslant z^2)$$

$$= 2\int_0^h z \cdot \pi z^2\,\mathrm{d}z = \frac{1}{2}\pi h^4.$$

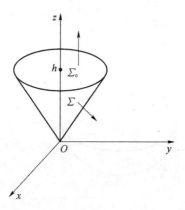

图 11-26

又

$$\iint\limits_{\Sigma_0}(x^2\cos\alpha + y^2\cos\beta + z^2\cos\gamma)\mathrm{d}S = \iint\limits_{D_{xy}}h^2\,\mathrm{d}x\mathrm{d}y \quad (D_{xy} : x^2+y^2 \leqslant h^2)$$
$$= \pi h^4.$$

所以

$$\iint\limits_{\Sigma}(x^2\cos\alpha + y^2\cos\beta + z^2\cos\gamma)\mathrm{d}S = \frac{1}{2}\pi h^4 - \pi h^4 = -\frac{1}{2}\pi h^4.$$

二、斯托克斯（Stokes）公式

将牛顿-莱布尼茨公式推广到对坐标的曲面积分就得到斯托克斯（Stokes）公式. 斯托克斯公式建立了曲面 Σ 上的曲面积分与沿 Σ 的边界曲线 Γ 上的曲线积分之间的联系.

在介绍斯托克斯公式之前，先对曲面 Σ 的边界曲线 Γ 的方向作如下规定：设有人站在曲

面 Σ 上指定的一侧沿 Γ 行走,如果曲面总在人的左侧,则人的行走方向为边界线 Γ 的正向,否则为负向.这个规定方法也称为右手法则.

定理 2　设 Σ 是一个有界的光滑曲面,Σ 的边界线为 Γ,若函数 $P(x,y,z)$,$Q(x,y,z)$,$R(x,y,z)$ 在 Σ 上有连续偏导数,则

$$\iint\limits_{\Sigma}\left(\frac{\partial R}{\partial y}-\frac{\partial Q}{\partial z}\right)\mathrm{d}y\mathrm{d}z+\left(\frac{\partial P}{\partial z}-\frac{\partial R}{\partial x}\right)\mathrm{d}z\mathrm{d}x+\left(\frac{\partial Q}{\partial x}-\frac{\partial P}{\partial y}\right)\mathrm{d}x\mathrm{d}y=\oint_{\Gamma}P\mathrm{d}x+Q\mathrm{d}y+R\mathrm{d}z,$$

其中 Σ 的侧与 Γ 的方向按右手法则确定.这个公式称为**斯托克斯 (Stokes) 公式**.

证明从略.

斯托克斯公式也可以表示为

$$\iint\limits_{\Sigma}\left[\left(\frac{\partial R}{\partial y}-\frac{\partial Q}{\partial z}\right)\cos\alpha+\left(\frac{\partial P}{\partial z}-\frac{\partial R}{\partial x}\right)\cos\beta+\left(\frac{\partial Q}{\partial x}-\frac{\partial P}{\partial y}\right)\cos\gamma\right]\mathrm{d}S=\oint_{L}P\mathrm{d}x+Q\mathrm{d}y+R\mathrm{d}z,$$

其中 $(\cos\alpha,\cos\beta,\cos\gamma)$ 是曲面 Σ 正侧法向量的方向余弦.

为了便于记忆,斯托克斯公式常利用行列式记号形式地表为

$$\oint_{\Gamma}P\mathrm{d}x+Q\mathrm{d}y+R\mathrm{d}z=\iint\limits_{\Sigma}\begin{vmatrix}\mathrm{d}y\mathrm{d}z & \mathrm{d}z\mathrm{d}x & \mathrm{d}x\mathrm{d}y\\ \dfrac{\partial}{\partial x} & \dfrac{\partial}{\partial y} & \dfrac{\partial}{\partial z}\\ P & Q & R\end{vmatrix}=\iint\limits_{\Sigma}\begin{vmatrix}\cos\alpha & \cos\beta & \cos\gamma\\ \dfrac{\partial}{\partial x} & \dfrac{\partial}{\partial y} & \dfrac{\partial}{\partial z}\\ P & Q & R\end{vmatrix}\mathrm{d}S.$$

注:将行列式展开时,要把例如 $\dfrac{\partial}{\partial x}$ 与 Q 的"积"理解为 $\dfrac{\partial Q}{\partial x}$ 等.

例 4　计算 $\oint_{\Gamma}-y^2\mathrm{d}x+x\mathrm{d}y+z^2\mathrm{d}z$,其中 Γ 是平面 $y+z=2$ 与柱面 $x^2+y^2=1$ 的交线.若从 z 轴正向看下去,Γ 取逆时针方向,如图 11-27 所示.

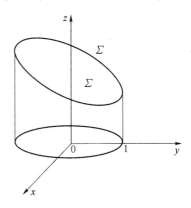

图 11-27

解　令 Σ 为平面 $y+z=2$ 被 Γ 所围部分,取上侧.由斯托克斯公式,得

$$\oint_{\Gamma}-y^2\mathrm{d}x+x\mathrm{d}y+z^2\mathrm{d}z=\iint\limits_{\Sigma}\begin{vmatrix}\mathrm{d}y\mathrm{d}z & \mathrm{d}z\mathrm{d}x & \mathrm{d}x\mathrm{d}y\\ \dfrac{\partial}{\partial x} & \dfrac{\partial}{\partial y} & \dfrac{\partial}{\partial z}\\ -y^2 & x & z^2\end{vmatrix}$$

$$=\iint\limits_{\Sigma}(1+2y)\mathrm{d}x\mathrm{d}y$$

$$=\iint\limits_{D_{xy}}(1+2y)\mathrm{d}x\mathrm{d}y\quad(D_{xy}:x^2+y^2\leqslant1)$$

$$=\iint\limits_{D_{xy}}\mathrm{d}x\mathrm{d}y+0=\pi.$$

例 5　计算曲线积分 $\oint_{\Gamma}(y^2-z^2)\mathrm{d}x+(2z^2-x^2)\mathrm{d}y+(3x^2-y^2)\mathrm{d}z$,其中 Γ 是平面 $x+y+z=2$ 与柱面 $|x|+|y|=1$ 的交线,从 z 轴正向看下去,Γ 为逆时针方向.

解 用斯托克斯公式,令 Σ 为平面 $x+y+z=2$ 上被 Γ 所围成部分的上侧,如图 11-28 所示.

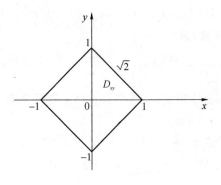

图 11-28

平面 Σ 的单位法向量 $\boldsymbol{n}=\left(\dfrac{1}{\sqrt{3}},\dfrac{1}{\sqrt{3}},\dfrac{1}{\sqrt{3}}\right)$,即 $(\cos\alpha,\cos\beta,\cos\gamma)=\left(\dfrac{1}{\sqrt{3}},\dfrac{1}{\sqrt{3}},\dfrac{1}{\sqrt{3}}\right)$. 由此

$$\oint_{\Gamma}(y^2-z^2)\mathrm{d}x+(2z^2-x^2)\mathrm{d}y+(3x^2-y^2)\mathrm{d}z$$

$$=\iint_{\Sigma}\frac{1}{\sqrt{3}}[(-2y-4z)+(-2z-6x)+(-2x-2y)]\mathrm{d}S$$

$$=-\frac{2}{\sqrt{3}}\iint_{\Sigma}(4x+2y+3z)\mathrm{d}S$$

$$=-\frac{2}{\sqrt{3}}\iint_{\Sigma}(x-y+6)\mathrm{d}S$$

$$=-\frac{2}{\sqrt{3}}\iint_{D_{xy}}(x-y+6)\sqrt{3}\mathrm{d}x\mathrm{d}y \quad (D_{xy}:|x|+|y|\leqslant 1)$$

$$=-2\iint_{D_{xy}}6\mathrm{d}x\mathrm{d}y=-12\times(\sqrt{2})^2=-24.$$

三*、梯度、散度、旋度与有势场、调和场

1. 梯度

给定一个数量场就相当于给定一个三元数量函数 $u=f(x,y,z)$,且总假设它有连续的一阶偏导数,三个偏导数不同时为 0. 在多元微分学中,曾介绍过数量场 $u=f(x,y,z)$ 的方向导数和梯度的概念. 我们知道,它有梯度向量

$$\mathbf{grad}\,u=\frac{\partial f}{\partial x}\boldsymbol{i}+\frac{\partial f}{\partial y}\boldsymbol{j}+\frac{\partial f}{\partial z}\boldsymbol{k};$$

梯度与函数 u 在 $\boldsymbol{l}_0=\cos\alpha\boldsymbol{i}+\cos\beta\boldsymbol{j}+\cos\gamma\boldsymbol{k}$ 方向的方向导数的关系是

$$\frac{\partial f}{\partial l}=\mathbf{grad}\,f\cdot\boldsymbol{l}_0.$$

梯度向量有两个重要性质,其一是在 $P_0(x_0,y_0,z_0)$ 的梯度方向是函数 $u=f(x,y,z)$ 在该点增加得最快的方向,其反方向是函数减小得最快的方向,常称为最速下降方向,同时梯度方向与过该点的函数等值面垂直;其二,该点梯度的模 $|\mathbf{grad}\,f(P_0)|$ 是函数在点 P_0 沿梯度方向

的方向导数值.

在平面问题中,二元函数 $z=f(x,y)$ 的梯度向量是 $\mathbf{grad}f=\frac{\partial f}{\partial x}\boldsymbol{i}+\frac{\partial f}{\partial y}\boldsymbol{j}$. 要注意这是自变量平面上的平面向量,它与曲面 $z=f(x,y)$ 的法线向量 $\boldsymbol{n}=\frac{\partial f}{\partial x}\boldsymbol{i}+\frac{\partial f}{\partial y}\boldsymbol{j}-\boldsymbol{k}$ 是不一样的,$\boldsymbol{n}$ 是空间向量,在这种表示下,$\boldsymbol{n}$ 在平面 xOy 上的投影才是梯度方向.

为了简便和易于记忆,通常引进哈密顿算符,或叫倒三角算符"$\nabla=\boldsymbol{i}\frac{\partial}{\partial x}+\boldsymbol{j}\frac{\partial}{\partial y}+\boldsymbol{k}\frac{\partial}{\partial z}$",称为梯度算子(是一种微分运算).用 ∇ 可将梯度向量表示成

$$\mathbf{grad}f(x,y,z)=\frac{\partial f}{\partial x}\boldsymbol{i}+\frac{\partial f}{\partial y}\boldsymbol{j}+\frac{\partial f}{\partial z}\boldsymbol{k}=\left(\frac{\partial}{\partial x}\boldsymbol{i}+\frac{\partial}{\partial y}\boldsymbol{j}+\frac{\partial}{\partial z}\boldsymbol{k}\right)f=\nabla f.$$

类似于"向量 ∇ 数乘 f".

例如,$\boldsymbol{r}=x\boldsymbol{i}+y\boldsymbol{j}+z\boldsymbol{k}$,则 $|\boldsymbol{r}|=r=\sqrt{x^2+y^2+z^2}$,于是有

$$\nabla r=\frac{\partial r}{\partial x}\boldsymbol{i}+\frac{\partial r}{\partial y}\boldsymbol{j}+\frac{\partial r}{\partial z}\boldsymbol{k}=\frac{x}{r}\boldsymbol{i}+\frac{y}{r}\boldsymbol{j}+\frac{z}{r}\boldsymbol{k}=\frac{1}{r}\boldsymbol{r}=\boldsymbol{r}_0,$$

$$\nabla f(r)=\frac{\partial}{\partial x}[f(r)]\boldsymbol{i}+\frac{\partial}{\partial y}[f(r)]\boldsymbol{j}+\frac{\partial}{\partial z}[f(r)]\boldsymbol{k}$$

$$=f'(r)\left(\frac{\partial r}{\partial x}\boldsymbol{i}+\frac{\partial r}{\partial y}\boldsymbol{j}+\frac{\partial r}{\partial z}\boldsymbol{k}\right)$$

$$=f'(r)\nabla r=f'(r)\frac{1}{r}\boldsymbol{r},$$

$$\nabla\frac{1}{r}=\frac{-1}{r^2}\nabla r=-\frac{1}{r^3}\boldsymbol{r},$$

$$\nabla(f(x,y,z)g(x,y,z))=\frac{\partial(fg)}{\partial x}\boldsymbol{i}+\frac{\partial(fg)}{\partial y}\boldsymbol{j}+\frac{\partial(fg)}{\partial z}\boldsymbol{k}$$

$$=(\nabla f)g+f\nabla g.$$

2. 散度

给定一个向量场就相当于给定一个向量函数

$\boldsymbol{F}(x,y,z)=X(x,y,z)\boldsymbol{i}+Y(x,y,z)\boldsymbol{j}+Z(x,y,z)\boldsymbol{k}$,也就是给定了三个三元函数 X,Y,Z(且总假设它们有连续的一阶偏导数,三个偏导数不同时为 0).

向量场 $\boldsymbol{F}$ 的微分运算

$$\mathrm{div}\boldsymbol{F}=\nabla\cdot F=\frac{\partial X}{\partial x}+\frac{\partial Y}{\partial y}+\frac{\partial Z}{\partial z}$$

称为向量场 $\boldsymbol{F}$ 的散度("$\nabla\cdot$"称为散度算子),它可比作是"向量 ∇ 与向量 $\boldsymbol{F}$ 的点积":

$$\nabla\cdot\boldsymbol{F}=\left(\frac{\partial}{\partial x}\boldsymbol{i}+\frac{\partial}{\partial y}\boldsymbol{j}+\frac{\partial}{\partial z}\boldsymbol{k}\right)\cdot(X\boldsymbol{i}+Y\boldsymbol{j}+Z\boldsymbol{k})=\frac{\partial X}{\partial x}+\frac{\partial Y}{\partial y}+\frac{\partial Z}{\partial z}.$$

例如,若 $\boldsymbol{r}=x\boldsymbol{i}+y\boldsymbol{j}+z\boldsymbol{k}$,则 $|\boldsymbol{r}|=r=\sqrt{x^2+y^2+z^2}$,于是

$$\nabla\cdot\boldsymbol{r}=\frac{\partial x}{\partial x}+\frac{\partial y}{\partial y}+\frac{\partial z}{\partial z}=3,$$

$$\nabla \cdot \left(\nabla \frac{1}{r}\right) = \nabla \cdot \left(-\frac{1}{r^3}\boldsymbol{r}\right) = \nabla \cdot \left[-\frac{1}{r^3}(x\boldsymbol{i}+y\boldsymbol{j}+z\boldsymbol{k})\right]$$

$$= \frac{\partial}{\partial x}\left(\frac{-x}{r^3}\right) + \frac{\partial}{\partial y}\left(\frac{-y}{r^3}\right) + \frac{\partial}{\partial z}\left(\frac{-z}{r^3}\right)$$

$$= -\frac{r^3 - 3r^2\frac{x^2}{r}}{r^6} - \frac{r^3 - 3r^2\frac{y^2}{r}}{r^6} - \frac{r^3 - 3r^2\frac{z^2}{r}}{r^6}$$

$$= -\frac{1}{r^6}[3r^3 - 3r(x^2+y^2+z^2)]$$

$$= -\frac{1}{r^6}(3r^3 - 3r^3) = 0,$$

$$\nabla \cdot (f(r)\boldsymbol{r}) = \frac{\partial}{\partial x}(f(r)x) + \frac{\partial}{\partial y}(f(r)y) + \frac{\partial}{\partial z}(f(r)z)$$

$$= \left(f'(r)\frac{\partial r}{\partial x}x + f(r)\right) + \left(f'(r)\frac{\partial r}{\partial y}y + f(r)\right) + \left(f'(r)\frac{\partial r}{\partial y}y + f(r)\right)$$

$$= f'(r)\left(\frac{\partial r}{\partial x}x + \frac{\partial r}{\partial y}y + \frac{\partial r}{\partial y}y\right) + 3f(r)$$

$$= f'(r)(\nabla r \cdot \boldsymbol{r}) + f(r)(\nabla \cdot \boldsymbol{r})$$

$$= f'(r)(\boldsymbol{r}_0 \cdot \boldsymbol{r}) + 3f(r) = rf'(r) + 3f(r).$$

又如,若 $\boldsymbol{r}=x\boldsymbol{i}+y\boldsymbol{j}$,则 $|\boldsymbol{r}|=r=\sqrt{x^2+y^2}$,于是

$$\nabla \ln \frac{1}{r} = \frac{-1}{r}\nabla r = -\frac{1}{r}\frac{\boldsymbol{r}}{r} = -\frac{1}{r^2}\boldsymbol{r} = -\frac{1}{r^2}(x\boldsymbol{i}+y\boldsymbol{j}),$$

$$\nabla \cdot \left(-\frac{1}{r^2}\boldsymbol{r}\right) = \frac{\partial}{\partial x}\left(-\frac{x}{r^2}\right) + \frac{\partial}{\partial y}\left(-\frac{y}{r^2}\right)$$

$$= -\frac{r^2 - 2r\frac{x^2}{r}}{r^4} - \frac{r^2 - 2r\frac{y^2}{r}}{r^4}$$

$$= -\frac{1}{r^4}[2r^2 - 2(x^2+y^2)] = 0.$$

利用算符,若向量函数 $\boldsymbol{F}=X\boldsymbol{i}+Y\boldsymbol{j}+Z\boldsymbol{k}$ 在空间区域 Ω 及其边界$\partial\Omega$ 上的一阶偏导数连续,则高斯公式可以用散度简洁地表示出来

$$\oiint_{\partial\Omega} \boldsymbol{F} \cdot \boldsymbol{n}\mathrm{d}S = \oiint_{\partial\Omega} \boldsymbol{F} \cdot \mathrm{d}\boldsymbol{S} = \iiint_{\Omega} \mathrm{div}\boldsymbol{F}\mathrm{d}V = \iiint_{\Omega} (\nabla \cdot \boldsymbol{F})\mathrm{d}V,$$

这里 $\boldsymbol{n}$ 是$\partial\Omega$ 的单位法向量,$\mathrm{d}\boldsymbol{S}=\boldsymbol{n}\mathrm{d}S$.

如果 $P_0(x_0,y_0,z_0)\in\Omega,S_\delta$ 是以 P_0 为球心,δ 为半径的在 Ω 中的球面,取外侧为正向,则可以证明

$$\lim_{\delta\to 0}\frac{1}{V_\delta}\oiint_{\partial\Omega} \boldsymbol{F} \cdot \mathrm{d}\boldsymbol{S} = \mathrm{div}\boldsymbol{F}(P_0).$$

事实上,

$$\frac{1}{V_\delta}\oiint_{\partial\Omega} \boldsymbol{F} \cdot \mathrm{d}\boldsymbol{S} = \frac{1}{V_\delta}\iiint_{V_\delta} \mathrm{div}\boldsymbol{F}\mathrm{d}V.$$

这里 V_δ 既表示由 S_δ 所围成的球面,又表示其体积. 由于 X,Y,Z 偏导数连续,从而

$$\mathrm{div}\boldsymbol{F} = \frac{\partial X}{\partial x} + \frac{\partial Y}{\partial y} + \frac{\partial Z}{\partial z}$$

也连续,由三重积分中值定理可知,存在 $P_{\xi} \in V_{\delta}$ 使得

$$\iiint\limits_{V_{\delta}} \mathrm{div}\boldsymbol{F}\mathrm{d}V = \mathrm{div}\boldsymbol{F}(P_{\xi})\iiint\limits_{V_{\delta}} \mathrm{d}V.$$

这样

$$\lim_{\delta \to 0}\frac{1}{V_{\delta}}\oiint\limits_{\partial\Omega}\boldsymbol{F} \cdot \mathrm{d}\boldsymbol{S} = \lim_{\delta \to 0}\mathrm{div}\boldsymbol{F}(P_{\xi}) = \mathrm{div}\boldsymbol{F}(P_0).$$

由此可知向量场 $\boldsymbol{F}$ 在点 P_0 的散度 $\mathrm{div}\boldsymbol{F}(P_0)$ 是单位体积内产生的"通量",以流速场来说,这就是源强的度量.因此,一个向量场的散度反映了这个场源的分布情况.若向量场 $\boldsymbol{F}$ 在空间区域 Ω 上处处有 $\mathrm{div}\boldsymbol{F} = 0$,则称向量场 $\boldsymbol{F}$ 在区域 Ω 上为无源场.对于空间一点 (x,y,z),如果 $\mathrm{div}\boldsymbol{F}(x,y,z) \neq 0$,则称向量场 $\boldsymbol{F}$ 在点 (x,y,z) 有流源.当 $\mathrm{div}\boldsymbol{F}(x,y,z) > 0$ 时为正流源,$\mathrm{div}\boldsymbol{F}(x,y,z) < 0$ 时为负流源.

例6 求向量场 $\boldsymbol{F} = 4x\boldsymbol{i} - 2xy\boldsymbol{j} + z^2\boldsymbol{k}$ 在点 $(1,2,3)$ 处的散度.

解
$$\mathrm{div}\boldsymbol{F} = \frac{\partial}{\partial x}(4x) + \frac{\partial}{\partial y}(-2xy) + \frac{\partial}{\partial z}(z^2) = 4 - 2x + 2z,$$
$$\mathrm{div}\boldsymbol{F}|_{(1,2,3)} = 4 - 2 + 6 = 8.$$

3. 旋度

设 $\boldsymbol{F} = X\boldsymbol{i} + Y\boldsymbol{j} + Z\boldsymbol{k}$ 是一阶偏导数连续的向量场,称向量

$$\mathrm{rot}\,\boldsymbol{F} = \nabla \times \boldsymbol{F} = \begin{vmatrix} \boldsymbol{i} & \boldsymbol{j} & \boldsymbol{k} \\ \dfrac{\partial}{\partial x} & \dfrac{\partial}{\partial y} & \dfrac{\partial}{\partial z} \\ X & Y & Z \end{vmatrix}$$

为向量场 $\boldsymbol{F}$ 的旋度("$\nabla \times$"称为旋度算子).它可以看作是"向量 ∇ 与向量 $\boldsymbol{F}$ 的叉积".

例如,若 $\boldsymbol{r} = x\boldsymbol{i} + y\boldsymbol{j} + z\boldsymbol{k}$,则 $|\boldsymbol{r}| = r = \sqrt{x^2 + y^2 + z^2}$,于是

$$\nabla \times \boldsymbol{r} = \begin{vmatrix} \boldsymbol{i} & \boldsymbol{j} & \boldsymbol{k} \\ \dfrac{\partial}{\partial x} & \dfrac{\partial}{\partial y} & \dfrac{\partial}{\partial z} \\ x & y & z \end{vmatrix} = 0,$$

$$\nabla \times (f(r)\boldsymbol{r}) = \begin{vmatrix} \boldsymbol{i} & \boldsymbol{j} & \boldsymbol{k} \\ \dfrac{\partial}{\partial x} & \dfrac{\partial}{\partial y} & \dfrac{\partial}{\partial z} \\ xf(r) & yf(r) & zf(r) \end{vmatrix}$$

$$= \left(zf'(r)\frac{y}{r} - yf'(r)\frac{z}{r}\right)\boldsymbol{i} + \left(zf'(r)\frac{x}{r} - xf'(r)\frac{z}{r}\right)\boldsymbol{j} +$$

$$\left(yf'(r)\frac{x}{r} - xf'(r)\frac{y}{r}\right)\boldsymbol{k} = 0.$$

可见所有的心场(即可表示成 $\boldsymbol{F} = f(r)\boldsymbol{r}$ 的场),其旋度都是零.

再如,若 $u = f(x,y,z)$ 有二阶连续偏导数,则

$$\nabla u = \frac{\partial f}{\partial x}\boldsymbol{i} + \frac{\partial f}{\partial y}\boldsymbol{j} + \frac{\partial f}{\partial z}\boldsymbol{k},$$

其旋度

$$\text{rot}(\mathbf{grad}\, u) = \nabla \times (\nabla u) = \begin{vmatrix} \mathbf{i} & \mathbf{j} & \mathbf{k} \\ \dfrac{\partial}{\partial x} & \dfrac{\partial}{\partial y} & \dfrac{\partial}{\partial z} \\ \dfrac{\partial u}{\partial x} & \dfrac{\partial u}{\partial y} & \dfrac{\partial u}{\partial z} \end{vmatrix}$$

$$= \left(\frac{\partial^2 u}{\partial y \partial z} - \frac{\partial^2 u}{\partial z \partial y} \right) \mathbf{i} + \left(\frac{\partial^2 u}{\partial z \partial x} - \frac{\partial^2 u}{\partial x \partial z} \right) \mathbf{j} + \left(\frac{\partial^2 u}{\partial x \partial y} - \frac{\partial^2 u}{\partial y \partial x} \right) \mathbf{k} = 0.$$

可见任何数量函数的梯度形成的向量场 $\mathbf{F} = \nabla u$，通常称为梯度场，其旋度一定为零.

有了旋度的概念，可将斯托克斯公式用简洁的形式表示为

$$\oint_{\partial \Sigma} \mathbf{F} \cdot \mathrm{d}\mathbf{l} = \iint_{\Sigma} \text{rot}\mathbf{F} \cdot \mathrm{d}\mathbf{S} = \iint_{\Sigma} (\nabla \times \mathbf{F}) \cdot \mathrm{d}\mathbf{S},$$

这里 $\mathrm{d}\mathbf{l} = \boldsymbol{\tau}\mathrm{d}s, \boldsymbol{\tau}$ 是 Σ 边界曲线 Γ 的单位切向量.

若 $\nabla \times \mathbf{F}$ 恒为零，则空间闭曲线积分为 0，从而积分与路径无关. 这部分内容不再进行详细讨论.

另外，可以直接验证，对于任意二阶连续可微的向量场 $\mathbf{F}$，它的旋度构成的向量场 $\nabla \times \mathbf{F}$ 一定是无源场，即 $\nabla \cdot (\nabla \times \mathbf{F}) = 0$. 但是一个向量场只有在满足一定条件时，它才可能是另外一个向量场的旋度场. 这里我们不加证明地叙述下列定理：

定理 3 设 Ω 是 R^3 中的一个球形区域，$\mathbf{F}(x,y,z) = X(x,y,z)\mathbf{i} + Y(x,y,z)\mathbf{j} + Z(x,y,z)\mathbf{k}$ 是 Ω 上的可微向量场. 如果 $\nabla \cdot \mathbf{F} \equiv 0$，则存在向量场 $u(x,y,z) = L(x,y,z)\mathbf{i} + M(x,y,z)\mathbf{j} + N(x,y,z)\mathbf{k}$，使得 $\mathbf{F} = \nabla \times u$.

例 7 求向量场 $\mathbf{F} = xz^3\mathbf{i} - 2x^2 yz\mathbf{j} + 2yz^4\mathbf{k}$ 在点 $(1,2,3)$ 处的旋度.

解 $\text{rot}\,\mathbf{F} = \begin{vmatrix} \mathbf{i} & \mathbf{j} & \mathbf{k} \\ \dfrac{\partial}{\partial x} & \dfrac{\partial}{\partial y} & \dfrac{\partial}{\partial z} \\ xz^3 & -2x^2 yz & 2yz^4 \end{vmatrix} = (2z^4 + 2x^2 y)\mathbf{i} + 3xz^2\mathbf{j} - 4xyz\mathbf{k}.$

所以，

$$\text{rot}\,\mathbf{F}|_{(1,2,3)} = 166\mathbf{i} + 27\mathbf{j} - 24\mathbf{k}.$$

至此，我们介绍了场论中三个重要概念：数量场 $u = f(x,y,z)$ 的梯度、向量场 $\mathbf{F} = \mathbf{F}(x,y,z)$ 的散度和旋度，其中散度为一数量，而梯度和旋度为一向量. 这些概念和计算在物理学和其他工程技术中有广泛应用.

4. 有势场

如果向量函数 $\mathbf{F}(x,y,z) = X(x,y,z)\mathbf{i} + Y(x,y,z)\mathbf{j} + Z(x,y,z)\mathbf{k}$ 正好是某数量函数 $u = u(x,y,z)$ 的梯度，即

$$\mathbf{grad}\, u = \nabla u = \mathbf{F}(x,y,z),$$

或者说

$$\frac{\partial u}{\partial x} = X, \quad \frac{\partial u}{\partial y} = Y, \quad \frac{\partial u}{\partial z} = Z,$$

又可以说

$$\mathrm{d}u(x,y,z) = X\mathrm{d}x + Y\mathrm{d}y + Z\mathrm{d}z,$$

则称向量场 $\mathbf{F}$ 是有势场，或称保守场，而函数 $u(x,y,z)$ 称为 $\mathbf{F}$ 的势函数.

在平面问题中，我们在本章第三节已就这方面问题进行过讨论，此处的研究方法及结论与以前的结果基本一致，具体来说有以下两个重要结论：

(1) 当 X,Y,Z 在区域 Ω 中连续时,以下三个条件是相互等价的:

(a) 空间曲线积分

$$\int_{\Gamma} X\mathrm{d}x + Y\mathrm{d}y + Z\mathrm{d}z$$

与路径 Γ 无关,只与起点和终点有关.

(b) 对任何 Ω 中的空间闭路径 Γ,均有

$$\oint_{\Gamma} X\mathrm{d}x + Y\mathrm{d}y + Z\mathrm{d}z = 0.$$

(c) 向量场 $\boldsymbol{F} = X\boldsymbol{i} + Y\boldsymbol{j} + Z\boldsymbol{k}$ 有势函数 $u(x,y,z)$,且这个势函数可由曲线积分

$$u(x,y,z) = \int_{(x_0,y_0,z_0)}^{(x,y,z)} X\mathrm{d}x + Y\mathrm{d}y + Z\mathrm{d}z$$

表示.

(2) 在 Ω 为单连通区域及 X,Y,Z 一阶偏导数连续的假设下,向量场 $\boldsymbol{F} = X\boldsymbol{i} + Y\boldsymbol{j} + Z\boldsymbol{k}$ 有势函数 $u(x,y,z)$ 的充要条件是 $\mathrm{rot}\,\boldsymbol{F} = \nabla \times \boldsymbol{F} = 0$.

5. 调和场

如果向量场 $\boldsymbol{F}(x,y,z) = X(x,y,z)\boldsymbol{i} + Y(x,y,z)\boldsymbol{j} + Z(x,y,z)\boldsymbol{k}$ 既是有势场,又是无源场,则称 $\boldsymbol{F}$ 是调和场. 因为 $\boldsymbol{F}$ 是有势场,所以存在势函数 $u(x,y,z)$,即 $\boldsymbol{F} = \nabla u$. 又因为 $\boldsymbol{F}$ 是无源场,所以 $\nabla \cdot \boldsymbol{F} = 0$,从而 $\nabla \cdot (\nabla u) = 0$. 也就是说,调和场的势函数 $u(x,y,z)$ 满足方程 $\frac{\partial^2 u}{\partial x^2} + \frac{\partial^2 u}{\partial y^2} + \frac{\partial^2 u}{\partial z^2} = 0$. 这是一个非常重要的偏微分方程,称为拉普拉斯(Laplace)方程. 如果记 $\nabla^2 u = \nabla \cdot (\nabla u)$,以及 $\Delta u = \left(\frac{\partial^2}{\partial x^2} + \frac{\partial^2}{\partial y^2} + \frac{\partial^2}{\partial z^2}\right)u = \frac{\partial^2 u}{\partial x^2} + \frac{\partial^2 u}{\partial y^2} + \frac{\partial^2 u}{\partial z^2}$,则拉普拉斯方程又可以表示为 $\nabla^2 u = 0$ 或者 $\Delta u = 0$,称 $\Delta = \left(\frac{\partial^2}{\partial x^2} + \frac{\partial^2}{\partial y^2} + \frac{\partial^2}{\partial z^2}\right)$ 为拉普拉斯算子.

习　题　六

1. 用高斯公式计算下列曲面积分:

(1) $\oiint_{\Sigma} x^3\mathrm{d}y\mathrm{d}z + y^3\mathrm{d}z\mathrm{d}x + z^3\mathrm{d}x\mathrm{d}y$,其中 Σ 是球面 $x^2 + y^2 + z^2 = 2ax$ 的外侧;

(2) $\oiint_{\Sigma} x(y-z)\mathrm{d}y\mathrm{d}z + (x-y)\mathrm{d}x\mathrm{d}y$,其中 Σ 是柱面 $x^2 + y^2 = 1$ 以及平面 $z = 0$ 和 $z = 3$ 所围立体 Ω 的边界面,取内侧;

(3) $\iint_{\Sigma} (y^2 - x)\mathrm{d}y\mathrm{d}z + (z^2 - y)\mathrm{d}z\mathrm{d}x + (x^2 - z)\mathrm{d}x\mathrm{d}y$,其中 Σ 是曲面 $z = 1 - x^2 - y^2 (z \geqslant 0)$ 的上侧;

(4) $\iint_{\Sigma} \frac{2x^3\mathrm{d}y\mathrm{d}z + 2y^3\mathrm{d}z\mathrm{d}x + 3(z^2 - 1)\mathrm{d}x\mathrm{d}y}{x^2 + y^2 + z}$,其中 Σ 为曲面 $z = 1 - x^2 - y^2 (z \geqslant 0)$ 的上侧;

(5) $\iint_{\Sigma} (x^3\cos\alpha + y^3\cos\beta + z\cos\gamma)\mathrm{d}S$,其中 Σ 是柱面 $x^2 + y^2 = a^2 (0 \leqslant z \leqslant h)$,$(\cos\alpha, \cos\beta,$

$\cos \gamma$) 为 Σ 的外法向量的方向余弦.

2. 用斯托克斯公式计算下列曲线积分:

(1) $\oint_{\Gamma} y \mathrm{d}x + z \mathrm{d}y + x \mathrm{d}z$,其中曲线

① Γ 是折线 $\overline{ABCA}$,方向由 $A(1,0,0)$ 经 $B(0,1,0),C(0,0,1)$,回到 A.

② Γ 是平面 $x+y+z=1$ 被三个坐标平面所截成的三角形的整个边界,它的正向恰好与这个三角形区域 Σ 上侧的法向量之间符合右手法则;

③ Γ: $\begin{cases} x^2+y^2+z^2=2az \\ x+z=a \end{cases}$,从 z 轴正向看下去,Γ 为逆时针方向.

(2) $\oint_{\Gamma} (y-z) \mathrm{d}x + (z-x) \mathrm{d}y + (x-y) \mathrm{d}z$,其中曲线

① Γ 是平面 $y=\sqrt{3}x$ 与球面 $x^2+y^2+z^2=4$ 的交线,方向自 x 轴正向看去为逆时针方向;

② Γ 是柱面 $x^2+y^2=1$ 与平面 $\dfrac{x}{a}+\dfrac{z}{b}=1$ 的交线$(a>0,b>0)$,方向自 z 轴正向看下去为逆时针方向.

3. 设 $u = \ln \sqrt{x^2+y^2+z^2}$,求 $\mathrm{div}(\mathbf{grad}u)$.

4. 设函数满足 $x\dfrac{\partial f}{\partial x}+y\dfrac{\partial f}{\partial y}+z\dfrac{\partial f}{\partial z}=nf(x,y,z)$,$n$ 为正整数,曲面 $\Sigma_1:f(x,y,z)=0$ 与平面 $\Sigma_2:ax+by+cz=d$ 所围区域为 Ω,其边界 $\partial\Omega$ 取外法线方向作为正向,计算

$$I = \frac{1}{3}\oiint_{\partial\Omega} x\mathrm{d}y\mathrm{d}z + y\mathrm{d}z\mathrm{d}x + z\mathrm{d}x\mathrm{d}y.$$

5. 若有空间曲面 $\Sigma:F(x,y,z)=0$,求函数 $u=u(x,y,z)$ 在 Σ 上点 $P(x,y,z)$ 沿该点法线方向的方向导数.

6. 求下列向量场的散度和旋度:

(1) $\mathbf{F}=x^2yz\mathbf{i}+xy^2z\mathbf{j}+xyz^2\mathbf{k}$;

(2) $\mathbf{F}=(3x^2y+z)\mathbf{i}+(y^3-xz^2)\mathbf{j}+2xyz\mathbf{k}$.

7. 设对于半空间 $x>0$ 内任意的光滑有向闭曲面,都有

$$\oiint_{\Sigma} xf(x)\mathrm{d}y\mathrm{d}z - xyf(x)\mathrm{d}z\mathrm{d}x - \mathrm{e}^{2x}z\mathrm{d}x\mathrm{d}y = 0,$$

其中,函数 $f(x)$ 在 $(0,+\infty)$ 内具有连续的一阶导数,且 $\lim\limits_{x\to 0^+}f(x)=1$,求 $f(x)$.

8. 证明

$$\oint_{\Gamma} \begin{vmatrix} \mathrm{d}x & \mathrm{d}y & \mathrm{d}z \\ \cos\alpha & \cos\beta & \cos\gamma \\ x & y & z \end{vmatrix} = 2S.$$

其中 Γ 是某个平面上的一条简单逐段光滑闭曲线,$\mathbf{n}=(\cos\alpha,\cos\beta,\cos\gamma)$ 是该平面的单位法向量,Γ 的方向与 $\mathbf{n}$ 的方向服从右手法则,S 是 Γ 所围区域的面积.

总习题十一

一、填空题

(1) 设曲线 L 为圆周 $x^2 + y^2 = R^2$，则积分 $\oint_L (x^2 + y^2)^n \mathrm{d}s =$ _____.

(2) 设曲线 L 为顺时针方向的圆周 $x^2 + y^2 = R^2$，则积分 $\oint_L y\mathrm{d}x - x\mathrm{d}y =$ _____.

(3) 设 L 为平行于 y 轴的一段有向直线段，则积分 $\int_L P(x,y)\mathrm{d}x =$ _____.

(4) 设积分 $\int_L (x^2 + ay^2)\mathrm{d}x + (4xy - y^2)\mathrm{d}y$ 在 xOy 面上与路径无关，则 $a =$ _____.

(5) 设 Σ 是由 $x + y - z = 1$ 及三个坐标面围成区域的边界曲面，则积分 $\oiint_\Sigma \mathrm{d}S =$ _____.

(6) 设 Σ 是球面 $x^2 + y^2 + z^2 = a^2$，则积分 $\oiint_\Sigma \left(x^2 + \dfrac{y^2}{2} + \dfrac{z^2}{4} \right) \mathrm{d}S =$ _____.

二、单项选择题

(1) L 为从 $A(0,0)$ 到 $B(4,3)$ 的直线段，则 $\int_L (x - y)\mathrm{d}s = ($　　$)$.

(A) $\int_0^4 \left(x - \dfrac{3}{4}x \right) \mathrm{d}x$

(B) $\int_0^4 \left(x - \dfrac{3}{4}x \right) \sqrt{1 + \dfrac{9}{16}}\, \mathrm{d}x$

(C) $\int_0^3 \left(\dfrac{4}{3}y - y \right) \mathrm{d}y$

(D) $\int_0^3 \left(\dfrac{4}{3}y - y \right) \sqrt{1 + \dfrac{9}{16}}\, \mathrm{d}y$

(2) 设 L 为逆时针方向的闭曲线 $|x| + |y| = 2$，则 $\oint_L \dfrac{ax\mathrm{d}y + by\mathrm{d}x}{|x| + |y|} = ($　　$)$.

(A) $4(b - a)$

(B) $4(a - b)$

(C) $2(b - a)$

(D) $2(a - b)$

(3) 在下列各积分中，在 xOy 面上沿任意闭路积分为零的是$($　　$)$.

(A) $\oint_L (x^2 + y^2)(\mathrm{d}x - x\mathrm{d}y)$

(B) $\oint_L (x^2 - y)\mathrm{d}x - x\mathrm{d}y$

(C) $\oint_L \dfrac{y\mathrm{d}x - x\mathrm{d}y}{y^2}$

(D) $\oint_L \dfrac{y\mathrm{d}x - x\mathrm{d}y}{x^2 + y^2}$

(4) 设 Σ 是球面 $x^2 + y^2 + z^2 = R^2$，则 $\iint_\Sigma (x + y + z)^2 \mathrm{d}S = ($　　$)$.

(A) 0

(B) $4\pi R^4$

(C) $2\pi R^4$

(D) $4\pi R^2$

(5) 设 Σ 是上半球面 $x^2 + y^2 + z^2 = R^2 (z \geqslant 0)$，$\Sigma_1$ 是 Σ 在第一卦限的部分，则下列结论正确的是$($　　$)$.

(A) $\iint\limits_{\Sigma} x\,dS = 4\iint\limits_{\Sigma_1} x\,dS$ 　　　　　　(B) $\iint\limits_{\Sigma} y\,dS = 4\iint\limits_{\Sigma_1} y\,dS$

(C) $\iint\limits_{\Sigma} z\,dS = 4\iint\limits_{\Sigma_1} z\,dS$ 　　　　　　(D) $\iint\limits_{\Sigma} xyz\,dS = 4\iint\limits_{\Sigma_1} xyz\,dS$

(6) 取 Σ 为 $x^2 + y^2 + z^2 = a^2$ 的外侧,则 $\oiint\limits_{\Sigma} x^3\,dydz + y^3\,dzdx + z^3\,dxdy = ($ 　　　$)$.

(A) $\dfrac{6}{5}\pi a^5$ 　　　　　　　　　(B) $-\dfrac{6}{5}\pi a^5$

(C) $\dfrac{12}{5}\pi a^5$ 　　　　　　　　　(D) $-\dfrac{12}{5}\pi a^5$

三、计算与证明题

1. 计算下列曲线积分:

(1) $\oint_L (5xy + 2x^2 + 3y^2)\,ds$,其中 L 是椭圆 $\dfrac{x^2}{3} + \dfrac{y^2}{2} = 1$ 的一周,其周长为 l;

(2) $\oint_L |xy|\,ds$,其中 L 是 $|x| + |y| = 1$;

(3) $\oint_L |y|\,dx + |x|\,dy$,$L$ 为连接 $A(1,0)$、$B(0,1)$、$C(-1,0)$ 的折线,方向为逆时针方向;

(4) $\oint_{\Gamma} y^2\,dx + z^2\,dy + x^2\,dz$,其中 Γ 是圆周 $\begin{cases} z = \sqrt{a^2 - x^2 - y^2} \\ x^2 + y^2 = ax \end{cases}$ $(a > 0)$ 的一周,从 z 轴正向看去取逆时针方向;

(5) $\oint_L \dfrac{dx + dy}{|x| + |y|}$,其中 L 是正方形 $|x| + |y| = 1$ 的逆时针方向;

(6) $\oiint\limits_{\Sigma} (x + y + z)\,dS$,其中 Σ 为半球体 $x^2 + y^2 + z^2 \leqslant a^2$,$z \geqslant 0$ 的整个表面.

2. 求 $I = \int_{\Gamma} x^2\,ds$,其中 Γ 为圆周 $\begin{cases} x^2 + y^2 + z^2 = a^2 \\ x + y + z = 0 \end{cases}$.

3. 证明 $\iint\limits_{\Sigma} (y\cos\gamma + z\cos\beta)\,dS = 0$,其中 Σ 是圆柱面 $x^2 + y^2 = 2y$ 与平面 $y = z$ 的交线所围的椭圆面(图 11-29),$\cos\beta, \cos\gamma$ 是平面 $y = z$ 向下的法向量与 y 轴和 z 轴正向夹角的方向余弦.

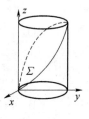

图 11-29

4. 计算 $I = \int_L \dfrac{x\,dy - y\,dx}{x^2 + 4y^2}$,若

(1) L 是任意不通过原点的正向闭曲线；

(2) L 是折线 $A(-1,1) \rightarrow B(2,0) \rightarrow C(-1,2)$.

5. 求 a 的值，使曲线积分 $I = \displaystyle\int_L (1+y^3)\mathrm{d}x + (2x+y)\mathrm{d}y$ 的值最小，其中 L 为曲线 $y = a\sin x$ 上从 $(0,0)$ 到 $(\pi,0)$ 的一段有向弧.

6. 已知函数 $f(x)$ 满足 $\displaystyle\oint_L 2xyf(x^2)\mathrm{d}x + [f(x^2)-x^4]\mathrm{d}y = 0$，其中 L 是 xOy 面上任意简单光滑闭曲线，且 $f(0)=0$，求可微函数 $f(x)$.

7. 设积分 $I = \displaystyle\int_L y\varphi(y)\mathrm{d}x + \left(\dfrac{\mathrm{e}^y}{y} - \varphi(y)\right)x\mathrm{d}y$ 与路径无关，且 $\varphi(1) = \mathrm{e}$，$\varphi'(y)$ 连续，求

(1) $\varphi(y)$；

(2) 当路径 L 取从点 $A(0,1)$ 到点 $B(1,2)$ 的直线段路径时，求出积分 I 的值.

8. 计算 $\displaystyle\iint_\Sigma |z|\mathrm{d}S$ 和 $\displaystyle\iint_\Sigma |z|\mathrm{d}x\mathrm{d}y$，其中 $\Sigma : x^2+y^2+z^2 = a^2$，外法线为曲面正向.

9. 计算 (1) $\displaystyle\oiint_\Sigma \dfrac{2y\mathrm{d}x\mathrm{d}z}{\sqrt{x^2+z^2}}$，其中 Σ 为 $y = \sqrt{x^2+z^2}$，$y=1$，$y=2$ 所围区域的表面外侧；

(2) $\displaystyle\oiint_\Sigma \dfrac{x\mathrm{d}y\mathrm{d}z + z^2\mathrm{d}x\mathrm{d}y}{x^2+y^2+z^2}$，其中 Σ 是由曲面 $x^2+y^2 = R^2$ 及两平面 $z=R$，$z=-R(R>0)$ 所围成立体的表面外侧.

10. 计算 $\displaystyle\oiint_\Sigma \dfrac{\mathrm{d}y\mathrm{d}z}{x} + \dfrac{\mathrm{d}z\mathrm{d}x}{y} + \dfrac{\mathrm{d}x\mathrm{d}y}{z}$，其中 $\Sigma : \dfrac{x^2}{a^2} + \dfrac{y^2}{b^2} + \dfrac{z^2}{c^2} = 1$，外侧为正向.

11. 计算曲面积分 $\displaystyle\iint_\Sigma \dfrac{2x^3\mathrm{d}y\mathrm{d}z + 2y^3\mathrm{d}z\mathrm{d}x + 3(z^2-1)\mathrm{d}x\mathrm{d}y}{x^2+y^2+z}$，其中 Σ 是曲面 $z = 1-x^2-y^2$ $(z \geqslant 0)$ 的上侧.

12. 计算曲面积分 $\displaystyle\iint_\Sigma x\mathrm{d}y\mathrm{d}z + y\mathrm{d}z\mathrm{d}x + z\mathrm{d}x\mathrm{d}y$，其中 Σ 是抛物面 $z = x^2+y^2$ 在柱面 $x^2+y^2 = a^2$ 内部分的下侧.

13. 已知函数 $f(x)$ 具有二阶连续导数，且对任意的光滑有向封闭曲面 Σ，都有

$$\oiint_\Sigma \mathrm{e}^x[f'(x)\mathrm{d}y\mathrm{d}z - 2yf(x)\mathrm{d}z\mathrm{d}x - z\mathrm{e}^x\mathrm{d}x\mathrm{d}y] = 0.$$

(1) 证明：对任意的 x 都有 $f''(x) + f'(x) - 2f(x) = \mathrm{e}^x$；

(2) 当 $f(0) = 0$，$f'(0) = \dfrac{1}{3}$ 时，求函数 $f(x)$ 的表达式.

14. 计算曲线积分：

(1) $\displaystyle\oint_\Gamma y\mathrm{d}x + z\mathrm{d}y + x\mathrm{d}z$，其中曲线 $\Gamma : \begin{cases} x^2+y^2+z^2 = a^2 \\ x+y+z = 0 \end{cases}$，从 x 轴的正向看，圆 Γ 的方向为逆时针方向；

(2) $\displaystyle\int_{\Gamma_{AB}} (x^2-yz)\mathrm{d}x + (y^2-xz)\mathrm{d}y + (z^2-xy)\mathrm{d}z$，其中曲线 Γ_{AB} 是沿螺线 $\begin{cases} x = a\cos\theta, \\ y = a\sin\theta, \\ z = \dfrac{b}{2\pi}\theta \end{cases}$

从 $A(a,0,0)$ 到 $B(0,0,b)$ 的一段.

15. 求曲面积分 $u(r) = \iint\limits_{\Sigma} \dfrac{\mathrm{d}S}{\sqrt{x^2 + y^2 + (z-r)^2}}$,其中 $\Sigma: x^2 + y^2 + z^2 = R^2$.

16. 确定常数 λ,使 $2xy(x^4 + y^2)^\lambda \mathrm{d}x - x^2(x^4 + y^2)^\lambda \mathrm{d}y (x > 0)$ 是全微分,并求出原函数.

17. 设函数 $M(x, y)$ 在 xOy 平面上具有一阶连续偏导数,曲线积分 $\displaystyle\int_L 2xy\mathrm{d}x + M(x, y)\mathrm{d}y$ 与路径无关,并对任意 t 恒有 $\displaystyle\int_{(0,0)}^{(t,1)} 2xy\mathrm{d}x + M(x, y)\mathrm{d}y = \int_{(0,0)}^{(1,t)} 2xy\mathrm{d}x + M(x, y)\mathrm{d}y$,求 $M(x, y)$.

18. 设函数 $u(x, y), v(x, y)$ 在闭区域 D 上有二阶连续偏导数,且分段光滑曲线 L 是 D 的边界,证明 $\displaystyle\iint\limits_D v\Delta u\mathrm{d}x\mathrm{d}y = -\iint\limits_D (\mathbf{grad}u \cdot \mathbf{grad}v)\mathrm{d}x\mathrm{d}y + \oint_L v\dfrac{\partial u}{\partial \mathbf{n}}\mathrm{d}s$,其中 $\dfrac{\partial u}{\partial \mathbf{n}}$ 是 $u(x, y)$ 沿 L 的外法向 $\mathbf{n}$ 上的方向导数,$\Delta u = \dfrac{\partial^2 u}{\partial x^2} + \dfrac{\partial^2 u}{\partial y^2}$.

附录一 向量代数与空间解析几何

第一节 向量与空间直角坐标系

一、向量的概念

向量在数学中是用有向线段表示的.带有箭头的线段,用 $\overrightarrow{AB}$ 表示,如图 1 所示,或用粗体字母 a,b 等表示向量.向量 a 的长度记作 $|a|$,称为向量的模.模等于 1 的向量称为单位向量,模等于 0 的向量称为零向量,记作 $\mathbf{0}$,零向量的方向可以看作是任意的.

如果 a 与 b 的模相等,且方向相同,则称 a 与 b 相等,记作 $a=b$.

如果 a 与 b 的模相等,但方向相反,则称 a 是 b 的负向量,记作 $a=-b$ 或 $b=-a$.

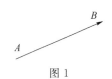

图 1

如果 a 与 b 的方向相同或相反,则称向量 a 与 b 平行,记作 $a /\!/ b$.

二、向量的线性运算

1. 向量的加法运算

给定向量 a 和 b,将 b 的起点置于 a 的终点,则从 a 的起点到 b 的终点所引的向量称为 a 和 b 的和,记作 $a+b$.

向量的加法运算称为三角形法则,如图 2 所示.任取一点 A,作 $\overrightarrow{AB}=a$,再以 B 为起点,作 $\overrightarrow{BC}=b$,连接 AC,则向量即为 a 与 b 之和 $a+b$.

向量的加法法则也称为平行四边形法则,如图 3 所示.作 $\overrightarrow{AB}=a,\overrightarrow{AD}=b$,以 AB、AD 边作平行四边形 $ABCD$,连接对角线 AC,则向量等于 a 与 b 之和 $a+b$.

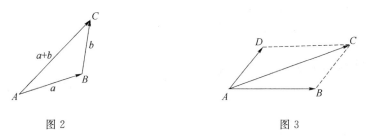

图 2   图 3

由平面几何"三角形两边之和大于第三边"可知,$|a+b| \leqslant |a|+|b|$ 以及 $|a-b| \leqslant |a|+|b|$.
容易验证,向量的加法法则满足:

(1) $a+b=b+a$

(2) $(a+b)+c=a+(b+c)$

(3) $a+0=a$

(4) $a+(-a)=0$

向量的减法运算是加法运算的逆运算,向量 a 和 b 的差规定为 $a-b=a+(-b)$.

2. 向量的数乘运算

向量 a 与实数 λ 的乘积记作 λa,是一个向量,其模 $|\lambda a|=\lambda|a|$,在 $\lambda>0$ 时其方向与 a 相同,在 $\lambda<0$ 时与 a 相反,在 $\lambda=0$ 时是零向量.向量的乘积运算满足

(1) $(\lambda\mu)a=\lambda(\mu a),\lambda,\mu\in\mathbf{R}$

(2) $\lambda(a+b)=\lambda a+\lambda b,\lambda\in\mathbf{R}$

(3) $(\lambda+\mu)a=\lambda a+\mu a,\lambda,\mu\in\mathbf{R}$

(4) $1a=a$

三、空间直角坐标系

1. 空间直角坐标系的建立

如图 4 所示,在空间取定一点 O,以点 O 为起点,作三个相互垂直的单位向量 i,j,k,向量 i,j,k 的顺序遵循右手法则,我们称过点 O 分别以 i,j,k 为方向的有向直线为 x 轴、y 轴、z 轴,也称横轴、纵轴和竖轴,它们统称为坐标轴,点 O 称为坐标原点,由每两根坐标轴所确定的平面称为坐标平面,分别是 xOy,yOz,zOx 平面,由此,得到了空间直角坐标系 $Oxyz$.

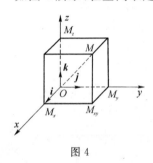

图 4

2. 向量的坐标表示

如图 4 所示,在空间直角坐标系 $Oxyz$ 下,对空间任一点 M,作 xOy 的垂线(垂足为 M_{xy}),在 xOy 平面上过点 M_{xy} 作 x 轴的垂线(垂足为 M_x),过 M 作平面与 z 轴垂直(垂足为 M_z),有

$$\overrightarrow{OM}=\overrightarrow{OM_x}+\overrightarrow{M_xM_{xy}}+\overrightarrow{M_{xy}M},$$

注意到 $|\overrightarrow{M_{xy}M}|=|\overrightarrow{OM_z}|,|\overrightarrow{M_xM_{xy}}|=|\overrightarrow{OM_y}|$,设 $\overrightarrow{OM_x}=xi,\overrightarrow{OM_y}=yj,\overrightarrow{OM_z}=zk$,便有

$$\overrightarrow{OM}=xi+yj+zk=\{x,y,z\}.$$

可见,在空间直角坐标系下,原点为起点的向量与三元有序组是一一对应的.由"向量相等"的含义可知,向量与起点的选择无关,于是我们可以把任何向量的起点置于原点.这样一来,所有的向量组成的几何与由所有的三元有序实数组成的集合之间建立了一一对应的关系.这就是向量的坐标表示.在坐标表示下,向量加减法和数乘运算只需对向量的各个分量进行相应的加减运算和数乘运算.

在讨论向量的坐标系表示中,可以看到,决定向量坐标的关键在向量的终点.因此,我们把向量 $\overrightarrow{OM}$ 的坐标记作点 M 的坐标,记作 (x,y,z) 或 $M(x,y,z)$,其中分别是点的横坐标、纵坐标和竖坐标.

3. 向量的模、方向角、投影

(1) 向量的模

设 $M_1(x_1,y_1,z_1),M_2(x_2,y_2,z_2)$ 为空间两点,则

$$|\overrightarrow{M_1M_2}| = \sqrt{(x_2-x_1)^2+(y_2-y_1)^2+(z_2-z_1)^2}.$$

（2）方向角与方向余弦

记$\overrightarrow{OA}=\boldsymbol{a}$，$\overrightarrow{OB}=\boldsymbol{b}$，$\varphi=\angle AOB(0\leqslant\varphi\leqslant\pi)$称为向量$\boldsymbol{a},\boldsymbol{b}$的夹角，记作$(\boldsymbol{a},\boldsymbol{b})=\varphi$（图5）.

$\boldsymbol{r}$和$\boldsymbol{i},\boldsymbol{j},\boldsymbol{k}$所成的角，称为$\boldsymbol{r}$的方向角，依次记为$\alpha,\beta,\gamma$（图6）.方向角的余弦称为其方向余弦.

简单分析可得

$$\cos\alpha=\frac{x}{|\boldsymbol{r}|}=\frac{x}{\sqrt{x^2+y^2+z^2}},\cos\beta=\frac{y}{|\boldsymbol{r}|}=\frac{y}{\sqrt{x^2+y^2+z^2}},\cos\gamma=\frac{z}{|\boldsymbol{r}|}=\frac{z}{\sqrt{x^2+y^2+z^2}}.$$

方向余弦的性质为

$$\cos^2\alpha+\cos^2\beta+\cos^2\gamma=1.$$

向量$\boldsymbol{r}$的单位向量为

$$\boldsymbol{r}^0=\frac{\boldsymbol{r}}{|\boldsymbol{r}|}=(\cos\alpha,\cos\beta,\cos\gamma).$$

（3）空间向量在轴上的投影

设点O及单位向量$\boldsymbol{e}$，确定u轴.任给向量$\overrightarrow{OM}=\boldsymbol{r}$，点$M'$是点$M$在$u$轴上的投影，则向量$\overrightarrow{OM'}$称为向量$\boldsymbol{r}$在$u$轴上的分向量（图7）.设$\overrightarrow{OM'}=\lambda\boldsymbol{e}$，则数值$\lambda$称为$\boldsymbol{r}$在$u$轴上的投影（图8），记作$\mathrm{Prj}_u\boldsymbol{r}$.

（4）向量投影的性质

性质 1 关于向量的投影定理 I. 向量$\overrightarrow{AB}$在轴u上的投影等于向量的模乘以轴与向量的夹角的余弦.

$$\mathrm{Prj}_u\overrightarrow{AB}=|\overrightarrow{AB}|\cos\varphi.$$

性质 2 关于向量的投影定理 II. 两个向量的和在轴上的投影等于两个向量在该轴上的投影之和（图9）（可以推广）：

$$\mathrm{Prj}_u(\boldsymbol{a}_1+\boldsymbol{a}_2)=\mathrm{Prj}_u\boldsymbol{a}_1+\mathrm{Prj}_u\boldsymbol{a}_2.$$

性质 3 $\mathrm{Prj}_u(\lambda\boldsymbol{a})=\lambda\mathrm{Prj}_u\boldsymbol{a}.$

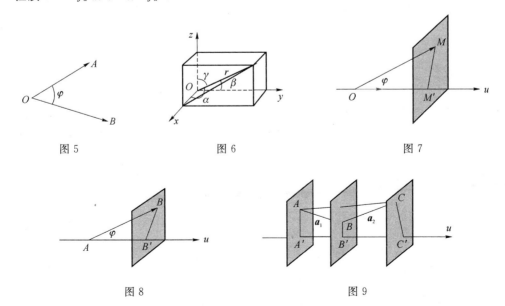

图5　　　　　　　图6　　　　　　　图7

图8　　　　　　　图9

四、空间两点间的距离

如图 10 所示,$M_1(x_1,y_1,z_1)$ 和 $M_2(x_2,y_2,z_2)$ 是空间两点,M_1、M_2 各作三个分别垂直于三条坐标轴的平面,则六个平面围成一个以 M_1M_2 为对角线的长方体. 记 $d=|M_1M_2|$ 是两点 M_1、M_2 之间的距离,则

$$d^2=|\overrightarrow{M_1M_2}|^2=|\overrightarrow{M_1N}|^2+|\overrightarrow{NM_2}|^2$$
$$=|\overrightarrow{M_1P}|^2=|\overrightarrow{PN}|^2+|\overrightarrow{NM_2}|^2$$
$$=|\overrightarrow{P_1P_2}|^2=|\overrightarrow{Q_1Q_2}|^2+|\overrightarrow{R_1R_2}|^2$$
$$=(x_2-x_1)^2+(y_2-y_1)^2+(z_2-z_1)^2,$$

即

$$d=|\overrightarrow{M_1M_2}|=\sqrt{(x_2-x_1)^2+(y_2-y_1)^2+(z_2-z_1)^2}.$$

这就是两点间的距离公式. 特别地,点 $M(x,y,z)$ 与坐标原点 $O(0,0,0)$ 的距离为

$$d=|\overrightarrow{OM}|=\sqrt{x^2+y^2+z^2}.$$

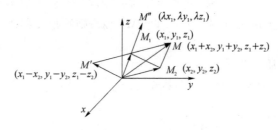

图 10

第二节　数量积与向量积

向量除了具有加减运算和数乘运算以外,还有其他运算,其中数量积和向量积是向量的两种重要运算.

一、数量积

1. 数量积的概念

如图 11 所示,物体在常力 $\boldsymbol{F}$ 的作用下,沿直线从 O 点移动到 P 点. 此时,在物体位移方向力的大小为 $|\boldsymbol{F}|\cos\theta$,其中 θ 是 $\boldsymbol{F}$ 与 $\overrightarrow{OP}$ 的夹角,记 $\boldsymbol{S}=\overrightarrow{OP}$,则力 $\boldsymbol{F}$ 做功 $W=|\boldsymbol{F}||\boldsymbol{S}|\cos\theta$. 一般地,对于向量 $\boldsymbol{a}$、$\boldsymbol{b}$,规定

$$\boldsymbol{a}\cdot\boldsymbol{b}=|\boldsymbol{a}||\boldsymbol{b}|\cos\theta,$$

为 $\boldsymbol{a}$ 与 $\boldsymbol{b}$ 的数量积,也称内积,其中 θ 为 $\boldsymbol{a}$ 与 $\boldsymbol{b}$ 的夹角($0\leqslant\theta\leqslant\pi$). 数量积具有如下性质:

(1) $\boldsymbol{a}\cdot\boldsymbol{b}=\boldsymbol{b}\cdot\boldsymbol{a}$

(2) $\lambda(\boldsymbol{a}\cdot\boldsymbol{b})=(\lambda\boldsymbol{a})\cdot\boldsymbol{b}$($\lambda$ 为实数)

(3) $(\boldsymbol{a}+\boldsymbol{b})\cdot\boldsymbol{c}=\boldsymbol{a}\cdot\boldsymbol{c}+\boldsymbol{b}\cdot\boldsymbol{c}$

(4) $\boldsymbol{a}\perp\boldsymbol{b}$ 当且仅当 $\boldsymbol{a}\cdot\boldsymbol{b}=0$(零向量与任何向量垂直)

（5）$\boldsymbol{a} \cdot \boldsymbol{a} = |\boldsymbol{a}|^2$

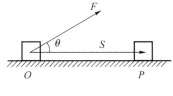

图 11

2. 数量积的计算

数量积的计算虽然可以通过定义式完成，但是夹角常常不是已知的，比较难求，而采用向量的坐标计算数量积则十分方便.

设 $\boldsymbol{a} = \{x_1, y_1, z_1\}$，$\boldsymbol{b} = \{x_2, y_2, z_2\}$，注意到坐标轴上单位向量 $\boldsymbol{i}, \boldsymbol{j}, \boldsymbol{k}$ 两两垂直，有

$$\begin{aligned}
\boldsymbol{a} \cdot \boldsymbol{b} &= (x_1\boldsymbol{i} + y_1\boldsymbol{j} + z_1\boldsymbol{k}) \cdot (x_2\boldsymbol{i} + y_2\boldsymbol{j} + z_2\boldsymbol{k}) \\
&= x_1x_2\boldsymbol{i}\cdot\boldsymbol{i} + y_1x_2\boldsymbol{j}\cdot\boldsymbol{i} + z_1x_2\boldsymbol{k}\cdot\boldsymbol{i} + x_1y_2\boldsymbol{i}\cdot\boldsymbol{j} + y_1y_2\boldsymbol{j}\cdot\boldsymbol{j} + z_1y_2\boldsymbol{k}\cdot\boldsymbol{j} + \\
&\quad x_1z_2\boldsymbol{i}\cdot\boldsymbol{k} + y_1z_2\boldsymbol{j}\cdot\boldsymbol{k} + z_1z_2\boldsymbol{k}\cdot\boldsymbol{k} \\
&= x_1x_2 + y_1y_2 + z_1z_2.
\end{aligned}$$

特别有

$$|\boldsymbol{a}| = \sqrt{\boldsymbol{a}\cdot\boldsymbol{a}} = \sqrt{x_1^2 + y_1^2 + z_1^2},$$

$$|\boldsymbol{b}| = \sqrt{\boldsymbol{b}\cdot\boldsymbol{b}} = \sqrt{x_2^2 + y_2^2 + z_2^2},$$

$$\cos\theta = \frac{\boldsymbol{a}\cdot\boldsymbol{b}}{|\boldsymbol{a}||\boldsymbol{b}|} = \frac{x_1x_2 + y_1y_2 + z_1z_2}{\sqrt{x_1^2 + y_1^2 + z_1^2}\,\sqrt{x_2^2 + y_2^2 + z_2^2}}.$$

二、向量积

物理学知识告诉我们，外力对刚体转动的影响，不仅与力的大小有关，还与力的作用点的位置以及力的方向有关，从而引进物理力矩描述力对刚体转动的作用.

如图 12 所示，封闭曲线所围部分是刚体的横截面，它可绕通过 O 点且垂直于该横截面的 Oz 转轴旋转，作用在刚体上点 P 的力 $\boldsymbol{F}$ 也在此平面内. 从转轴到截面的焦点到力的作用线的垂直距离 d 叫作力对转轴的力臂，力的大小 $|\boldsymbol{F}|$ 与力臂 d 的乘积 $|\boldsymbol{F}|d$ 便是力对转轴的力矩的大小. 注意到图中 $\boldsymbol{r}$ 是点 O 到力 $\boldsymbol{F}$ 的作用点 P 的径向量，θ 为径向量 $\boldsymbol{r}$ 与力 $\boldsymbol{F}$ 之间的夹角，有 $d = |\boldsymbol{r}|\sin\theta$，于是力矩的大小为 $|\boldsymbol{F}||\boldsymbol{r}|\sin\theta$.

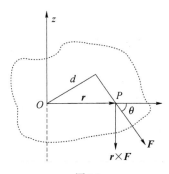

图 12

力矩除了大小，还有方向，其方向规定如下：将右手伸开，拇指起与其余四指分开，四指指向与 $\boldsymbol{r}$ 的方向保持一致，然后四指往 $\boldsymbol{F}$ 方向弯曲，此时拇指即为力矩方向. 将该力矩记为 $\boldsymbol{r}\times\boldsymbol{F}$. 于是 $\boldsymbol{r}\times\boldsymbol{F} = |\boldsymbol{r}||\boldsymbol{F}|\sin\theta$.

对力矩进行提炼和抽象，则有向量积的概念.

设向量 $\boldsymbol{c}$ 是由向量 $\boldsymbol{a}$ 和 $\boldsymbol{b}$ 按以下方式确定的：

（1）$|\boldsymbol{c}| = |\boldsymbol{a}||\boldsymbol{b}|\sin\theta$，其中 θ 为 $\boldsymbol{a}$ 与 $\boldsymbol{b}$ 的夹角；

（2）$\boldsymbol{c}$ 垂直于由 $\boldsymbol{a}$ 与 $\boldsymbol{b}$ 决定的平面，$\boldsymbol{a}, \boldsymbol{b}, \boldsymbol{c}$ 服从右手法则，则称 $\boldsymbol{c}$ 为 $\boldsymbol{a}$ 与 $\boldsymbol{b}$ 的向量积，记作

$a \times b$,即 $c = a \times b$.

向量积的性质及其计算

不加证明地列出向量积的如下性质:

(1) $a \times a = \mathbf{0}$

(2) $b \times a = -a \times b$

(3) $(a+b) \times c = a \times c + b \times c$

(4) $(\lambda a) \times b = a \times (\lambda b) = \lambda(a \times b)$,$\lambda$ 为实数

(5) 设 $a \neq \mathbf{0}$,$b \neq \mathbf{0}$,则 $a /\!/ b$ 当且仅当 $a \times b = \mathbf{0}$

在空间直角坐标系下,Ox 轴、Oy 轴、Oz 轴上单位向量 i,j,k 显然有如下等式:

$$i \times i = j \times j = k \times k = \mathbf{0},$$

$$i \times j = k, \quad j \times k = i, \quad k \times i = j,$$

$$j \times i = -k, \quad k \times j = -i, \quad i \times k = -j.$$

于是,若设 $a = (a_1, a_2, a_3)$,$b = (b_1, b_2, b_3)$ 即

$$a = a_1 i + a_2 j + a_3 k, \quad b = b_1 i + b_2 j + b_3 k,$$

容易得到

$$a \times b = (a_2 b_3 - a_3 b_2)i - (a_1 b_3 - a_3 b_1)j + (a_1 b_2 - a_2 b_1)k.$$

为方便记忆,可以形式地记为

$$a \times b = \begin{bmatrix} i & j & k \\ a_1 & a_2 & a_3 \\ b_1 & b_2 & b_3 \end{bmatrix}.$$

第三节　平面和直线

一、平面方程

1. 平面方程的导出

给定一点 $M_0(x_0, y_0, z_0)$ 和向量 $n = (A, B, C)$,可以唯一地作出过点 M_0 且与 n 垂直的平面 π.

如图 13 所示,在平面 π 上任取一点 $M(x, y, z)$,由于 $n \perp \pi$,所以 $n \perp \overrightarrow{M_0 M}$,于是 $n \cdot \overrightarrow{M_0 M} = 0$. 注意到,便有 $\overrightarrow{M_0 M} = (x - x_0, y - y_0, z - z_0)$.

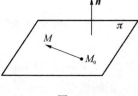

图 13

便有

$$A(x - x_0) + B(y - y_0) + C(z - z_0) = 0,$$

即

$$Ax+By+Cz-Ax_0-By_0-Cz_0=0.$$

这就是平面 π 的方程.

令 $D=-(Ax_0+By_0+Cz_0)$,则平面方程的一般形式为

$$Ax+By+Cz+D=0.$$

2. 平面方程的特殊情形

（1）在平面方程中,若常数项 D 为 0,则平面方程为 $Ax+By+Cz=0$,它表示平面过原点.

（2）在平面方程中,A,B,C 中有一个为 0,比如 $A=0$,则方程 $By+Cz+D=0$ 是平行于 x 轴的平面.

（3）在平面方程中,若 A、B、C 中有两个为 0,比如 $A=B=0$,则方程 $Cz+D=0$ 是平行于 xOy 平面的平面.

（4）在平面方程中,若 A,B,C 中有一个为 0 且 $D=0$,比如 $A=D=0$,则方程 $By+Cz=0$ 是过 x 轴的平面.

3. 两平面之间的关系

设两个平面

$$\pi_1:A_1x+B_1y+C_1z+D_1=0,$$
$$\pi_2:A_2x+B_2y+C_2z+D_2=0,$$

π_1 和 π_2 的法向量则分别是 $\boldsymbol{n}_1=(A_1,B_1,C_1)$, $\boldsymbol{n}_2=(A_2,B_2,C_2)$ 两平面的夹角 θ 由 $\dfrac{\boldsymbol{n}_1\cdot\boldsymbol{n}_2}{|\boldsymbol{n}_1||\boldsymbol{n}_2|}$ 确定.

根据两向量垂直和平行的条件,得知:

（1）平面 π_1 和 π_2 垂直当且仅当 $A_1A_2+B_1B_2+C_1C_2=0$;

（2）平面 π_1 和 π_2 平行当且仅当 $\dfrac{A_1}{A_2}=\dfrac{B_1}{B_2}=\dfrac{C_1}{C_2}$.

二、直线方程

1. 直线方程的一般式

平面 π_1 和 π_2 在不平行时必相交,其交线是一条直线,称方程组

$$\begin{cases}A_1x+B_1y+C_1z+D_1=0\\A_2x+B_2y+C_2z+D_2=0\end{cases}$$

是直线的一般式方程,其中平面法向量 (A_1,B_1,C_1) 与 (A_2,B_2,C_2) 不平行,方程所表示的直线简记为 L.

通过同一直线 L 的平面有无限多个,只要在这无限多个平面中任意选取两个,把它们联立起来,所得到的方程组都表示直线 L,也就是说,空间直线的一般式方程不是唯一的.

2. 直线的标准式方程和参数方程

如果在空间中给定一个点和一个方向,就可以确定一条过给定点并与给定方向平行的直线. 设点 $M_0(x_0,y_0,z_0)$ 在直线上,$\boldsymbol{s}=(m,n,p)$ 是与 L 方向平行的向量,称为直线 L 的方向向

量，则在上任取一点 $M(x,y,z)$，有 $\overrightarrow{M_0M}/\!/s$，从而

$$\frac{x-x_0}{m}=\frac{y-y_0}{n}=\frac{z-z_0}{p},$$

这就是直线 L 的标准式方程.

设

$$\frac{x-x_0}{m}=\frac{y-y_0}{n}=\frac{z-z_0}{p}=t,$$

则有

$$\begin{cases}x=x_0+mt\\y=y_0+nt\\z=z_0+pt\end{cases},$$

这就是直线 L 的参数方程.

直线方程的三种形式可以相互转化.标准式与参数方程之间的相互转化是显然的,标准式向一般方程的转化比较容易,只需将标准式拆成两个公式即可,而一般式向标准式的转化可以先求出直线方向向量 $s=(A_1,B_1,C_1)\times(A_2,B_2,C_2)$,再找一点 $M_0(x_0,y_0,z_0)$ 满足直线方程,便可得到标准式方程.

3. 直线与直线、直线与平面的夹角

（1）直线与直线的夹角

两直线的夹角,是指两直线上方向向量的夹角,$0°$ 至 $90°$ 之间.

设直线 L_1 和 L_2 的方向向量分别为 $s_1=(m_1,n_1,p_1)$ 和 $s_2=(m_2,n_2,p_2)$,注意到

$$s_1\cdot s_2=|s_1||s_2|\cos\theta,$$

其中 θ 为 s_1 和 s_2 的夹角,有

$$\cos\theta=\frac{s_1\cdot s_2}{|s_1||s_2|}=\frac{m_1m_2+n_1n_2+p_1p_2}{\sqrt{m_1^2+n_1^2+p_1^2}\sqrt{m_2^2+n_2^2+p_2^2}}.$$

由于 $0\leqslant\theta\leqslant\dfrac{\pi}{2}$,应有

$$\cos\theta=\frac{|m_1m_2+n_1n_2+p_1p_2|}{\sqrt{m_1^2+n_1^2+p_1^2}\sqrt{m_2^2+n_2^2+p_2^2}}.$$

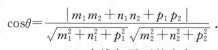

（2）直线与平面的夹角

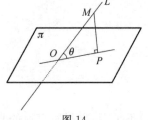

图 14

如图 14 所示,直线 L 与平面交于点 O,在 L 上取一点 M,从 M 作平面 π 的垂线交于点 P,则称 $\angle MOP$ 为直线 L 与平面 π 的夹角,特别地,当点 P 与点 O 重合时,直线 L 垂直于平面 π,夹角为 $\dfrac{\pi}{2}$.

设

$$L:\frac{x-x_0}{m}=\frac{y-y_0}{n}=\frac{z-z_0}{p},$$
$$\pi:Ax+By+Cz+D=0,$$

于是,直线 L 的方向向量为 (m,n,p),PM 所在的直线的方向向量可取平面 π 的法向量 (A,B,C).记 $\angle MOP=\theta$,从而

$$\cos\left(\frac{\pi}{2}-\theta\right)=\frac{|mA+nB+pC|}{\sqrt{m^2+n^2+p^2}\sqrt{A^2+B^2+C^2}},$$

即

$$\sin\theta = \frac{|mA+nB+pC|}{\sqrt{m^2+n^2+p^2}\sqrt{A^2+B^2+C^2}}.$$

4. 平面束方程

设直线 L 的方程为

$$\begin{cases} A_1 x+B_1 y+C_1 z+D_1=0 \\ A_2 x+B_2 y+C_2 z+D_2=0 \end{cases},$$

则称为 $A_1 x+B_1 y+C_1 z+D_1+\lambda(A_2 x+B_2 y+C_2 z+D_2)=0$ 过该直线的平面束方程,其中 λ 为任意常数,A_1,B_1,C_1 与 A_2,B_2,C_2 不成比例.

第四节 空间曲面与空间曲线

一、空间曲面

如果曲面 Σ 上每一点 (x,y,z) 均满足方程 $F(x,y,z)=0$,而满足该方程的点在曲面上,则称 $F(x,y,z)=0$ 为曲面 Σ 的方程,或称曲面 Σ 是方程 $F(x,y,z)=0$ 的图形.

前面已经学过的平面是特殊的曲面,其方程的一般式是三元一次方程,以下讨论几种常见的曲面方程.

1. 椭球面

由方程 $\dfrac{x^2}{a^2}+\dfrac{y^2}{b^2}+\dfrac{z^2}{c^2}=1$ 所表示的曲面称为椭球面,如图 15 所示.

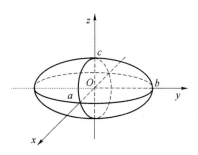

图 15

由椭球面方程可知

$$|x|\leqslant a,|y|\leqslant b,|z|\leqslant c,$$

a,b,c 称为椭球面的半轴,原点 O 称为椭球面的中心.

容易看出,椭球面与三个坐标面的交线

$$\begin{cases} \dfrac{x^2}{a^2}+\dfrac{y^2}{b^2}=1 \\ z=0 \end{cases}, \quad \begin{cases} \dfrac{y^2}{b^2}+\dfrac{z^2}{c^2}=1 \\ x=0 \end{cases}, \quad \begin{cases} \dfrac{x^2}{a^2}+\dfrac{z^2}{c^2}=1 \\ y=0 \end{cases}$$

都是椭圆.

若 $a=b$,则椭球面方程为

$$\frac{x^2}{a^2}+\frac{y^2}{a^2}+\frac{z^2}{c^2}=1.$$

由 x 和 y 的对称性可知,它表示 yOz 平面上的椭圆

$$\begin{cases} \frac{y^2}{a^2}+\frac{z^2}{c^2}=1 \\ x=0 \end{cases}$$

绕 z 轴旋转一周生成的曲面,称为旋转椭球面.

若 $a=b=c$,椭球面方程则为

$$x^2+y^2+z^2=a^2,$$

它表示以原点为心,以 a 为半径的球面.

椭球面稍加推广,有

$$\frac{(x-x_0)^2}{a^2}+\frac{(y-y_0)^2}{b^2}+\frac{(z-z_0)^2}{c^2}=1,$$

其中 (x_0,y_0,z_0) 为给定点,此时所示的椭球面的中心是点 (x_0,y_0,z_0).

2. 抛物面

(1)椭圆抛物面

在方程 $\frac{x^2}{2p}+\frac{y^2}{2q}=z$ 中,$pq>0$,则方程所表示的曲面是椭圆抛物面.

仅就 p,q 均为正数的情形,如图 16 所示,取为 z 常数(>0)时,方程则为椭圆方程,即用平行于 xOy 平面去截椭圆抛物面时,截痕为一个椭圆,而当 x 或 y 为常数时,即用平行于 yOz 平面或 zOx 的平面去截椭圆抛物面时,截痕则为抛物线.

(2)双曲抛物面

在方程 $-\frac{x^2}{2p}+\frac{y^2}{2q}=z$ 中,$pq>0$,则方程所表示的曲面是双曲抛物面,也叫马鞍面.

图 17 所示是 p,q 为正数时的情形,该图形的特点是在用平行于 xOy 平面去截时,截痕为一对双曲线,而用平行于 yOz 平面或 xOz 平面的平面去截时,截痕则为抛物线.

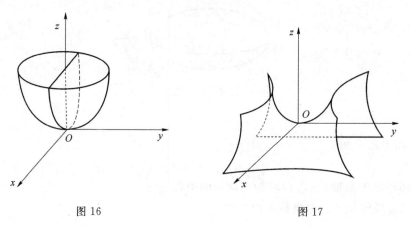

图 16　　　　　　　　　　　　图 17

3. 双曲面

(1)单叶双曲面

方程 $\frac{x^2}{a^2}+\frac{y^2}{b^2}-\frac{z^2}{c^2}=1$ 所表示的曲面称为单叶双曲面,如图 18 所示,在用平行于 xOy 平面

的平面去截时,截痕为一个椭圆,在用平行于 xOz 平面或 yOz 平面的平面去截时,截痕为一对双曲线.

（2）双叶双曲面

由方程 $\dfrac{x^2}{a^2}-\dfrac{y^2}{b^2}+\dfrac{z^2}{c^2}=-1$ 所表示的曲面称为双叶双曲面.

如图 19 所示,在用平行于 xOy 平面或 yOz 平面的平面去截双叶双曲面时,则得到一对双曲线,而用 $y=h,(|h|>b)$ 的平面去截时,截痕是一个椭圆.

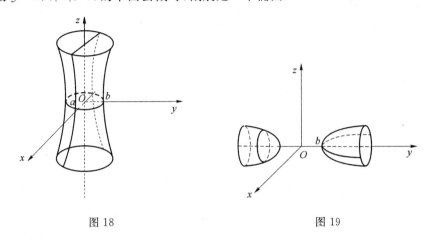

图 18　　　　　　　　　　图 19

4. 柱面和锥面

（1）柱面

在空间情形,方程 $F(x,y)=0$ 或 $F(y,z)=0,F(x,z)=0$ 表示与 xOy 或 yOz,zOx 平面垂直的柱面.例如,方程 $x^2+y^2=R^2$ 在空间就是一个圆柱面,如图 20 所示.又如,方程 $x=x_0$ 表示与 yOz 平行的平面,平面是最简单的柱面.又如,方程 $y^2=x$ 在平面上表示抛物线,在空间情形则是柱面(图 21).柱面是由垂直于平面的直线平行移动得到的.这种直线称为柱面的母线.

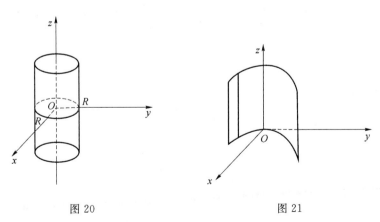

图 20　　　　　　　　　　图 21

（2）锥面

由方程 $\dfrac{x^2}{a^2}+\dfrac{y^2}{b^2}-\dfrac{z^2}{c^2}=0$ 所表示的曲面(图 22)称为锥面.

容易看出,用平行于 xOy 的平面去截锥面,截痕为椭圆,仅用 xOy 平面截锥面时是原点

O,截面是 yOz 平面和 xOz 平面时,截线是两条相交的直线;截面平行 yOz 平面或 xOz 平面而不与 yOz 平面或 xOz 平面重合时,截线则为一对双曲线.

5. 旋转曲面

一条平面曲线绕其平面上一条定直线旋转一周所成的曲面称为旋转曲面,该平面曲线和定直线分别称为旋转曲面的母线和轴.

假设 yOz 坐标平面上的曲线方程为 $f(y,z)=0$,如图 23 所示,将此曲线绕 z 轴旋转一周,便得到一个以 z 轴为轴的旋转曲面.注意到旋转曲面上任一点 M 与 yOz 平面上的曲线上点 $M'(O',y',z')$ 位于与 z 轴垂直的同一圆面上,如图 23 所示,$O'M'=O'M$,$z=z'$,$y'=\sqrt{x^2+y^2}$,于是

$$f(\sqrt{x^2+y^2},z)=0.$$

这就是由 yOz 平面上的直线绕 z 轴旋转得到的旋转曲面方程.

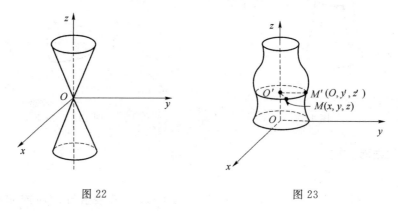

图 22　　　　　　　　　　图 23

二、空间曲线

1. 空间曲线方程

如同空间直线由两个平面相交得到一样,空间曲线可以由两个曲面相交得到,曲线方程便可以由两个曲面方程联立而成,即方程组

$$\begin{cases} F(x,y,z)=0 \\ G(x,y,z)=0 \end{cases}$$

称为空间曲线方程.

对于空间曲线,常用参数形式表示.假设直线方程

$$\frac{x-x_0}{m}=\frac{y-y_0}{n}=\frac{z-z_0}{p},$$

引进参数 t 使

$$\frac{x-x_0}{m}=\frac{y-y_0}{n}=\frac{z-z_0}{p}=t,$$

则有

$$\begin{cases} x=x_0+mt \\ y=y_0+nt \\ z=z_0+pt \end{cases} \quad -\infty<t<+\infty,$$

这就是直线的参数方程.

对于一般空间曲线,其参数方程形式为

$$\begin{cases} x = f(t) \\ y = g(t) \\ z = h(t) \end{cases}.$$

例如方程

$$\begin{cases} x = a\cos\theta \\ y = a\sin\theta \\ z = b\theta \end{cases} \quad (0 \leqslant \theta < +\infty)$$

所表示的曲线是一条螺旋线(图 24).

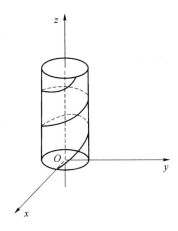

图 24

2. 空间曲线在坐标平面上的投影

设空间曲线的一般方程为

$$L: \begin{cases} F(x,y,z) = 0 \\ G(x,y,z) = 0 \end{cases},$$

由 L 中消去 z 所得到方程 $H(x,y) = 0$ 便是 L 在 xOy 面的投影柱面,投影柱面与 xOy 面的交线就是空间曲线 L 在 xOy 面上的投影曲线,其方程为

$$\begin{cases} H(x,y) = 0 \\ z = 0 \end{cases},$$

同理有 yOz 面和 zOx 面上的投影分别为

$$\begin{cases} R(y,z) = 0 \\ x = 0 \end{cases}, \quad \begin{cases} T(x,z) = 0 \\ y = 0 \end{cases}.$$

附录二 常用求面积和体积的公式

1. 圆

周长$=2\pi r$
面积$=\pi r^2$

2. 平行四边形

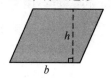

面积$=bh$

3. 三角形

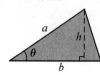

面积$=\dfrac{1}{2}bh$

面积$=\dfrac{1}{2}ab\sin\theta$

4. 梯形

面积$=\dfrac{a+b}{2}h$

5. 圆扇形

面积$=\dfrac{1}{2}r^2\theta$

弧长$l=r\theta$

6. 正圆柱体

体积$=\pi r^2 h$

侧面积$=2\pi rh$

表面积$=2\pi r(r+h)$

7. 球体

体积$=\dfrac{4}{3}\pi r^3$

表面积$=4\pi r^2$

8. 圆锥体

体积$=\dfrac{1}{3}\pi r^2 h$

侧面积$=\pi rl$

表面积$=\pi r(r+l)$

9. 圆台

侧面积$=\pi l(r+R)$

体积$=\dfrac{1}{3}\pi(r^2+rR+R^2)h$

附录三 常用曲面

1. 柱面

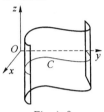

$F(x,y)=0$

2. 圆柱面

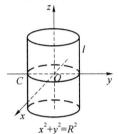

$x^2+y^2=R^2$

3. 圆柱面

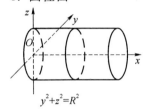

$y^2+z^2=R^2$

4. 圆柱面

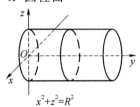

$x^2+z^2=R^2$

5. 圆柱面

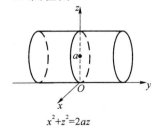

$x^2+z^2=2az$

6. 圆柱面

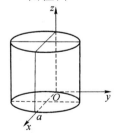

$\left(x-\dfrac{a}{2}\right)^2+y^2=\left(\dfrac{a}{2}\right)^2$

7. 椭圆柱面

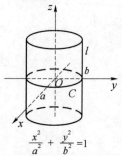

$$\frac{x^2}{a^2} + \frac{y^2}{b^2} = 1$$

8. 椭圆柱面

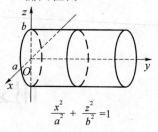

$$\frac{x^2}{a^2} + \frac{z^2}{b^2} = 1$$

9. 双曲柱面

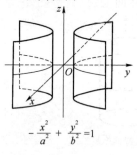

$$-\frac{x^2}{a^2} + \frac{y^2}{b^2} = 1$$

10. 抛物柱面

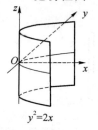

$$y^2 = 2x$$

11. 抛物柱面

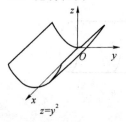

$$z = y^2$$

12. 抛物柱面

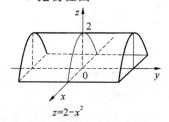

$$z = 2 - x^2$$

13. 柱面特例(平面)

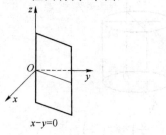

$$x - y = 0$$

14. 柱面特例(平面)

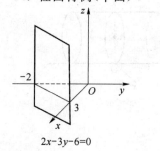

$$2x - 3y - 6 = 0$$

15. 柱面特例（平面）

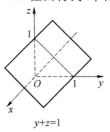

$y+z=1$

16. 曲面

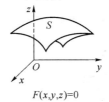

$F(x,y,z)=0$

17. 球面与平面相交例

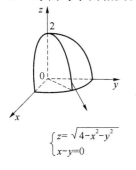

$$\begin{cases} z=\sqrt{4-x^2-y^2} \\ x-y=0 \end{cases}$$

18. 两柱面相交例

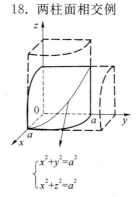

$$\begin{cases} x^2+y^2=a^2 \\ x^2+z^2=a^2 \end{cases}$$

19. 椭球面

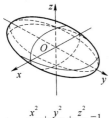

$$\frac{x^2}{a^2}+\frac{y^2}{b^2}+\frac{z^2}{c^2}=1$$

20. 椭圆抛物面

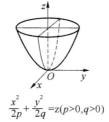

$$\frac{x^2}{2p}+\frac{y^2}{2q}=z(p>0,q>0)$$

21. 球面方程

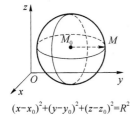

$(x-x_0)^2+(y-y_0)^2+(z-z_0)^2=R^2$

22. 球面方程

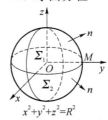

$x^2+y^2+z^2=R^2$

23. 旋转曲面

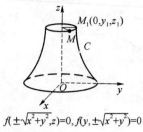

$f(\pm\sqrt{x^2+y^2},z)=0, f(y,\pm\sqrt{x^2+y^2})=0$

24. 双曲抛物面(马鞍面)

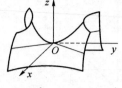

$-\dfrac{x^2}{2p}+\dfrac{y^2}{2q}=z(pq>0)$

25. 圆锥面

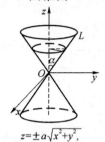

$z=\pm a\sqrt{x^2+y^2}$,

或 $z^2=a^2(x^2+y^2)$,其中$a=\cot\alpha$

26. 单叶双曲面

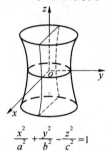

$\dfrac{x^2}{a^2}+\dfrac{y^2}{b^2}-\dfrac{z^2}{c^2}=1$

27. 旋转抛物面

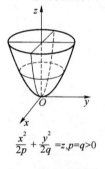

$\dfrac{x^2}{2p}+\dfrac{y^2}{2q}=z,p=q>0$

28. 旋转抛物面

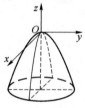

$\dfrac{x^2}{2p}+\dfrac{y^2}{2q}=z,p=q<0$

29. 双叶双曲面

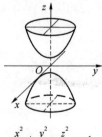

$\dfrac{x^2}{a^2}+\dfrac{y^2}{b^2}-\dfrac{z^2}{c^2}=-1$

30. 二次锥面

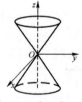

$\dfrac{x^2}{a^2}+\dfrac{y^2}{b^2}-\dfrac{z^2}{c^2}=0$

习题参考答案

第八章

习题一

1. (1) $\sum\limits_{n=1}^{\infty}(u_n+v_n)$ 必发散,$\sum\limits_{n=1}^{\infty}u_nv_n$ 不一定发散;(2) 不正确;(3) 不正确;(4) 正确.

2. (1) 不正确,$s_{2n+1}=u_1+u_2+u_3+\cdots+u_{2n+1}$;(2) 不正确,$s_n=u_1+u_3+\cdots+u_{2n-1}$.

3. 不正确,第三个等号不成立.

4. (1) 收敛,$\dfrac{1}{2}$;(2) 发散;(3) 发散;(4) 收敛,2;(5) 发散. 提示:先乘 $2\sin\dfrac{\pi}{12}$,再将一般项分解为两个余弦函数之差; (6) 收敛,$\dfrac{1}{4}$. 提示:$\dfrac{1}{n(n+1)(n+2)}=\dfrac{1}{2}\left[\dfrac{1}{n(n+1)}-\dfrac{1}{(n+1)(n+2)}\right]$.

5. (1) 发散;(2) 发散;(3) 发散;(4) 发散;(5) 发散;(6) 发散;(7) 收敛;(8) 发散.

6. (1) ① 发散;② 收敛;③ 发散,因为 $\lim\limits_{n\to\infty}\dfrac{1}{u_n}=\infty\neq 0$.

(2) ① 敛散性不确定,例如若 $u_n=0.000\,1$,则 $\sum\limits_{n=1}^{\infty}(u_n+0.001)$ 发散;若取 $u_n=-0.000\,1$,则 $\sum\limits_{n=1}^{\infty}(u_n+0.001)$ 收敛;② 发散;③ $\sum\limits_{n=1}^{\infty}\dfrac{1}{u_n}$ 的敛散性不确定,例如取 $u_n=1$,则 $\sum\limits_{n=1}^{\infty}\dfrac{1}{u_n}$ 发散;若取 $u_n=2^n$,则 $\sum\limits_{n=1}^{\infty}\dfrac{1}{u_n}$ 收敛.

7. (1) -2;(2) 8.

8. $\dfrac{a(1+r)}{1-r}$;30.

9. $\dfrac{518}{99}$.

习题二

1. (C).

3. (1) 发散;(2) 发散;(3) 收敛;(4) 收敛;(5) 收敛;(6) 收敛;(7) 收敛;(8) 收敛;(9) 发散;(10) 收敛.

4. (1) 发散;(2) 收敛;(3) 收敛;(4) 收敛;(5) 收敛;(6) 收敛;(7) 收敛;(8) 发散;(9) 收敛;(10) 收敛.

5. (1) 收敛;(2) 发散;(3) 发散;(4) 收敛;(5) 收敛;(6) 当 $0 < a \leqslant 1$ 时,发散;当 $a > 1$ 时,收敛;(7) 发散;(8) 发散;(9) 当 $0 < a \leqslant 1$ 时,收敛;当 $a > 1$ 时,发散;(10) 当 $0 < a < 4$ 时,收敛;当 $a \geqslant 4$ 时,发散.

7. 当 $b < a$ 时,级数收敛;当 $b \geqslant a$ 时,级数发散.

习题三

1. (1) 不正确;(2) 第一句论述正确,第二句论述不正确;(3) 正确;(4) 不正确.

2. (B).

3. (1) 绝对收敛;(2) 条件收敛;(3) 绝对收敛;(4) 条件收敛;(5) 条件收敛;(6) 发散;(7) 发散;(8) 发散;(9) 绝对收敛;(10) 条件收敛;(11) 提示:利用 $\sqrt[n]{|u_n|} = |\ln x| / (\sqrt[n]{n})^{1/2} \rightarrow |\ln x| \ (n \rightarrow \infty)$. 当 $1/e < x < e$ 时,绝对收敛,当 $x = 1/e$ 时,条件收敛,当 $x > e$ 或 $0 < x < 1/e$ 及 $x = e$ 时,发散;(12) 绝对收敛.

5. 提示:先证明 $\sum\limits_{n=1}^{\infty} u_{2n-1}$ 发散,再用比较审敛法的极限形式.

习题四

1. (1) 不正确;(2) 正确;(3) 正确.

2. 收敛域 $(-1, 1]$, $s(x) = \begin{cases} 0, & |x| < 1 \\ 1, & x = 1 \end{cases}$.

3. (1) $(-\infty, +\infty)$;(2) $|x| > 1$;(3) $(0, +\infty)$;(4) 提示:$x = 0$ 时级数发散;$x \neq 0$ 时,用比较审敛法的极限形式,与 $\sum\limits_{n=1}^{\infty} \dfrac{1}{n^x}$ 做比较.收敛域为 $(1, +\infty)$.

4. (1) $(-1, 1)$;(2) $[-1, 1]$;(3) $(-\infty, +\infty)$;(4) $[-3, 3]$;(5) $(-2, 0)$;(6) $\left[-\dfrac{3}{2}, -\dfrac{1}{2}\right)$;(7) $\left[-\dfrac{1}{5}, \dfrac{1}{5}\right)$;(8) $[-\sqrt{2}, \sqrt{2}]$;(9) $[-1, 1]$;(10) $(-2, 2)$;(11) $(-e, e)$;(12) $(-1, 1)$.

5. (1) 绝对收敛;(2) $R = 1$.

7. (1) $\dfrac{x^4}{1 - x^4}, -1 < x < 1$;(2) $\dfrac{1}{(1 - x)^2}, -1 < x < 1$;

(3) $\ln(1 + x), -1 < x \leqslant 1$;(4) $\dfrac{1}{4}\ln\left|\dfrac{1 + x}{1 - x}\right| + \dfrac{1}{2}\arctan x - x, -1 < x < 1$;

(5) $s(x) = \begin{cases} \dfrac{\ln x}{1 - x}, & 0 < x \leqslant 2, x \neq 1 \\ -1, & x = 1 \end{cases}$;(6) $s(x) = \dfrac{x}{2 - x} + \ln(1 - x), \quad -1 \leqslant x < 1$.

8. $\arctan x$;$\dfrac{\sqrt{3}}{2}\arctan\left(\dfrac{\sqrt{3}}{2}\right)$.

9. $s(x) = \begin{cases} \dfrac{1}{1 + x} - \dfrac{1}{x}\ln(1 + x), & 0 < |x| < 1 \\ 0, & x = 0 \end{cases}$, $\dfrac{3}{2} + 3\ln\dfrac{2}{3}$.

10. $\dfrac{a}{(1 - a)^2}$.

习题五

1. (1) 前者正确,后者不正确,因为必须余项趋于 0;

(2) 不正确,例如 $\ln(1+x)=\sum_{n=1}^{\infty}\dfrac{(-1)^{n-1}}{n}x^n,-1<x\leqslant 1$,而逐项求导后,

$$\frac{1}{1+x}=\sum_{n=1}^{\infty}(-x)^{n-1},-1<x<1;$$

(3) 正确.

2. (1) $\sum_{n=0}^{\infty}x^{2n},|x|<1;$ (2) $\dfrac{1}{3}\sum_{n=0}^{\infty}\left(\dfrac{x}{3}\right)^n,|x|<3;$

(3) $\sum_{n=0}^{\infty}(-1)^n\dfrac{x^{2n+1}}{3^{2n+2}},|x|<\sqrt{3};$ (4) $1+\sum_{n=1}^{\infty}(-1)^n\dfrac{2^{2n-1}x^{2n}}{(2n)!},|x|<+\infty;$

(5) $\sum_{n=0}^{\infty}(-1)^n\dfrac{x^{2(n+1)}}{n+1},|x|\leqslant 1;$ (6) $\sum_{n=0}^{\infty}(-1)^n\dfrac{x^{2n+1}}{2n+1},|x|\leqslant 1;$

(7) $\sqrt{3}\sum_{n=0}^{\infty}\dfrac{1}{n!}\left(\dfrac{\ln 3}{2}\right)^n x^n,\quad |x|<+\infty;$ (8) $\sum_{n=1}^{\infty}(-1)^{n-1}nx^{n-1},-1<x<1;$

(9) $\sum_{n=0}^{\infty}\dfrac{(-1)^n x^{2n+1}}{(2n+1)(2n+1)!},|x|<+\infty.$

4. $\sum_{n=1}^{\infty}\dfrac{1}{3^n}(x-1)^n,|x-1|<3;f^{(n)}(1)=\dfrac{n!}{3^n}.$

5. (1) $\dfrac{1}{2}\left[1+\left(\dfrac{x-1}{2}\right)+\left(\dfrac{x-1}{2}\right)^2+\cdots+\left(\dfrac{x-1}{2}\right)^{n-1}+\cdots\right],-1<x<3;$

(2) $\dfrac{\sqrt{2}}{2}\left[1+\left(x-\dfrac{\pi}{4}\right)-\dfrac{\left(x-\dfrac{\pi}{4}\right)^2}{2!}-\dfrac{\left(x-\dfrac{\pi}{4}\right)^3}{3!}+\dfrac{\left(x-\dfrac{\pi}{4}\right)^4}{4!}+\dfrac{\left(x-\dfrac{\pi}{4}\right)^5}{5!}-\cdots-\cdots\right],$
$-\infty<x<+\infty;$

(3) $\sum_{n=0}^{\infty}\left(\dfrac{1}{2^{n+1}}-\dfrac{1}{3^{n+1}}\right)(x+4)^n,-6<x<-2;$

(4) $\ln 2+\sum_{n=1}^{\infty}\left[(-1)^{n-1}-\dfrac{1}{2^n}\right]\dfrac{(x-1)^n}{n},0<x\leqslant 2.$

习题六

1. (1) 正确;(2) 不正确. 在 $f(x)$ 的间断点 x_0 处,收敛于 $\dfrac{f(x_0^-)+f(x_0^+)}{2}$;(3) 不正确,延拓后的函数不是 $f(x)$ 而是 $F(x)$.

2. (1) $|x|=\dfrac{\pi}{2}-\dfrac{4}{\pi}\sum_{n=1}^{\infty}\dfrac{\cos(2n-1)x}{(2n-1)^2},-\infty<x<+\infty;$

(2) $f(x)=2+\dfrac{4}{\pi}\sum_{n=1}^{\infty}\dfrac{\sin(2n-1)x}{2n-1},x\neq k\pi,k\in\mathbf{Z};$

(3) $f(x)=\dfrac{2}{\pi}\sum_{n=1}^{\infty}\left[\dfrac{1}{n^2}\sin\dfrac{n\pi}{2}+(-1)^{n+1}\dfrac{\pi}{2n}\right]\sin nx,x\neq(2k+1)\pi,k\in\mathbf{Z}.$

3. (1) $f(x)=\dfrac{1}{2}+\dfrac{2}{\pi}\sum_{n=1}^{\infty}\dfrac{\sin(2n-1)x}{2n-1},-\pi<x<\pi,x\neq 0;$

(2) $f(x) = \dfrac{\pi}{4} + \dfrac{2}{\pi}\left[\displaystyle\sum_{n=1}^{\infty}\dfrac{(-1)^n - 1}{n^2\pi}\cos nx + \dfrac{(-1)^{n+1}}{n}3\sin nx\right], -\pi < x < \pi, x \neq 0.$

4. (1) $f(x) = \displaystyle\sum_{n=1}^{\infty}\dfrac{2}{n}\sin nx, 0 < x \leqslant \pi;$

(2) $f(x) = \dfrac{\pi}{2} + \dfrac{4}{\pi}\displaystyle\sum_{n=1}^{\infty}\dfrac{\cos(2n-1)x}{(2n-1)^2}, 0 \leqslant x \leqslant \pi.$

5. $f(x) = -\dfrac{1}{4} + \displaystyle\sum_{n=1}^{\infty}\left[\dfrac{1-(-1)^n}{n^2\pi^2}\cos n\pi x + \dfrac{(-1)^{n+1}}{n\pi}\sin n\pi x\right], x \neq 2k+1, k \in \mathbf{Z};$

$s(x) = \begin{cases} f(x), x \neq 2k+1 \\ \dfrac{1}{2}, x = 2k+1 \end{cases}, k = 0, \pm 1, \pm 2, \cdots.$

6. $f(x) = \dfrac{2}{\pi}\displaystyle\sum_{n=1}^{\infty}\left[\dfrac{2}{n^2\pi}\sin\dfrac{n\pi}{2} + \dfrac{(-1)^{n+1}}{n}\right]\sin\dfrac{n\pi x}{2}, 0 \leqslant x < 2;$

$f(x) = \dfrac{3}{4} + \displaystyle\sum_{n=1}^{\infty}\dfrac{4}{n^2\pi^2}\left(\cos\dfrac{n\pi}{2} - 1\right)\cos\dfrac{n\pi x}{2}, 0 \leqslant x \leqslant 2.$

7. (1) $\dfrac{\pi}{4} = \displaystyle\sum_{n=1}^{\infty}\dfrac{\sin(2n-1)x}{2n-1}, x \in (0, \pi);$

(2) 提示:将 $\cos\dfrac{x}{2}(-\pi \leqslant x \leqslant \pi)$ 展开为傅里叶级数.

8. $x - 4 = \dfrac{2}{\pi}\displaystyle\sum_{n=1}^{\infty}\dfrac{(-1)^{n-1}}{n}\sin n\pi x, 3 < x < 5.$

9. $x^2 = \dfrac{\pi^2}{3} + 4\displaystyle\sum_{n=1}^{\infty}\dfrac{(-1)^n}{n^2}\cos nx (-\pi \leqslant x \leqslant \pi);$

$\displaystyle\sum_{n=1}^{\infty}\dfrac{1}{n^2} = \dfrac{\pi^2}{6}, \sum_{n=1}^{\infty}\dfrac{(-1)^{n-1}}{n^2} = \dfrac{\pi^2}{12}; \sum_{n=1}^{\infty}\dfrac{1}{(2n-1)^2} = \dfrac{\pi^2}{8}.$

总习题八

一、1. (C);2. (D);3. (B);4. (A);5. (B);6. (A).

二、1. $-\dfrac{1}{4}$;2. 收敛;3. 收敛;4. $\lambda > 2, 0 < \lambda \leqslant 2$;5. $e^{-\frac{x}{2}} - 1$;6. 8,$[-2,2)$.

三、1. (1) 发散;(2) $k > 1$ 时收敛,$k \leqslant 1$ 时发散;(3) 发散;(4) 收敛;

(5) 发散;(6) $\alpha > \dfrac{1}{2}$ 时收敛,$\alpha \leqslant \dfrac{1}{2}$ 时发散;(7) 条件收敛;(8) 绝对收敛;

(9) $0 < a < e$ 时收敛,$a \geqslant e$ 时发散;(10) 收敛.

2. 提示:利用比较判别法.

4. 提示:将 $f(x)$ 在 $x = 0$ 点展开为一阶 Taylor 公式.

5. 提示:证明级数 $\displaystyle\sum_{k=1}^{\infty}\dfrac{1}{3^k}\left(1 + \dfrac{1}{k}\right)^{k^2}$ 收敛.

6. (1) $[-2,2]$;(2) $(-2,2)$;(3) $(1,3]$;(4) $(-2,2)$.

7. (1) $(-\sqrt{2}, \sqrt{2}), s(x) = \dfrac{2+x^2}{(2-x^2)^2}$;(2) $(-1,1), s(x) = \dfrac{2x}{(1-x)^2} + \dfrac{1}{1-x}$;

(3) $(-\infty, +\infty), s(x) = e^{-\frac{x}{2}} - 1$;

(4) $[-1,1]$, $s(x) = \begin{cases} \dfrac{1}{x}[x + (1-x)\ln(1-x)], & x \in [-1,0) \bigcup (0,1) \\ 0, & x = 0 \\ 1, & x = 1 \end{cases}$

8. $0 < x < 2$, $s(x) = -\dfrac{(x-1)(x-3)}{(2-x)^2}$.

9. $\sum\limits_{n=1}^{\infty} \dfrac{(-1)^{n-1}2^n - 1}{n}x^n \left(-\dfrac{1}{2} < x \leqslant \dfrac{1}{2}\right)$; (2) $\sum\limits_{n=0}^{\infty}(-1)^n \dfrac{x^{2n+2}}{(2n+1)(2n+2)}$, $|x| \leqslant 1$.

10. (1) 3; (2) $\dfrac{3}{4}\sqrt{e}$.

11. $\dfrac{3}{4}$; $\sqrt[4]{8}$ (提示:对数列取对数).

12. $s(x) = shx$, $-\infty < x < +\infty$.

13. $f(x) = \dfrac{\pi}{4} + \sum\limits_{n=1}^{\infty}\left[\dfrac{(-1)^n - 1}{n^2\pi}\cos nx + \dfrac{3(-1)^{n-1}}{n}\sin nx\right]$, $|x| < \pi$; 取 $x = \dfrac{\pi}{2}$ 级数和为 $\dfrac{\pi}{4}$.

第九章

习题一

1. (1) 前两者正确,后两者不正确;(2) 正确;(3) 不正确;(4) 不正确;(5) 不正确;(6) 不正确;(7) 不正确.

2. (1) 开集、无界集,导集:$\mathbf{R}^2$,边界:$\{(x,y) \mid x = 0 \text{ 或 } y = 0\}$;

(2) 既非开集,又非闭集,有界集,导集:$\{(x,y) \mid 1 \leqslant x^2 + y^2 \leqslant 4\}$,边界:$\{(x,y) \mid x^2 + y^2 = 1\} \bigcup \{(x,y) \mid x^2 + y^2 = 4\}$;(3) 开集,区域,无界集,导集:$\{(x,y) \mid y \geqslant x^2\}$,边界:$\{(x,y) \mid y = x^2\}$;(4) 闭集,有界集,导集:集合本身,边界:$\{(x,y) \mid x^2 + (y-1)^2 = 1\} \bigcap \{(x,y) \mid x^2 + (y-2)^2 = 4\}$.

3. (1) 3, 24;(2) $f(x,y) = \dfrac{x^2}{1+y}$, 1;(3) $f(x,y) = x^3 - 2xy + 3y^2$,

$f\left(\dfrac{1}{x}, \dfrac{2}{y}\right) = \dfrac{1}{x^3} - \dfrac{4}{xy} + \dfrac{12}{y^2}$;(4) $f(x) = (x+1)^3 - 1$, $z = \sqrt{y} + x - 1$.

4. (1) $\{(x,y) \mid |x| \leqslant 1, |y| < 1\}$;(2) $\{(x,y) \mid y^2 - 2x > 0\}$;

(3) $\{(x,y) \mid x \geqslant \sqrt{y}, y \geqslant 0\}$;(4) $\{(x,y) \mid |x| \leqslant y^2, 0 \leqslant y \leqslant 2, y \neq 0\}$.

5. (1) 0;(2) 0;(3) 2;(4) $\sqrt{e}$;(5) 0;(6)0.

7. (1) 3/2;(2) 1.

8. (1) $E = \{(x,y) \mid y^2 - 2x = 0\}$;

(2) $E = \{(x,y) \mid x + y = 0\} \bigcup \{(x,y) \mid x = 0, y > 0\}$.

9. (1) 在 $\mathbf{R}^2$ 上连续;(2) 在 $(x_0, 0)(x_0 \neq 0)$ 处不连续,其他点处均连续.

习题二

1. (1) 正确;(2) (3) 不正确.

2. (1) $\dfrac{\partial z}{\partial x} = 3x^2y^3 + 3y^2 - y, \quad \dfrac{\partial z}{\partial y} = 3x^3y^2 + 6xy - x$;

(2) $\dfrac{\partial z}{\partial x} = \dfrac{2x}{x^2 + y^2}, \dfrac{\partial z}{\partial y} = \dfrac{2y}{x^2 + y^2}$;

(3) $\dfrac{\partial u}{\partial x} = a\mathrm{e}^{ax}\cos by, \dfrac{\partial u}{\partial y} = -b\mathrm{e}^{ax}\sin by$;

(4) $\dfrac{\partial z}{\partial x} = y[\cos(xy) - \sin(2xy)], \dfrac{\partial z}{\partial y} = x[\cos(xy) - \sin(2xy)]$;

(5) $\dfrac{\partial z}{\partial x} = \dfrac{1}{2x\sqrt{\ln(xy)}}, \dfrac{\partial z}{\partial y} = \dfrac{1}{2y\sqrt{\ln(xy)}}$;

(6) $\dfrac{\partial z}{\partial x} = \dfrac{1}{\sqrt{y^2 - x^2}}, \dfrac{\partial z}{\partial y} = \dfrac{-x}{y\sqrt{y^2 - x^2}}$;

(7) $\dfrac{\partial z}{\partial x} = y^2(1 + xy)^{y-1}, \dfrac{\partial z}{\partial y} = (1 + xy)^y[\ln(x + y) + \dfrac{xy}{1 + xy}]$;

(8) $\dfrac{\partial z}{\partial x} = \dfrac{\mathrm{e}^{-(\frac{1}{x} + \frac{1}{y})}}{x^2}, \dfrac{\partial z}{\partial y} = \dfrac{\mathrm{e}^{-(\frac{1}{x} + \frac{1}{y})}}{y^2}$;

(9) $\dfrac{\partial u}{\partial x} = \dfrac{\sec^2(x - y)}{z}, \dfrac{\partial u}{\partial y} = -\dfrac{\sec^2(x - y)}{z}, \dfrac{\partial u}{\partial z} = -\dfrac{\tan(x - y)}{z^2}$.

3. (1) $\dfrac{3}{4}$;(2) $2x$;(3) $0,0$.

4. $\dfrac{\pi}{4}$.

5. (1) $\dfrac{\partial^2 z}{\partial x^2} = 12x^2 - 8y^2, \dfrac{\partial^2 z}{\partial y^2} = 12y^2 - 8x^2, \dfrac{\partial^2 z}{\partial x \partial y} = -16xy$;

(2) $\dfrac{\partial^2 z}{\partial x^2} = \dfrac{1}{x}, \dfrac{\partial^2 z}{\partial y^2} = -\dfrac{x}{y^2}, \dfrac{\partial^2 z}{\partial x \partial y} = \dfrac{1}{y}$;

(3) $\dfrac{\partial^2 z}{\partial x^2} = y^x \ln^2 y, \dfrac{\partial^2 z}{\partial y^2} = x(x - 1)y^{x-2}, \dfrac{\partial^2 z}{\partial x \partial y} = y^{x-1}(1 + x\ln y)$;

(4) $\dfrac{\partial^2 u}{\partial x^2} = \dfrac{2xy}{(x^2 + y^2)^2}, \dfrac{\partial^2 u}{\partial y^2} = \dfrac{-2xy}{(x^2 + y^2)^2}, \dfrac{\partial^2 z}{\partial x \partial y} = \dfrac{y^2 - x^2}{(x^2 + y^2)^2}$.

6. (1) $\dfrac{\partial^3 u}{\partial x \partial y \partial z} = (1 + xy)\mathrm{e}^{xy}\cos z$;(2) $\dfrac{\partial^3 z}{\partial x^2 \partial y} = 0, \dfrac{\partial^3 z}{\partial x \partial y^2} = -\dfrac{1}{y^2}$.

8. $f(x, y) = y^2 + xy + 1$.

9. 当 $x^2 + y^2 \neq 0$ 时, $\dfrac{\partial f}{\partial x} = \dfrac{2x}{(x^2 + y^2)^2}\mathrm{e}^{-\frac{1}{x^2 + y^2}}$;

当 $x^2 + y^2 = 0$ 时,用偏导数的定义,求得 $\dfrac{\partial f}{\partial x}\Big|_{\substack{x = 0 \\ y = 0}} = 0$.

习题三

1. (1) 正确;(2) 正确;(3) 不正确;(4) 正确.

2. (1) $y\cos(xy)\mathrm{d}x + x\cos(xy)\mathrm{d}y$;

(2) $\dfrac{y}{1 + x^2y^2}\mathrm{d}x + \dfrac{x}{1 + x^2y^2}\mathrm{d}y$;

(3) $\mathrm{e}^{xy}[y\sin(x + y) + \cos(x + y)]\mathrm{d}x + \mathrm{e}^{xy}[x\sin(x + y) + \cos(x + y)]\mathrm{d}y$;

(4) $y\mathrm{e}^{xy}\sin z\mathrm{d}x + x\mathrm{e}^{xy}\sin z\mathrm{d}y + \mathrm{e}^{xy}\cos z\mathrm{d}z$.

3. (1) $\Delta z = -0.119, dz = -0.125$;(2) $\dfrac{1}{3} dx + \dfrac{2}{3} dy$;(3) $dx - dy$.

4. (A).   5. $2dx + 3dy$.

7^*. 2.95.

8^*. $2\,128\ \text{m}^2, 27.6\ \text{m}^2, 0.013$.

习题四

1. (1) 正确;(2) 不正确,$\dfrac{\partial z}{\partial x} = \dfrac{\partial f}{\partial x} + \dfrac{\partial f}{\partial u} \dfrac{\partial u}{\partial x} + \dfrac{\partial f}{\partial v} \dfrac{\partial v}{\partial x}$;(3) 正确.

2. (1) $\dfrac{\partial z}{\partial x} = e^{xy} [y\sin(x+y) + \cos(x+y)], \dfrac{\partial z}{\partial y} = e^{xy} [x\sin(x+y) + \cos(x+y)]$;

(2) $\dfrac{dz}{dx} = \dfrac{x^2 + y^2}{x^2 y}$;

(3) $\dfrac{dz}{dx} = (2e^{2x} + 6)\cos(e^{2x} + 6x + 3)$;

(4) $\dfrac{\partial z}{\partial x} = e^{ax} [(a^2 + 1)\sin x + ay], \dfrac{\partial z}{\partial y} = 2e^{ax}$;

(5) $\dfrac{\partial u}{\partial x} = 2x(1 + 2x^2 \sin^2 y) e^{x^2 + y^2 + x^4 \sin^2 y}, \dfrac{\partial u}{\partial y} = 2(y + x^4 \sin y \cos y) e^{x^2 + y^2 + x^4 \sin^2 y}$.

4. (1) $\dfrac{\partial u}{\partial x} = 2x f'_1 + y e^{xy} f'_2, \dfrac{\partial u}{\partial y} = -2y f'_1 + x e^{xy} f'_2$;

(2) $\dfrac{\partial u}{\partial x} = f + \dfrac{x^2}{\sqrt{x^2 + y^2}} f', \dfrac{\partial u}{\partial y} = \dfrac{xy}{\sqrt{x^2 + y^2}} f'$;

(3) $\dfrac{\partial u}{\partial x} = \dfrac{1}{y} f'_1, \dfrac{\partial u}{\partial y} = -\dfrac{x}{y^2} f'_1 + \dfrac{1}{z} f'_2, \dfrac{\partial u}{\partial z} = -\dfrac{y}{z^2} f'_2$;

(4) $\dfrac{\partial u}{\partial x} = f'_1 + y f'_2 + yz f'_3, \dfrac{\partial u}{\partial y} = x f'_2 + xz f'_3, \dfrac{\partial u}{\partial z} = xy f'_3$.

6. $F(1) = 1, F'(1) = a + ab + b^2$.

7. $\dfrac{\partial z}{\partial x} = xy(1 + xy)^{x-1} + (1 + xy)^x \ln(1 + xy), \dfrac{\partial z}{\partial y} = x^2 (1 + xy)^{x-1}$.

8. (1) $\dfrac{\partial^2 z}{\partial x^2} = 2f' + 4x^2 f'', \dfrac{\partial^2 z}{\partial y^2} = 2f' + 4y^2 f'', \dfrac{\partial^2 z}{\partial x \partial y} = 4xy f''$;

(2) $\dfrac{\partial^2 z}{\partial x^2} = y^2 f''_{11}, \dfrac{\partial^2 z}{\partial y^2} = x^2 f''_{11} + 2x f''_{12} + f''_{22}, \dfrac{\partial^2 z}{\partial x \partial y} = f'_1 + y(x f''_{11} + f''_{12})$;

(3) $\dfrac{\partial^2 z}{\partial x^2} = 2y f'_2 + y^4 f''_{11} + 4xy^3 f''_{12} + 4x^2 y^2 f''_{22}$,

$\dfrac{\partial^2 z}{\partial y^2} = 2x f'_1 + 4x^2 y^2 f''_{11} + 4x^3 y f''_{12} + x^4 f''_{22}$,

$\dfrac{\partial^2 z}{\partial x \partial y} = 2y f'_1 + 2x f'_2 + 2xy^3 f''_{11} + 2x^3 y f''_{22} + 5x^2 y^2 f''_{11}$.

(4) $\dfrac{\partial^2 z}{\partial x^2} = e^{x+y} f'_3 - \sin x f'_1 + \cos^2 x f''_{11} + 2e^{x+y} \cos x f''_{13} + e^{2(x+y)} f''_{33}$,

$\dfrac{\partial^2 z}{\partial x \partial y} = e^{x+y} f'_3 - \cos x \sin y f''_{12} + e^{x+y} \cos x f''_{13} - e^{x+y} \sin y f''_{32} + e^{2(x+y)} f''_{33}$,

$\dfrac{\partial^2 z}{\partial y^2} = e^{x+y} f'_3 - \cos y f'_1 + \sin^2 y f''_{11} - 2e^{x+y} \sin y f''_{13} + e^{2(x+y)} f''_{33}$.

9. (1) $\dfrac{\partial^2 z}{\partial x^2} = f''[x + g(y)],$

$\dfrac{\partial^2 z}{\partial y^2} = f''[x + g(y)]g'^2(y) + f'[x + g(y)]g''(y),$

$\dfrac{\partial^2 z}{\partial x \partial y} = f''[x + g(y)]g'(y).$

10. $f(u) = \mathrm{e}^u - \mathrm{e}^{-u}.$

习题五

1. (1) 不正确,可以确定一个隐函数 $x = g(y)$;(2) 正确.

2. $\dfrac{\mathrm{d}y}{\mathrm{d}x} = \dfrac{y\cos(xy) + 2^x \ln 2}{\mathrm{e}^y - x\cos(xy)}.$

3. (1) $\dfrac{\mathrm{d}^2 y}{\mathrm{d}x^2} = \dfrac{-\sin y}{(1 - \cos y)^3}$;(2) $\dfrac{\mathrm{d}^2 y}{\mathrm{d}x^2} = \dfrac{\mathrm{e}^{2y}(3 - y)}{(2 - y)^3}$;(3) $\dfrac{\mathrm{d}y}{\mathrm{d}x} = \dfrac{y^2 - xy\ln y}{x^2 - xy\ln x}.$

4. (1) $\dfrac{\partial z}{\partial x} = \dfrac{z}{2yz - x}, \dfrac{\partial z}{\partial y} = -\dfrac{z^2}{2yz - x}$;

(2) $\dfrac{\partial z}{\partial x} = \dfrac{\cos y - z\sin x}{y\sin z - \cos x}, \dfrac{\partial z}{\partial y} = \dfrac{\cos z - x\sin y}{y\sin z - \cos x}.$

6. (1) $\dfrac{\partial z}{\partial x} = \dfrac{y}{1 - \mathrm{e}^z}, \dfrac{\partial^2 z}{\partial x^2} = \dfrac{y^2 \mathrm{e}^z}{(1 - \mathrm{e}^z)^3}$;(2) $\dfrac{\partial^2 z}{\partial x \partial y} = \dfrac{(5 + \sin z)^2 - y(3 + x)\cos z}{(5 + \sin z)^3}.$

7. $\dfrac{y\mathrm{e}^x}{\sin y}.$

8. $\mathrm{d}z = \dfrac{2z^2 yx - 2xz^2 - yz}{xy + 2x^2 z - 2x^2 yz}\mathrm{d}x + \dfrac{2xyz^2 - z}{y + 2xyz - 2xy^2 z}\mathrm{d}y.$

9. (1) $\dfrac{\partial z}{\partial x} = -\dfrac{F'_1 + 2xF'_2}{F'_1 + 2zF'_2}, \dfrac{\partial z}{\partial y} = -\dfrac{F'_1 + 2yF'_2}{F'_1 + 2zF'_2}$;

(2) $\dfrac{\partial z}{\partial x} = \dfrac{z^3 f'_1}{xz^2 f'_1 - x^2 yf'_2}, \dfrac{\partial z}{\partial y} = \dfrac{-xzf'_2}{z^2 f'_1 - xyf'_2}.$

10. (1) $yx^{y-1} + \dfrac{x^y \ln x}{1 + \mathrm{e}^y}$;(2) -1;(3) $z\mathrm{e}^{xz} - [x\mathrm{e}^{xz} + y\cos(yz)]\dfrac{\sin 2x}{\sin 2z}.$

11. $\dfrac{\mathrm{d}x}{\mathrm{d}z} = \dfrac{y - z}{x - y}, \dfrac{\mathrm{d}y}{\mathrm{d}z} = \dfrac{z - x}{x - y}.$

12. $\dfrac{\partial u}{\partial x} = -\dfrac{xu + yv}{x^2 + y^2}, \dfrac{\partial v}{\partial x} = \dfrac{yu - xv}{x^2 + y^2}, \dfrac{\partial u}{\partial y} = \dfrac{xv - yu}{x^2 + y^2}, \dfrac{\partial v}{\partial y} = \dfrac{yv - xu}{x^2 + y^2}.$

习题六

1. (1)(2)(3) 均正确.

2. (1) $\dfrac{x - 1}{1} = \dfrac{y - 1}{2} = \dfrac{z - 1}{3}, x + 2y + 3z - 6 = 0$;

(2) $(-1, 1, -1), \left(-\dfrac{1}{3}, \dfrac{1}{9}, -\dfrac{1}{27}\right).$

3. 切线方程 $\dfrac{x - 2}{1} = \dfrac{y - 2}{1/2} = \dfrac{z + 1}{-1}$,法平面方程 $2x + y - 2z - 8 = 0.$

4. 切线方程 $\dfrac{x - 1}{8} = \dfrac{y + 1}{10} = \dfrac{z - 2}{7}$,法平面方程 $8(x - 1) + 10(y + 1) + 7(z - 2) = 0.$

5. (1) 切平面方程 $2x+2y-z-2=0$,法线方程 $\dfrac{x-1}{2}=\dfrac{y-1}{2}=\dfrac{z-2}{-1}$.

(2) 切平面方程 $x+z+a=0$,法线方程 $\begin{cases} x=z+a \\ y=a \end{cases}$.

6. $x+4y+3z\pm12=0$.

7. $x-y\pm2=0$.

9. 切平面方程 $y_0z_0(x-x_0)+x_0z_0(y-y_0)+x_0y_0(z-z_0)=0$,

法线方程 $\dfrac{x-x_0}{y_0z_0}=\dfrac{y-y_0}{x_0z_0}=\dfrac{z-z_0}{x_0y_0}$.

习题七

1. $1+2\sqrt{3}$. 2. $\dfrac{1}{2}(5+3\sqrt{2})$. 3. (1) 2;(2) $\pm\dfrac{\sqrt{2}}{3}$;(3) $\dfrac{1}{ab}\sqrt{2(a^2+b^2)}$;(4) -4.

4. $\sqrt{2}$. 5. $\mathbf{grad}f(0,0,0)=3\boldsymbol{i}-2\boldsymbol{j}-6\boldsymbol{k}$;$\mathbf{grad}f(1,1,1)=6\boldsymbol{i}+3\boldsymbol{j}$.

6. 在方向 $(2,-2,-1)$ 上,方向导数最大为 3;在方向 $(-2,2,1)$ 上,方向导数最小为 -3.

7. $\dfrac{\mathbf{grad}\,u\cdot\mathbf{grad}\,v}{|\,\mathbf{grad}\,v\,|}$.

习题八

1. (1) 不正确;(2) 正确;(3) 不正确;(4) 不正确;(5) 正确;(6) 正确.

2. (1) 极大值 1,无极小值;(2) 极小值 -2,无极大值;(3) 极小值 -1,无极大值;(4) 极大值 1,无极小值.

3. (1) $\dfrac{12}{\sqrt{3}}$;(2) 最大值 $z(1,1)=4$,最小值 $z(1,1)=0$.

4. (1) 最大值 $\dfrac{64}{27}$,最小值 -18.(2) 最大值 1,最小值 -1.

5. 极大值 $\dfrac{1}{4}$.

6. 长和宽均为 $\dfrac{a}{2}$ 时,面积最大.

7. 三个数均为 $\dfrac{a}{3}$.

8. 水箱底做成边长为 2 m 的正方形,高为 1 m 时,用料最省.

9. 长宽高分别为 $\dfrac{2a}{\sqrt{3}},\dfrac{2b}{\sqrt{3}},\dfrac{2c}{\sqrt{3}}$ 时,体积最大.

10. (1) 最大值 3,最小值 -1;(2) 短半轴为 $\sqrt{2}$,长半轴为 $\sqrt{6}$.

总习题九

一、(1) (A);(2) (C);(3) (B);(4) (D);(5) (C);(6) (C).

二、(1) $x+y$;(2) 不是;(3) 不连续;(4) $\dfrac{1}{2}$;(5) $1,5$;(6) $xy+\sin x+\sin y$.

三、1. (1) 1;(2) e;(3) $-\dfrac{1}{4}$;(4) 不存在.

2. 连续.

3. $\dfrac{\partial u}{\partial x} = 2xf'_1 + f'_2 y e^{xy}$;

$\dfrac{\partial^2 u}{\partial x \partial y} = -2xyf''_{11} + 2x^2 e^{xy} f''_{12} - 2y^2 e^{xy} f''_{21} + xy e^{2xy} f''_{22} + e^{xy} f'_2 + xy e^{xy} f'_2.$

4. $\dfrac{\partial^2 z}{\partial x \partial y} = \dfrac{z(z^4 - 2xyz^2 - x^2 y^2)}{(z^2 - xy)^3}.$

6. $\mathrm{d}z = -\dfrac{F'_1 + F'_2}{F'_2 + F'_3}\mathrm{d}x - \dfrac{F'_1 + F'_3}{F'_2 + F'_3}\mathrm{d}y.$

8. $4f'' + g''_{11} + 2yg''_{12} + y^2 g''_{22}, f'' + x^2 g''_{22}, -2f'' + xg''_{12} + xyg''_{22} + g'_2.$

9. $\dfrac{\partial^2 z}{\partial u \partial v} = \dfrac{1}{2u}\dfrac{\partial z}{\partial v}.$

10. (2) $\dfrac{\partial u}{\partial x} = \dfrac{1}{\dfrac{\partial(x,y)}{\partial(u,v)}}\dfrac{\partial y}{\partial v}, \dfrac{\partial v}{\partial x} = -\dfrac{1}{\dfrac{\partial(x,y)}{\partial(u,v)}}\dfrac{\partial y}{\partial u}, \dfrac{\partial u}{\partial y} = -\dfrac{1}{\dfrac{\partial(x,y)}{\partial(u,v)}}\dfrac{\partial x}{\partial v}, \dfrac{\partial v}{\partial y} = \dfrac{1}{\dfrac{\partial(x,y)}{\partial(u,v)}}\dfrac{\partial x}{\partial u}.$

11. $(2,2,2)$ 或 $\left(\dfrac{12}{5}, \dfrac{6}{5}, \dfrac{9}{5}\right).$

12. $\dfrac{2}{\sqrt{\dfrac{x_0^2}{a^4} + \dfrac{y_0^2}{b^4} + \dfrac{z_0^2}{c^4}}}.$

13. 极小值 $f(1,0) = -5$；极大值 $f(-3,2) = 31.$

14. $\left(\dfrac{4}{5}, \dfrac{3}{5}, \dfrac{35}{12}\right).$

15. $\left(\dfrac{a}{\sqrt{3}}, \dfrac{b}{\sqrt{3}}, \dfrac{c}{\sqrt{3}}\right), V_{\min} = \dfrac{\sqrt{3}}{2}abc.$

16. 最大值为 $\ln 3\sqrt{3}r^5.$

17. (1) $\sqrt{5x_0^2 + 5y_0^2 - 8x_0 y_0}$；(2) 可取为 $M_1(5,-5)$ 或 $M_2(-5,5).$

18. $p_1 = 80, p_2 = 120$ 时，总利润最大，为 605.

第十章

习题一

1. (1) 不正确.(2) 正确.

2. (1) 正确.(2) 正确.(3) 不正确.原积分应为 0.(4) 正确.

3. (1) $\displaystyle\iint_D (x+y)^2 \mathrm{d}x\mathrm{d}y \geqslant \iint_D (x+y)^3 \mathrm{d}x\mathrm{d}y$;

(2) $\displaystyle\iint_D \ln(x+y) \mathrm{d}x\mathrm{d}y \geqslant \iint_D [\ln(x+y)]^2 \mathrm{d}x\mathrm{d}y$;

(3) $\displaystyle\iint_D \ln(x+y) \mathrm{d}x\mathrm{d}y \leqslant \iint_D [\ln(x+y)]^2 \mathrm{d}x\mathrm{d}y$;

(4) $\displaystyle\iint_D (x+y)^3 \mathrm{d}x\mathrm{d}y \geqslant \iint_D [\sin(x+y)]^3 \mathrm{d}x\mathrm{d}y$

4. (1) $\dfrac{2}{5} \leqslant I \leqslant \dfrac{1}{2}$；(2) $0 \leqslant I \leqslant \pi^2$.

5. (1) 负；(2) 正；(3) 0；(4) 0.

习题二

1. (1) $\dfrac{9}{8}$；(2) $\dfrac{9}{4}$；(3) $\dfrac{45}{8}$；(4) $\dfrac{1}{3}(e-1)$；(5) $e-\dfrac{1}{e}$；(6) $\dfrac{\pi}{4}\mathbf{R}^4 + 9\pi\mathbf{R}^2$；(7) $\dfrac{\pi}{16} + \dfrac{9\sqrt{3}}{64}$；

(8) $e-1$.

2. (1) $\dfrac{1}{2}\left(1-\dfrac{1}{e}\right)$；(2) $\dfrac{1}{3}(1-\cos 1)$；(3) 0；(4) $\dfrac{1}{45}$.

3. (1) $\displaystyle\int_0^1 dy \int_y^{\sqrt{y}} f(x,y)dx$；

(2) $\displaystyle\int_0^1 dx \int_0^x f(x,y)dy + \int_1^2 dx \int_0^{2-x} f(x,y)dy$；

(3) $\displaystyle\int_{\frac{1}{2}}^1 dx \int_{\frac{1}{2}}^2 f(x,y)dy + \int_1^2 dx \int_x^2 f(x,y)dy$；

(4) $\displaystyle\int_0^{\pi} dx \int_0^{\sin x} f(x,y)dy$；(5) $\displaystyle\int_0^1 dy \int_y^{2-y} f(x,y)dx$；

(6) $\displaystyle\int_0^a f(y)(a-y)dy$.

4. $\dfrac{\ln 2}{2}(1-e)$.

5. 提示：交换积分次序.

6. (1) $\displaystyle\int_0^{2\pi} d\theta \int_0^3 f(r\cos\theta, r\sin\theta)r\,dr$；(2) $\displaystyle\int_0^{2\pi} d\theta \int_1^2 f(r\cos\theta, r\sin\theta)r\,dr$；

(3) $\displaystyle\int_{-\pi}^{\pi} d\theta \int_0^{2\cos\theta} f(r\cos\theta, r\sin\theta)r\,dr$；(4) $\displaystyle\int_{\frac{\pi}{4}}^{\frac{3\pi}{4}} d\theta \int_0^{\frac{1}{\sin\theta}} f(r\cos\theta, r\sin\theta)r\,dr$；

(5) $\displaystyle\int_{-\frac{\pi}{2}}^{\frac{\pi}{2}} d\theta \int_{2a\cos\theta}^{4\cos\theta} f(r\cos\theta, r\sin\theta)r\,dr$；(6) $\displaystyle\int_{\frac{\pi}{4}}^{\arctan 2} d\theta \int_{4\cos\theta}^{8\cos\theta} f(r\cos\theta, r\sin\theta)r\,dr$.

7. (1) $\pi(e^{R^2}-1)$；(2) $-6\pi^2$；(3) $\dfrac{4}{9}(3\pi-4)$；(4) $\dfrac{\pi}{4}(2\ln 2 - 1)$；(5) $\dfrac{1}{6}$；(6) $\dfrac{\pi}{4}(\ln 4 - 1)$；

(7) $2-\dfrac{\pi}{2}$；(8) $\ln\dfrac{2+\sqrt{2}}{1+\sqrt{3}}$.

8. (1) $\displaystyle\int_0^{\frac{\pi}{2}} d\theta \int_0^R f(r)r\,dr$；

(2) $\displaystyle\int_0^{\frac{\pi}{2}} d\theta \int_0^{2R\sin\theta} f(r\cos\theta, r\sin\theta)r\,dr$.

9. (1) $\dfrac{2}{3}R^3\pi$；(2) 4π；(3) $\dfrac{16}{3}R^3$；(4) $\dfrac{2}{3}\pi$；(5) $\dfrac{5}{12}\pi R^3$；(6) $\dfrac{7}{6}\pi$.

10. $xy + \dfrac{1}{8}$.

11. 不正确，因为 $\displaystyle\int_{-\frac{\pi}{2}}^{\frac{\pi}{2}} (\sin^2\theta)^{\frac{3}{2}} d\theta = \int_{-\frac{\pi}{2}}^{\frac{\pi}{2}} |\sin^3\theta| d\theta$，　$\dfrac{4}{3}\left(\dfrac{\pi}{2} - \dfrac{2}{3}\right)$.

12. $a^2\left(2 + \dfrac{1}{4}\pi\right)$.

13. 14 080 万元.

14. 2π.

15*. 提示:取一系列圆域 $D_n=\{(x,y)\mid x^2+y^2\leqslant n^2\}(n=1,2,\cdots).\ \alpha>1,\dfrac{\pi}{\alpha-1};\alpha<1,$不存在.

习题三

1. (1) $\displaystyle\int_0^1 dx\int_0^{1-x}dy\int_{x+y}^1 f(x,y,z)dz$;

(2) $\displaystyle\int_{-\frac{1}{2}}^{\frac{1}{2}}dx\int_{-\sqrt{1-4x^2}}^{\sqrt{1-4x^2}}dy\int_{3x^2+y^2}^{1-x^2}f(x,y,z)dz$;

(3) $\displaystyle\int_{-1}^1 dx\int_{-\sqrt{1-x^2}}^{\sqrt{1-x^2}}dy\int_{-\sqrt{1-x^2-y^2}}^{\sqrt{1-x^2-y^2}}f(x,y,z)dz$;

(4) $\displaystyle\int_0^1 dx\int_0^{1-x}dy\int_0^{xy}f(x,y,z)dz$.

2. $\dfrac{3}{2}$.

3. (1) $\dfrac{1}{2}\left(\ln 2-\dfrac{5}{8}\right)$;   (2) $\dfrac{1}{180}$;   (3) $\dfrac{1}{8}$;   (4) $\dfrac{2}{27}$;   (5) $\dfrac{1}{36}$;   (6) $\dfrac{\sin 4}{2}\pi$.

4. (1) 正确;   (2) 不正确;   (3) 正确.

5. 0.

6. $\dfrac{\pi}{4}a^4$. 提示:将 Ω 向 z 轴投影.

7. (1)336π; (2) $\dfrac{11}{30}\pi a^5$.

8. $-\left(\dfrac{3}{2\pi}+\dfrac{4}{\sqrt{3}}\right)$.

习题四

1. (1) $\displaystyle\int_{-\frac{\pi}{2}}^{\frac{\pi}{2}}d\theta\int_0^1 rdr\int_0^a f(r\cos\theta,r\sin\theta,z)dz$;   (2) $\displaystyle\int_0^{\frac{\pi}{2}}d\theta\int_0^1 rdr\int_0^{\sqrt{1-r^2}}f(r)dz$;

(3) $\displaystyle\int_0^{2\pi}d\theta\int_r^a rdr\int_r^a f(r\cos\theta,r\sin\theta,z)dz$;   (4) $\displaystyle\int_0^{2\pi}d\theta\int_0^1 rdr\int_1^{1+\sqrt{1-r^2}}f(r^2+z^2)dz$.

2. (1) $\dfrac{\pi}{2}(2\ln 2-4+\pi)$;   (2) $\dfrac{5\pi}{3}$;   (3) $\dfrac{\pi}{8}$;   (4) $\dfrac{32\pi}{3}$;   (5) $\dfrac{8}{9}a^2$;   (6) $\dfrac{1}{36}$;   (7) $\dfrac{5}{12}\pi$;

(8) $\dfrac{4}{15}\pi$.

3. $\dfrac{5\pi}{6}$.

4. (1) 直角坐标 $\displaystyle\iiint\limits_{\Omega}f(x,y,z)dV=\int_{-1}^1 dx\int_{-\sqrt{1-x^2}}^{\sqrt{1-x^2}}dy\int_{\sqrt{x^2+y^2}}^{\sqrt{2-x^2-y^2}}f(x,y,z)dz$;

(2) 柱坐标 $\displaystyle\iiint\limits_{\Omega}f(x,y,z)dV=\int_0^{2\pi}d\theta\int_0^1 rdr\int_r^{\sqrt{2-r^2}}f(r\cos\theta,r\sin\theta,z)dz$;

（3）球坐标 $I = \int_0^{2\pi} \mathrm{d}\theta \int_0^{\frac{\pi}{4}} \sin\varphi \mathrm{d}\varphi \int_0^{\sqrt{2}} f(r\cos\theta\sin\varphi, r\sin\theta\sin\varphi, r\cos\varphi) r^2 \mathrm{d}r$.

5. $\dfrac{4\pi}{5}$.

6. $\dfrac{\pi}{10}$.

7. 2π.

8. $\dfrac{31\pi}{15}$.

9. 1.（先用球面坐标系将三重积分化为定积分）

10. $\dfrac{27}{37}$.

11. $\dfrac{\pi}{8}$.

12.（1）单调增加.

习题五

1. 12π. 2. $\sqrt{2}\pi$. 3. $4a^2\left(\dfrac{\pi}{2}-1\right)$. 4. $\dfrac{16\pi}{3}$.

5*. $F_x = mG\iint\limits_D \dfrac{\mu(x,y)(x-x_0)}{[(x-x_0)^2+(y-y_0)^2]^{\frac{3}{2}}} \mathrm{d}\sigma$,

$F_y = mG\iint\limits_D \dfrac{\mu(x,y)(y-y_0)}{[(x-x_0)^2+(y-y_0)^2]^{\frac{3}{2}}} \mathrm{d}\sigma$.

6*. $F_x = mG\iiint\limits_\Omega \dfrac{\mu(x,y,z)(x-x_0)}{[(x-x_0)^2+(y-y_0)^2+(z-z_0)^2]^{\frac{3}{2}}} \mathrm{d}V$,

$F_y = mG\iiint\limits_\Omega \dfrac{\mu(x,y,z)(y-y_0)}{[(x-x_0)^2+(y-y_0)^2+(z-z_0)^2]^{\frac{3}{2}}} \mathrm{d}V$,

$F_z = mG\iiint\limits_\Omega \dfrac{\mu(x,y,z)(z-z_0)}{[(x-x_0)^2+(y-y_0)^2+(z-z_0)^2]^{\frac{3}{2}}} \mathrm{d}V$.

总习题十

一. 1.（B）；2.（A）；3.（C）；4.（D）；5.（C）；6.（C）.

二、1. 2.

2. $\dfrac{1}{2}$.

3. $\int_0^1 (1-y)f(y)\mathrm{d}y$.

4. $I_3 \leqslant I_2 \leqslant I_1$.

5. $\int_0^1 \dfrac{(1-x)^2}{2}f(x)\mathrm{d}x$.

6. $\dfrac{32}{3}\pi - \int_0^{2\pi}\mathrm{d}\theta\int_0^1 (\sqrt{4-r^2}-\sqrt{3})r\mathrm{d}r$.

三、1.（1）$\dfrac{1}{2}$；（2）$\dfrac{9}{16}$；（3）2π；（4）$\dfrac{2}{3}$；（5）$\dfrac{16}{9}(3\pi-2)$.

2. $\int_0^{\frac{\pi}{4}} d\theta \int_0^{a\sin\theta} f(r\cos\theta, r\sin\theta) r\, dr + \int_{\frac{\pi}{4}}^{\frac{\pi}{2}} d\theta \int_0^{a\cos\theta} f(r\cos\theta, r\sin\theta) r\, dr$.

3. $\int_0^1 dy \int_y^{2y} f(x,y) dx$.

4. 提示:交换积分次序.

5. $-\dfrac{2}{5}$.

6. $f(x_0, y_0)$.

7. (1) $\dfrac{1}{8}$; (2) 2π; (3) $\dfrac{\pi}{6}$; (4) 336π; (5) $\dfrac{\sqrt{2}}{36}$.

8. $\int_0^1 dx \int_{-\sqrt{1-x^2}}^{\sqrt{1-x^2}} dy \int_0^a z\sqrt{x^2+y^2} dz$, $\dfrac{\pi}{6} a^2$.

9. $\dfrac{1}{2} \int_0^a (a-z)^2 f(z) dz$.

10. 提示:化为球坐标的三次积分. $4\pi t^2 f(t^2)$.

12. (1) $\dfrac{\pi}{6}$; (2) $2\pi \ln 2$; (3) $-\pi$。

13. 0.

14. $e^{4\pi t^2}(4\pi t^2 + 1)$.

15. 提示:(1) 化二次积分为二重积分,积分区域关于直线 $y=x$ 对称,交换积分次序.
(2) 交换积分次序.

16. $\dfrac{4}{15}\pi a^5 (m+n+p)$.

17. $4\pi t^2 f(t^2)$.

19. 提示:先按积分变上限函数求导,再交换积分次序.

20. $f(t) = e^{\pi t^4}$.

第十一章

习题一

1. (1) 第一个计算正确,第二个计算不正确,因为当选 y 为参变量时, $\dfrac{\sqrt{3}}{2} \leqslant y \leqslant a$,故应将积分上下限对换即可得到正确结论.(2)(3)正确.

2. (1) 2π; (2) $\sqrt{2}$; (3) $\dfrac{4}{3}(2\sqrt{2}-1)$; (4) $\sqrt{2}$; (5) 2; (6) $e^a\left(2+\dfrac{\pi}{4}a\right)-2$; (7) 6; (8) $3\sqrt{2}$;

(9) $2R^2$; (10) $\dfrac{25\sqrt{5}+61}{120}$; (11) $\dfrac{1}{3}\left[(t_0^2+2)^{\frac{3}{2}} - 2^{\frac{3}{2}}\right]$; (12) $6a$.

3. $m\sqrt{a^2+h^2}$.

4. $8a^2$.

5. 提示:用对弧长曲线积分的定义证明.

6. 提示:改写为参数方程 $\begin{cases} x=\rho(\theta)\cos\theta \\ y=\rho(\theta)\sin\theta \end{cases}$.

7. $2\pi r(2r^2-1)$.

8. $-\dfrac{16}{5}a^2$.

习题二

1. (1) 正确;(2) 不正确,正确解法为

$$\int_{\overset{\frown}{AB'}}y\,\mathrm{d}x=\int_{\overset{\frown}{AB}+\overset{\frown}{BB'}}y\,\mathrm{d}x=\int_0^1\sqrt{1-x^2}\,\mathrm{d}x+\int_1^{\frac{1}{2}}(-\sqrt{1-x^2})\,\mathrm{d}x=\frac{5}{12}\pi-\frac{\sqrt{3}}{8};$$

(3) 不正确.

2. (1) 14;(2) $\dfrac{2}{3}$;(3) $-\dfrac{\pi}{2}a^3$;(4) -2π;(5) $\dfrac{\pi^3k^3}{3}-\pi a^2$;(6) 13;(7) 0;(8) $2\pi a^3$.

4. $-\dfrac{25}{3}$.

5. (1) $\displaystyle\int_L\dfrac{P(x,y)+Q(x,y)}{\sqrt{2}}\,\mathrm{d}s$;(2) $\displaystyle\int_L\dfrac{P(x,y)+2xQ(x,y)}{\sqrt{1+4x^2}}\,\mathrm{d}s$.

6. 0.

习题三

1. (1)(2)(3) 均不正确:(1) 需注意格林公式闭曲线的方向;(2) $\displaystyle\iint_D(x^2+y^2)\,\mathrm{d}\sigma\neq$

$\displaystyle\iint_D a^2\,\mathrm{d}\sigma$;(3) 因为偏导数 $\dfrac{\partial Q}{\partial x}$ 及 $\dfrac{\partial P}{\partial y}$ 在 $O(0,0)$ 无定义,而点 O 在 L_1 和 L_2 所包围的域 D 内,故不能应用单连域的格林公式而使上述积分相等,事实上若改取积分路线 $AFEGB$ 设它为 L_3,则可得出 $\displaystyle\int_{L_1}P\,\mathrm{d}x+Q\,\mathrm{d}y=\int_{L_3}P\,\mathrm{d}x+Q\,\mathrm{d}y$;(4) 正确.

2. (1) 12π;(2) $-\dfrac{1}{2}\pi a^4$;(3) $-2\pi+\cos2-1$;(4) $\dfrac{\sin2}{4}-\dfrac{7}{6}$;(5) $\dfrac{1}{2}\pi ab-2a$.

3. (1) 2π;(2) $\dfrac{1}{6}a^2$.

4. $\dfrac{1}{2}(1-\mathrm{e}^{-1})$.

5. (1) $\dfrac{23}{15}$;(2) $2\cos1$;(3) 0.

6. $\varphi(x)=x^2,\dfrac{1}{2}$.

7. $\dfrac{m\pi}{8}a^2$.

8. (1) 0;(2) 2π.

9. $4(a+b)$.

10. (1) 是,$\dfrac{x^3y^3}{3}+\dfrac{y^2}{2}+C$;(2) 是,$x\mathrm{e}^{y^2}+x+\sin y+C$;(3) 是,$\arctan\dfrac{y}{x}+C$.

11. (1) 不是;(2) $x^y=C$;(3) $x\sin(x+y)=C$;

（4）当 $a=b=1$ 时为全微分方程，$ye^x+xe^y=C$.

12. $\varphi(x)=\dfrac{\pi-1-\cos x}{x},\pi$.

13. $u(x,y)=x+\dfrac{x^3}{3}-\dfrac{(x+y)^3}{3}+C,I=-\dfrac{4}{3}$.

16. （2）$\dfrac{c}{d}-\dfrac{a}{b}$.

17*. 解：首先考虑 L 不包围原点，这样，在由 L 作边界的区域 D 中，被积函数的偏导数连续，因而可以直接利用格林公式. 由于

$$\frac{\partial X}{\partial y}=\frac{\partial}{\partial y}\left(\frac{y}{x^2+y^2}\right)=\frac{x^2+y^2-2y^2}{(x^2+y^2)^2}=\frac{x^2-y^2}{(x^2+y^2)^2},$$

$$\frac{\partial Y}{\partial x}=\frac{\partial}{\partial x}\left(\frac{-x}{x^2+y^2}\right)=-\frac{y^2-x^2}{(x^2+y^2)^2}=\frac{x^2-y^2}{(x^2+y^2)^2}.$$

这样

$$I=\oint_L X\,\mathrm{d}x-Y\,\mathrm{d}y=\iint\limits_D\left(\frac{\partial Y}{\partial x}-\frac{\partial X}{\partial y}\right)\mathrm{d}\sigma=0.$$

如果 L 内包含了原点 $(0,0)$，自然破坏了格林公式的使用条件. 但是如果在 L 内作以 $(0,0)$ 为圆心，δ 为半径的圆 L_δ，

$$\oint_L X\,\mathrm{d}x-Y\,\mathrm{d}y-\oint_{L_\delta} X\,\mathrm{d}x-Y\,\mathrm{d}y=0,\text{从而有}\oint_L X\,\mathrm{d}x-Y\,\mathrm{d}y=\oint_{L_\delta} X\,\mathrm{d}x-Y\,\mathrm{d}y=-2\pi.$$

习题四

1. （1）正确；（2）正确；（3）不正确，Σ 不可投影到 xOy 面，应向其他坐标面投影.

2. （1）$\dfrac{\sqrt{2}}{2}\pi$；（2）$\pi R(R^2-a^2)$；（3）$\dfrac{8\sqrt{3}}{45}$；（4）$4\sqrt{61}$；（5）$\left(1+\dfrac{\sqrt{2}}{2}\right)\pi$；（6）$\pi ah(a+h)$；

（7）$\dfrac{25\sqrt{5}+1}{30}$；（8）$4\pi\mathrm{d}^2R^2+\dfrac{4}{3}\pi(a^2+b^2+c^2)R^4$.

4. $\dfrac{2}{5}\pi\left(2\sqrt{3}-\dfrac{1}{3}\right)$. 5. $\dfrac{4}{3}k\pi h^3$. 6. $\dfrac{2}{3}\pi\left[(1+a)^{\frac{3}{2}}-1\right]$. 7. $4\pi a^4$.

习题五

1. a^4.

2. $\dfrac{2}{15}$.

3. πR^4.

4. $\dfrac{5}{2}\pi a^4,2\pi a^4$.

5. -2π.

6. $-\dfrac{1}{2}\pi$.

7. $0;\dfrac{4}{3}\pi a^3$.

8. $2\pi a^3$. 提示：计算 $\oiint\limits_\Sigma x\,\mathrm{d}y\mathrm{d}z+2y\,\mathrm{d}z\mathrm{d}x+3z\,\mathrm{d}x\mathrm{d}y$.

习题六

1. (1) $\dfrac{15}{8}a^5\pi^2$；(2) $\dfrac{9}{2}\pi$；(3) $-\dfrac{5}{4}\pi$；(4) $-\pi$；(5) $\dfrac{3}{4}\pi ha^4$.

2. (1) ① $-\dfrac{3}{2}$；② $\dfrac{3}{2}$；③ $-\sqrt{2}\pi a^2$.

(2) ① $4(1-\sqrt{3})\pi$；② $-2\left(1+\dfrac{b}{a}\right)\pi$.

3. $\dfrac{1}{x^2+y^2+z^2}$.

4. $\dfrac{d}{3\sqrt{a^2+b^2+c^2}}S$（其中 S 是曲面 S_1 在平面 S_2 上切下图形的面积）.

5. $\dfrac{\dfrac{\partial u}{\partial x}\cdot\dfrac{\partial F}{\partial x}+\dfrac{\partial u}{\partial y}\cdot\dfrac{\partial F}{\partial y}+\dfrac{\partial u}{\partial z}\cdot\dfrac{\partial F}{\partial z}}{\sqrt{\left(\dfrac{\partial F}{\partial x}\right)^2+\left(\dfrac{\partial F}{\partial y}\right)^2+\left(\dfrac{\partial F}{\partial z}\right)^2}}$.

6. (1) $\mathrm{div}=6xyz$, $\mathrm{rot}=(xz^2-xy^2)\boldsymbol{i}+(x^2y-yz^2)\boldsymbol{j}+(y^2z-x^2z)\boldsymbol{k}$；

(2) $\mathrm{div}=8xy+3y^2$, $\mathrm{rot}=4xz\boldsymbol{i}-(2yz-1)\boldsymbol{j}-(z^2+3x^2)\boldsymbol{k}$.

7. $f(x)=\dfrac{\mathrm{e}^x}{x}(\mathrm{e}^x-1)$.

总习题十一

一、1. $2\pi R^{2n+1}$；

2. $2\pi R^2$；

3. 0；

4. 2；

5. $\dfrac{3+\sqrt{3}}{2}$；

6. $\dfrac{7}{3}\pi a^4$.

二、1. (B)；2. (B)；3. (B)；4. (B)；5. (C)；6. (C).

三、1. (1) $6l$； (2) $\dfrac{2\sqrt{2}}{3}$；   (3) -1；

(4) $-\dfrac{\pi a^3}{4}$. 提示：Γ 的参数方程为 $x=\dfrac{a}{2}(1+\cos t)$，$y=\dfrac{a}{2}\sin t$，$z=a\sin\dfrac{t}{2}$，$0\leqslant t\leqslant 2\pi$.

(5) 0； (6) πa^3.

2. 提示：利用 $\displaystyle\int_{\Gamma}x^2\,\mathrm{d}s=\int_{\Gamma}y^2\,\mathrm{d}s=\int_{\Gamma}z^2\,\mathrm{d}s,\dfrac{2\pi a^3}{3}$.

4. 提示：(1) 当 L 内部无原点时，直接利用格林公式；当 L 内部有原点时，取一个以逆时针方向的椭圆的闭路 L_ε：$x=\varepsilon\cos t$，$y=\dfrac{1}{2}\varepsilon\sin t$，只要 ε 充分小，总能使 L_ε 在 L 的内部，由多连域格林公式有

$$I=\oint_{L_\varepsilon}\dfrac{x\,\mathrm{d}y-y\,\mathrm{d}x}{x^2+4y^2}=\int_0^{2\pi}\dfrac{1}{2}\,\mathrm{d}t=\pi.$$

(2) $-\dfrac{1}{2}(\arctan 2+\arctan 4)$.

5. $a=1, \pi-\dfrac{8}{3}$.

6. $2(\mathrm{e}^x-x-1)$.

7. (1) $\varphi(y)=\dfrac{\mathrm{e}^y}{y^2}$; (2) $\dfrac{\mathrm{e}^2}{2}$.

8. $2\pi a^3, 0$.

9. (1) -6π; (2) $\dfrac{\pi^2 R}{2}$.

10. $\dfrac{4\pi}{abc}(b^2 c^2+a^2 c^2+a^2 b^2)$.

11. $-\pi$.

12. $\dfrac{1}{2}\pi a^4$.

13. (2) $\dfrac{1}{3}x\mathrm{e}^x$.

14. (1) $-\sqrt{3}\pi a^2$; (2) $\dfrac{b^3}{3}$.

15. $u(r)=\begin{cases} 4\pi R, & r\leqslant R \\ \dfrac{4\pi R^2}{r}, & r>R \end{cases}$.

16. $\lambda=-1$; $-\arctan \dfrac{y}{x^2}+C$.

17. x^2+2y-1.

18. 提示:对 $\displaystyle\int_L v\dfrac{\partial u}{\partial \boldsymbol{n}}\mathrm{d}s$ 使用格林公式.

参 考 文 献

[1] 同济大学数学系.高等数学(下册).7 版.北京:高等教育出版社,2014.

[2] 王绵森,马知恩.工科数学分析基础(下册).2 版.北京:高等教育出版社,2006.

[3] 李心灿.高等数学应用 205 例.北京:高等教育出版社,1997.

[4] 吴赣昌.微积分(下册).4 版.北京:中国人民大学出版社,2011.

[5] 芬尼,韦尔,焦耳当诺.托马斯微积分.叶其孝,王耀东,唐兢,译.10 版.北京:高等教育出版社,2004.